THE BEAUTY OF
DESIGN PATTERNS

设计模式之美

王争（@ 小争哥）◎ 著

人 民 邮 电 出 版 社
北 京

图书在版编目（CIP）数据

设计模式之美 / 王争（@小争哥）著. -- 北京 : 人民邮电出版社，2022.6（2022.11重印）
ISBN 978-7-115-58474-8

Ⅰ. ①设… Ⅱ. ①王… Ⅲ. ①程序设计 Ⅳ. ①TP311.1

中国版本图书馆CIP数据核字(2021)第279977号

内 容 提 要

本书结合真实项目案例，从面向对象编程范式、设计原则、代码规范、重构技巧和设计模式 5 个方面详细介绍如何编写高质量代码。

第 1 章为概述，简单介绍了本书涉及的各个模块，以及各个模块之间的联系；第 2 章介绍面向对象编程范式；第 3 章介绍设计原则；第 4 章介绍代码规范；第 5 章介绍重构技巧；第 6 章介绍创建型设计模式；第 7 章介绍结构型设计模式；第 8 章介绍行为型设计模式。

本书可以作为各类研发工程师的学习、进阶读物，也可以作为高等院校相关专业师生的教学和学习用书，以及计算机培训学校的教材。

◆ 著　　　王　争（@小争哥）
责任编辑　张　涛
责任印制　王　郁　焦志炜

◆ 人民邮电出版社出版发行　　北京市丰台区成寿寺路 11 号
邮编　100164　　电子邮件　315@ptpress.com.cn
网址　https://www.ptpress.com.cn
固安县铭成印刷有限公司印刷

◆ 开本：787×1092　1/16
印张：22.5　　2022 年 6 月第 1 版
字数：567 千字　　2022 年 11 月河北第 5 次印刷

定价：99.80 元

读者服务热线：(010)81055256　印装质量热线：(010)81055316
反盗版热线：(010)81055315
广告经营许可证：京东市监广登字 20170147 号

前 言

很多年前，我在 Google 工作时，同事们都非常重视代码质量，对代码质量的追求甚至到了“吹毛求疵”的程度，代码注释中一个小小的标点符号错误都会被指出并要求改正。而正是得益于对代码质量的严格把控，项目的维护成本变得非常低。

离开 Google 之后，我任职过多家公司。很多国内的企业，包括很多顶尖的互联网公司，都不是很重视代码质量。因为需求多、时间紧，所以项目负责人往往只关心团队开发了多少功能，并不关心代码写得是好还是坏。在开发中，很少有人编写单元测试代码，也没有 Code Review 环节，代码能用即可。在这种“快、糙、猛”的研发氛围下，在“烂”代码的“熏陶”下，很多工程师都没有时间和心思，更没有能力去编写高质量的代码。

在清楚地认识到国内开发现状之后，我就有了编写本书的打算，希望将我多年积累的开发经验汇集成一本书，帮助那些对代码质量有追求的程序员。

尽管本书的书名为《设计模式之美》，但是书名有点“以偏概全”，因为本书不仅仅讲解设计模式，而是以编写高质量代码为主旨，全面讲解了与此有关的 5 个方面：面向对象编程范式、设计原则、代码规范、重构技巧和设计模式。

尽管市面上有很多讲解如何编写高质量代码的图书，但大部分图书为了在简短的篇幅内将知识点讲清楚，大多选择比较简单的代码示例，这就导致很多读者在读完这些图书之后，虽然感觉理论知识都懂了，但仍然不知道如何将理论知识应用到真实的项目开发中。因此，在本书写作的过程中，我竭尽全力让本书的讲解更加贴近实战。

在权衡篇幅和学习效果的情况下，对于每个知识点，我都结合真实的项目代码来做讲述，并且，侧重讲解本质的或贴近应用的知识，比如，为什么会有这种设计模式？它用来解决什么样的编程问题？应用时有何利弊需要权衡？等等。让读者知其然，知其所以然，并学会应用。

实际上，我还出版过一本数据结构和算法相关的图书——《数据结构与算法之美》。在编写那本书时，我希望做到“一本在手，算法全有”。参照那本书的写作风格，对于本书，我希望做到“一本在案，代码不烂”，读者通过阅读本书，能够全面、系统地掌握编写高质量代码所需的所有技能！

本书内容

本书分为 8 章，每章包含的主要内容如下。

第 1 章为概述，简单介绍了本书涉及的各个模块，以及各个模块之间的联系。本章作为全书的开篇，可以帮助读者构建系统的知识体系。

第 2 章介绍面向对象编程范式。面向对象编程范式是目前流行的一种编程范式，是设计原则、设计模式编码实现的基础。

第 3 章介绍设计原则，包括 SOLID 原则、KISS 原则、YAGNI 原则、DRY 原则和 LoD 原则。

第 4 章介绍代码规范，主要包括命名与注释，代码风格，以及编程技巧。

第 5 章介绍重构技巧，包括重构四要素、代码的可测试性、单元测试和解耦等。

第 6 章介绍创建型设计模式，包括单例模式、工厂模式、建造者模式和原型模式。

第 7 章介绍结构型设计模式，包括代理模式、装饰器模式、适配器模式、桥接模式、门面模式、组合模式和享元模式。

第 8 章介绍行为型设计模式，包括观察者模式、模板方法模式、策略模式、职责链模式、状态模式、迭代器模式、访问者模式、备忘录模式、命令模式、解释器模式和中介模式。

注意，尽管书中大部分代码采用 Java 编写，但本书讲解的知识点与具体的编程语言无关。本书内容适合熟悉任何编程语言的读者。

致谢

感谢我的微信公众号“小争哥”的读者，是他们的鼓励和支持，才能让我持续输出优质内容。感谢极客时间（本书对应专栏的发表网站），没有“设计模式之美”专栏，就没有本书的诞生。同时，感谢人民邮电出版社的编辑，有了他们的编辑工作，本书才得以顺利出版。当然，也要感谢我的家人，是他们帮我处理好生活中的琐事，这样我才能全身心地投入本书的写作中。

本书配套服务

由于作者水平有限，书中难免出现错误或讲解不够清楚的地方，如果读者在阅读过程中发现此类问题或存在疑问，那么欢迎到我的微信公众号“小争哥”中留言并参与讨论。在我的微信公众号“小争哥”中，回复“勘误”，即可获取本书的勘误。除此之外，我还整理了一份互联网大公司的代码开发规范，读者可以通过在我的微信公众号“小争哥”中回复“开发规范”获取。

“小争哥”微信公众号

王争

2022 年 2 月 22 日

目 录

第8章 行为型设计模式

第 1 章　概述

编写本书的主要目的是帮助读者编写高质量的代码。在正式学习代码设计的方法论之前，我们有必要先弄清楚一些与代码质量有关的问题，如什么是高质量的代码。

本章可以作为本书的大纲或学习框架，帮助读者系统地了解本书涉及的知识点。

1.1 为什么学习代码设计

虽然本书的书名是《设计模式之美》，但本书并不仅讲解设计模式，还包括一系列与代码设计相关的知识，如面向对象编程范式、设计原则、代码规范和重构技巧等。如果说数据结构和算法可以帮助读者写出高效代码，那么代码设计相关的知识可以帮助读者写出可扩展、可读和可维护的高质量代码。上述知识点可以直接应用到平时的开发中，对它们的掌握程度直接影响程序员的开发能力。不过，有些读者认为，这些代码设计相关的知识像“屠龙刀”，看起来很厉害，但平时的开发根本用不上。基于这种观点，作者就具体谈一下为什么要学习代码设计。

1.1.1 编写高质量的代码

作者相信，软件工程师都很重视代码质量，毕竟谁也不想写出被人诟病的“烂”代码。但是，就作者的了解来看，毫不夸张地讲，很多软件工程师，甚至一些知名互联网公司的员工，编写的代码都不尽如人意。一方面，在目前很多盲目追求速度和粗放的开发环境下，很多软件工程师并没有太多时间去思考如何编写高质量的代码；另一方面，在“烂”代码的影响和没有人指导的情况下，很多软件工程师不太清楚高质量代码到底什么样。

这就导致很多软件工程师写了很多年代码，但编码功力没有太大长进，对于编写的代码，只追求“能用即可，能运行就好”。很多软件工程师一直在重复劳动，工作多年，但能力只停留在初级工程师的水平。

尽管作者已经工作近十年，但一直没有脱离编码工作一线，现在每天都在坚持编写代码、审查同事编写的代码、重构遗留系统中的“烂”代码。在这些年的工作中，作者见过太多的“烂”代码，如命名不规范、类设计不合理、分层不清晰、没有模块化概念、代码结构混乱和高度耦合等。维护这样的代码非常费力，因为添加或修改一个功能，经常会牵一发而动全身，维护者无从下手，恨不得将全部代码删除并重写！

如何提高编写高质量代码的能力呢？我们首先要有一定的代码设计方面的理论知识储备。理论知识既是前人智慧的结晶，又是解决问题的工具。没有理论知识，相当于游戏时没有厉害的“武器装备”，肯定影响自身水平的发挥。

1.1.2 应对复杂代码的开发

软件开发的难度体现在两个方面：一方面是技术难，代码量不一定大，但要解决的问题比较难，如自动驾驶、图像识别和高性能消息队列等，需要用到比较高深的技术或算法，不是依靠“人海战术”就能完成的；另一方面是复杂，技术不高深，但项目庞大、业务复杂、代码量大和参与开发的人多，如物流系统、财务系统和大型 ERP 系统等。“技术难”方面涉及细分专业领域的知识，与本书介绍的代码设计主题无关，因此，我们围绕“复杂”方面来展开，即如何应对软件开发的复杂性问题。

对于大多数软件工程师，简单的“hello world”程序都能写出来，几千行的代码基本可以维护。随着代码从几万行、十几万，达到几十万行，甚至上百万行，软件的复杂度呈指数级提升。在这种情况下，我们不仅要求程序可以运行、正确运行，还要求编写的代码易懂和可维护。此时，代码设计相关的知识就有了用武之地，就真正成为软件工程师手中的“屠龙刀”了。

大部分软件工程师熟悉编程语言、开发工具和开发框架，他们的日常工作就是在使用框架，根据业务需求填充代码。作者刚参加工作的时候，也是做这类事情。其实，这样的工作并不需要我们具备很强的代码设计能力，只要理解业务，并将业务翻译成代码就可以了。但是，当作者的领导突然安排了一个与业务无关的通用功能模块的开发任务时，面对这样一个稍微复杂的代码的设计和开发任务，作者发现就有点力不从心，不知从何下手。只是实现功能并做到代码可用可能并不复杂，但要写出可用又好用的代码，其实并不容易。

如何分层和分模块？如何划分类？每个类有哪些属性和方法？怎么设计类之间的交互？应该使用继承还是组合？应该使用接口还是抽象类？怎样做到解耦，以及高内聚、低耦合？应该使用单例模式还是静态方法？应该使用工厂模式创建对象还是直接用 new 创建？如何在引入设计模式提高扩展性的同时避免带来可读性降低问题？这一系列问题是作者之前都没有思考过的。

而当时的作者对代码设计并没有太多的知识储备和经验积累，有些手足无措。正因如此，作者意识到了代码设计方面的重要性，在之后的很多年，一直刻意锻炼自己的代码设计能力。面对复杂代码的设计和开发，作者也越来越得心应手。

1.1.3 程序员的基本功

对于程序员，技术的积累既要有广度，又要有深度。其实，很多人早早意识到了这一点，在学习框架、中间件时，会抽空研究相关原理，并阅读源码，希望能在深度上有所认识，而不只是略知皮毛，会用而已。

从作者的经验和同事的反馈来看，在看源码的时候，有些人经常看不懂，或者无法坚持看下去。读者有没有遇到过这种情况？实际上，这个问题的原因很简单，那就是基本功还不够，自身能力还不足以完全看懂这些代码。

优秀开源项目、框架和中间件的代码量与类的数量都比较大，类结构、类之间的关系都极其复杂，调用关系也是错综复杂。因此，为了保证代码的扩展性、灵活性和可维护性等，代码中会使用较多的设计模式和设计原则。如果读者不理解这些设计模式和设计原则，那么，在阅读代码时，就可能不能完全理解作者的设计思路。对于一些意图明显的设计思路，这些读者可能需要花费很长时间才能参悟。如果读者对设计模式和设计原则非常了解，一眼就能看出代码如此设计的原因，那么阅读代码就会变得轻松。

实际上，除看不懂、无法坚持看下去的问题以外，还有一个隐藏问题：读者认为自己看懂了，实际上，并没有理解代码的精髓。优秀的开源项目、框架和中间件就像一个集各种高精尖技术于一身的“战斗机”。如果想剖析它的原理、学习它的技术，在没有深厚的基本功的情况下，就算把这台“战斗机”摆在我们面前，我们也不能完全理解它的精髓，只是了解了“皮毛”而已。

因此，代码设计相关的知识是程序开发的基本功，不仅能让我们轻松地读懂开源项目，还能帮助我们了解代码中的技术精髓。

1.1.4 职场发展的必备技能

初级开发工程师只需要学会熟练操作框架、开发工具和编程语言，再做通过几个项目练手，基本上就能应付平时的开发工作。但是，如果读者不想一辈子只做初级工程师，想成长为高级工程师，希望在职场中获得更高的成就和更好的发展，就要重视基本功的训练和基础知识的积累。

我们发现，一些优秀软件工程师编写的代码相当“优雅”。如果我们只是将框架用得很好，聊起架构时头头是道，但代码写得很“烂”，那么我们永远都不会成为优秀的软件工程师。

在技术这条职场道路上，当我们成长到一定阶段之后，势必要承担一些培养和指导技术新人与初级工程师，以及 Code Review 的工作。如果我们自己都对什么是高质量的代码，以及如何写出高质量的代码不了解，那么又该如何指导别人？如何让他人信服？

还有，当我们成长为技术领导之后，需要负责项目的整体开发工作，为开发进度、开发效率和项目质量负责。我们不希望团队堆砌“垃圾”代码，让整个项目变得无法维护，添加、修改一个功能都很困难，最终拉低了整个团队的开发效率。

除此之外，代码质量低还会导致线上 bug 频发，排查困难，整个团队陷在不断修改无意义的低级 bug、在“烂”代码中打“补丁”之类的事情中。而一个设计良好、易维护的系统，可以让我们有时间去做更加有意义的事情。

1.1.5 思考题

请读者谈一下对学习代码设计相关知识的重要性的看法。

1.2 如何评价代码质量

在作者的工作经历中，每当同事评论项目代码质量的时候，作者听到最多的评论是“代码写得很烂”或“代码写得很好”。作者认为，用“好”“烂”这样的字眼来描述代码质量是非常笼统的。当作者询问代码到底“烂”在何处或“好”在哪里时，尽管大部分同事都能简单地罗列几个“烂”的方面或好的方面，但他们的回答往往都不够全面，知识点零碎，也无法切中要害。

当然，也有一些软件工程师对如何评价代码质量有所认识，如认为好代码是易扩展、易读、简单、易维护的，等等，但他们对于这些评价的理解往往只停留在表面上，对于诸多更加深入的问题，如“怎么才算可读性好？什么样的代码才算易扩展、易维护？可读、可扩展与可维护之间有什么关系？可维护中的‘维护’两字该如何理解？”，等等，他们并没有太清晰的认识。

实际上，对于代码质量的描述，除“好”“烂”这样比较简单、笼统的描述方式以外，还有很多语义丰富、专业和细化的描述方式，如下所示：

灵活性（flexibility）、可扩展性（extensibility）、可维护性（maintainability）、可读性（readability）、可理解性（understandability）、易修改性（changeability）、可复用性（reusability）、可测试性

（testability）、模块化（modularity）、高内聚低耦合（high cohesion loose coupling）、高效（high effciency）、高性能（high performance）、安全性（security）、兼容性（compatibility）、易用性（usability）、简洁（clean）、清晰（clarity）、简单（simple）、直接（straightforward）、少即是多（less code is more）、文档详尽（well-documented）、分层清晰（well-layered）、正确性（correctness、bug free）、健壮性（robustness）、鲁棒性（robustness）、可用性（reliability）、可伸缩性（scalability）、稳定性（stability）和优雅（elegant）等。

面到如此多的词汇，我们到底应该使用哪些词汇来描述一段代码的质量呢？

实际上，我们很难通过其中的某个或某几个词汇来全面地评价代码质量，因为这些词汇是从不同角度描述代码质量的。例如，在评价一个人的时候，我们往往通过多个方面进行综合评价，如性格、能力等，否则，对一个人的评价可能是片面的。同样，对于代码质量，我们也需要综合多种因素进行评价，不应该从单一的角度去评价。例如，一段代码的可扩展性很好，但可读性很差，那么，我们不能片面地认为这段代码的质量高。

注意，不同的评价角度并不是完全独立的，有些之间存在包含关系、重叠关系等，或者可以互相影响。例如，代码的可读性和可扩展性好，可能意味着代码的可维护性好。而且，各种评价角度不是“非黑即白”。例如，我们不能简单地将代码评价为可读或不可读。如果用数字来量化代码的可读性，那么应该是一个连续的区间值，而非 0、1 这样的离散值。

不过，我们真的可以客观地量化一段代码的质量吗？答案是否定的。对一段代码质量的评价，常常带有很强的主观性。例如，对于什么样的代码才算是可读性好，每个人的评判标准都不一样。

正是因为代码质量评价的主观性，使得这种主观评价的准确度与软件工程师自身的经验有极大的关系。软件工程师的经验越丰富，给出的评价往往越准确。形成对比的是，资历较浅的软件工程师常常觉得没有一个可量化的评价标准作为参考，很难准确判断一段代码的质量。如果无法辨别代码写得好或坏，那么，即使写再多的代码，编码能力也可能没有太大提高。

在仔细阅读前面罗列的代码质量评价标准之后，读者会发现，有些词汇过于笼统、抽象，而且偏向于对整体的描述，如优雅、好、坏、整洁和清晰等；有些过于注重细节、偏重方法论，如模块化、高内聚低耦合、文档详尽和分层清晰等；有些可能并不仅仅局限于编码，与架构设计等也有关系，如可伸缩性、可复用性和稳定性等。

为了读者有重点地进行学习，作者挑选了 7 个常用且重要的评价标准来详细讲解，包括可维护性、可读性、可扩展性、灵活性、简洁性、可复用性和可测试性。

1.2.1 可维护性（maintainability）

对于代码开发，“维护”无外乎修改 bug、修改旧的代码和添加新的代码等。“代码易维护”是指，在不破坏原有代码设计、不引入新的 bug 的情况下，能够快速修改或添加代码。“代码不易维护”是指，修改或添加代码需要冒极大的引入新 bug 的风险，并且需要很长的时间才能完成。

对于一个项目，维护代码的时间可能远远大于编写代码的时间。软件工程师可能将大部分时间花在修复 bug、修改旧的功能逻辑和添加新的功能逻辑之类的工作上。因此，代码的可维护性就显得格外重要。

对于维护、易维护和不易维护这 3 个概念，我们不难理解。不过，对于实际的软件开发，更重要的是需要清楚如何判断代码可维护性的高低。

实际上，可维护性是一个难以量化、偏向对代码整体进行评价的标准，它类似之前提到的"好""坏""优雅"之类的笼统评价。代码的可维护性高低是由很多因素共同作用的结果。代码简洁、可读性好、可扩展性好，往往就会使得代码易维护。更深入地讲，如果代码分层清晰、模块化程度高、高内聚低耦合、遵守基于接口而非实现编程的设计原则等，就可能意味着代码易维护。除此之外，代码的易维护性还与项目的代码量、业务的复杂程度、技术的复杂程度、文档的全面性和团队成员的开发水平等诸多因素有关。

1.2.2　可读性（readability）

软件设计专家 Martin Fowler 曾经说过："Any fool can write code that a computer can understand. Good programmers write code that humans can understand. "（任何人都可以编写计算机能理解的代码，而好的程序员能够编写人能理解的代码。）在 Google 内部，有一个称为"Readability"的认证。只有拿到这个认证的软件工程师，才有资格在 Code Review 的时候批准别人提交的代码。可见，代码的可读性有多么重要，毕竟，代码被阅读的次数有时候远远超过被编写和执行的次数。

代码的可读性如此重要，在编写代码的时候，我们要时刻考虑代码是否易读、易理解。代码的可读性在很大程度上会影响代码的可维护性，因为无论是修复 bug 还是添加 / 修改功能代码，我们首先要读懂代码。如果我们对代码一知半解，就有可能因为考虑不周而引入新 bug。

既然代码的可读性如此重要，那么我们如何评判一段代码的可读性呢？

我们需要查看代码是否符合代码规范，如命名是否达意、注释是否详尽、函数长度是否合适、模块划分是否清晰，以及代码是否"高内聚、低耦合"等。除此之外，Code Review 也是一个很好的测试代码可读性的手段。如果我们的同事可以轻松地读懂我们写的代码，往往能够说明我们的代码的可读性不差；如果同事在读我们写的代码时，有很多疑问，那么可能在提示我们，代码的可读性存在问题，需要重点关注。

1.2.3　可扩展性（extensibility）

代码的可扩展性是指在不修改或少量修改原有代码的情况下，能够通过扩展方式添加新功能代码。换句话说，代码的可扩展性是指在编写代码时预留了一些功能扩展点，我们可以把新功能代码直接插入扩展点，而不会因为添加新的功能代码而改动大量的原始代码。可扩展性也是评价代码质量的重要标准。代码的可扩展性表示代码应对未来需求变化的能力。与代码的可读性一样，代码是否易扩展也在很大程度上决定了代码是否易维护。

1.2.4　灵活性（flexibility）

灵活性也可以用来描述代码质量。例如，我们经常会听到这样的描述："代码写得很灵活"。那么，我们如何理解这里提到的"灵活"呢？

尽管很多人用"灵活"描述代码质量，但实际上,"灵活"是一个抽象的评价标准，给"灵活"下定义是很难的。不过，我们可以想一下，我们在什么情况下才会说代码写得很灵活呢？

作者罗列了3种场景，帮助读者理解什么是代码的灵活性。

1）当我们添加新功能代码时，由于原有代码中已经预留了扩展点，因此，我们不需要修改原有代码，只需要在扩展点上添加新代码。这个时候，我们除可以说代码易扩展以外，还可以说代码写得很灵活。

2）当我们要实现一个功能时，如果原有代码中已经抽象出了很多位于底层且可复用的模块、类等，那么我们可以直接使用。这个时候，我们除可以说代码易复用以外，还可以说代码写得很灵活。

3）当我们使用某个类时，如果这个类可以应对多种使用场景，满足多种不同需求，那么，我们除可以说这个类易用以外，还可以说这个类设计得很灵活或代码写得很灵活。

从上述场景来看，如果一段代码易扩展、易复用，或者易用，我们一般可以认为这段代码写得很灵活。因此，“灵活”的含义宽泛，很多场景都可以使用。

1.2.5 简洁性（simplicity）

有一条非常著名的设计原则，大部分读者应该都听过，那就是KISS原则：“Keep It Simple，Stupid”。该原则的意思是“尽量保持代码简单”。代码简单、逻辑清晰往往意味着代码易读、易维护。在编写代码的时候，我们往往会把“简单、清晰”原则放到首位。

不过，很多编程经验不足的程序员会觉得，简单的代码没有技术含量，喜欢在项目中引入一些复杂的设计模式，觉得这样才能体现自己的技术水平。实际上，思从深而行从简，真正的编程高手往往能用简单的方法解决复杂的问题。

除此之外，虽然我们都能认识到，代码要尽量写得简洁，要符合KISS原则，但怎样的代码才算足够简洁？怎样的代码才算符合KISS原则呢？实际上，不是每个人都能准确地做出判断，因此，在第3章介绍KISS原则的时候，我们会通过具体的代码示例详细说明。

1.2.6 可复用性（reusability）

我们可以将代码的可复用性简单地理解为“尽量减少重复代码的编写，复用已有代码”。在后续章节中，我们会经常提到“可复用性”这一代码评价标准。例如，当介绍面向对象特性的时候，我们会提到继承、多态存在的目的之一就是提高代码的可复用性；当介绍设计原则的时候，我们会提到单一职责原则与代码的可复用性相关；当介绍重构技巧的时候，我们会提到解耦、高内聚和模块化等能够提高代码的可复用性。可见，可复用性是一个重要的代码评价标准，也是很多设计原则、设计思想和设计模式等所要实现的最终效果。

实际上，代码的可复用性与DRY（Don’t Repeat Yourself）原则的关系紧密，因此，在第3章介绍DRY原则的时候，我们还会介绍代码复用相关的更多知识，如提高代码的可复用性的编程方法等。

1.2.7 可测试性（testability）

相比上述6个代码质量评价标准，代码的可测试性较少被提及，但它同样重要。代码的可测试性的高低可以从侧面准确地反映代码质量的高低。代码的可测试性低，难以编写单元测

试，那么，基本能够说明代码的设计有问题。关于代码的可测试性，我们将在重构部分（见5.3节）详细讲解。

1.2.8 思考题

除本节提到的代码质量评价标准，还有哪些代码质量评价标准？读者心目中的高质量代码是什么样子的呢？

1.3 如何写出高质量代码

每位软件工程师都想写出高质量代码，那么，如何才能写出高质量代码呢？在1.2节中，我们提到了7个常用且重要的代码质量评价标准。高质量的代码也就等同于易维护、易读、易扩展、灵活、简洁、可复用、可测试的代码。

想要写出满足上述代码质量评价标准的高质量代码，我们需要掌握一些细化、可落地的编程方法论，包括面向对象设计范式、设计原则、代码规范、重构技巧和设计模式等。而掌握这些编程方法论的最终目的是编写出高质量的代码。这些编程方法论是后续章节讲解的重点内容，我们先熟悉一下它们。

本节相当于本书的一个学习框架，先简单介绍后续章节涉及的知识点，使读者对全书有整体性了解，帮助读者将后面零散的知识点系统地组织在大脑里。

1.3.1 面向对象

目前，编程范式或编程风格主要有3种：面向过程、面向对象和函数式编程。面向对象编程风格是其中的主流。现在流行的编程语言大部分属于面向对象编程语言。另外，大部分项目也都是基于面向对象编程风格开发的。面向对象编程因其具有丰富的特性（封装、抽象、继承和多态），可以实现很多复杂的设计思路，所以，它是很多设计原则、设计模式编码实现的基础。

对于面向对象，读者需要掌握下面7个知识点（详见第2章）。

1）面向对象的四大特性：封装、抽象、继承和多态。

2）面向对象编程与面向过程编程的区别和联系。

3）面向对象分析、面向对象设计和面向对象编程。

4）接口和抽象类的区别，以及各自的应用场景。

5）基于接口而非实现编程的设计思想。

6）“多用组合，少用继承”设计思想。

7）面向过程的“贫血”模型和面向对象的“充血”模型。

1.3.2 设计原则

设计原则是代码设计时的一些经验总结。设计原则有一个特点：这些设计原则看起来比较抽象，定义描述比较模糊，不同的人对同一个设计原则会有不同的解读。因此，如果我们单纯地记忆它们的定义，那么对编程、设计能力的提高并没有太大帮助。对于每一种设计原则，我们需要掌握它能解决什么问题和应用场景。只有掌握这些内容，我们才能在项目中灵活、恰当地应用这些设计原则。实际上，设计原则是心法，设计模式是招式。因此，设计原则比设计模式普适、重要。只有掌握了设计原则，我们才能清楚地了解为什么使用某种设计模式，并且恰到好处地应用设计模式，甚至还可以创造新的设计模式。

对于设计原则，读者需要理解并掌握下列 9 种原则（详见第 3 章）。

1）单一职责原则（SRP）。

2）开闭原则（OCP）。

3）里氏替换原则（LSP）。

4）接口隔离原则（ISP）。

5）依赖反转原则（DIP）。

6）KISS 原则、YAGNI 原则、DRY 原则和 LoD 法则。

1.3.3 设计模式

设计模式是针对软件开发中经常遇到的一些设计问题而总结的一套解决方案或设计思路。大部分设计模式解决的是代码的解耦、可扩展性问题。相对于设计原则，设计模式没有那么抽象，而且大部分不难理解，代码实现也并不复杂。对于设计模式的学习，我们需要重点掌握它们能够解决哪些问题和典型的应用场景，并且不过度使用。

随着编程语言的演进，一些设计模式（如单例模式）逐渐过时，甚至成为反模式，一些设计模式（如迭代器模式）则被内置在编程语言中，还有一些新设计模式出现，如单态模式。

在本书中，我们会重点讲解 22 种经典设计模式，它们分为三大类：创建型、结构型和行为型。在这 22 种设计模式中，有些设计模式常用，有些设计模式很少被用到。对于常用的设计模式，我们要花费多一些时间理解和掌握。对于不常用的设计模式，我们了解即可。

按照类型，我们对本书中提到的设计模式进行了简单的分类。

1）创建型设计模式：单例模式、工厂模式（包括简单工厂模式、工厂方法模式、抽象工厂模式）、建造者模式和原型模式。

2）结构型设计模式：代理模式、装饰器模式、适配器模式、桥接模式、门面模式、组合模式和享元模式。

3）行为型设计模式：观察者模式、模板方法模式、策略模式、职责链模式、状态模式、迭代器模式、访问者模式、备忘录模式、命令模式、解释器模式和中介模式。

1.3.4 代码规范

代码规范主要解决的是代码的可读性问题。相对于设计原则、设计模式，代码规范更加具体且偏重代码细节。如果软件工程师开发的项目并不复杂，那么可以不必了解设计原则和掌握设计模式，但起码需要熟练掌握代码规范，如变量、类和函数的命名规范，代码注释的规范等。因此，相比设计原则、设计模式，代码规范基础且重要。

不过，相对于设计原则、设计模式，代码规范更容易理解和掌握。学习设计原则和设计模式需要融入很多个人的理解和思考，但学习代码规范并不需要。每条代码规范都非常简单且明确，读者只要照着做即可，所以，本书并没有花费太大篇幅讲解所有的代码规范，而是总结了作者认为能够有效改善代码质量的17条规范。

除代码规范以外，作者还会介绍一些代码的“坏味道”，帮助读者了解什么样的代码是不符合规范的，以及应该如何优化。参照代码规范，读者可以写出可读性高的代码；在了解了代码的“坏味道”后，读者可以找出代码存在的可读性问题。

1.3.5　重构技巧

在软件开发中，只要软件不停迭代，就没有一劳永逸的设计。随着需求的变化，代码的不停堆砌，原有的设计必定存在问题。针对这些问题，我们需要对代码进行重构。重构是软件开发中的重要环节。持续重构是保持代码质量不下降的有效手段，能够有效避免代码“腐化”到“无可救药”的地步。

重构的工具有面向对象编程范式、设计原则、设计模式和代码规范。实际上，设计原则和设计模式的重要应用场景就是重构。我们知道，虽然设计模式可以提高代码的可扩展性，但过度或不恰当地使用它，会增加代码的复杂度，影响代码的可读性。在开发初期，除非必要，我们一定不要过度设计，应用复杂的设计模式，而是当代码出现问题的时候，我们再针对问题，应用设计原则和设计模式进行重构，这样就能有效避免前期的过度设计问题。

关于重构，本书重点讲解以下3方面的内容。通过对这些内容的讲解，希望读者不但可以掌握一些重构技巧，更重要的是建立持续重构意识，把重构当作开发的一部分，融入日常的开发中。

1）重构的目的（why）、对象（what）、时机（when）和方法（how）。

2）保证重构不出错的技术手段：单元测试，以及代码的可测试性。

3）两种不同规模的重构：大重构（大规模，高层次）和小重构（小规模，低层次）。

下面总结一下面向对象编程、设计原则、设计模式、代码规范和重构技巧的关系。

1）面向对象编程范式因其丰富的特性（封装、抽象、继承和多态），可以实现很多复杂的设计思路，所以，它是很多设计原则、设计模式编码实现的基础。

2）设计原则是指导代码设计的一些经验总结，是代码设计的心法，指明了代码设计的大方向。相比设计模式，它更加普适。

3）设计模式是针对软件开发中经常遇到的一些设计问题而总结的一套解决方案或设计思路。应用设计模式的主要目的是解耦，提高代码的可扩展性。从抽象程度上来讲，设计原则比设计模式更抽象。设计模式更加具体，更加容易落地执行。

4）代码规范主要解决代码可读性问题。相比设计原则、设计模式，代码规范更加具体、更加偏重代码细节和更加可落地执行。持续的小重构主要依赖的理论就是代码规范。

5）重构作为保持代码质量不下降的有效手段，依靠的就是面向对象编程范式、设计原则、设计模式和代码规范这些理论知识。

实际上，面向对象编程范式、设计原则、设计模式、代码规范和重构技巧都是保持或提高代码质量的方法论，本质上都是服务于编写高质量的代码这一件事。当我们看清这个本质之后，很多选择如何做就清楚了。例如，在某个场景下，是否使用某个设计模式，判断的标准就是能否能够提高代码质量。

实际上，想要编写高质量的代码，除积累上述理论知识以外，我们还需要进行一定强度的刻意训练。很多程序员提到过，虽然学习了相关的理论知识，但是容易忘记，而且在遇到问题时想不到对应的知识点。实际上，这就是缺乏理论结合实践的刻意训练。例如，在上学的时候，老师在讲解完某个知识点之后，往往配合讲解几道例题，然后让我们通过课后习题来强化这个知识点。这样，当我们再次遇到类似问题时，就能够立即想到相应的知识点。

除掌握理论知识、刻意训练以外，具备代码质量意识也非常重要。在写代码之前，我们要多思考未来有哪些扩展需求，哪部分代码是会变的，哪部分代码是不变的，这样编写代码会不会导致以后添加新功能时比较困难、代码的可读性不高等问题。具备了这样的代码质量意识，也就离写出高质量的代码不远了。

1.3.6 思考题

结合自己的工作，读者认为本节介绍的哪一部分内容能够有效提高代码质量？读者还知道哪些提高代码质量的方法？

1.4 如何避免过度设计

我们常说，一定要重视代码质量，写代码之前，不要忽略代码设计环节。实际上，不做代码设计不好，过度设计也不好。在作者过往的工作经历中，遇到过很多同事，特别是开发经验比较少的同事，喜欢对代码进行过度设计，滥用设计模式。在开始编写代码之前，他们会花很长时间进行代码设计。对于简单的需求或简单的代码，他们经常会在开发过程中应用各种设计模式，希望代码更加灵活，为未来的扩展打好基础，实则过度设计，因为未来的需求并不一定会实现，这样做徒增代码的复杂度。因此，我们有必要讲一下如何避免过度设计，特别是如何避免滥用设计模式（面向对象编程范式、设计原则、代码规范和重构技巧等不容易被过度使用）。

1.4.1 代码设计的初衷是提高代码质量

谈到创业，我们经常听到一个词：初心。“初心”的意思是我们到底为什么做这件事。无论产品经过多少次迭代、转变多少次方向，“初心”一般不会改变。当我们在为产品该不该转型、该不该实现某个功能犹豫不决时，想想我们创业时的初心，自然就有答案了。

实际上，应用设计模式时也是如此。设计模式只是方法，应用它的最终目的（也就是初心）是提高代码的质量，也就是提高代码的可读性、可扩展性和可维护性等。所有的代码设计都是围绕这个初心来进行的。

因此，在进行代码设计时，我们一定要先思考一下为什么要这样设计，为什么要应用这种设计模式，以及这样做是否能够真正提高代码质量，能够提高代码哪些方面的质量。如果自己很难想清楚这些问题，或者给出的理由比较牵强，那么基本上可以断定这是一种过度设计，是“为了设计而设计”。

1.4.2 代码设计的原则是“先有问题，后有方案”

如果我们把代码看作产品，那么，在做产品时，我们就要先思考产品的“痛点”在哪里，用户的真正需求是什么，然后开发满足需求的功能，而不是先实现一个“花哨”的功能，再东拼西凑出一个需求。

代码设计与此类似。我们先分析代码存在的“痛点”，如可读性不高、可扩展性不高等，再有针对性地利用设计模式、设计原则对代码进行改善，而不是见到某个场景之后，就盲目地认为与之前看到的某个设计模式、设计原则的应用场景相似，随意套用，不考虑是否合适。如果有人问起，就找几个伪需求进行搪塞，如提高了代码的扩展性、满足开闭原则等，这样是不可取的。

实际上，很多没有太多开发经验的新手，往往在学完设计模式之后会非常“学生气”，不懂得具体问题具体分析，手里拿着锤子，看哪个都是钉子，不分青红皂白，套用各种设计模式。写完之后，看着自己写的很复杂的代码，还沾沾自喜，这样的做法很不可取。希望本节内容能够给读者带来一些启发。

1.4.3 代码设计的应用场景是复杂代码

一些设计模式图书会给出一些简单的例子，但这些例子仅仅是为了能在有限的篇幅内向读者讲清楚设计模式的原理和实现，并没有实战意义。而有些读者会误以为这些简单的例子就是这些设计模式的典型应用场景，经常照葫芦画瓢，盲目地应用到自己的项目中，用复杂的设计模式去解决简单的问题。在作者看来，这是很多初学者在学完设计模式之后，在项目中进行过度设计的首要原因。

应用设计模式的目的是解耦，也就是利用更好的代码结构，将一大段代码拆分成职责单一的“小”类，让代码满足“高内聚，低耦合”等特性。创建型设计模式是将创建代码和使用代码解耦，结构型设计模式是将不同的功能代码解耦，行为型设计模式是将不同的行为代码解耦。而解耦的主要目的是应对代码的复杂性问题。也就是说，设计模式是为了解决复杂代码问题而产生的。如果我们开发的代码不复杂，那么就没有必要引入复杂的设计模式。这与数据结构和算法应对的是大规模数据的问题类似。如果数据规模很小，那么再高效的数据结构和算法也发挥不了太大作用。例如，对几十个字符长度的字符串进行匹配，使用简单的朴素字符串匹配算法即可，没有必要使用具备更高性能的 KMP 算法，因为 KMP 算法尽管在性能上比朴素字符串匹配算法高一个量级，但算法本身的复杂度也高很多。

对于复杂代码，如项目的代码量大、开发周期长、参与开发的人员多，我们在前期要多花点时间在设计上。代码越复杂，我们花在设计上的时间就越多。不仅如此，对于每次提交的代码，我们都要保证质量，以及经过足够的思考和精心设计，这样才能避免出现“烂代码效应”（每次提交的代码的质量都不高，累积起来，整个项目最终的代码质量就会很差）。如果我们参与的只是一个简单的项目，代码量不大，开发人员也不多，那么，简单的问题用简单的解决方案处理即可，不必引入复杂的设计模式，不要将简单问题复杂化。

1.4.4 持续重构可有效避免过度设计

我们知道，应用设计模式可以提高代码的可扩展性，但同时会降低代码的可读性。一旦我们引入某个复杂的设计，之后即便在很长一段时间都没有扩展的需求，也不可能将这个复杂的设计删除，整个团队要一直背负着这个复杂的设计前行。

为了避免错误的需求预判导致的过度设计，作者推荐持续重构的开发方法。持续重构不仅是保证代码质量的重要手段，也是避免过度设计的有效方法。在真正有痛点时，我们再考虑用设计模式来解决，而不是一开始就为不一定实现的未来需求而应用设计模式。

当对是否应用某种设计模式模棱两可时，我们可以思考一下，如果暂时不用这种设计模式，随着代码的演进，当某一天不得不去使用它时，需要改动的代码是否很多。如果不是，那么能不用就不用，遵守 KISS 原则。对于 10 万行以内的代码，如果团队成员稳定，对代码涉及的业务熟悉，那么，即便将所有的代码重写，也不会花费太多时间，因此，不必为代码的扩展性过度担忧。

1.4.5 不要脱离具体的场景谈代码设计

代码设计是一个很主观的事情。毫不夸张地讲，代码设计可以称为一种“艺术”。因此，代码设计的好坏很难评判。如果真的要进行评判，那么尽量将其放到具体的场景中。作者认为，脱离具体的场景谈论代码设计是否合理是空谈。这就像我们经常说的，脱离业务谈架构是不切实际的。

例如，一个手机游戏项目是否能被市场接受，往往非常不确定。很多手机游戏开发出来之后，市场反馈很差，立即就被放弃了。另外，尽快推出并占领市场是手机游戏致胜的关键。所以，对于一些手机游戏项目的开发，前期往往不会在代码设计、代码质量上花费太多时间。但是，如果我们开发的是 MMORPG（大型多人在线角色扮演游戏）类的大型端游，那么资金和人力投资相当大，项目推倒重来的成本很大。这个时候，代码的质量就很重要了。因此，在项目前期，我们就要多花点时间在代码设计上，否则，代码质量太差，bug 太多，后期将无法维护，也会导致很多用户放弃而选择同类型的其他游戏。

又如，如果我们开发的是偏底层的、框架类的、通用的代码，代码质量就比较重要，因为一旦出现问题或代码需要改动，影响面会比较大。如果我们开发的是业务系统或不需要长期维护的项目，那么放低对代码质量的要求是可以接受的，因为自己开发的项目的代码与其他项目没有太多耦合，即便出现问题，影响也不大。

在学习代码设计时，我们要重视分析问题能力和解决问题能力的锻炼。在看到某段代码时，我们要能够分析代码的优秀之处和不足之处并说明原因，还需要知道如何改善代码。相反，如果我们只是掌握了理论知识，即便把 22 种设计模式的原理和代码实现背得滚瓜烂熟，如果不具备具体问题具体分析的能力，那么，在面对多种多样的真实项目的代码时，也很容易滥用设计模式而过度设计。

1.4.6 思考题

如何避免过度设计？关于这个话题，读者有哪些心得体会和经验教训？

第 2 章　面向对象编程范式

常用的编程范式（或称编程风格）有3种：面向过程编程、面向对象编程和函数式编程。面向过程编程已经过时，函数式编程并不能替代面向对象编程，只能用在一些特殊的业务领域，因此，面向对象编程是目前流行的编程范式。复杂的代码设计大多采用面向对象编程实现。本章重点讲解面向对象编程范式。

2.1 当我们在谈论面向对象时，到底在谈论什么

提到面向对象，大部分程序员不会感到陌生，并且能够说出面向对象的四大特性：封装、抽象、继承和多态。实际上，面向对象这个概念包含的内容远不止这些。本节简单介绍在谈论面向对象时经常提及的一些概念和知识点，为后续章节中细化的内容做铺垫。

2.1.1 面向对象编程和面向对象编程语言

面向对象编程（Object Oriented Programming，OOP）中有两个基础且重要的概念：类（class）和对象（object）。类和对象的概念最早出现在 1960 年，在 Simula 编程语言中第一次使用。面向对象编程这个概念第一次被使用是在 Smalltalk 编程语言中。Smalltalk 被认为是第一个真正意义上的面向对象编程语言（Object Oriented Programming Language，OOPL）。

1980 年前后，C++ 的出现促进了面向对象编程的流行，使得面向对象编程被越来越多的人认可。如果不按照严格的定义划分，那么大部分编程语言都是面向对象编程语言，如 Java、C++、Go、Python、C#、Ruby、JavaScript、Objective-C、Scala、PHP 和 Perl 等。而且，大部分项目都是基于面向对象编程语言进行开发的。

在介绍面向对象编程的发展过程时，作者提到了两个概念：面向对象编程和面向对象编程语言。那么，究竟什么是面向对象编程？什么编程语言才是面向对象编程语言？如果我们一定要给出一个定义的话，那么可以用下面两句话来概括。

1）面向对象编程是一种编程范式或编程风格。它以类或对象作为组织代码的基本单元，并将封装、抽象、继承与多态 4 个特性作为代码的设计和实现的基石 。

2）面向对象编程语言支持类或对象的语法机制，有现成的语法机制能方便地实现面向对象编程的四大特性（封装、抽象、继承和多态）。

一般来讲，面向对象编程是使用面向对象编程语言进行的，但是，不使用面向对象编程语言，我们照样可以进行面向对象编程。即便我们使用面向对象编程语言，写出来的代码也不一定是面向对象编程风格的，有可能是面向过程编程风格的。这里的讲解有点不太好理解，我们会在 2.5 节详细讨论。

理解面向对象编程和面向对象编程语言的关键是理解面向对象编程的四大特性：封装、抽象、继承和多态。关于面向对象编程的特性，还有另外一种说法，就是只包含三大特性：封装、继承和多态，不包含抽象。为什么会产生这种分歧呢？为什么抽象可以排除在面向对象编程的特性之外呢？我们在 2.2 节解答。其实，我们不必纠结到底是四大特性还是三大特性，关键是理解每种特性的内容、存在的意义和能够解决的问题。

在技术圈，封装、抽象、继承和多态并不是固定地被称为“四大特性”（feature），也经常被称为面向对象编程的四大概念（concept）、四大基石（corner stone）、四大基础（fundamental）或四大支柱（pillar）等。本书将这 4 个特性统一称为“四大特性”。

2.1.2　非严格定义的面向对象编程语言

有些读者可能已经注意到，在上面的介绍中，我们提到，“如果不按照严格的定义划分，大部分编程语言都是面向对象编程语言”。为什么要加上“如果不按照严格的定义”这个前提呢？如果按照上面给出的严格的面向对象编程语言的定义，前面提到的有些编程语言并不是严格意义上的面向对象编程语言，如JavaScript，它不支持封装和继承特性，但在某种意义上，它又可以算是一种面向对象编程语言。为什么这么说呢？如何判断一个编程语言到底是不是面向对象编程语言呢？

还记得前面给出的面向对象编程和面向对象编程语言的定义吗？这里必须说一下，上面提到的面向对象编程和面向对象编程语言的定义是作者自己给出的。实际上，对于面向对象编程和面向对象编程语言，目前并没有官方的、统一的定义。而且，从1960年面向对象编程出现开始，这两个概念一直都在不停演化，因此，无法给出明确的定义，其实也没有必要给出明确的定义。

实际上，按照简单、原始的方式理解，面向对象编程就是一种将对象或类作为代码组织的基本单元来进行编程的编程范式或编程风格，并不一定需要封装、抽象、继承和多态这4个特性的支持。但是，在进行面向对象编程的过程中，软件工程师不停地总结并发现，有了这4个特性，就能更容易地实现各种面向对象的代码设计思路。例如，在面向对象编程的过程中，经常会遇到is-a这种类关系（如狗是一种动物），而继承这个特性就能很好地支持is-a的代码设计思路，并且可以解决代码复用的问题，因此，继承就成为面向对象编程的四大特性之一。随着编程语言的不断迭代、演化，软件工程师发现继承这种特性容易造成层次不清、代码混乱，因此，很多编程语言在设计的时候摒弃了继承特性，如Go语言。但是，我们并不能因为某种语言摒弃了继承特性，就片面地认为它不是面向对象编程语言。

作者认为，只要某种编程语言支持类或对象的语法概念，并且以此作为组织代码的基本单元，就可以简单地认为它是面向对象编程语言。是否有现成的语法机制，完全支持面向对象编程的四大特性，以及是否对四大特性有所取舍和优化，可以不作为判定的标准。也就是说，按照严格的定义，很多语言不能算是面向对象编程语言，但按照不严格的定义，现在流行的大部分编程语言是面向对象编程语言。

我们没必要非给面向对象编程和面向对象编程语言下个定义，也不要过分争论某种编程语言到底是不是面向对象编程语言，因为这样做意义不大。

2.1.3　面向对象分析和面向对象设计

面向对象编程（OOP）不仅是一种编程风格，还可以是一种行为。提到面向对象编程，不得不提其他两个概念：面向对象分析（Object Oriented Analysis，OOA）和面向对象设计（Object Oriented Design，OOD）。面向对象分析、面向对象设计和面向对象编程（实现）对应面向对象软件开发的3个阶段。

面向对象分析与面向对象设计中的“分析”和“设计”，只需要从字面上理解，不需要过度解读，简单类比软件开发中的需求分析和系统设计。为什么“分析”和“设计”前加了修饰词“面向对象”呢？有什么特殊意义吗？

之所以在“分析”和“设计”前加上“面向对象”，是因为我们是围绕对象或类进行的需求分析和设计。分析和设计这两个阶段的最终产出是类的设计，包括程序拆解为哪些类，每个类有哪些属性和方法，以及类之间如何交互等。它们比其他类型的分析和设计更加具体与贴近编码，更容易落地，能够顺利过渡到面向对象编程环节。这也是面向对象分析和面向对象设计与其他分析与设计的最大不同点。

那么，面向对象分析、面向对象设计和面向对象编程各自负责哪些工作呢？简单来说，面向对象分析就是要弄清楚做什么，面向对象设计就是要弄清楚怎么做，面向对象编程就是将分析和设计的结果翻译成代码。在 2.3 节中，我们会通过一个实际案例详细讲解如何进行面向对象分析、面向对象设计和面向对象编程。

2.1.4 关于 UML 的说明

讲到面向对象分析、面向对象设计和面向对象编程，我们不得不提 UML（Unified Model Language，统一建模语言）。很多讲解面向对象或设计模式的图书，常用它画图表达面向对象或设计模式的设计思路。实际上，UML 非常复杂，不仅包含我们经常提到的类图，还包含用例图、顺序图、活动图、状态图和组件图等。在作者看来，单单一个类图的学习成本就已经很高了。对于类之间的关系，UML 定义了很多种，如泛化、实现、关联、聚合、组合和依赖等。想要完全掌握类之间的关系，并且熟练运用这些类之间的关系画 UML 类图，需要很多的学习时间。而且，UML 作为一种沟通工具，即便我们能够完全按照 UML 规范画图，但对于不熟悉它的人，看懂的成本仍然很高。

根据作者的开发经验，在互联网公司的项目开发中，UML 的用处并不大。为了文档化软件设计或方便讨论软件设计，大部分情况下，随手画个不那么规范的草图，能够表达意思和方便沟通就足够了，而如果完全按照 UML 规范将草图标准化，那么成本和实际收益可能不成正比。

所以，特别说明一下，本书中的很多类图并没有完全遵守 UML 规范。为了兼顾图的表达能力和学习成本，本书对 UML 类图规范做了简化，但配上了详细的文字说明，力图让读者一眼就能看懂，而不会反向增加读者的学习成本。毕竟，本书提供类图的目的是让读者清晰地理解设计。

2.1.5 思考题

1）在本节中，我们提到，UML 的学习成本很高，不推荐在面向对象分析、面向对象设计中使用，读者对此有何看法？

2）《设计模式：可复用面向对象软件的基础》（*Design Patterns: Elements of Reusable Object-Oriented Software*）是经典的设计模式图书，请读者思考一下，为什么此书名中会特意提到“面向对象”？

2.2 封装、抽象、继承和多态为何而生

对于封装、抽象、继承和多态 4 个特性，我们只知道定义是不够的，还要知道它们存在的

意义，以及能够解决哪些编程问题。因此，本节就针对每种特性，结合实际的代码，带领读者弄清楚这些问题。

这里先强调一下，对于这 4 个特性，尽管大部分面向对象编程语言都提供了相应的语法机制来支持，但不同的编程语言实现这 4 个特性的语法机制可能有所不同。因此，本节对 4 个特性的讲解并不与具体编程语言的特定语法挂钩，读者也不要将自己局限在熟悉的编程语言的语法框架里。

2.2.1 封装（encapsulation）

封装也称为信息隐藏或数据访问保护。类通过暴露有限的访问接口，授权外部仅能通过类提供的方式（或者称为函数）来访问内部信息或数据。如何理解呢？我们通过一个简单的例子解释一下。

在金融系统中，我们会给每个用户创建一个虚拟钱包，用来记录用户在系统中的虚拟货币量。下面这段代码实现了金融系统中一个简化版的虚拟钱包。

```
public class Wallet {
  private String id;
  private long createTime;
  private BigDecimal balance;
  private long balanceLastModifiedTime;
  // ...省略其他属性...

  public Wallet() {
    this.id = IdGenerator.getInstance().generate();
    this.createTime = System.currentTimeMillis();
    this.balance = BigDecimal.ZERO;
    this.balanceLastModifiedTime = System.currentTimeMillis();
  }

  // 注意：下面对get方法做了代码折叠，这是为了减少代码所占的篇幅
  public String getId() { return this.id; }

  public long getCreateTime() { return this.createTime; }

  public BigDecimal getBalance() { return this.balance; }

  public long getBalanceLastModifiedTime() { return this.balanceLastModifiedTime }

  public void increaseBalance(BigDecimal increasedAmount) {
    if (increasedAmount.compareTo(BigDecimal.ZERO) < 0) {
        throw new InvalidAmountException("...");
    }
    this.balance.add(increasedAmount);
    this.balanceLastModifiedTime = System.currentTimeMillis();
  }

  public void decreaseBalance(BigDecimal decreasedAmount) {
    if (decreasedAmount.compareTo(BigDecimal.ZERO) < 0) {
        throw new InvalidAmountException("...");
    }
    if (decreasedAmount.compareTo(this.balance) > 0) {
        throw new InsufficientAmountException("...");
    }
    this.balance.subtract(decreasedAmount);
```

```
        this.balanceLastModifiedTime = System.currentTimeMillis();
    }
}
```

在上述代码中，我们可以发现，Wallet 类主要有 4 个属性（也称为成员变量），也就是上文提到的信息或数据。其中，id 表示钱包的唯一编号，createTime 表示钱包创建的时间，balance 表示钱包中的余额，balanceLastModifiedTime 表示最近一次钱包余额变更的时间。参照封装特性，Wallet 类对其 4 个属性的访问方式进行了限制。调用者只允许通过下面这 6 个方法访问或修改钱包里的数据。

1）String getId()

2）long getCreateTime()

3）BigDecimal getBalance()

4）long getBalanceLastModifiedTime()

5）void increaseBalance(BigDecimal increasedAmount)

6）void decreaseBalance(BigDecimal decreasedAmount)

之所以这样设计，是因为从业务的角度，id、createTime 在创建钱包的时候就确定了，之后不应该再被改动，因此，在 Wallet 类中，并没有提供 id、createTime 这两个属性的任何修改方法，如常用的 setter 方法。而且，对于 Wallet 类的调用者，id、createTime 这两个属性的初始化应该是透明的，因此，我们在 Wallet 类的构造函数内部将这两个属性初始化，而没有通过构造函数的参数进行外部赋值。

从业务的角度来看，对于钱包余额 balance 属性，只能增或减，不会被重新设置。因此，在 Wallet 类中，只提供了 increaseBalance() 和 decreaseBalance() 方法，并没有提供 setter 方法。balanceLastModifiedTime 属性与 balance 属性的修改操作绑定在一起，也就是说，只有在 balance 修改的时候，balanceLastModifiedTime 属性才会被修改。因此，我们把 balanceLastModifiedTime 属性的修改操作完全封装在 increaseBalance() 和 decreaseBalance() 两个方法中，不对外暴露任何修改这个属性的方法和业务细节，这样可以保证 balance 和 balanceLastModifiedTime 这两个数据的一致性。

对于封装特性，需要编程语言本身提供一定的语法机制来支持。这个语法机制就是访问权限控制。上面代码示例中的 private、public 等关键字就是 Java 语言中的访问权限控制语法。private 关键字修饰的属性只能被类本身访问，可以保护其不被类之外的代码直接访问。如果 Java 语言没有提供访问权限控制语法，那么所有的属性默认是 public，任意外部代码都可以通过类似“wallet.id=123;”方式直接访问和修改属性，没办法达到隐藏信息和保护数据的目的，也就无法支持封装特性。

上面介绍了封装特性的定义，下面介绍封装存在的意义和它能够解决编程中的什么问题。

如果我们对类中属性的访问不做限制，那么任何代码都可以访问、修改类中的属性。虽然这看起来更加灵活，但是，过度灵活意味着不可控，属性可以通过各种奇怪的方式被随意修改，而且修改逻辑可能散落在代码的各个角落，影响代码的可读性、可维护性。例如，在不了解业务逻辑的情况下，在某段代码中重设了 wallet 中的 balanceLastModifiedTime 属性，而没有修改 balance，这就会导致 balance 和 balanceLastModifiedTime 的数据不一致。

除此之外，类通过提供有限的方法暴露必要的操作，也能提高类的易用性。如果我们把类的属性都暴露给类的调用者，调用者想要正确地操作这些属性，就要对业务细节有足够的了

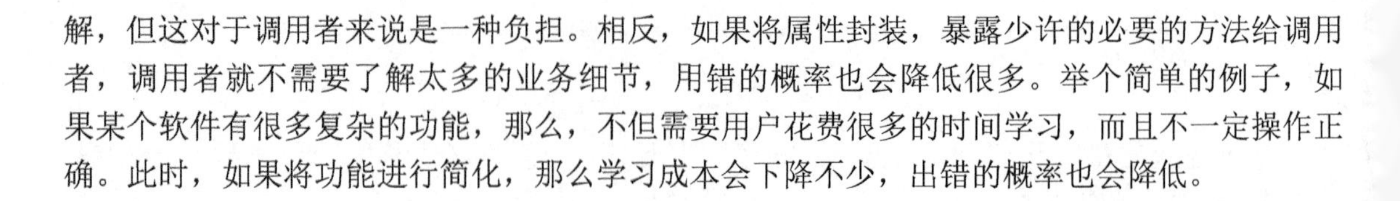

解，但这对于调用者来说是一种负担。相反，如果将属性封装，暴露少许的必要的方法给调用者，调用者就不需要了解太多的业务细节，用错的概率也会降低很多。举个简单的例子，如果某个软件有很多复杂的功能，那么，不但需要用户花费很多的时间学习，而且不一定操作正确。此时，如果将功能进行简化，那么学习成本会下降不少，出错的概率也会降低。

2.2.2　抽象（abstraction）

介绍完封装特性，我们介绍抽象特性。封装主要是隐藏信息和保护数据，而抽象是隐藏方法的内部实现，让调用者只需要关心方法提供了什么功能，并不需要知道这个功能是如何实现的。

在面向对象编程中，我们经常借助编程语言提供的接口（如 Java 中的 interface 关键字）和抽象类（如 Java 中的 abstract 关键字）这两种语法机制来实现抽象特性。

对于抽象特性，我们通过代码示例进一步说明。

```
public interface IPictureStorage {
  void savePicture(Picture picture);
  Image getPicture(String pictureId);
  void deletePicture(String pictureId);
  void modifyMetaInfo(String pictureId, PictureMetaInfo metaInfo);
}

public class PictureStorage implements IPictureStorage {
  // ...省略其他属性...
  @Override
  public void savePicture(Picture picture) { ... }

  @Override
  public Image getPicture(String pictureId) { ... }

  @Override
  public void deletePicture(String pictureId) { ... }

  @Override
  public void modifyMetaInfo(String pictureId, PictureMetaInfo metaInfo) { ... }
}
```

上述代码利用 Java 中的 interface 接口语法实现抽象特性。调用者在使用图片存储功能的时候，只需要了解 IPictureStorage 这个接口类暴露了哪些方法，不需要查看 PictureStorage 类里的具体实现逻辑。

实际上，抽象特性是非常容易实现的，并不一定需要依靠接口或抽象类这些特殊的语法机制。换句话说，并不是一定要为实现类（PictureStorage）抽象出接口（IPictureStorage），才算是抽象。即便不编写 IPictureStorage 接口，PictureStorage 类本身就满足抽象特性。

之所以这么说，是因为类中的方法是通过编程语言中的“函数”这一语法机制实现的。通过函数包裹具体的实现逻辑，这本身就是一种抽象。在使用函数时，调用者并不需要研究函数内部的实现逻辑，只需要通过函数的命名、注释或文档，了解其提供了什么功能，就可以直接使用。例如，在使用 C 语言提供的 malloc() 函数时，我们并不需要了解它的底层代码是如何实现的。

在 2.1 节中，我们曾经提到过，抽象有时会被排除在面向对象编程的四大特性之外，现在解释一下。抽象是一个通用的设计思想，并不只用在面向对象编程中，还可以用来指导架构设计等。对于抽象特性的实现，不需要编程语言提供特殊的语法机制，只需要提供“函数”这一基础的语法机制。因此，抽象没有很强的“特异性”，有时候它并不被看作面向对象编程的特性之一。

介绍完抽象特性的定义，下面介绍抽象存在的意义和它能够解决编程中的什么问题。

实际上，上升到一个更高的层面，抽象和封装都是人类处理复杂系统的有效手段。在面对复杂的系统时，人类大脑能承受的信息复杂度是有限的，因此必须忽略一些非关键性的实现细节。抽象作为一种只关注功能而不关注实现的设计思路，正好帮助我们的大脑过滤掉许多非必要的信息。

在代码设计中，抽象作为一种宽泛的设计思想，起到了重要的指导作用。很多设计原则都体现了抽象这种设计思想，如基于接口而非实现编程、开闭原则（对扩展开放、对修改关闭）和代码解耦（降低代码的耦合性）等，后续章节会具体说明。

在定义（或称为命名）类的方法时，我们也要具备抽象思维，即不要在方法的定义中暴露太多的实现细节，以保证在未来的某个时间点，需要改变方法的实现逻辑时，不需要修改方法的定义。举个简单例子，如 getAliyunPictureUrl() 就不是一个具有抽象思维的命名，因为如果未来的某一天，我们不再把图片存储在阿里云上，而是存储在私有云上，那么这个函数的命名就要随之修改。相反，如果我们定义一个比较抽象的函数名，如 getPictureUrl()，那么即便修改内部存储方式，也不需要修改函数名。

2.2.3 继承（inheritance）

如果读者熟悉 Java、C++ 这类面向对象编程语言，那么对继承特性应该不会感到陌生。继承用来表示类之间的 is-a 关系，如猫是一种哺乳动物。从继承关系来讲，继承可以分为两种模式：单继承和多继承。单继承表示一个子类只继承一个父类，多继承表示一个子类可以继承多个父类。

为了实现继承特性，编程语言需要提供特殊的语法机制，如 Java 使用 extends 关键字实现继承，C++ 使用英文冒号（如 class B : public A）实现继承，Python 使用“()”实现继承，Ruby 使用“<”实现继承。注意，有些编程语言只支持单继承，不支持多继承，如 Java、PHP、C# 和 Ruby 等，而有些编程语言既支持单继承，又支持多继承，如 C++、Python 和 Perl 等。

介绍完继承特性，下面介绍继承存在的意义和它能够解决编程中的什么问题。

继承的最大作用是代码复用。假如两个类有一些相同的属性和方法，我们就可以将这些相同的部分抽取到父类中，让两个子类继承父类。这样，两个子类就可以复用父类中的代码，避免重复编写相同的代码。

如果代码中有一个猫类和一个哺乳动物类，那么猫属于哺乳动物是 is-a 关系。通过继承关联两个类，从而反映真实世界中的这种关系，符合人类的认知。

继承特性很好理解，也很容易使用。不过，如果过度使用继承，即继承层次过深、过复杂，就会导致代码的可读性和可维护性变差。为了了解一个类的功能，我们不仅需要查看这个类的代码，还需要按照继承关系逐层查看父类、父类的父类等的代码。如果子类和父类高度耦合，那么修改父类的代码会直接影响子类。

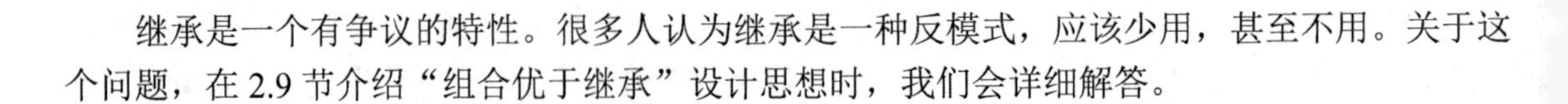

继承是一个有争议的特性。很多人认为继承是一种反模式，应该少用，甚至不用。关于这个问题，在 2.9 节介绍“组合优于继承”设计思想时，我们会详细解答。

2.2.4　多态（polymorphism）

多态是指，在代码运行过程中，我们可以用子类替换父类，并调用子类的方法。我们通过代码示例进一步解释。

```
public class DynamicArray {
  private static final int DEFAULT_CAPACITY = 10;
  protected int size = 0;
  protected int capacity = DEFAULT_CAPACITY;
  protected Integer[] elements = new Integer[DEFAULT_CAPACITY];

  public int size() { return this.size; }

  public Integer get(int index) { return elements[index];}
  //...省略很多方法...

  public void add(Integer e) {
    ensureCapacity();
    elements[size++] = e;
  }

  protected void ensureCapacity() {
    //如果数组满了，就扩容，代码省略
  }
}

public class SortedDynamicArray extends DynamicArray {
  @Override
  public void add(Integer e) {
    ensureCapacity();
    int i;
    for (i = size-1; i>=0; --i) { //保证数组中的数据有序
      if (elements[i] > e) {
        elements[i+1] = elements[i];
      } else {
        break;
      }
    }
    elements[i+1] = e;
    ++size;
  }
}

public class Example {
  public static void test(DynamicArray dynamicArray) {
    dynamicArray.add(5);
    dynamicArray.add(1);
    dynamicArray.add(3);
    for (int i = 0; i < dynamicArray.size(); ++i) {
      System.out.println(dynamicArray.get(i));
    }
  }

  public static void main(String args[]) {
    DynamicArray dynamicArray = new SortedDynamicArray();
```

```
    test(dynamicArray); //输出结果：1、3、5
  }
}
```

我们知道，封装特性需要编程语言提供特殊的语法机制来实现（private、public 等权限控制关键字），多态特性也是如此。在上述代码中，使用了 3 种语法机制来实现多态。

1）编程语言要支持父类对象引用子类对象，也就是可以将 SortedDynamicArray 传递给 DynamicArray。

2）编程语言要支持继承，也就是 SortedDynamicArray 继承了 DynamicArray，才能将 SortedDyamicArray 传递给 DynamicArray。

3）编程语言要支持子类重写（override）父类中的方法，也就是 SortedDyamicArray 重写了 DynamicArray 中的 add() 方法。

通过这 3 种语法机制的配合，在 test() 方法中，实现了子类 SortedDyamicArray 替换父类 DynamicArray，并执行子类 SortedDyamicArray 的 add() 方法，也就是实现了多态特性。

对于多态特性的实现，除利用“继承 + 方法重写”以外，还有两种常见的实现方式：利用接口语法和利用 duck-typing 语法。不过，并不是每种编程语言都支持接口和 duck-typing 这两种语法机制，如 C++ 不支持接口语法，duck-typing 只被一些动态语言（如 Python、JavaScript 等）支持。

我们先来看一下如何利用接口来实现多态特性。示例代码如下。

```
public interface Iterator {
  boolean hasNext();
  String next();
  String remove();
}

public class Array implements Iterator {
  private String[] data;

  public boolean hasNext() { ... }
  public String next() { ... }
  public String remove() { ... }
  //...省略其他方法...
}

public class LinkedList implements Iterator {
  private LinkedListNode head;

  public boolean hasNext() { ... }
  public String next() { ... }
  public String remove() { ... }
  //...省略其他方法...
}

public class Demo {
  private static void print(Iterator iterator) {
    while (iterator.hasNext()) {
      System.out.println(iterator.next());
    }
  }

  public static void main(String[] args) {
    Iterator arrayIterator = new Array();
    print(arrayIterator);
```

```
        Iterator linkedListIterator = new LinkedList();
        print(linkedListIterator);
    }
}
```

在上述代码中，Iterator 是一个接口，定义了一个可以遍历集合数据的迭代器。Array 和 LinkedList 都实现了接口 Iterator。通过传递不同类型的实现类（Array、LinkedList）到 print(Iterator iterator) 函数，支持动态地调用不同的 next()、hasNext() 函数。

具体来说，当向 print(Iterator iterator) 函数传递 Array 类型的对象时，print(Iterator iterator) 函数就会调用 Array 的 next()、hasNext() 函数；当向 print(Iterator iterator) 函数传递 LinkedList 类型的对象时，print(Iterator iterator) 函数就会调用 LinkedList 的 next()、hasNext() 函数。

上面介绍的是利用接口实现多态特性，下面介绍如何利用 duck-typing 实现多态特性。按照惯例，我们先看一段 Python 示例代码。

```
class Logger:
    def record(self):
        print("I write a log into file.")

class DB:
    def record(self):
        print("I insert data into db. ")

def test(recorder):
    recorder.record()

def demo():
    logger = Logger()
    db = DB()
    test(logger)
    test(db)
```

从上述代码中可以发现，利用 duck-typing 实现多态的方式非常灵活。Logger 和 DB 两个类没有任何关系：既不是继承关系，也不是接口和实现类的关系，但是，只要它们都定义了 record() 方法，就可以被传递到 test() 方法中，在实际运行时，执行对应的 record() 方法。

也就是说，只要两个类具有相同的方法，就可以实现多态，并不要求两个类之间有任何关系，这就是 duck-typing。duck-typing 是一些动态语言特有的语法机制。而对于 Java 这样的静态语言，通过继承来实现多态特性时，要求两个类之间有继承关系；通过接口实现多态特性时，要求类实现对应的接口。

介绍完多态特性的定义，下面介绍一下多态特性存在的意义和它能够解决编程中的什么问题。

在上面的示例中，我们利用多态特性，仅用一个 print() 函数就可以实现遍历输出不同类型的集合（Array、LinkedList）的数据。当增加一种要遍历输出的集合类型时，如 HashMap，HashMap 只需要实现 Iterator 接口，并实现自己的 hasNext()、next() 等方法，不需要改动 print() 函数的代码。所以，多态能够提高代码的可扩展性。

如果不使用多态特性，就无法将不同的集合类型（Array、LinkedList）传递给相同的函数（print(Iterator iterator) 函数），需要针对每种要遍历输出的集合类型，分别实现不同的 print() 函数。对于 Array，要实现 print(Array array) 函数；对于 LinkedList，要实现 print(LinkedList linkedList) 函数。而利用多态特性，我们只需要实现一个 print() 函数，就能应对各种集合类型的遍历输出操作。所以，多态能够提高代码的复用性。

多态是很多设计模式、设计原则和编程技巧的代码实现的基础，如策略模式、基于接口而非实现编程、依赖倒置原则、里氏替换原则和利用多态去掉冗长的 if-else 语句等。关于这一点，读者在学习本书后续内容后会有更深的体会。

2.2.5　思考题

1）读者熟悉的编程语言是否支持多继承？如果不支持，请说明原因。如果支持，请说明它是如何避免多继承带来的副作用的。

2）对于封装、抽象、继承和多态 4 个特性，读者熟悉的编程语言是否有现成的语法支持？对于支持的特性，通过什么语法机制实现？对于不支持的特性，请说明不支持的原因。

2.3　如何进行面向对象分析、面向对象设计和面向对象编程

面向对象分析（OOA）、面向对象设计（OOD）和面向对象编程（OOP）是面向对象开发的 3 个主要环节。在 2.1 节中，我们对三者进行了概述，目的是让读者对它们先有一个宏观认识。

在以往的工作中，作者发现，很多软件工程师，尤其是初级软件工程师，他们没有太多的项目经验，或者在参与的项目中，基本是基于开发框架编写 CRUD 代码，导致欠缺代码的分析、设计能力。当他们拿到笼统的开发需求时，往往不知道从何入手。

如何做需求分析？如何做职责划分？需要定义哪些类？每个类应该具有哪些属性和方法？类之间应该如何交互？如何将类组装成一个可执行的程序？对于上述问题的解决，他们往往没有清晰的思路，更别提利用成熟的设计原则、设计模式开发出具有高内聚、低耦合、易扩展、易读等特性的高质量代码了。

因此，本节通过一个开发案例，介绍基础的需求分析、职责划分、类的定义、交互和组装运行，进而帮助读者了解如何进行面向对象分析、面向对象设计和面向对象编程，并为后面的设计原则和设计模式的学习打好基础。

2.3.1　案例介绍和难点剖析

假设我们正在参与一个微服务的开发。微服务通过 HTTP 暴露接口给其他系统调用，换句话说，其他系统通过 URL 调用微服务的接口。某天，项目管理者对我们说：“为了保证接口调用的安全性，需要设计和实现接口调用的鉴权功能，只有经过认证的系统，才能调用微服务的接口。希望你们负责这个任务，争取尽快上线这个功能。”这个时候，我们可能感到无从下手，原因有下列两点。

（1）需求不明确

项目管理者提出的需求有些模糊和笼统，不够具体和细化，与落地进行设计和编码还有一定的距离。人的大脑不擅长思考过于抽象的问题，而真实的软件开发中的需求几乎都不太明确。

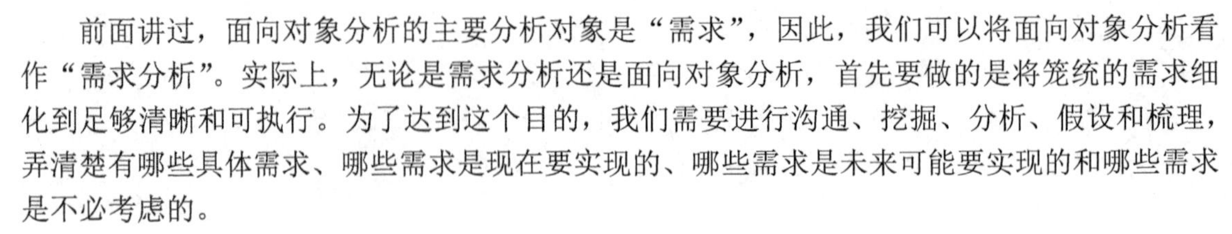

前面讲过，面向对象分析的主要分析对象是“需求”，因此，我们可以将面向对象分析看作“需求分析”。实际上，无论是需求分析还是面向对象分析，首先要做的是将笼统的需求细化到足够清晰和可执行。为了达到这个目的，我们需要进行沟通、挖掘、分析、假设和梳理，弄清楚有哪些具体需求、哪些需求是现在要实现的、哪些需求是未来可能要实现的和哪些需求是不必考虑的。

（2）缺少锻炼，经验不足

相比单纯的业务 CRUD 开发，鉴权功能的开发更有难度。鉴权是一个与具体业务无关的功能，我们可以把它开发成一个独立的框架，集成到很多业务系统中。而作为被很多系统复用的通用框架，相比普通的业务代码，对代码质量的要求更高。

开发这样的通用框架，对工程师的需求分析能力、设计能力、编码能力，甚至逻辑思维能力的要求，都比较高。如果读者平时进行的是简单的 CRUD 业务开发，那么对这些能力的训练肯定不会太多，一旦遇到过于笼统的开发需求，可能因为经验不足而不知从何入手。

2.3.2　如何进行面向对象分析

实际上，需求分析工作琐碎，没有固定章法可寻，因此，作者不打算介绍用处不大的方法论，而是通过鉴权功能开发案例，给读者展示需求分析的完整思路，希望读者能够举一反三。

需求分析的过程是一个不断迭代优化的过程。对于需求分析，我们不要试图立即给出完善的解决方案，而是先给出一个粗糙的基础方案，这样就有了迭代的基础，然后慢慢优化，这种思路能够让我们摆脱无从下手的窘境。我们把整个需求分析过程分为循序渐进的 4 个步骤，最后形成一个可执行、可落地的需求列表。

（1）基础分析

简单、常用的鉴权方式是使用用户名和密码进行认证。我们给每个允许访问接口的调用方派发一个 AppID（相当于用户名）和密码。调用方在进行接口请求时，会“携带”自己的 AppID 和密码。微服务在接收到接口调用请求之后，解析出 AppID 和密码，并与存储在微服务端的 AppID 和密码进行比对，如果一致，则认证成功，允许接口调用请求；否则，拒绝接口调用请求。

（2）第一轮分析优化

不过，基于用户名和密码的鉴权方式，每次都要明文传输密码，密码容易被截获。如果我们先借助加密算法（如 SHA）对密码进行加密，再传递到微服务端验证，那么是不是就安全了呢？实际上，这样也是不安全的，因为 AppID 和加密之后的密码照样可以被未认证系统（或者“黑客”）截获。未认证系统可以“携带”这个加密之后的密码和对应的 AppID，伪装成已认证系统来访问接口。这就是经典的“重放攻击”。

先提出问题，再解决问题，这是一个非常好的迭代优化方法。对于上面的密码传输安全问题，我们可以借助 Oauth 验证的思路来解决。调用方将请求接口的 URL 与 AppID、密码拼接，然后进行加密，生成一个 Token。在进行接口请求时，调用方将这个 Token 和 AppID 与 URL 一起传递给微服务端。微服务端接收这些数据之后，根据 AppID 从数据库中取出对应的密码，并通过同样的 Token 生成算法，生成另一个 Token。然后，使用这个新生成的 Token 与调用方传递过来的 Token 进行对比，如果一致，则允许接口调用请求；否则，拒绝接口调用请求。优化之后的鉴权过程如图 2-1 所示。

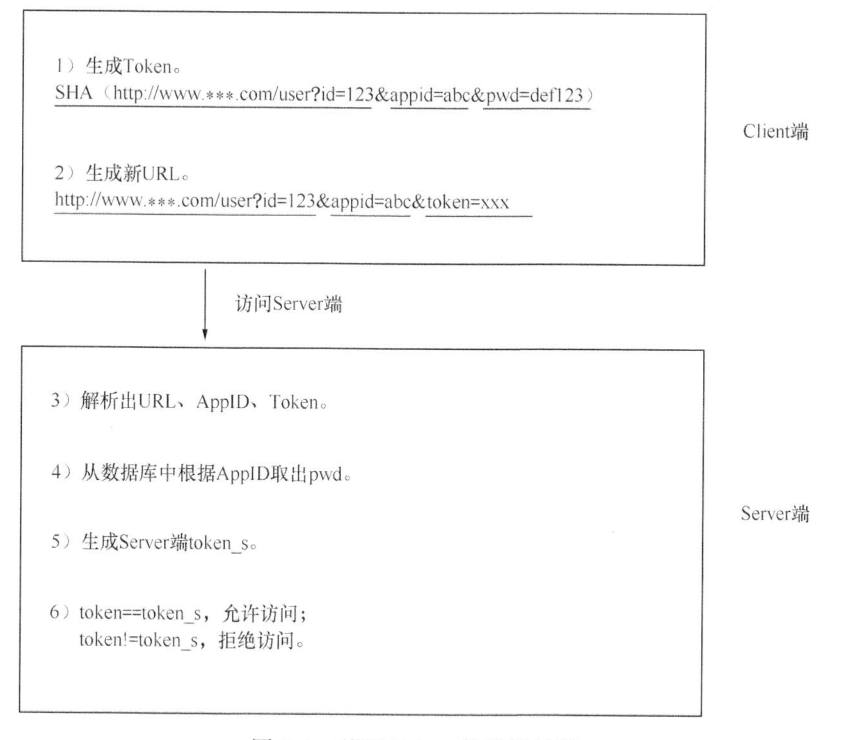

图 2-1 基于 Token 的鉴权过程

（3）第二轮分析优化

不过，上述设计仍然存在重放攻击风险，还是不够安全。每个 URL 拼接 AppID、密码生成的 Token 都是固定的。未认证系统截获 URL、Token 和 AppID 之后，仍然可以通过重放攻击的方式，伪装成认证系统，调用这个 URL 对应的接口。

为了解决这个问题，我们可以进一步优化 Token 生成算法，即引入一个随机变量，让每次接口请求生成的 Token 都不一样。我们可以选择时间戳作为随机变量。原来的 Token 是通过对 URL、AppID 和密码进行加密而生成的，现在，我们通过对 URL、AppID、密码和时间戳进行加密来生成 Token。在进行接口请求时，调用方将 Token、AppID、时间戳与 URL 一起传递给微服务端。

微服务端在收到这些数据之后，会验证当前时间戳与传递过来的时间戳是否在有效时间窗口内（如 1 分钟）。如果超过有效时间，则判定 Token 过期，拒绝接口请求。如果没有超过有效时间，则说明 Token 没有过期，然后通过同样的 Token 生成算法，在微服务端生成新的 Token，并与调用方传递过来的 Token 比对，如果一致，则允许接口调用请求；否则，拒绝接口调用请求。优化之后的鉴权过程如图 2-2 所示。

（4）第三轮分析优化

不过，上述设计还是不够安全，因为未认证系统仍然可以在 Token 时间窗口（如 1 分钟）失效之前，通过截获请求和重放请求调用我们的接口！

攻与防之间博弈，本来就没有绝对的安全，我们能做的就是尽量提高攻击的成本。上面的方案虽然还有漏洞，但是实现简单，而且不会过多影响接口本身的性能（如响应时间）。权衡安全性、开发成本和对系统性能的影响，我们认为这个折中方案是比较合理的。

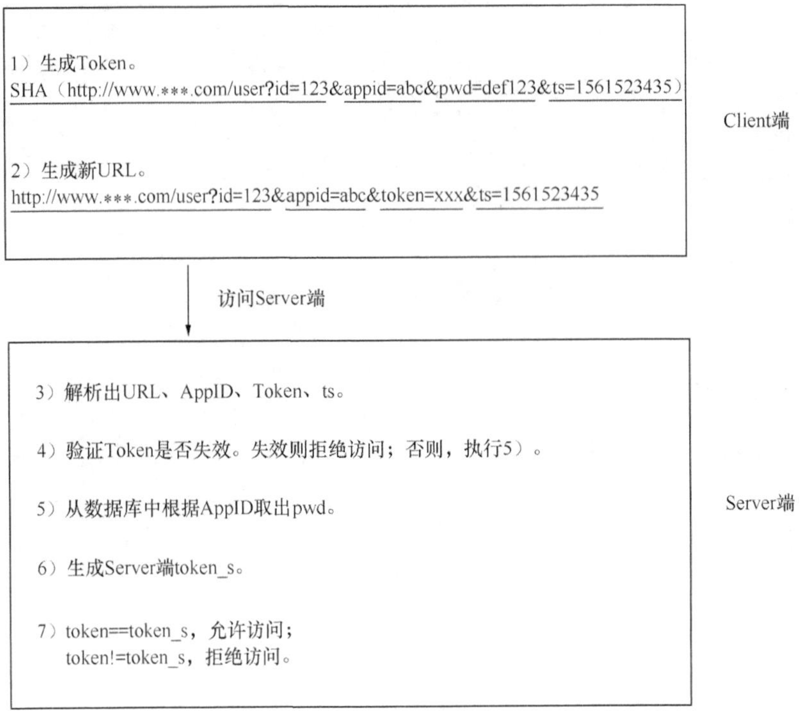

1）生成Token。
SHA（http://www.***.com/user?id=123&appid=abc&pwd=def123&ts=1561523435）

Client端

2）生成新URL。
http://www.***.com/user?id=123&appid=abc&token=xxx&ts=1561523435

访问Server端

3）解析出URL、AppID、Token、ts。

4）验证Token是否失效。失效则拒绝访问；否则，执行5）。

5）从数据库中根据AppID取出pwd。

Server端

6）生成Server端token_s。

7）token==token_s，允许访问；
token!=token_s，拒绝访问。

图 2-2　基于 Token 和时间戳的鉴权过程

实际上，还有一个细节需要考虑，那就是如何在微服务端存储每个授权调用方的 AppID 和密码。当然，这个问题不难解决。我们容易想到的解决方案是将它们存储到数据库中，如 MySQL。不过，对于鉴权这样的非业务功能开发，尽量不要与具体的第三方系统过度耦合。对于 AppID 和密码的存储，理想的情况是灵活地支持各种不同的存储方式，如 ZooKeeper、本地配置文件、自研配置中心、MySQL 和 Redis 等。我们不需要对每种存储方式都进行代码实现，但起码留有扩展点，保证系统有足够的灵活性和扩展性，能够在切换存储方式时，尽可能减少代码的改动。

2.3.3　如何进行面向对象设计

面向对象分析的产出是详细的需求描述，面向对象设计的产出是类。在面向对象设计环节，我们将需求描述转化为具体的类的设计。我们对面向对象设计环节进行拆解，分为以下 4 个步骤：

1）划分职责进而识别有哪些类；

2）定义类及其属性和方法；

3）定义类之间的交互关系；

4）将类组装起来并提供执行入口。

接下来，我们按照上述 4 个细分步骤，介绍如何对鉴权功能进行面向对象设计。

（1）划分职责进而识别有哪些类

面向对象有关的图书中经常讲到：类是对现实世界中事物的建模。但是，并不是每个需求都能映射到现实世界，也并不是每个类都与现实世界中的事物一一对应。对于一些抽象的概念，我们是无法通过映射现实世界中的事物的方式来定义类的。大多数介绍面向对象的图书都会提到一种识别类的方法，那就是先把需求描述中的名词罗列出来，作为可能的候选类，再进行筛选。对于初学者，这种方法简单、明确，可以直接照着做。

不过，作者更喜欢先根据需求描述，把其中涉及的功能点一个个罗列出来，再去检查哪些功能点的职责相近、操作同样的属性，判断可否归为同一个类。针对鉴权功能开发案例，我们来看一下具体如何来做。

2.3.2 节已经给出了详细的需求描述，我们重新梳理并罗列。

1）调用方进行接口请求时，将 URL、AppID、密码和时间戳进行拼接，通过加密算法生成 Token，并将 Token、AppID 和时间戳拼接在 URL 中，一并发送到微服务端。

2）微服务端接收调用方的接口请求后，从请求中拆解出 Token、AppID 和时间戳。

3）微服务端先检查传递过来的时间戳与当前时间戳是否在 Token 有效时间窗口内，如果已经超过有效时间，那么接口调用鉴权失败，拒绝接口调用请求。

4）如果 Token 验证没有过期失效，那么微服务端再从自己的存储中取出 AppID 对应的密码，通过同样的 Token 生成算法，生成另一个 Token，并与调用方传递过来的 Token 进行匹配。如果二者一致，则鉴权成功，允许接口调用；否则，拒绝接口调用。

接下来，我们将上面的需求描述拆解成“单一职责”（3.1 节将会介绍）的功能点，也就是说，拆解出来的每个功能点的职责要尽可能小。下面是将上述需求描述拆解后的功能点列表。

1）把 URL、AppID、密码和时间戳拼接为一个字符串。

2）通过加密算法对字符串加密生成 Token。

3）将 Token、AppID 和时间戳拼接到 URL 中，形成新的 URL。

4）解析 URL，得到 Token、AppID 和时间戳。

5）从存储中取出 AppID 和对应的密码。

6）根据时间戳判断 Token 是否过期失效。

7）验证两个 Token 是否匹配。

从上述功能点列表中，我们发现，1）、2）、6）和 7）都与 Token 有关，即负责 Token 的生成和验证；3）和 4）是在处理 URL，即负责 URL 的拼接和解析；5）是操作 AppID 和密码，负责从存储中读取 AppID 和密码。因此，我们可以大致得到 3 个核心类：AuthToken、Url 和 CredentialStorage。其中，AuthToken 类负责实现 1）、2）、6）和 7）这 4 个功能点；Url 类负责实现 3）和 4）两个功能点；CredentialStorage 类负责实现 5）这个功能点。

当然，这只是类的初步划分，其他一些非核心的类，我们可能暂时没办法罗列全面，但也没有关系，面向对象分析、面向对象设计和面向对象编程本来就是一个循环迭代与不断优化的过程。根据需求，我们先给出一个“粗糙”的设计方案，再在这个基础上进行迭代优化，这样的话，思路会更加清晰。

不过，这里需要强调一点，接口调用鉴权功能开发的需求比较简单，因此，对应的面向对象设计并不复杂，识别出来的类也并不多。但是，如果我们面对的是大型软件的开发，需求会更加复杂，涉及的功能点和对应的类会更多。如果我们像上面那样根据需求逐个罗列功能点，那么会得到一个很长的列表，会显得凌乱和没有规律。针对复杂的需求开发，首先要进行模块划分，将需求简单地划分成若干小的、独立的功能模块，然后再在模块内部，运用上面介绍的方法进行面向对象设计。而模块的划分和识别与类的划分和识别可以使用相同的处理方法。

（2）定义类及其属性和方法

在上文中，通过分析需求描述，识别出了 3 个核心类：AuthToken、Url 和 CredentialStorage。现在，我们看一下每个类中有哪些属性和方法。我们继续对功能点列表进行挖掘。

AuthToken 类相关的功能点有以下 4 个：

1）把 URL、AppID、密码和时间戳拼接为一个字符串；

2）通过加密算法对字符串加密生成 Token；

3）根据时间戳判断 Token 是否过期失效；

4）验证两个 Token 是否匹配。

对于方法的识别，很多面向对象相关的图书中会这样介绍：先将识别出的需求描述中的动词作为候选的方法，再进一步过滤和筛选。类比方法的识别，我们可以把功能点中涉及的名词作为候选属性，然后进行过滤和筛选。

通过上述思路，根据功能点描述，我们可以识别出 AuthToken 类的属性和方法（函数），如图 2-3 所示。

AuthToken类
属性
private static final long DEFAULT_EXPIRED_TIME_INTERVAL = 1*60*1000; private String token; private long createTime; private long expiredTimeInterval = DEFAULT_EXPIRED_TIME_INTERVAL;
构造函数
public AuthToken(String token, long createTime); public AuthToken(String token, long createTime, long expiredTimeInterval);
函数

public static AuthToken create(String baseUrl, long createTime,
 	
Map<String, String> params);
public String getToken();
public boolean isExpired();
public boolean match(AuthToken authToken);

图 2-3　AuthToken 类的属性和方法

通过图 2-3，我们发现了下列 3 个细节。

细节一：并不是所有的名词都被定义为类的属性，如 URL、AppID、密码和时间戳，我们把它们作为方法的参数。

细节二：我们需要挖掘一些没有出现在功能点描述中的属性，如 createTime 和 expiredTimeInterval，它们用在 isExpired() 函数中，用来判定 Token 是否过期失效。

细节三：AuthToken 类中添加了一个功能点描述里没有提到的方法 getToken()。

通过细节一，我们可以知道，从业务模型上来说，不属于这个类的属性和方法不应该放到这个类中。对于 URL、AppID，从业务模型上来说，不应该属于 AuthToken 类，因此不应该放到这个类中。

通过细节二和细节三，我们可以知道，类具有哪些属性和方法不能仅依靠当下的需求进行开发，还要分析这个类在业务模型上应该具有哪些属性和方法。这样既可以保证类定义的完整性，又能为未来的需求开发做好了准备。

Url 类相关的功能点有两个：

1）将 Token、AppID 和时间戳拼接到 URL 中，形成新的 URL；

2）解析 URL，得到 Token、AppID 和时间戳。

虽然在需求描述中，我们都是以 URL 代指接口请求，但是，接口请求并不一定是 URL 的形式，还有可能是 RPC 等其他形式。为了让这个类通用，命名更加贴切，我们接下来把它命名为 ApiRequest。图 2-4 是根据功能点描述设计的 ApiRequest 类。

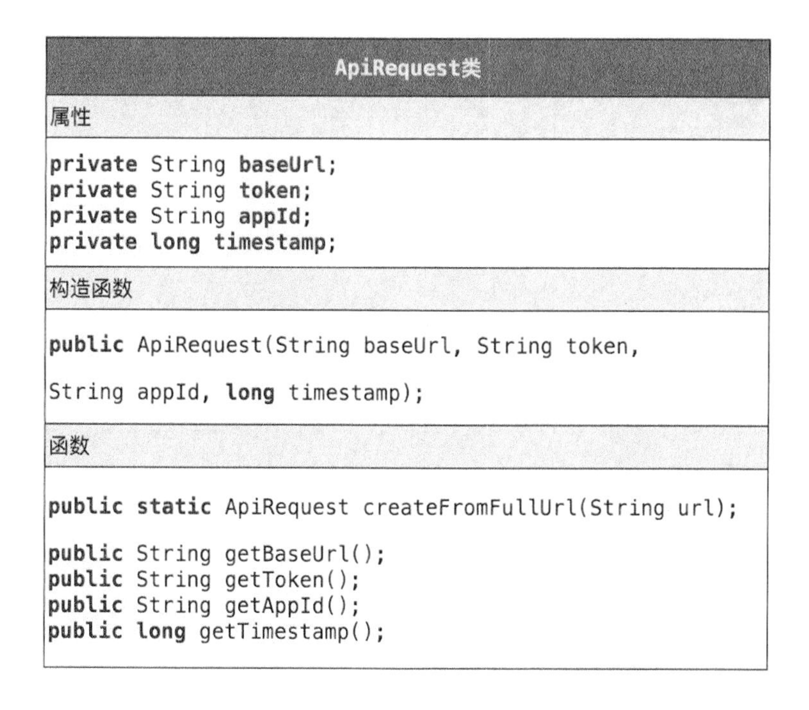

图 2-4　ApiRequest 类的属性和方法

CredentialStorage 类的功能点只有一个：从存储中取出 AppID 和对应的密码。因此，CredentialStorage 类非常简单，类图如图 2-5 所示。为了做到封装具体的存储方式，我们将 CredentialStorage 设计成接口，基于接口而非具体的实现编程。

（3）定义类之间的交互关系

类之间存在哪些交互关系呢？UML（统一建模语言）中定义了类之间的 6 种关系：泛化、实现、聚合、组合、关联和依赖。类之间的关系较多，而且有些比较相似，如聚合和组合，接下来，我们逐一讲解。

图 2-5　CredentialStorage 接口

1）**泛化**（generalization）可以被简单地理解为继承关系。Java 代码示例如下所示。

```
public class A {...}
public class B extends A {...}
```

2）**实现**（realization）一般是指接口和实现类之间的关系。Java 代码示例如下所示。

```
public interface A {...}
public class B implements A {...}
```

3）**聚合**（aggregation）是一种包含关系。A 类的对象包含 B 类的对象，B 类的对象的生命周期可以不依赖 A 类的对象的生命周期，也就是说，可以单独销毁 A 类的对象而不影响 B 类的对象，如课程与学生之间的关系。Java 代码示例如下所示。

```
public class A {
  private B b;  //外部传入
  public A(B b) {
    this.b = b;
  }
}
```

4）**组合**（composition）也是一种包含关系。A 类的对象包含 B 类的对象，B 类的对象的生命周期依赖 A 类的对象的生命周期，B 类的对象不可单独存在，如鸟与翅膀之间的关系。Java 代码示例如下所示。

```
public class A {
  private B b;  //内部创建
  public A() {
    this.b = new B();
  }
}
```

5）**关联**（association）是一种非常弱的关系，包含聚合和组合两种关系。具体到代码层面，如果 B 类的对象是 A 类的成员变量，那么 B 类和 A 类之间就是关联关系。Java 代码示例如下所示。

```
public class A {
  private B b;
  public A(B b) {
    this.b = b;
  }
}
```

或者

```
public class A {
  private B b;
  public A() {
    this.b = new B();
  }
}
```

6）**依赖**（dependency）是一种比关联关系更弱的关系，包含关联关系。无论是 B 类的对象为 A 类的对象的成员变量，还是 A 类的方法将 B 类的对象作为参数，或者返回值、局部变量，只要 B 类的对象和 A 类的对象有任何使用关系，我们都称它们有依赖关系。Java 代码示例如下所示。

```
public class A {
  private B b;
  public A(B b) {
    this.b = b;
  }
}
```

或者

```
public class A {
  private B b;
  public A() {
    this.b = new B();
  }
}
```

抑或

```
public class A {
  public void func(B b) {...}
}
```

看完了上述 UML 中定义的类的 6 种关系，读者有何感受？作者个人认为，这 6 种关系分类有点太细，增加了读者的学习成本，对指导编程没有太大意义。因此，作者从更加贴近编程的角度出发，对类之间的关系做了调整，只保留了其中的 4 种关系：泛化、实现、组合和依赖。

其中，泛化、实现和依赖的定义不变，组合关系替代 UML 中定义的组合、聚合和关联 3 种关系，相当于将关联关系重新命名为组合关系，并且不再区分 UML 中定义的组合和聚合两种关系。之所以这样重新命名，是为了与我们前面提到的“多用组合，少用继承”设计原则中的“组合”统一含义。只要 B 类的对象是 A 类的对象的成员变量，我们就称 A 类与 B 类是组合关系。

相关理论介绍完毕，我们看一下上面定义的类之间存在哪些关系。因为目前只有 3 个核心类，所以只用到了实现关系，即 CredentialStorage 类和 MysqlCredentialStorage 类之间的关系。接下来，在介绍组装类时，我们还会用到依赖关系、组合关系。注意，泛化关系在本案例中并没有用到。

（4）将类组装起来并提供执行入口

在类以及类之间的交互关系设计好之后，接下来，我们将所有的类组装在一起，并提供一个执行入口。这个入口可能是一个 main() 函数，也可能是一组提供给外部调用的 API。通过这个入口，我们能够触发代码的执行。

因为接口鉴权并不是一个独立运行的系统，而是一个集成在系统上运行的组件，所以，我们封装所有的实现细节，设计了一个顶层的接口类（ApiAuthenticator 类），并暴露一组提供给外部调用者使用的 API，作为触发执行鉴权逻辑的入口。ApiAuthenticator 类的详细设计如图 2-6 所示。

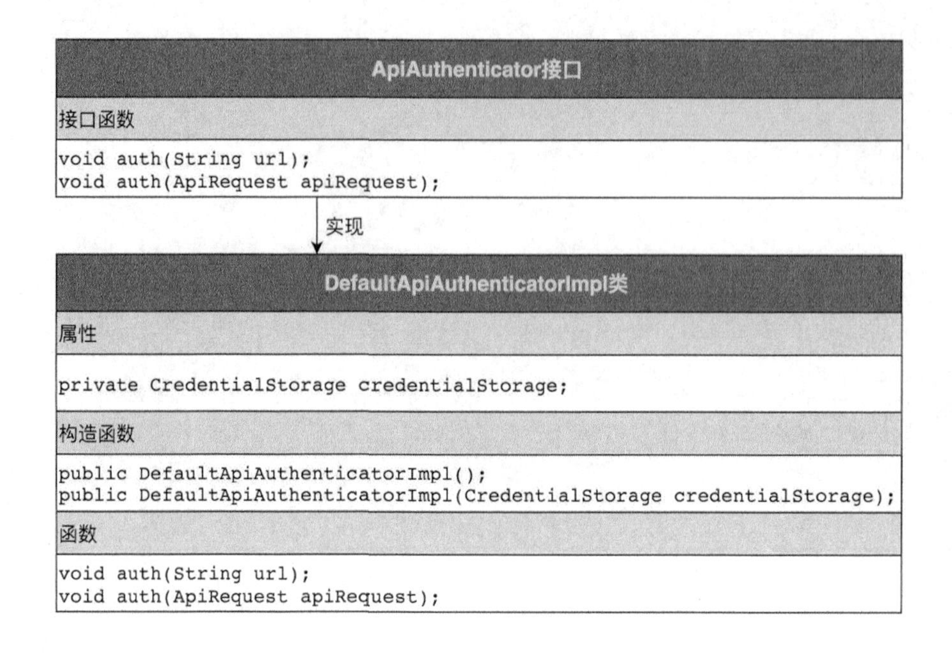

图 2-6　ApiAuthenticator 类

2.3.4　如何进行面向对象编程

在面向对象设计完成之后，我们已经定义了类、属性、方法和类之间的交互，并且将所有的类组装起来，提供了统一的执行入口。接下来，面向对象编程的工作就是将这些设计思路“翻译”成代码。有了前面的类图，这部分工作就简单了。因此，这里只给出复杂的 ApiAuthenticator 类的代码实现。

```
public interface ApiAuthenticator {
  void auth(String url);
  void auth(ApiRequest apiRequest);
}

public class DefaultApiAuthenticatorImpl implements ApiAuthenticator {
  private CredentialStorage credentialStorage;

  public DefaultApiAuthenticator() {
    this.credentialStorage = new MysqlCredentialStorage();
  }

  public DefaultApiAuthenticator(CredentialStorage credentialStorage) {
    this.credentialStorage = credentialStorage;
  }

  @Override
  public void auth(String url) {
    ApiRequest apiRequest = ApiRequest.buildFromUrl(url);
    auth(apiRequest);
  }
```

```
  @Override
  public void auth(ApiRequest apiRequest) {
    String appId = apiRequest.getAppId();
    String token = apiRequest.getToken();
    long timestamp = apiRequest.getTimestamp();
    String originalUrl = apiRequest.getOriginalUrl();
    AuthToken clientAuthToken = new AuthToken(token, timestamp);
    if (clientAuthToken.isExpired()) {
      throw new RuntimeException("Token is expired.");
    }
    String password = credentialStorage.getPasswordByAppId(appId);
    AuthToken serverAuthToken = AuthToken.generate(originalUrl, appId, password, timestamp);
    if (!serverAuthToken.match(clientAuthToken)) {
      throw new RuntimeException("Token verification failed.");
    }
  }
}
```

在前面的讲解中，对于面向对象的分析、设计和编程，每个环节的界限划分清楚。而且，面向对象设计和面向对象编程基本上是按照功能点的描述逐句进行的。这样做的好处是，先做什么和后做什么非常清晰与明确，有章可循，即便是没有太多设计经验的初级工程师，也可以参照这个流程按部就班地进行面向对象的分析、设计和编程。

不过，在平时的工作中，大部分程序员往往都是在脑子里或草稿纸上完成面向对象的分析和设计，然后立即开始写代码，一边写，一边优化和重构，并不会严格地按照固定的流程来执行。在写代码之前，即便我们花很多时间进行面向对象的分析和设计，绘制了相当好的类图、UML 图，也不可能把每个细节、交互都想清楚。在落实到代码时，我们还是需要反复迭代、重构，甚至推倒重写。毕竟，软件开发本来就是一个不断迭代、修补，以及遇到问题并解决问题的过程，是一个不断重构的过程。我们无法严格地按照顺序执行各个步骤。

2.3.5 思考题

软件设计的自由度很大，这也是软件设计的复杂之处。不同的人对类的划分、定义，以及类之间交互的设计，可能都不一样。对于鉴权组件的设计，除本节给出的设计思路以外，读者有没有其他设计思路呢？

2.4 面向对象编程与面向过程编程和函数式编程之间的区别

在 2.1 节和 2.2 节中，我们学习了面向对象编程这种现在流行的编程范式（编程风格）。实际上，除面向对象编程以外，大家熟悉的编程范式还有另外两种：面向过程编程和函数式编程。随着面向对象编程的出现，面向过程编程已经逐渐退出了历史舞台，函数式编程目前还没有被程序员广泛接受，只能作为面向对象编程的补充。为了更好地理解面向对象编程，我们在本节中补充讲解面向过程编程和函数式编程，并且将面向对象编程与面向过程编程和函数式编程进行对比。

2.4.1　面向过程编程

什么是面向过程编程？什么是面向过程编程语言？实际上，我们可以通过对比面向对象编程和面向对象编程语言这两个概念来理解它们。类比面向对象编程与面向对象编程语言的定义，面向过程编程和面向过程编程语言的定义如下。

1）面向过程编程也是一种编程范式或编程风格。它以过程（可以理解为方法、函数和操作）作为组织代码的基本单元，以数据（可以理解为成员变量、属性）与方法相分离为主要特点。面向过程编程风格是一种流程化的编程风格，通过拼接一组顺序执行的方法来操作数据实现一项功能。

2）面向过程编程语言的主要特点是不支持类和对象这两个语法概念，不支持丰富的面向对象编程特性（如继承、多态和封装），仅支持面向过程编程。

不过，这里必须声明一点，就像之前提到的面向对象编程和面向对象编程语言没有官方定义一样，这里给出的面向过程编程和面向过程编程语言的定义也并不是严格的官方定义。之所以给出这样的定义，只是为了与面向对象编程和面向对象编程语言进行对比，方便读者理解它们之间的区别。

因为定义不是很严格，也比较抽象，所以我们再用一个例子进一步解释。假设有一个记录了用户信息的文本文件 users.txt，每行文本的格式为 name&age&gender（如小王 &28& 男）。我们希望编写一个程序，从 users.txt 文件中逐行读取用户信息，然后将其格式化为 name\tage\tgender（其中，\t 是分隔符）这种文本格式，并且按照 age 对用户信息进行从小到大排序之后，重新将其写入另一个文本文件 formatted_users.txt 中。针对这样一个功能需求，我们分析一下利用面向过程编程和面向对象编程这两种编程风格编写的代码有什么不同。

我们先看一下利用面向过程编程这种编程风格编写的代码是什么样子的。注意，下面这段代码是利用 C 语言这种面向过程编程语言编写的。

```
struct User {
  char name[64];
  int age;
  char gender[16];
};

struct User parse_to_user(char* text) {
  //将文本("小王&28&男")解析成结构体User
}

char* format_to_text(struct User user) {
  //将结构体User格式化为文本("小王\t28\t男")
}

void sort_users_by_age(struct User users[]) {
  //按照年龄从小到大排序users
}

void format_user_file(char* origin_file_path, char* new_file_path) {
  //此处省略打开文件的代码
  struct User users[1024];  //假设最多有1024个用户
  int count = 0;
  while(1) {
```

```
    struct User user = parse_to_user(line);
    users[count++] = user;
  }

  sort_users_by_age(users);

  for (int i = 0; i < count; ++i) {
    char* formatted_user_text = format_to_text(users[i]);
    //此处省略写入新文件的代码
  }
  //此处省略关闭文件的代码
}

int main(char** args, int argv) {
  format_user_file("/home/zheng/users.txt", "/home/zheng/formatted_users.txt");
}
```

我们再看一下利用面向对象编程这种编程风格编写的代码是什么样子的。注意，下面这段代码是利用 Java 这种面向对象编程语言编写的。

```
public class User {
  private String name;
  private int age;
  private String gender;

  public User(String name, int age, String gender) {
    this.name = name;
    this.age = age;
    this.gender = gender;
  }

  public static User praseFrom(String userInfoText) {
    //将文本("小王&28&男")解析成类User
  }

  public String formatToText() {
    //将类User格式化为文本("小王\t28\t男")
  }
}

public class UserFileFormatter {
  public void format(String userFile, String formattedUserFile) {
    //此处省略打开文件的代码
    List users = new ArrayList<>();
    while (1) {
      //将文件中的数据读取到userText
      User user = User.parseFrom(userText);
      users.add(user);
    }
    //此处省略按照年龄从小到大排序users的代码
    for (int i = 0; i < users.size(); ++i) {
      String formattedUserText = user.formatToText();
      //此处省略写入新文件的代码
    }
    //此处省略关闭文件的代码
  }
}

public class MainApplication {
  public static void main(Sring[] args) {
```

```
        UserFileFormatter userFileFormatter = new UserFileFormatter();
        userFileFormatter.format("/home/zheng/users.txt", "/home/zheng/formatted_users.txt");
    }
}
```

从上述两段代码中，我们可以看出，面向过程编程和面向对象编程的基本区别就是代码的组织方式不同。面向过程编程风格的代码被组织成一组方法的集合及其数据结构（如 struct User），并且方法和数据结构的定义是分开的。面向对象编程风格的代码被组织成一组类，方法和数据结构被绑定在一起，定义在类中。

分析完上面两段代码，一些读者可能会问，面向对象编程和面向过程编程的区别就这些吗？当然不是，关于这两种编程风格的更多区别，请读者继续往下看。

2.4.2　面向对象编程和面向过程编程的对比

在 2.4.1 节中，我们介绍了面向过程编程和面向过程编程语言的定义，并将它们与面向对象编程和面向对象编程语言进行了对比。接下来，我们介绍一下面向对象编程为什么能够取代面向过程编程，并成为目前主流的编程范式。相比面向过程编程，面向对象编程有哪些优势？

（1）面向对象编程更加适合应对大规模复杂程序的开发

通过 2.4.1 节中格式化文本文件的例子，读者可能感觉两种编程范式实现的代码相差不多，无非就是代码的组织方式有区别，没有感受到面向对象编程的明显优势。之所以一些读者有这种感受，主要是因为这个例子的程序比较简单，不够复杂。

对于简单程序的开发，无论是使用面向过程编程风格，还是使用面向对象编程风格，二者实现的代码的差别确实不会很大，有时，甚至面向过程编程风格更有优势，因为需求相当简单，整个程序的处理流程只有一条主线，很容易被划分成顺序执行的几个步骤，然后逐个步骤翻译成代码，这就非常适合采用面向过程这种“面条”式的编程风格。

但对于复杂的大规模程序的开发，整个程序的处理流程错综复杂，并非只有一条主线。如果我们把整个程序的处理流程画出来，那么它会是一个网状结构。此时，如果我们再用面向过程编程这种流程化、线性的思维方式“翻译”这个网状结构，以及思考如何把程序拆解成一组顺序执行的方法，就会比较吃力。这个时候，面向对象编程风格的优势就体现出来了。

在面向对象编程中，我们以类为思考对象。在进行面向对象编程时，我们并不是一开始就思考如何将复杂的流程拆解为一个个方法，而是采用“曲线救国”的策略，先思考如何给业务建模、如何将需求翻译为类和如何在类之间建立交互关系，而完成这些工作完全不需要考虑错综复杂的处理流程。当我们有了类的设计之后，再像搭积木一样，按照处理流程，将类进行组装，形成整个程序。这种开发模式和思考问题的方式能够让我们在应对复杂程序开发时的思路更加清晰。

除此之外，面向对象编程还提供了一种模块化的代码组织方式。例如，一个电商交易系统的业务逻辑复杂，代码量很大，我们可能要定义数百个函数、数百个数据结构，如何分门别类地组织这些函数和数据结构，才能让它们不会看起来凌乱呢？类是一种非常好的组织这些函数和数据结构的方式，也是一种将代码模块化的有效手段。

读者可能会说，对于 C 语言这种面向过程编程语言，我们可以按照功能的不同，把函数和数据结构放到不同的文件里，以达到给函数和数据结构分类的目的，也可以实现代码的模块化。这样说是没错的，只不过面向对象编程本身提供了类的概念，按照类模块化代码是强制进行的，而面向过程编程语言并不强求以何种方式组织代码。

实际上，利用面向过程编程语言，我们照样可以写出面向对象编程风格的代码，只不过可能比用面向对象编程语言来写面向对象编程风格的代码付出的代价要高一些。而且，面向过程编程和面向对象编程并非完全对立。在很多软件开发中，尽管我们利用的是面向过程编程语言，但也借鉴了面向对象编程的一些优点。

（2）面向对象编程风格的代码易复用、易扩展和易维护

在上述文本文件处理的例子中，因为其代码比较简单，所以我们只用到了类、对象这两个基本的面向对象概念，并没有用到高级的四大特性：封装、抽象、继承和多态。面向对象编程的优势其实并没有发挥出来。

面向过程编程是一种非常简单的编程风格，并没有像面向对象编程那样提供丰富的特性。而面向对象编程提供的封装、抽象、继承和多态特性，能够极大地满足复杂的编程需求，能够方便我们写出易复用、易扩展和易维护的代码，理由有如下 4 点。

1）首先，我们来看封装特性。封装特性是面向对象编程与面向过程编程的基本区别，因为封装基于面向对象编程中的基本概念：类。面向对象编程通过类这种组织代码的方式，将数据和方法绑定在一起，通过访问权限控制，只允许外部调用者通过类暴露的有限方法访问数据，而不会像面向过程编程那样，数据可以被任意方法随意修改。因此，面向对象编程提供的封装特性更有利于提高代码的易维护性。

2）其次，我们来看抽象特性。我们知道，函数本身就是一种抽象，它隐藏了具体的实现。在使用函数时，我们只需要了解函数具有什么功能，不需要了解它是怎么实现的。在这一点上，无论是面向过程编程还是面向对象编程，都支持抽象特性。不过，面向对象编程还提供了其他抽象特性的实现方式。这些实现方式是面向过程编程不具备的，如基于接口实现抽象特性。基于接口的抽象，可以在不改变原有实现的情况下，轻松替换新的实现逻辑，提高了代码的可扩展性。

3）再次，我们来看继承特性。继承特性是面向对象编程相比面向过程编程所特有的两个特性之一（另外一个是多态）。如果两个类有一些相同的属性和方法，我们就可以将这些相同的代码抽取到父类中，让两个子类继承父类。这样，两个子类就可以重用父类中的代码，避免了代码重复编写，提高了代码的复用性。

4）最后，我们来看多态特性。基于这个特性，在需要修改一个功能实现时，可以通过实现一个新的子类的方式，在子类中重写原来的功能逻辑，用子类替换父类。在实际的代码运行过程中，调用子类新的功能逻辑，而不是在原有代码上做修改。这样，我们就遵守了“对修改关闭、对扩展开放”的设计原则，提高了代码的扩展性。除此之外，利用多态特性，不同类的对象可以传递给相同的方法，复用同样的逻辑，提高了代码的复用性。

所以说，基于这四大特性，利用面向对象编程，我们可以轻松地写出易复用、易扩展和易维护的代码。当然，我们不能认为利用面向过程编程方式就不可以写出易复用、易扩展和易维护的代码，但没有四大特性的帮助，付出的代价可能要高一些。

（3）面向对象编程语言更加人性化、高级和智能

人最初与机器“打交道”是通过 0、1 这样的二进制指令，后来，使用的是汇编语言，再后来，使用的是高级编程语言。在高级编程语言中，面向过程编程语言又早于面向对象编程语言出现。之所以先出现面向过程编程语言，是因为与机器交互的方式从二进制指令、汇编语言，逐步发展到面向过程编程语言，这是一种自然的过渡，而且它们都属于流程化、“面条”

式的编程风格，即用一组指令顺序操作数据来完成一项任务。

从二进制指令到汇编语言，再到面向过程编程语言，与机器交互的方式在不停演进，从中我们可以容易地发现一条规律，那就是编程语言越来越人性化，使得人与机器的交互变得越来越容易。笼统来说，编程语言越来越高级。实际上，在面向过程编程语言之后，面向对象编程语言的出现也顺应了这样的发展规律，也就是说，面向对象编程语言比面向过程编程语言更加高级！

与二进制指令、汇编语言和面向过程编程语言相比，面向对象编程语言的编程套路、处理问题的方式是完全不一样的。前三者使用的是计算机思维方式，而面向对象编程语言使用的是人类思维方式。在使用前 3 种语言编程时，我们是在思考如何设计一组指令，并“告诉”机器去执行这组指令，操作某些数据，完成某个任务。而在进行面向对象编程时，我们是在思考如何给业务建模，以及如何将真实世界映射为类，这让我们能够聚焦于业务本身，而不是思考如何与机器打交道。可以这么说，编程语言越高级，离机器越“远”，离我们人类越“近”，它也就越“智能”。

接着上述编程语言的发展规律，如果一种具有突破性的新的编程语言出现，那么它肯定更加“智能”。我们大胆想象一下，如果使用这种编程语言，那么我们可以对计算机知识没有任何了解，无须像现在这样一行行地编写代码，只需要写清楚需求文档，编程语言就能自动生成我们想要的软件。

2.4.3　函数式编程

函数式编程并非新事物，它于 50 多年前就已经出现了。近几年，函数式编程开始重新被人关注，一些非函数式编程语言加入了很多特性、语法和类库来支持函数式编程，如 Java、Python、Ruby 和 JavaScript 等。

什么是函数式编程（Functional Programming）？

前面讲到，面向过程编程、面向对象编程并没有严格的官方定义。在当时的讲解中，作者只是给出了自己总结的定义。而且，当时给出的定义也只是对两种编程范式主要特性的总结，并不是很严格。实际上，函数式编程也是如此，它也没有一个严格的官方定义。因此，作者就从特性方面定义函数式编程。

严格来讲，函数式编程中的“函数”并不是指编程语言中的“函数”，而是指数学中的“函数”或“表达式”（如 $y=f(x)$）。不过，在编程实现时，对于数学中的“函数”或“表达式”，我们习惯地将它们设计成函数。因此，如果不深究的话，那么函数式编程中的“函数”也可以理解为编程语言中的“函数”。

每种编程范式都有其独特的地方，这就是它们会被抽象出来并作为一种范式的原因。面向对象编程最大的特点是以类、对象作为组织代码的单元以及它的四大特性。面向过程编程最大的特点是以函数作为组织代码的单元，数据与方法分离。函数式编程独特的地方是它的编程思想。函数式编程“认为”，程序可以用一系列数学函数或表达式的组合来表示。不过，真的可以把任何程序都表示成一组数学表达式吗？

从理论上来讲，这是可以的。但是，并不是所有的程序都适合这样做。函数式编程有它适合的应用场景，如科学计算、数据处理和统计分析等。在这些应用场景中，程序往往容易用数学表达式来表示。在实现同样的功能时，相比非函数式编程，函数式编程需要的代码更少。但是，对于强业务相关的大型业务系统开发，如果我们费力地将它抽象成数学表达式，非要用函数式编程来实现，那么显然是自讨苦吃。在强业务相关的大型业务系统开发场景下，使用面向对象编程更为合适，因为写出来的代码更具可读性和可维护性。

上面介绍的是函数式编程的编程思想，具体到编程实现，函数式编程与面向过程编程一样，也是以函数作为组织代码的单元。不过，它与面向过程编程的区别在于，它的函数是无状态的。何为无状态？简单来说，函数内部涉及的变量都是局部变量，不像面向对象编程，共享类成员变量，也不像面向过程编程，共享全局变量。函数的执行结果只与入参有关，与其他任何外部变量无关。同样的入参，无论怎么执行，得到的结果都是一样的。我们举个例子来解释一下。

下面的 increase() 函数是有状态函数，执行结果依赖 b 的值，即便入参相同，多次执行函数，函数的返回值有可能不同，因为 b 的值有可能不同。

```
int b;
int increase(int a) {
  return a + b;
}
```

下面的 increase() 函数是无状态函数，执行结果不依赖任何外部变量值，只要入参相同，无论执行多少次，函数的返回值都相同。

```
int increase(int a, int b) {
  return a + b;
}
```

前面讲到，实现面向对象编程不一定非得使用面向对象编程语言，同理，实现函数式编程也不一定非得使用函数式编程语言。现在，很多面向对象编程语言提供了相应的语法、类库来支持函数式编程。接下来，我们介绍一下 Java 这种面向对象编程语言对函数式编程的支持，借此加深读者对函数式编程的理解。我们先看下面这段典型的 Java 函数式编程的代码。

```
public class FPDemo {
  public static void main(String[] args) {
    Optional<Integer> result = Stream.of("foo", "bar", "hello")
            .map(s -> s.length())
            .filter(l -> l <= 3)
            .max((o1, o2) -> o1-o2);
    System.out.println(result.get());  //输出2
  }
}
```

这段代码的作用是从一个字符串数组中过滤出字符长度小于或等于 3 的字符串，并且求其中最长字符串的长度。如果读者不了解 Java 函数式编程的语法，那么可能对上面这段代码感觉有些懵，因为 Java 为函数式编程引入了 3 个新的语法概念：Stream 类、Lambda 表达式和函数接口（functional interface）。其中，Stream 类的作用是通过它支持用“.”级联多个函数操作的代码编写方式；Lambda 表达式的作用是简化代码的编写；函数接口的作用是让我们可以把函数包裹成函数接口，把函数当做参数一样使用（Java 不像 C 支持函数指针那样可以把函数直接当参数来使用）。接下来，我们详细讲解这 3 个概念。

（1）Stream 类

假设我们要计算表达式：(3−1) ×2+5。如果按照普通的函数调用的方式来编写代码，那么代码如下。

```
add(multiply(subtract(3,1),2),5);
```

这样编写的代码的可读性不好，我们换个可读性更好的写法，如下所示。

```
subtract(3,1).multiply(2).add(5);
```

我们知道，在Java中，“.”表示调用关系，即某个对象调用了某个方法。为了支持上面这种级联调用方式，我们让每个函数都返回一个通用类型：Stream类对象。在Stream类上的操作有两种：中间操作和终止操作。中间操作返回的仍然是Stream类对象，而终止操作返回的是确定的结果值。

我们再来看之前的FPDemo类。我们为FPDemo类这段代码添加了注释，如下所示。其中，map、filter是中间操作，返回Stream类对象，可以继续级联其他操作；max是终止操作，返回的不是Stream类对象，无法继续往下进行级联处理了。具体返回什么类型的数据是由函数本身定义的。

```
public class FPDemo {
  public static void main(String[] args) {
    //of返回Stream<String>对象
    Optional<Integer> result = Stream.of("foo", "bar", "hello")
            .map(s -> s.length()) //map返回Stream<Integer>对象
            .filter(l -> l <= 3) //filter返回Stream<Integer>对象
            .max((o1, o2) -> o1-o2); //max终止操作：返回Optional<Integer>
    System.out.println(result.get()); //输出2
  }
}
```

（2）Lambda表达式

前面讲到，引入Lambda表达式的主要作用是简化代码的编写。我们用map函数举例说明。下面列出3段代码，第一段代码展示了map函数的定义，map函数接收的参数是一个Function接口，也就是后续要讲到的函数接口；第二段代码展示了map函数的使用方式；第三段代码是使用Lambda表达式对第二段代码简化之后的写法。实际上，Lambda表达式在Java中只是一个语法糖，底层是基于函数接口实现的，也就是第二段代码展示的写法。

```
//第一段代码：Stream类中map函数的定义
public interface Stream<T> extends BaseStream<T, Stream<T>> {
  <R> Stream<R> map(Function<? super T, ? extends R> mapper);
  //...省略其他函数...
}
//第二段代码：Stream类中map函数的使用方式
Stream.of("foo", "bar", "hello").map(new Function<String, Integer>() {
  @Override
  public Integer apply(String s) {
    return s.length();
  }
});
//第三段代码：用Lambda表达式简化后的写法
Stream.of("foo", "bar", "hello").map(s -> s.length());
```

Lambda表达式包括3部分：输入、函数体和输出，标准写法如下所示。

```
(a, b) -> { 语句1; 语句2;...; return 输出; } //a和b是输入参数
```

实际上，Lambda 表达式的写法非常灵活，除上述标准写法以外，还有很多简化写法。例如，如果入参只有一个，那么可以省略“()”，直接写成“a->{...}”；如果没有入参，那么可以直接将输入和箭头都省略，只保留函数体；如果函数体只有一个语句，那么可以将“{}”省略；如果函数没有返回值，那么 return 语句可以省略。

如果我们把之前 FPDemo 类示例中的 Lambda 表达式全部替换为函数接口的实现方式，那么如下所示。代码是不是变多了？

```
Optional<Integer> result = Stream.of("foo", "bar", "hello")
        .map(s -> s.length())
        .filter(l -> l <= 3)
        .max((o1, o2) -> o1-o2);
//将上述Lambda表达式替换为函数接口的实现方式
Optional<Integer> result2 = Stream.of("foo", "bar", "hello")
        .map(new Function<String, Integer>() {
          @Override
          public Integer apply(String s) {
            return s.length();
          }
        })
        .filter(new Predicate<Integer>() {
          @Override
          public boolean test(Integer l) {
            return l <= 3;
          }
        })
        .max(new Comparator<Integer>() {
          @Override
          public int compare(Integer o1, Integer o2) {
            return o1 - o2;
          }
        });
```

（3）函数接口

实际上，上面那段代码中的 Function、Predicate 和 Comparator 都是函数接口。我们知道，C 语言支持函数指针，它可以把函数直接当变量来使用。但是，Java 没有函数指针这样的语法，因此，它通过函数接口，将函数包裹在接口中，当做变量来使用。

实际上，函数接口就是接口。不过，它有自己特别的地方，那就是要求只包含一个未实现的方法。只有这样，Lambda 表达式才能明确知道匹配的是哪个接口。如果有两个未实现的方法，并且接口入参、返回值都一样，那么 Java 在翻译 Lambda 表达式时，就不知道表达式对应哪个方法。

为了让读者对函数接口有一个直观的理解，我们把 Java 提供的 Function、Predicate 这两个函数接口的源码列在下面。

```
@FunctionalInterface
public interface Function<T, R> {
    R apply(T t);    //只有这一个未实现的方法

    default <V> Function<V, R> compose(Function<? super V, ? extends T> before) {
        Objects.requireNonNull(before);
        return (V v) -> apply(before.apply(v));
    }

    default <V> Function<T, V> andThen(Function<? super R, ? extends V> after) {
```

```
        Objects.requireNonNull(after);
        return (T t) -> after.apply(apply(t));
    }

    static <T> Function<T, T> identity() {
        return t -> t;
    }
}

@FunctionalInterface
public interface Predicate<T> {
    boolean test(T t);  //只有这一个未实现的方法

    default Predicate<T> and(Predicate<? super T> other) {
        Objects.requireNonNull(other);
        return (t) -> test(t) && other.test(t);
    }

    default Predicate<T> negate() {
        return (t) -> !test(t);
    }

    default Predicate<T> or(Predicate<? super T> other) {
        Objects.requireNonNull(other);
        return (t) -> test(t) || other.test(t);
    }

    static <T> Predicate<T> isEqual(Object targetRef) {
        return (null == targetRef)
                ? Objects::isNull
                : object -> targetRef.equals(object);
    }
}
```

2.4.4　面向对象编程和函数式编程的对比

不同的编程范式并不是截然不同的，总有一些相同的编程规则。例如，无论是面向过程编程、面向对象编程，还是函数式编程，它们都有变量、函数的概念，顶层都要有 main 函数执行入口，以组装编程单元（类、函数等）。只不过，面向对象编程的编程单元是类或对象，面向过程编程的编程单元是函数，函数式编程的编程单元是无状态函数。

函数式编程因其编程的特殊性，仅在科学计算、数据处理和统计分析等领域才能更好地发挥它的优势。因此，它并不能完全替代更加通用的面向对象编程范式。但是，作为一种补充，它有很大的存在、发展和学习意义。

面向对象编程侧重代码模块的设计，如类的设计。而面向过程编程和函数式编程侧重具体的实现细节，如函数的编写。这也是大部分讲解设计模式的图书喜欢使用面向对象编程语言举例的原因。

2.4.5　思考题

在本节中，我们提到，相比面向过程编程，面向对象编程更容易应对大规模复杂程序的开发。但是，UNIX、Linux 这样复杂的系统是基于 C 语言这种面向过程编程语言开发的。读者如何看待这种现象？这与本节的讲解矛盾吗？

2.5 哪些代码看似面向对象编程风格，实则面向过程编程风格

上文中提到，常见的编程范式或编程风格有 3 种：面向过程编程、面向对象编程和函数式编程，面向对象编程是目前主流的编程范式。现如今，大部分编程语言都属于面向对象编程语言，大部分软件都是基于面向对象编程范式开发的。

不过，在实际的开发工作中，很多读者对面向对象编程有误解，总以为使用面向对象编程语言进行开发，把所有代码都放到类中，自然就是在进行面向对象编程了。实际上，他们只是在使用面向对象编程语言编写面向过程风格的代码。有时候，有些代码从表面上看似面向对象编程风格，从本质上看，却是面向过程编程风格的。

接下来，我们通过 3 个典型的代码示例，向读者展示什么样的代码看似面向对象编程风格，实则面向过程编程风格。希望读者通过这 3 个典型示例，能够举一反三，在平时的开发中，留心观察自己编写的代码是否满足面向对象编程风格要求。

2.5.1 滥用 getter、setter 方法

在之前参与的项目开发中，作者发现，有些同事在定义完类的属性之后，就顺便定义这些属性的 getter、setter 方法。一些同事为了省事，甚至直接使用 IDE 或 Lombok 插件（如果是 Java 项目的话）自动生成所有属性的 getter、setter 方法。

当作者向这些同事询问为什么要给每个属性都定义 getter、setter 方法的时候，他们的理由一般是：getter、setter 方法以后可能用到，现在事先定义好，类用起来更加方便，即便以后用不到这些 getter、setter 方法，定义它们也无伤大雅。

实际上，这样的做法是不值得推荐的，因为这样做违反了面向对象编程的封装特性，相当于将面向对象编程风格退化成面向过程编程风格。示例代码如下。

```
public class ShoppingCart {
  private int itemsCount;
  private double totalPrice;
  private List<ShoppingCartItem> items = new ArrayList<>();

  public int getItemsCount() {
    return this.itemsCount;
  }

  public void setItemsCount(int itemsCount) {
    this.itemsCount = itemsCount;
  }

  public double getTotalPrice() {
    return this.totalPrice;
  }

  public void setTotalPrice(double totalPrice) {
    this.totalPrice = totalPrice;
  }
```

```
  public List<ShoppingCartItem> getItems() {
    return this.items;
  }

  public void addItem(ShoppingCartItem item) {
    items.add(item);
    itemsCount++;
    totalPrice += item.getPrice();
  }
  //...省略其他方法...
}
```

在上述代码中，ShoppingCart 是一个简化后的购物车类，其中有 3 个私有（private）属性：itemsCount、totalPrice 和 items。其中，对于 itemsCount、totalPrice 这两个属性，类中定义了它们的 getter、setter 方法。对于 items 属性，类中定义了它的 getter 方法和 addItem() 方法。代码简单，理解起来不难，但是，读者有没有发现这段代码隐藏的问题？

我们先来看属性 itemsCount 和 totalPrice。虽然我们将它们定义成私有属性，但是提供了公有（public）的 getter、setter 方法，这就与将这两个属性定义为公有属性没有区别了。任何代码都可以随意调用 setter 方法来修改 itemsCount、totalPrice 属性的值，这会导致 itemsCount、totalPrice 属性的值与 items 属性的值不一致。

面向对象编程的封装特性的定义是：通过访问权限控制，隐藏内部数据，外部仅能通过类提供的有限的接口访问、修改内部数据。因此，暴露不应该暴露的 setter 方法明显违反了面向对象编程的封装特性。数据没有访问权限控制，任何代码都可以随意修改它，代码就退化成面向过程编程风格。

看完前两个属性，我们再来看 items 属性。对于 items 属性，我们定义了 getter 方法和 addItem() 方法，并没有定义 setter 方法。这样的设计貌似没有什么问题，但实际上并不是。

对于 itemsCount 和 totalPrice 这两个属性，定义一个公有的 getter 方法，确实无伤大雅，毕竟 getter 方法不会修改数据。但是，items 属性就不一样了，因为 items 属性的 getter 方法返回的是一个 List<ShoppingCartItem> 集合。外部调用者在获得这个集合之后，可以如下所示修改集合内的数据。

```
ShoppingCart cart = new ShoppCart();
...
cart.getItems().clear();  //清空购物车
```

读者可能认为，清空购物车这样的功能需求看起来合情合理，上面的代码没有什么不妥。需求是合理的，但是这样的写法会导致 itemsCount、totalPrice 和 items 三者数据不一致。我们不应该将清空购物车的业务逻辑暴露给上层代码。正确的做法应该如下代码所示，在 ShoppingCart 类中定义 clear() 方法，将清空购物车的业务逻辑封装在里面，供调用者使用。

```
public class ShoppingCart {
  //...省略其他代码...
  public void clear() {
    items.clear();
    itemsCount = 0;
    totalPrice = 0.0;
  }
}
```

如果有一个需求：查看购物车中都有什么物品，ShoppingCart 类就不得不提供 items 属性的 getter 方法了，那么，在这种需求下，我们应该如何避免上述问题呢？

使用Java语言解决这个问题是很简单的。我们可以通过Java提供的Collections.unmodifiableList()方法，让 getter 方法返回一个不可被修改的 UnmodifiableList 集合，而 UnmodifiableList 重写了 List 中与修改数据相关的方法，如 add()、clear() 等方法。一旦我们调用 UnmodifiableList 的这些修改数据的方法，代码就会抛出 UnsupportedOperationException 异常，这样就避免了集合中的数据被修改。具体的代码实现如下所示。

```
public class ShoppingCart {
  //...省略其他代码...

  public List<ShoppingCartItem> getItems() {
    return Collections.unmodifiableList(this.items);
  }
}

public class UnmodifiableList<E> extends UnmodifiableCollection<E> implements List<E> {
  public boolean add(E e) {
    throw new UnsupportedOperationException();
  }
  public void clear() {
    throw new UnsupportedOperationException();
  }

  //...省略其他代码...
}

ShoppingCart cart = new ShoppingCart();
List<ShoppingCartItem> items = cart.getItems();
items.clear();  //抛出UnsupportedOperationException异常
```

不过，上述实现思路仍然存在问题。当调用者通过 ShoppingCart 类的 getItems() 方法获取 items 集合之后，虽然无法修改集合中的数据，但仍然可以修改集合中每个对象（ShoppingCartItem）的属性。示例代码如下所示。

```
ShoppingCart cart = new ShoppingCart();
cart.add(new ShoppingCartItem(...));
List<ShoppingCartItem> items = cart.getItems();
ShoppingCartItem item = items.get(0);
item.setPrice(19.0);  //这里修改了item的价格属性
```

这个问题应该如何解决？我们将在 6.6 节中给出答案。

getter、setter 方法的滥用问题讲完了，我们总结一下，在设计类时，除非真的需要，否则，尽量不要给属性定义 setter 方法。除此之外，尽管 getter 方法相对 setter 方法要安全一些，但是，如果返回的是集合（如本例中的 List 容器），那么也要防范集合内部数据被修改的风险。

2.5.2 滥用全局变量和全局方法

首先，我们介绍什么是全局变量和全局方法。

对于类似 C 语言这样的面向过程编程语言，全局变量、全局方法在开发中随处可见，但对于类似 Java 这样的面向对象编程语言，这二者就很少在开发中出现了。

在面向对象编程中，常见的全局变量有单例类对象、静态成员变量和常量等，常见的全局方法有静态方法。单例类对象在代码中只有一个，因此，它相当于一个全局变量。静态成员变量属于类中的数据，被所有的实例化对象共享，也在一定程度上相当于全局变量。而常量是一种常见的全局变量，如一些代码中的配置参数，一般设置为常量，并放到 Constants 类中。静态方法一般用来操作静态变量或外部数据。读者可以联想一下平时开发中常用的各种 Utils 类，其中的方法一般定义成静态方法，即在不创建对象的情况下，可以直接拿来使用。静态方法将方法与数据分离，破坏了封装特性，是典型的面向过程编程风格。

在刚才介绍的这些全局变量和全局方法中，Constants 类和 Utils 类最为常用。接下来，我们结合这两个类来深入探讨全局变量和全局方法的利与弊。示例代码如下。

```
public class Constants {
  public static final String MYSQL_ADDR_KEY = "mysql_addr";
  public static final String MYSQL_DB_NAME_KEY = "db_name";
  public static final String MYSQL_USERNAME_KEY = "mysql_username";
  public static final String MYSQL_PASSWORD_KEY = "mysql_password";

  public static final String REDIS_DEFAULT_ADDR = "192.168.7.2:7234";
  public static final int REDIS_DEFAULT_MAX_TOTAL = 50;
  public static final int REDIS_DEFAULT_MAX_IDLE = 50;
  public static final int REDIS_DEFAULT_MIN_IDLE = 20;
  public static final String REDIS_DEFAULT_KEY_PREFIX = "rt:";

  //...省略其他常量定义...
}
```

上述代码把该示例项目中所有用到的常量都集中放在 Constants 类中。但是，定义一个如此大而全的 Constants 类，并不是很好的设计思路。原因主要有以下 3 点。

1）首先，这样的设计会影响代码的可维护性。

如果参与同一个项目的开发工程师有很多，在开发过程中，可能都会修改这个类，如向这个类里添加常量，那么这个类会变得越来越大，甚至出现成百上千行代码，导致查找或修改某个常量会变得费时费力，还会增加提交代码冲突的概率。

2）其次，这样的设计会增加代码的编译时间。

Constants 类中包含的常量越多，依赖这个类的代码就会越多。每次对 Constants 类进行修改，都会导致依赖 Constants 类的其他类重新编译，浪费很多不必要的编译时间。不要小看编译花费的时间，对于一个规模庞大的工程项目，编译一次项目花费的时间可能是几分钟，甚至几十分钟。另外，在开发过程中，每次运行单元测试，都会触发执行一次编译，编译时间过长会影响我们的开发效率。

3）最后，这样的设计还会影响代码的复用性。

如果我们要在另一个项目中复用这个项目开发的某个类，而这个类又依赖 Constants 类，即便这个类只依赖 Constants 类中的一小部分常量，那么仍然需要将整个 Constants 类一并引入，也就引入了很多无关的常量到另一个项目中。

那么，我们如何改进 Constants 类的设计呢？这里有两种思路可以借鉴。

其中一种思路是将 Constants 类拆解为功能单一的多个类，如将与 MySQL 配置相关的常量放到 MysqlConstants 类中，将与 Redis 配置相关的常量放到 RedisConstants 类中。另一种设计思路，也是作者认为更合理的设计思路，是不单独设计 Constants 类，而是哪个类用到了某个常量，我们就把这个常量定义到这个类中。例如，RedisConfig 类用到了 Redis 配置相关的常量，我们直接将这些常量定义在 RedisConfig 类中，这样提高了类的内聚性和代码的复用性。

介绍完了 Constants 类的相关问题，我们讨论一下 Utils 类。首先，我们思考一下为什么需要 Utils 类。

实际上，Utils 类的出现基于这样一个问题背景：假设有两个类：A 和 B，它们要使用同一个功能逻辑，我们不应该将相同的功能逻辑在两个类中重复实现。我们可以利用继承特性来避免代码重复，把相同的属性和方法抽取出来，定义到父类中。子类复用父类中的属性和方法，达到代码复用的目的。但是，有的时候，从业务含义上来说，A 类和 B 类并不一定具有继承关系，如 Crawler 类和 PageAnalyzer 类，它们都用到了 URL 的拼接和分割功能，但并不具有继承关系（既不是父子关系，又不是兄弟关系）。如果我们仅仅为了代码复用，硬生生地抽象出一个父类，那么会影响代码的可读性。对于不熟悉代码背后设计思路的其他人，当发现 Crawler 类和 PageAnalyzer 类继承同一个父类，而父类中定义的却是 URL 相关的操作，那么会觉得这部分代码莫名其妙，无法理解。

既然继承不能解决上述问题，那么我们可以定义一个新的类，实现 URL 的拼接和分割。而拼接和分割这两个方法，不需要共享任何数据，因此，新的类不需要定义任何属性，这个时候，我们就可以把它定义为只包含静态方法的 Utils 类了。

实际上，只包含静态方法而不包含任何属性的 Utils 类是面向过程编程风格的。不过，从刚才提到的 Utils 类存在的目的来看，它在软件开发中还是很有用的，因为能够解决代码复用问题。因此，我们并不是说完全不能用 Utils 类，而是提醒读者不要滥用。

在定义 Utils 类之前，我们要思考下列问题：我们真的需要单独定义这样一个 Utils 类吗？是否可以把 Utils 类中的某些方法定义到其他类中？如果在回答了这些问题之后，我们还是认为有必要定义一个 Utils 类，就大胆地定义它吧！即便在面向对象编程中，我们也并不是完全排斥面向过程编程风格的代码。只要它能为我们写出高质量的代码贡献力量，我们就可以适度地去使用它。

除此之外，类比 Constants 类的设计，我们在设计 Utils 类时，最好也能进行细化，即针对不同的功能，设计不同的 Utils 类，如 FileUtils、IOUtils、StringUtils 和 UrlUtils 等类，尽量不要把所有的功能都放到一个大而全的 Utils 类。

2.5.3 定义数据和方法分离的类

还有一种在面向对象编程中常见的面向过程编程风格的代码：数据定义在一个类中，而方法定义在另一个类中。读者可能认为，这么明显的面向过程编程风格的代码，谁会这样写呢？实际上，如果读者基于 MVC 三层结构进行 Web 项目的后端开发，那么这样的代码几乎天天都在写。

传统的 MVC 结构分为 Model 层、View 层和 Controller 层。不过，在前后端分离之后，这个 3 层结构在后端开发中会稍微进行调整，被重新分为 Controller 层、Service 层和 Repository 层。Controller 层负责暴露接口给前端调用，Service 层负责核心业务逻辑，Repository 层负责数据读写。每一层又会定义相应的 VO（View Object）、BO（Business Object）和 Entity。一般情况下，VO、BO 和 Entity 中只定义数据，不定义方法，方法定义在 Controller 类、Service 类和 Repository 类中。这就是典型的面向过程编程风格。

实际上，这种开发模式称为基于“贫血”模型的开发模式，也是我们现在常用的一种 Web 项目的后端开发模式。看到这里，读者心里可能有疑惑，既然这种开发模式明显违背面向对象编程风格，那么，为什么大部分 Web 项目都是基于这种开发模式进行开发的呢？关于这个问题，我们在 2.8 节中详细解答。

看了上述面向对象编程中出现面向过程编程风格的代码的讨论，我们再来探讨一个问题：为什么我们会在面向对象编程中容易写出面向过程编程风格的代码？

读者可以联想一下，在生活中，我们准备完成一个任务时，一般会思考先做什么、后做什么，如何一步步地执行一系列操作，以便完成这个任务。面向过程编程风格恰恰符合人的这种流程化思维方式，而面向对象编程风格正好相反，它是一种自底向上的思考方式，也就是不先按照执行流程分解任务，而是首先将任务翻译成一个个类，然后设计类之间的交互，最后按照流程将类组装起来，完成整个任务。我们在 2.3 节中提到，这样的思考路径适合复杂程序的开发，但并不完全符合人的思维习惯。

除此之外，面向对象编程的难度要比面向过程编程高一些。在面向对象编程中，类的设计需要一定的技巧和经验。我们要思考如何封装合适的数据和方法到一个类中，如何设计类之间的关系，以及如何设计类之间的交互等诸多问题。

基于以上两点原因，很多工程师在开发项目的过程，倾向于使用不需要太动脑筋的方式实现需求，也就不经意地将代码写成面向过程编程风格了。

前面讲了面向对象编程相比面向过程编程的各种优势，又讲了哪些代码看似面向对象编程风格，实则面向过程编程风格。那么，是不是面向过程编程风格过时了？将要被淘汰了？在面向对象编程中，是不是要杜绝编写面向过程编程风格的代码呢？

前面讲过，如果我们开发的是一个简单的程序，或者一个数据处理相关程序，以算法为主，数据为辅，那么脚本式的面向过程编程风格更加适合。当然，面向过程编程的用武之地不止这些。实际上，面向过程编程是面向对象编程的基础。类整体是面向对象编程风格的，但聚焦类中的每个方法，它们都是面向过程编程风格的。

面向对象和面向过程两种编程风格并不是非黑即白、完全对立的。在使用面向对象编程语言开发项目时，面向过程编程风格的代码并不少见，甚至在一些标准开发库（如 JDK、Apache Commons 和 Google Guava）中，也存在大量面向过程编程风格的代码。

无论是使用面向过程编程风格还是面向对象编程风格编写代码，最终的目的还是希望写出易维护、易读、易复用和易扩展的高质量的代码。只要我们能够控制使用面向过程编程风格编写代码的副作用，在掌控范围内为我所用，就大可放心地在面向对象编程中编写面向过程编程风格的代码。

2.5.4 思考题

1）本节讲到，使用面向对象编程语言写出来的代码不一定是面向对象编程风格的，有可能是面向过程编程风格的。另外，使用面向过程编程语言照样可以写出面向对象编程风格的代码。尽管面向过程编程语言可能没有现成的语法来支持面向对象编程的四大特性，但一般来说，可以通过其他方式来模拟，如在 C 语言中，我们可以利用函数指针来模拟多态。如果读者熟悉一门面向过程编程语言，那么，是否能说一下如何在这门编程语言中使用其他语法来模拟面向对象编程的四大特性？

2）看似面向对象编程风格，实则面向过程编程风格的代码有很多。除本节提到的 3 种，读者还遇到过哪些？

2.6 基于“贫血”模型的传统开发模式是否违背 OOP

据作者了解，大部分工程师是做业务开发的，很多业务系统都是基于 MVC 三层架构开发的。实际上，更确切地讲，这是一种基于“贫血”模型的 MVC 三层架构开发模式。虽然这种开发模式已经成为标准的 Web 项目的开发模式，但它违反了面向对象编程风格，是彻彻底底的面向过程编程风格，因此，被有些人称为反模式（anti-pattern）。特别是领域驱动设计（Domain Driven Design，DDD）流行之后，这种基于“贫血”模型的传统开发模式开始被人诟病。而基于“充血”模型的 DDD 开发模式开始被人提倡。在本节中，我们介绍这两种开发模式，并探讨下列问题：为什么基于“贫血”模型的传统开发模式违反 OOP? 基于“贫血”模型的传统开发模式既然违反 OOP，那么为什么如此流行？我们应该在什么情况下考虑使用基于“充血”模型的 DDD 开发模式？

2.6.1 基于“贫血”模型的传统开发模式

作者相信，大部分后端开发工程师不会对 MVC 三层架构感到陌生。不过，为了统一大家对 MVC 的认识，作者在 2.5.3 节介绍的基础上，扩展介绍一下 MVC 三层架构。

MVC 将整个项目分为 3 层：展示层、逻辑层和数据层。MVC 三层架构是一种笼统的分层方式，落实到具体的开发层面，很多项目并不会完全遵从 MVC 固定的分层方式，而是会根据具体的项目需求，进行适当调整。

例如，目前，很多 Web 都是前后端分离的，后端负责暴露接口供前端调用。在这种情况下，我们一般将后端项目分为 3 层：Repository、Service 和 Controller。其中，Repository 层负责数据访问，Service 层负责业务逻辑，Controller 层负责暴露接口。当然，这只是其中一种分层和命名方式。尽管不同的团队会针对不同的项目进行调整，但基本的分层思路类似。

在介绍完 MVC 三层架构之后，我们介绍什么是“贫血”模型。

实际上，读者可能一直在使用“贫血”模型进行开发，只是自己不知道而已。毫不夸张地讲，据作者了解，目前几乎所有的业务后端系统都是基于“贫血”模型开发的。我们举例解释一下，代码如下所示。

```
/** Controller+VO(View Object) **/
public class UserController {
   //通过构造函数或IoC(控制反转) 框架注入
  private UserService userService;

  public UserVo getUserById(Long userId) {
    UserBo userBo = userService.getUserById(userId);
    UserVo userVo = [...convert userBo to userVo...];
    return userVo;
  }
}

public class UserVo { //省略其他属性、getter/setter/constructor方法
  private Long id;
  private String name;
```

```
  private String cellphone;
}

/**Service+BO(Business Object) **/
public class UserService {
  private UserRepository userRepository; //通过构造函数或IoC框架注入

  public UserBo getUserById(Long userId) {
    UserEntity userEntity = userRepository.getUserById(userId);
    UserBo userBo = [...convert userEntity to userBo...];
    return userBo;
  }
}

public class UserBo { //省略其他属性、getter/setter/constructor方法
  private Long id;
  private String name;
  private String cellphone;
}

/**Repository+Entity **/
public class UserRepository {
  public UserEntity getUserById(Long userId) { //... }
}

public class UserEntity { //省略其他属性、getter/setter/constructor方法
  private Long id;
  private String name;
  private String cellphone;
}
```

实际上，在平时开发 Web 后端项目时，我们基本上都是像上述代码那样组织代码的。其中，UserEntity 类和 UserRepository 类组成了数据访问层，UserBo 类和 UserService 类组成了业务逻辑层，UserVo 类和 UserController 类在这里属于接口层。

从上述代码中，我们可以发现，UserBo 类是一个纯粹的数据结构，只包含数据，不包含任何业务逻辑。业务逻辑集中在 UserService 类中。我们通过 UserService 类操作 UserBo 类。换句话说，Service 层的数据和业务逻辑被分割到两个类中。像 UserBo 这样只包含数据，不包含业务逻辑的类，称为“贫血”模型（Anemic Domain Model）。同理，UserEntity 类和 UserVo 类都是基于“贫血”模型设计的。“贫血”模型将数据与操作分离，破坏了面向对象编程的封装特性，属于典型的面向过程编程风格。

2.6.2　基于“充血”模型的 DDD 开发模式

上面讲了基于“贫血”模型的传统开发模式，接下来，我们再来看一下基于“充血”模型的 DDD 开发模式。

首先，我们介绍一下什么是“充血”模型。

在“贫血”模型中，数据和业务逻辑被分割到不同的类中。“充血”模型（Rich Domain Model）正好相反，数据和对应的业务逻辑被封装到同一个类中。因此，“充血”模型满足面向对象编程的封装特性，属于典型的面向对象编程风格。

然后，我们介绍一下什么是领域驱动设计。

领域驱动设计（DDD）主要用来指导如何解耦业务系统，划分业务模块，以及定义业务领域模型及其交互。领域驱动设计这个概念并不新颖，早在 2004 年就被提出，发展到现在，

已经有十几年的历史了。不过，它被大众熟知，还是因为微服务的兴起。

我们知道，除监控、调用链追踪和 API 网关等服务治理系统的开发以外，微服务还有一个更加重要的工作，那就是对公司的业务合理地进行服务划分。而领域驱动设计恰好是用来指导服务划分的。因此，微服务加速了领域驱动设计的流行。

不过，作者认为，领域驱动设计类似敏捷开发、SOA 和 PaaS 等，这些概念听起来“高大上”，实际上没有太多复杂的内容。即便读者对领域驱动设计这个概念一无所知，只要读者开发过业务系统，就会或多或少用过它。做好领域驱动设计的关键是对业务的熟悉程度，而并不是对领域驱动设计这个概念本身的理解程度。即便我们非常清楚领域驱动设计这个概念，但是，如果我们对业务不熟悉，那么也不能得到合理的领域设计。因此，我们不要把领域驱动设计当成“银弹”（可以简单地理解为“万金油”），没必要花太多的时间过度地研究它。

实际上，基于“充血”模型的 DDD 开发模式实现的代码一般是按照 MVC 三层架构分层的。Controller 层还是负责暴露接口，Repository 层还是负责数据访问，Service 层负责业务逻辑。它与基于“贫血”模型的传统开发模式的主要区别在 Service 层。

在基于“贫血”模型的传统开发模式中，Service 层包含 Service 类和 BO 类两部分，BO 类是“贫血”模型，只包含数据，不包含具体的业务逻辑。业务逻辑集中在 Service 类中。在基于“充血”模型的 DDD 开发模式中，Service 层包含 Service 类和 Domain 类两部分。Domain 类相当于“贫血”模型中的 BO 类。与 BO 类的区别在于，Domain 类是基于“充血”模型开发的，既包含数据，又包含业务逻辑。而 Service 类变得非常“单薄”。总结一下，基于“贫血”模型的传统的开发模式，重 Service 类，轻 BO 类；基于“充血”模型的 DDD 开发模式，轻 Service 类，重 Domain 类。

2.6.3 两种开发模式的应用对比

我们通过一个稍微复杂的例子介绍如何应用这两种开发模式进行开发，特别是基于“充血”模型的 DDD 开发模式。

很多具有购买、支付功能的应用（如淘宝、京东金融等）都支持“钱包”功能。应用为每个用户开设一个系统内的虚拟钱包账户。虚拟钱包的基本操作大致包含入账、出账、转账和查询余额等。我们开发一个接口系统来供前端或其他系统调用，实现入账、出账、转账和查询余额等基本操作。

我们先看一下如何利用基于“贫血”模型的传统开发模式开发这个系统。

我们还是应用经典的 MVC 三层结构。其中，Controller 和 VO 负责暴露接口，具体的代码结构如下所示。注意，在 Controller 中，接口实现比较简单，主要是调用 Service 方法，因此，代码中省略了这部分实现。

```
public class WalletController {
  //通过构造函数或框架注入
  private WalletService walletService;

  public BigDecimal getBalance(Long walletId) { ... } //查询余额
  public void debit(Long walletId, BigDecimal amount) { ... } //出账
  public void credit(Long walletId, BigDecimal amount) { ... } //入账
  public void transfer(Long fromWalletId, Long toWalletId, BigDecimal amount) { ...} //转账
}
```

Service 和 BO 核心业务逻辑，Repository 和 Entity 负责数据访问。Repository 层的代码实现比较简单，不是本书讲解的重点，因此也省略了。Service 和 BO 的代码如下所示。注意，这里省略了一些不重要的校验代码，如对 amount 是否小于 0、钱包是否存在的校验等。

```
public class WalletBo { //省略getter、setter和constructor方法
  private Long id;
  private Long createTime;
  private BigDecimal balance;
}

public class WalletService {
  //通过构造函数或IoC框架注入
  private WalletRepository walletRepo;

  public WalletBo getWallet(Long walletId) {
    WalletEntity walletEntity = walletRepo.getWalletEntity(walletId);
    WalletBo walletBo = convert(walletEntity);
    return walletBo;
  }

  public BigDecimal getBalance(Long walletId) {
    return walletRepo.getBalance(walletId);
  }

  @Transactional
  public void debit(Long walletId, BigDecimal amount) {
    WalletEntity walletEntity = walletRepo.getWalletEntity(walletId);
    BigDecimal balance = walletEntity.getBalance();
    if (balance.compareTo(amount) < 0) {
      throw new NoSufficientBalanceException(...);
    }
    walletRepo.updateBalance(walletId, balance.subtract(amount));
  }

  @Transactional
  public void credit(Long walletId, BigDecimal amount) {
    WalletEntity walletEntity = walletRepo.getWalletEntity(walletId);
    BigDecimal balance = walletEntity.getBalance();
    walletRepo.updateBalance(walletId, balance.add(amount));
  }

  @Transactional
  public void transfer(Long fromWalletId, Long toWalletId, BigDecimal amount) {
    debit(fromWalletId, amount);
    credit(toWalletId, amount);
  }
}
```

后端工程师应该可以很好地理解上述基于“贫血”模型的传统开发模式实现的代码。现在，**我们介绍一下如何利用基于“充血”模型的 DDD 开发模式实现这个系统？**

前面讲到，基于“充血”模型的 DDD 开发模式与基于“贫血”模型的传统开发模式的主要区别在 Service 层，Controller 层和 Repository 层的代码基本相同。因此，我们重点介绍一下 Service 层如何按照基于“充血”模型的 DDD 开发模式实现。

在基于“充血”模型的 DDD 开发模式下，我们把表示虚拟钱包的 Wallet 类设计成一个“充血”的领域模型，并且将原来位于 Service 类中的部分业务逻辑移到 Wallet 类中，让 Service 类的实现依赖 Wallet 类。具体的代码结构如下所示。

```
public class Wallet { //领域模型（“充血”模型）
  private Long id;
  private Long createTime = System.currentTimeMillis();
  private BigDecimal balance = BigDecimal.ZERO;

  public Wallet(Long preAllocatedId) {
    this.id = preAllocatedId;
  }

  public BigDecimal balance() {
    return this.balance;
  }

  public void debit(BigDecimal amount) {
    if (this.balance.compareTo(amount) < 0) {
      throw new InsufficientBalanceException(...);
    }
    this.balance = this.balance.subtract(amount);
  }

  public void credit(BigDecimal amount) {
    if (amount.compareTo(BigDecimal.ZERO) < 0) {
      throw new InvalidAmountException(...);
    }
    this.balance = this.balance.add(amount);
  }
}

public class WalletService {
  //通过构造函数或框架注入
  private WalletRepository walletRepo;

  public VirtualWallet getWallet(Long walletId) {
    WalletEntity walletEntity = walletRepo.getWalletEntity(walletId);
    Wallet wallet = convert(walletEntity);
    return wallet;
  }

  public BigDecimal getBalance(Long walletId) {
    return walletRepo.getBalance(walletId);
  }

  @Transactional
  public void debit(Long walletId, BigDecimal amount) {
    WalletEntity walletEntity = walletRepo.getWalletEntity(walletId);
    Wallet wallet = convert(walletEntity);
    wallet.debit(amount);
    walletRepo.updateBalance(walletId, wallet.balance());
  }

  @Transactional
  public void credit(Long walletId, BigDecimal amount) {
    WalletEntity walletEntity = walletRepo.getWalletEntity(walletId);
    Wallet wallet = convert(walletEntity);
    wallet.credit(amount);
    walletRepo.updateBalance(walletId, wallet.balance());
  }

  @Transactional
  public void transfer(Long fromWalletId, Long toWalletId, BigDecimal amount) {
     debit(fromWalletId, amount);
```

```
      credit(toWalletId, amount);
    }
  }
```

在上述代码中，领域模型对应的 Wallet 类很“单薄”，包含的业务逻辑简单。相比原来的“贫血”模型的设计思路，这种“充血”模型的设计思路似乎没有太大优势。这也是大部分业务系统使用基于“贫血”模型开发的原因。不过，如果虚拟钱包系统需要支持更加复杂的业务逻辑，那么“充血”模型的优势就体现出来了。例如，虚拟钱包系统需要支持透支一定的额度和冻结部分余额的功能。这个时候，我们重新看一下 Wallet 类的实现，代码如下所示。

```
public class Wallet {
  private Long id;
  private Long createTime = System.currentTimeMillis();
  private BigDecimal balance = BigDecimal.ZERO;
  private boolean isAllowedOverdraft = true;
  private BigDecimal overdraftAmount = BigDecimal.ZERO;
  private BigDecimal frozenAmount = BigDecimal.ZERO;

  public Wallet(Long preAllocatedId) {
    this.id = preAllocatedId;
  }

  public void freeze(BigDecimal amount) { ... }
  public void unfreeze(BigDecimal amount) { ...}
  public void increaseOverdraftAmount(BigDecimal amount) { ... }
  public void decreaseOverdraftAmount(BigDecimal amount) { ... }
  public void closeOverdraft() { ... }
  public void openOverdraft() { ... }

  public BigDecimal balance() {
    return this.balance;
  }

  public BigDecimal getAvailableBalance() {
    BigDecimal totalAvailableBalance = this.balance.subtract(this.frozenAmount);
    if (isAllowedOverdraft) {
      totalAvailableBalance += this.overdraftAmount;
    }
    return totalAvailableBalance;
  }

  public void debit(BigDecimal amount) {
    BigDecimal totalAvailableBalance = getAvailableBalance();
    if (totalAvailableBalance.compareTo(amount) < 0) {
      throw new InsufficientBalanceException(...);
    }
    this.balance = this.balance.subtract(amount);
  }

  public void credit(BigDecimal amount) {
    if (amount.compareTo(BigDecimal.ZERO) < 0) {
      throw new InvalidAmountException(...);
    }
    this.balance = this.balance.add(amount);
  }
}
```

领域模型对应的 Wallet 类添加了简单的冻结和透支逻辑之后，功能丰富了很多，代码也没那么“单薄”了。如果功能继续演进，那么我们可以增加细化的冻结策略、透支策略，以及支持钱包账号（Wallet 类中的 id 字段）自动生成（不是通过构造函数从外部传入 ID，而是通过分布式 ID 生成算法自动生成 ID）等。Wallet 类的业务逻辑会变得越来越复杂，也就非常值得设计成“充血”模型了。

对于上面的设计和实现，读者可能有下列两个疑问，作者解答一下。

第一个疑问：在基于“充血”模型的 DDD 开发模式中，我们将业务逻辑移到 Domain 类中，Service 类变得很“单薄”，但并没有完全将 Service 类去掉，这是为什么？或者可以这么问，Service 类在这种情况下承担的职责是什么？哪些功能逻辑会放到 Service 类中？

区别于 Domain 类的职责，Service 类主要有下面 3 种职责。

职责一：Service 类负责与 Repository 层“交流”。在上述代码中，WalletService 类负责与 Repository 层交互，调用 Repository 类的方法获取数据库中的数据，转换成领域模型对应的 Wallet 类，然后由 Wallet 类完成业务逻辑，最后由 Service 类调用 Repository 类的方法，将数据存回数据库。

之所以让 WalletService 类与 Repository 层打交道，而不是让领域模型对应的 Wallet 类与 Repository 层打交道，是因为我们想要保持领域模型的独立性，不与任何其他层的代码（如 Repository 层的代码）或开发框架（如 Spring、MyBatis）耦合在一起，将流程性的代码逻辑（如从数据库中获取数据、映射数据）与领域模型的业务逻辑解耦，让领域模型通用和易复用。

职责二：Service 类负责跨领域模型的业务聚合工作。WalletService 类中的转账函数 transfer() 涉及两个钱包的操作，因此，这部分业务逻辑无法放到 Wallet 类中，于是我们暂且把转账业务放到 WalletService 类中。当然，随着功能演进，转账业务变复杂之后，我们可以将转账业务抽取出来，设计成一个独立的领域模型。

职责三：Service 类负责一些非功能性及与第三方系统交互的工作。例如幂等、事务、发邮件、发消息、记录日志、调用其他系统的 RPC 接口等。

第二个疑问：在基于“充血”模型的 DDD 开发模式中，尽管 Service 层被改造成了“充血”模型，但是 Controller 层和 Repository 层还是“贫血”模型。我们是否有必要将 Controller 层和 Repository 层改造为“充血”模型？

答案是没有必要。Controller 层主要负责暴露接口，Repository 层主要负责与数据库打交道，这两层包含的业务逻辑并不多。前面我们提到过，如果业务逻辑比较简单，就没必要设计成“充血”模型。如果设计成“充血”模型，那么类非常“单薄”，看起来非常奇怪。尽管这样的设计是面向过程编程风格的，但只要我们控制好面向过程编程风格的副作用，照样可以开发出优秀的软件。那么，如何控制好面向过程编程风格的副作用呢？

就拿 Repository 层的 Entity 来说，即便它被设计成“贫血”模型，违反面向对象编程的封装特性，有被任意修改的风险，但 Entity 的生命周期是有限的。一般来讲，我们把它传递到 Service 层之后，它就会转换成 BO 或 Domain 来继续处理。Entity 的生命周期到此就结束了，因此，它并不会被任意修改。

我们再来说一下 Controller 层的 VO。实际上，VO 是一种 DTO（Data Transfer Object，数据传输对象）。它主要是作为接口的数据传输承载体，将数据发送给其他系统。从功能上来讲，它理应不包含业务逻辑，只包含数据。因此，它被设计成“贫血”模型是合理的。

2.6.4 基于“贫血”模型的传统开发模式被广泛应用的原因

前面讲过，基于“贫血”模型的传统开发模式将数据与业务逻辑分离，违反了面向对象编程的封装特性，是面向过程编程风格的。但是，目前几乎所有的后端业务系统都是基于这种“贫血”模型的开发模式开发的，甚至 Java Spring 框架的官方示例代码也是按照这种开发模式编写的。

前面也讲过，面向过程编程风格有多种弊端，如数据和操作分离之后，对数据的操作就不受限制了，任何代码都可以随意修改数据。既然基于“贫血”模型的这种开发模式是面向过程编程风格的，那么它又为什么会被广大程序员接受呢？关于这个问题，作者给出下面 3 个原因。

1）在大部分情况下，我们开发的系统的业务都比较简单，只包含基于 SQL 的 CRUD 操作，于是，我们不需要精心设计“充血”模型，因为“贫血”模型足以应付这种简单的业务的开发。除此之外，由于业务比较简单，因此，即便我们使用“充血”模型，那么模型本身包含的业务逻辑也并不会很多，设计出来的领域模型也会比较“单薄”，与“贫血”模型差不多，没有太大意义。

2）“充血”模型的设计难度比“贫血”模型大，因为“充血”模型是面向对象编程风格的，从一开始，我们就要设计好针对数据要暴露哪些操作，以及定义哪些业务逻辑。而不是像“贫血”模型那样，我们最初只需要定义数据，之后若有任何功能开发需求，就在 Service 层中定义相应的操作，不需要事先进行太多设计。

3）思维已固化，转型有成本。基于“贫血”模型的传统开发模式已出现多年，深入人心，大多数程序员习以为常。对于一些资深程序员，他们过往参与的所有 Web 项目应该都是基于这种开发模式开发的，而且没有出现过太大的问题。如果他们转向使用“充血”模型、领域驱动设计，那么势必增加学习成本、转型成本。在没有遇到开发痛点的情况下，很多程序员不愿意做这种事情。

2.6.5 基于“充血”模型的 DDD 开发模式的应用场景

既然使用基于“贫血”模型的传统开发模式进行开发已经成为了一种开发习惯，那么，什么样的项目应该考虑使用基于“充血”模型的 DDD 开发模式呢？

上文提到，基于“贫血”模型的传统开发模式适合业务简单的系统的开发。相应的，基于“充血”模型的 DDD 开发模式适合业务复杂的系统的开发，如包含利息计算模型、还款模型等复杂业务模型的金融系统。

有些读者可能认为，落实到代码层面，这两种开发模式的区别就是，一个将业务逻辑放到 Service 类中，另一个将业务逻辑放到领域模型中。为什么基于“贫血”模型的传统开发模式不能应对复杂业务系统的开发？而基于“充血”模型的 DDD 开发模式就可以应对呢？

实际上，除我们能够看到的代码层面的区别以外（其中一个将业务逻辑放在 Service 层，另一个将业务逻辑放在领域模型中），它们之间还有一个重要的区别，那就是两种开发模式会导致不同的开发流程。在应对复杂业务系统的开发的时候，基于“充血”模型的 DDD 开发模式的开发流程更具优势。为什么这么说呢？我们先回忆一下，在平时使用基于“贫血”模型的传统开发模式时，是如何实现一个功能需求的。

毫不夸张地讲，我们平时的开发工作大部分都是 SQL 驱动（SQL-Driven）的。当我们接到一个后端接口的开发需求时，就会去看接口需要的数据对应到数据库中，需要哪张表或哪几张表，然后思考如何编写 SQL 语句来获取数据。之后就是定义 Entity、BO 和 VO，然后向对应的 Repository 类、Service 类和 Controller 类中添加代码。

业务逻辑包裹在一个大的 SQL 语句中。这个大的 SQL 语句包揽了绝大部分工作。Service 层可以做的事情很少。除此之外，SQL 语句是针对特定的业务功能编写的，复用性极差。当我们要开发另一个类似的业务功能时，只能重新再编写一个 SQL 语句，这就可能导致代码中充斥着很多区别很小的 SQL 语句。

在这个过程中，很少有人会应用领域模型、面向对象编程的概念，也很少有人有代码复用的意识。对于简单的业务系统，基于“贫血”模型的传统开发模式问题不大。但对于复杂业务系统的开发，这样的开发方式会让代码越来越混乱，最终导致无法维护。

如果我们在项目中应用基于“充血”模型的 DDD 开发模式，那么对应的开发流程就完全不一样了。在这种开发模式下，我们需要事先理清所有业务，定义领域模型所包含的属性和方法。领域模型相当于可复用的业务中间层。新功能需求的开发都是基于这一可复用的业务中间层完成的。

系统越复杂，对代码的复用性、易维护性要求越高，我们就应该花更多的时间和精力在前期设计上。基于“充血”模型的 DDD 开发模式正好需要我们前期进行大量的业务调研和领域模型设计，因此，它更加适合复杂业务系统的开发。

2.6.6 思考题

在读者经历的项目中，哪些是基于“贫血”模型的传统开发模式开发的？哪些是基于“充血”模型的 DDD 开发模式开发的？

2.7 接口和抽象类：如何使用普通类模拟接口和抽象类

在面向对象编程中，抽象类和接口是两个经常被提及的语法概念，也是面向对象编程的四大特性，以及很多设计模式和设计原则编程实现的基础。例如，我们可以使用接口实现面向对象的抽象特性、多态特性和基于接口而非实现的设计原则，使用抽象类实现面向对象的继承特性和模板设计模式，等等。

不过，并不是所有的面向对象编程语言都支持这两个语法概念，如 C++ 这种编程语言只支持抽象类，不支持接口；而像 Python 这样的动态编程语言，既不支持抽象类，又不支持接口。尽管有些编程语言没有提供现成的语法来支持接口和抽象类，但是我们仍然可以通过一些手段模拟实现这两个语法概念。

这两个语法概念不但在工作中经常会被用到，而且在面试中经常被提及。接口和抽象类的区别是什么？什么时候使用接口？什么时候使用抽象类？抽象类和接口存在的意义是什么？通过阅读本节内容，相信读者可以从中找到答案。

2.7.1 抽象类和接口的定义与区别

不同的编程语言对接口和抽象类的定义方式可能有差别，但差别并不会很大。因为 Java

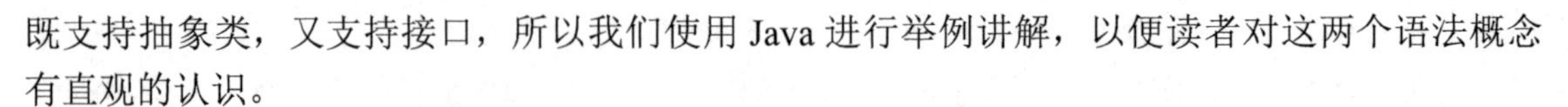

既支持抽象类，又支持接口，所以我们使用 Java 进行举例讲解，以便读者对这两个语法概念有直观的认识。

首先，我们看一下如何在 Java 中定义抽象类。

下面这段代码是一个典型的抽象类使用场景（模板设计模式）。Logger 是一个记录日志的抽象类，FileLogger 类和 MessageQueueLogger 类继承 Logger 类，分别实现不同的日志记录方式：将日志输出到文件中和将日志输出到消息队列中。FileLogger 和 MessageQueueLogger 两个子类复用了父类 Logger 中的 name、enabled、minPermittedLevel 属性，以及 log() 方法，但因为这两个子类输出日志的方式不同，所以它们又各自重写了父类中的 doLog() 方法。

```
public abstract class Logger {
  private String name;
  private boolean enabled;
  private Level minPermittedLevel;

  public Logger(String name, boolean enabled, Level minPermittedLevel) {
    this.name = name;
    this.enabled = enabled;
    this.minPermittedLevel = minPermittedLevel;
  }

  public void log(Level level, String message) {
    boolean loggable = enabled && (minPermittedLevel.intValue() <= level.intValue());
    if (!loggable) return;
    doLog(level, message);
  }

  protected abstract void doLog(Level level, String message);
}

//抽象类的子类：输出日志到文件
public class FileLogger extends Logger {
  private Writer fileWriter;

  public FileLogger(String name, boolean enabled,
    Level minPermittedLevel, String filepath) {
    super(name, enabled, minPermittedLevel);
    this.fileWriter = new FileWriter(filepath);
  }

  @Override
  public void doLog(Level level, String mesage) {
    //格式化level和message，并输出到日志文件
    fileWriter.write(...);
  }
}

//抽象类的子类：输出日志到消息中间件（如Kafka）
public class MessageQueueLogger extends Logger {
  private MessageQueueClient msgQueueClient;

  public MessageQueueLogger(String name, boolean enabled,
    Level minPermittedLevel, MessageQueueClient msgQueueClient) {
    super(name, enabled, minPermittedLevel);
    this.msgQueueClient = msgQueueClient;
  }

  @Override
```

```
  protected void doLog(Level level, String mesage) {
    //格式化level和message，并输出到消息中间件
    msgQueueClient.send(...);
  }
}
```

结合上述示例，我们总结了下列抽象类的特点。

1）抽象类不允许被实例化，只能被继承。也就是说，我们不能通过关键字 new 定义一个抽象类的对象（编写“Logger logger = new Logger(...);”语句会报编译错误）。

2）抽象类可以包含属性和方法。方法可以包含代码实现（如 Logger 类中的 log() 方法），也可以不包含代码实现（如 Logger 类中的 doLog() 方法）。不包含代码实现的方法称为抽象方法。

3）子类继承抽象类时，必须实现抽象类中的所有抽象方法。对应到示例代码中，所有继承 Logger 抽象类的子类都必须重写 doLog() 方法。

上面是对抽象类的定义。接下来，我们看一下如何在 Java 中定义接口。我们还是先看一段示例代码。

```
public interface Filter {
  void doFilter(RpcRequest req) throws RpcException;
}

//接口实现类：鉴权过滤器
public class AuthencationFilter implements Filter {
  @Override
  public void doFilter(RpcRequest req) throws RpcException {
    //...省略鉴权逻辑...
  }
}

//接口实现类：限流过滤器
public class RateLimitFilter implements Filter {
  @Override
  public void doFilter(RpcRequest req) throws RpcException {
    //...省略限流逻辑...
  }
}

//过滤器使用示例
public class Application {
  private List<Filter> filters = new ArrayList<>();

  public Application() {
    filters.add(new AuthencationFilter());
    filters.add(new RateLimitFilter());
}

  public void handleRpcRequest(RpcRequest req) {
    try {
      for (Filter filter : fitlers) {
        filter.doFilter(req);
      }
    } catch(RpcException e) {
      //...省略处理过滤结果...
    }
    //...省略其他处理逻辑...
  }
}
```

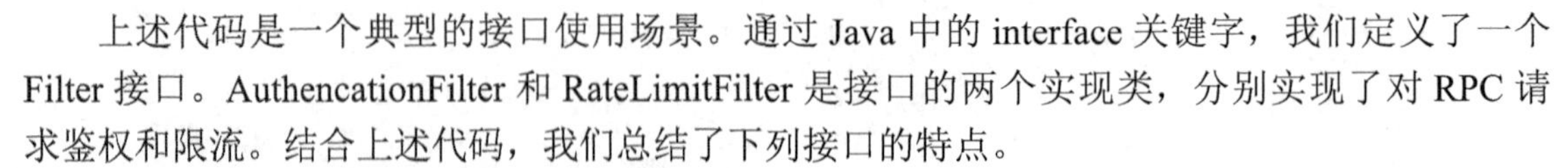

上述代码是一个典型的接口使用场景。通过 Java 中的 interface 关键字，我们定义了一个 Filter 接口。AuthencationFilter 和 RateLimitFilter 是接口的两个实现类，分别实现了对 RPC 请求鉴权和限流。结合上述代码，我们总结了下列接口的特点。

1）接口不能包含属性（也就是成员变量）。

2）接口只能声明方法，方法不能包含代码实现。

3）类实现接口时，必须实现接口中声明的所有方法。

有些读者可能说，在 Java 1.8 版本之后，接口中的方法可以包含代码实现，并且接口可以包含静态成员变量。注意，这只不过是 Java 语言对接口定义的妥协，目的是方便使用。抛开 Java 这一具体的编程语言，接口仍然具有上述 3 个特点。

在上文中，我们介绍了抽象类和接口的定义，以及各自的语法特性。从语法特性方面对比，抽象类和接口有较大的区别，如抽象类中可以定义属性、方法的实现，而接口中不能定义属性，方法也不能包含代码实现，等等。除语法特性以外，从设计的角度对比，二者也有较大的区别。

抽象类也属于类，只不过是一种特殊的类，这种类不能被实例化为对象，只能被子类继承。我们知道，继承关系是一种 is-a 关系，那么，抽象类既然属于类，也表示一种 is-a 关系。相比抽象类的 is-a 关系，接口表示一种 has-a 关系（或 can-do 关系、behave like 关系），表示具有某些功能。因此，接口有一个形象的叫法：协议（contract）。

2.7.2　抽象类和接口存在的意义

在 2.7.1 节中，我们介绍了抽象类和接口的定义与区别，现在我们探讨一下抽象类和接口存在的意义，以便读者知其然，知其所以然。

为什么需要抽象类？它能够在编程中解决什么问题？

在 2.7.1 节中，我们讲到，抽象类不能被实例化，只能被继承。之前，我们还讲过，继承能够解决代码复用问题。因此，抽象类是为代码复用而生的。多个子类可以继承抽象类中定义的属性和方法，这样可以避免在子类中重复编写相同的代码。

既然继承就能达到代码复用的目的，而继承并不要求父类必须是抽象类，那么，不使用抽象类照样可以实现继承和复用。从这个角度来看，抽象类语法似乎是多余的。那么，除解决代码复用问题以外，抽象类还有其他存在的意义吗？

我们还是结合之前打印日志的示例代码进行讲解。不过，我们需要先对之前的代码进行改造。在改造之后，Logger 不再是抽象类，只是一个普通类。另外，我们删除了 Logger 类中的 log()、doLog() 方法，新增了 isLoggable() 方法。FileLogger 类和 MessageQueueLogger 类仍然继承 Logger 类。具体代码如下。

```
//父类Logger：非抽象类，就是普通类，删除了log()和doLog()方法，新增了isLoggable()方法
public class Logger {
  private String name;
  private boolean enabled;
  private Level minPermittedLevel;

  public Logger(String name, boolean enabled, Level minPermittedLevel) {
    //...构造函数不变，代码省略...
  }
```

```
    protected boolean isLoggable() {
      boolean loggable = enabled && (minPermittedLevel.intValue() <= level.intValue());
      return loggable;
    }
  }

  //子类：输出日志到文件
  public class FileLogger extends Logger {
    private Writer fileWriter;

    public FileLogger(String name, boolean enabled,
      Level minPermittedLevel, String filepath) {
      //...构造函数不变，代码省略...
    }

    public void log(Level level, String mesage) {
      if (!isLoggable()) return;
      //格式化level和message，并输出到日志文件
      fileWriter.write(...);
    }
  }

  //子类：输出日志到消息中间件(如Kafka)
  public class MessageQueueLogger extends Logger {
    private MessageQueueClient msgQueueClient;

    public MessageQueueLogger(String name, boolean enabled,
      Level minPermittedLevel, MessageQueueClient msgQueueClient) {
      //...构造函数不变，代码省略...
    }

    public void log(Level level, String mesage) {
      if (!isLoggable()) return;
      //格式化level和message，并输出到消息中间件
      msgQueueClient.send(...);
    }
  }
```

虽然上面这段代码的设计思路达到了代码复用的目的，但是无法使用多态特性。

如果我们像下面这样编写代码，就会出现编译错误，因为 Logger 类中并没有定义 log() 方法。

```
Logger logger = new FileLogger("access-log", true, Level.WARN, "/users/wangzheng/access.log");
logger.log(Level.ERROR, "This is a test log message.");
```

读者可能会说，这个问题的解决很简单，在 Logger 类中，定义一个空的 log() 方法，让子类重写 Logger 类的 log() 方法，并实现自己的日志输出逻辑，不就可以了吗？代码如下所示。

```
public class Logger {
  //...省略部分代码...
  public void log(Level level, String mesage) { //方法体为空 }
}

public class FileLogger extends Logger {
  //...省略部分代码...
  @Override
  public void log(Level level, String mesage) {
    if (!isLoggable()) return;
    //格式化level和message，并输出到日志文件
    fileWriter.write(...);
```

```
    }
}

public class MessageQueueLogger extends Logger {
  //...省略部分代码...
  @Override
  public void log(Level level, String mesage) {
    if (!isLoggable()) return;
    //格式化level和message，并输出到消息中间件
    msgQueueClient.send(...);
  }
}
```

虽然上面这段代码的设计思路可用，能够解决问题，但是，它显然没有之前基于抽象类的设计思路优雅，理由如下。

1）在 Logger 类中，定义一个空的方法，会影响代码的可读性。如果我们不熟悉 Logger 类背后的设计思想，加之代码的注释不详细，那么，在阅读 Logger 类的代码时，有可能产生为什么定义一个空的 log() 方法的疑问。或许，我们需要通过查看 Logger、FileLogger 和 MessageQueueLogger 之间的继承关系，才能明白其背后的设计意图。

2）当创建一个新的子类并继承 Logger 类时，我们很有可能忘记重新实现 log() 方法。之前基于抽象类的设计思路，编译器会强制要求子类重写 log() 方法，否则会报编译错误。读者可能会问，既然要定义一个新的 Logger 类的子类，那么怎么会忘记重新实现 log() 方法呢？其实，我们举的例子比较简单，Logger 类中的方法不多，代码行数也很少。我们可以想象一下，如果 Logger 类中有几百行代码，包含很多方法，除非我们对 Logger 类的设计非常熟悉，否则，极有可能忘记重新实现 log() 方法。

3）Logger 类可以被实例化，换句话说，我们可以通过关键字 new 定义一个 Logger 类的对象，并且调用它的空的 log() 方法。这增加了类被误用的风险。当然，这个问题可以通过设置私有的构造函数的方式来解决。不过，这显然没有基于抽象类的实现思路优雅。

为什么需要接口？它能够在编程中解决什么问题？

抽象类侧重代码复用，而接口侧重解耦。接口是对行为的一种抽象，相当于一组协议或契约，读者可以类比 API。调用者只需要关注抽象的接口，不需要了解具体的实现，具体的实现对调用者透明。接口实现了约定和实现分离，可以降低代码的耦合度，提高代码的可扩展性。

2.7.3　模拟实现抽象类和接口

有些编程语言只有抽象类，并没有接口，如 C++。实际上，我们可以通过抽象类模拟接口，只要它满足接口的特性（接口中没有成员变量，只有方法声明，没有方法实现，实现接口的类必须实现接口中的所有方法）即可。在下面这段 C++ 代码中，我们使用抽象类模拟了一个接口。

```
class Strategy { //用抽象类模拟接口
  public:
    virtual ~Strategy();
    virtual void algorithm()=0;

  protected:
    Strategy();
};
```

抽象类 Strategy 没有定义任何属性，并且所有的方法都声明为 virtual（等同于 Java 中的 abstract 关键字）类型，这样，所有的方法都不能有代码实现，并且所有继承这个抽象类的子类都要实现这些方法。从语法特性上来看，这个抽象类就相当于一个接口。

不过，现在流行的动态编程语言，如 Python、Ruby 等，它们不但没有接口的概念，而且没有抽象类。在这种情况下，我们可以使用普通类模拟接口。具体的 Java 代码实现如下。

```
public class MockInterface {
  protected MockInterface() {}

  public void funcA() {
    throw new MethodUnSupportedException();
  }
}
```

我们知道，类中的方法必须包含实现，但这不符合接口的定义。其实，我们可以让类中的方法抛出 MethodUnSupportedException 异常来模拟不包含实现的接口，并且，在子类继承父类时，强迫子类主动实现父类的方法，否则会在运行时抛出异常。那么，如何避免这个类被实例化呢？我们只需要将构造函数设置成 protected 属性，这样就能避免非同一包（package）下的类去实例化 MockInterface。不过，这样做还是无法避免同一包下的类去实例化 MockInterface。为了解决这个问题，我们可以学习 Google Guava 中 @VisibleForTesting 注解的做法，自定义一个注解，人为地表明其不可实例化。

上面讲了如何用抽象类来模拟接口，以及如何用普通类来模拟接口，那么，如何用普通类来模拟抽象类呢？我们可以类比 MockInterface 类的处理方式，让本该为 abstract 的方法内部抛出 MethodUnSupportedException 异常，并且将构造函数设置为 protected 属性，避免实例化。

2.7.4 抽象类和接口的应用场景

在真实的项目开发中，什么时候该用抽象类？什么时候该用接口？

实际上，判断的标准很简单。如果我们要表示一种 is-a 关系，并且是为了解决代码复用的问题，那么使用抽象类；如果我们要表示一种 has-a 关系，并且是为了解决抽象而非代码复用的问题，那么使用接口。

从类的继承层次上来看，抽象类是一种自下而上的设计思路，先有子类的代码重复，再抽象出上层的父类（也就是抽象类）。而接口正好相反，它是一种自上而下的设计思路。在编程开发时，一般先设计接口，再考虑具体的实现。

2.7.5 思考题

读者熟悉的编程语言是否有现成的语法支持接口和抽象类呢？

2.8 基于接口而非实现编程：有没有必要为每个类都定义接口

在 2.7 节中，我们介绍了接口和抽象类的定义、区别、存在的意义与应用场景等。本节介

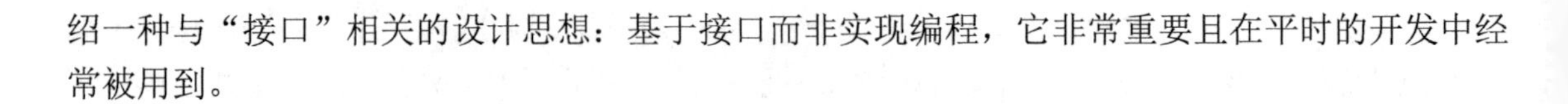

绍一种与“接口”相关的设计思想：基于接口而非实现编程，它非常重要且在平时的开发中经常被用到。

2.8.1　接口的多种理解方式

“基于接口而非实现编程”设计思想的英文描述是：“Program to an interface, not an implementation”。在理解这个设计思想的时候，我们不要一开始就与具体的编程语言挂钩，否则会局限在编程语言的“接口”语法（如 Java 中的接口语法）中。这个设计思想最早出现在 1994 年出版的由 Erich Gamma 等 4 人合著的 *Design Patterns: Elements of Reusable Object-Oriented Software* 一书中。它先于很多编程语言诞生（如 Java 语言诞生于 1995 年），是一种抽象、泛化的设计思想。

实际上，理解这个设计思想的关键，就是理解其中的“接口”两字。还记得我们在 2.7 节中讲到的“接口”的定义吗？从本质上来看，“接口”就是一组“协议”或“约定”，是功能提供者提供给使用者的一个“功能列表”。“接口”在不同的应用场景下会有不同的解读，如服务端与客户端之间的“接口”，类库提供的“接口”，甚至，一组通信协议也可以称为“接口”。不过，这些对“接口”的理解都是偏上层和偏抽象的理解，与实际的代码编写关系不大。落实到具体的代码编写上，“基于接口而非实现编程”设计思想中的“接口”可以被理解为编程语言中的接口或抽象类。

应用这个设计思想能够有效地提高代码质量，之所以这么说，是因为面向接口而非实现编程可以将接口和实现分离，封装不稳定的实现，暴露稳定的接口。上游系统面向下游系统提供的接口编程，不依赖不稳定的实现细节，这样，当实现发生变化时，上游系统的代码基本不需要改动，以此降低耦合性，提高扩展性。

实际上，“基于接口而非实现编程”设计思想的另一个表述方式是“基于抽象而非实现编程”。后者其实更能体现这个设计思想的设计初衷。在软件开发中，比较大的挑战是如何应对需求的不断变化。抽象、顶层和脱离具体某一实现的设计能够提高代码的灵活性，从而可以更好地应对未来的需求变化。好的代码设计，不但能够应对当下的需求，而且在将来需求发生变化时，仍然能够在不破坏原有代码设计的情况下灵活应对。而抽象恰恰就是提高代码的扩展性、灵活性和可维护性的有效手段。

2.8.2　设计思想实战应用

我们通过一个具体的例子来介绍其如何应用“基于接口而非实现编程”设计思想。

假设系统中多处涉及图片的处理和存储相关逻辑。图片经过处理之后，被上传到阿里云中。为了代码复用，我们将图片存储相关的代码逻辑封装为统一的 AliyunImageStore 类，供整个系统使用。具体的代码实现如下。

```
public class AliyunImageStore {
  //...省略属性、构造函数等...

  public void createBucketIfNotExisting(String bucketName) {
    //...省略创建bucket的代码逻辑，失败时会抛出异常...
  }

  public String generateAccessToken() {
    //...省略生成access Token的代码逻辑...
```

```
  }

  public String uploadToAliyun(Image image, String bucketName, String accessToken) {
    //...省略上传图片到阿里云的代码逻辑...
  }

  public Image downloadFromAliyun(String url, String accessToken) {
    //...省略从阿里云中下载图片的代码逻辑...
  }
}

//AliyunImageStore类的使用示例
public class ImageProcessingJob {
  private static final String BUCKET_NAME = "ai_images_bucket";
  //...省略其他无关代码...

  public void process() {
    Image image = ...; //处理图片，并封装为Image类的对象
    AliyunImageStore imageStore = new AliyunImageStore(/*省略参数*/);
    imageStore.createBucketIfNotExisting(BUCKET_NAME);
    String accessToken = imageStore.generateAccessToken();
    imagestore.uploadToAliyun(image, BUCKET_NAME, accessToken);
  }
}
```

图片的整个上传流程包含 3 个步骤：创建 bucket（可以简单理解为存储目录）、生成 access Token 访问凭证、携带 access Token 上传图片到指定的 bucket。

上述代码简单、结构清晰，完全能够满足将图片存储到阿里云的业务需求。不过，软件开发中唯一不变的就是变化。过了一段时间，如果我们自建了私有云，不再将图片存储到阿里云，而是存储到自建私有云上，那么，为了满足这一需求变化，我们应该如何修改代码呢？

我们需要重新设计实现一个存储图片到私有云的 PrivateImageStore 类，并用它替换项目中所有用到 AliyunImageStore 类的地方。为了尽量减少替换过程中的代码改动，PrivateImageStore 类中需要定义与 AliyunImageStore 类相同的 public 方法，并且按照上传私有云的逻辑重新实现。但是，这样做存在下列两个问题。

第一个问题：AliyunImageStore 类中有些函数的命名暴露了实现细节，如 uploadToAliyun() 和 downloadFromAliyun()。如果我们在开发这个功能时没有接口意识、抽象思维，那么这种暴露实现细节的命名方式并不足为奇，毕竟最初我们只需要考虑将图片存储到阿里云上。如果我们把这种包含“aliyun”字眼的方法照搬到 PrivateImageStore 类中，那么显然是不合适的。如果在新类中重新命名 uploadToAliyun()、downloadFromAliyun() 这些方法，就意味着需要修改项目中所有用到这两个方法的代码，需要修改的地方可能很多。

第二个问题：将图片存储到阿里云的流程与存储到私有云的流程可能并不完全一致。例如，在使用阿里云进行图片的上传和下载的过程中，需要生成 access Token，而私有云不需要 access Token。因此，AliyunImageStore 类中定义的 generateAccessToken() 方法不能照搬到 PrivateImageStore 类中；在使用 AliyunImageStore 类上传、下载图片的时候，用到了 generateAccessToken() 方法，如果要改为私有云的图片上传、下载流程，那么这些代码都需要进行调整。

那么，上述这两个问题应该如何解决呢？根本的解决方法是，在代码编写的一开始，就要遵循基于接口而非实现编程的设计思想。具体来讲，我们需要做到以下 3 点。

1）函数的命名不能暴露任何实现细节。例如，前面提到的 uploadToAliyun() 就不符合此

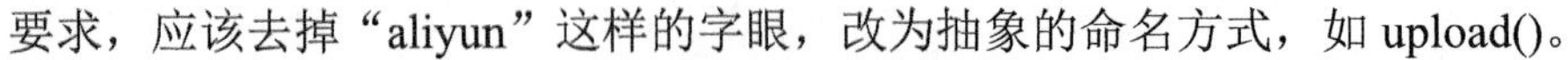
要求，应该去掉“aliyun”这样的字眼，改为抽象的命名方式，如 upload()。

2）封装具体的实现细节。例如，与阿里云相关的特殊上传（或下载）流程不应该暴露给调用者。我们应该对上传（或下载）流程进行封装，对外提供一个包含所有上传（或下载）细节的方法，供调用者使用。

3）为实现类定义抽象的接口。具体的实现类依赖统一的接口定义。使用者依赖接口而不是具体的实现类进行编程。

按照上面这个思路，我们将代码进行重构。重构后的代码如下所示。

```
public interface ImageStore {
  String upload(Image image, String bucketName);
  Image download(String url);
}

public class AliyunImageStore implements ImageStore {
  //...省略属性、构造函数等...
  public String upload(Image image, String bucketName) {
    createBucketIfNotExisting(bucketName);
    String accessToken = generateAccessToken();
    //...省略上传图片到阿里云的代码逻辑...
  }

  public Image download(String url) {
    String accessToken = generateAccessToken();
    //...省略从阿里云中下载图片的代码逻辑...
  }

  private void createBucketIfNotExisting(String bucketName) {
    //...省略创建bucket的代码逻辑，失败时会抛出异常...
  }

  private String generateAccessToken() {
    //...省略生成access Token的代码逻辑...
  }
}

//上传和下载流程改变：私有云不需要支持access Token
public class PrivateImageStore implements ImageStore  {
  public String upload(Image image, String bucketName) {
    createBucketIfNotExisting(bucketName);
    //...省略上传图片到私有云的代码逻辑...
  }

  public Image download(String url) {
    //...省略从私有云中下载图片的代码逻辑...
  }

  private void createBucketIfNotExisting(String bucketName) {
    //...省略创建bucket的代码逻辑，失败时会抛出异常...
  }
}

//ImageStore接口的使用示例
public class ImageProcessingJob {
  private static final String BUCKET_NAME = "ai_images_bucket";
  //...省略其他无关代码...

  public void process() {
    Image image = ...;  //处理图片，并封装为Image类的对象
```

```
    ImageStore imageStore = new PrivateImageStore(...);
    imagestore.upload(image, BUCKET_NAME);
  }
}
```

在定义接口时，很多工程师希望通过实现类来反推接口的定义，即先把实现类写好，再看实现类中有哪些方法，并照搬到接口定义中。如果按照这种思考方式，就有可能导致接口定义不够抽象、依赖具体的实现。这样的接口设计就没有意义了。不过，如果读者认为这种思考方式顺畅，那么可以接受，但要注意，在将实现类中的方法搬移到接口定义中时，要有选择性地进行搬移，不要搬移与具体实现相关的方法，如 AliyunImageStore 类中的 generateAccessToken() 方法就不应该被搬移到接口中。

总结一下，在编写代码时，我们一定要有抽象意识、封装意识和接口意识。接口定义不要暴露任何实现细节。接口定义只表明做什么，不表明怎么做。而且，在设计接口时，我们需要仔细思考接口的设计是否通用，是否能够在将来某一天替换接口实现时，不需要改动任何接口定义。

2.8.3 避免滥用接口

看了上面的讲解，读者可能有如下疑问：为了满足这个设计思想，是不是需要给每个实现类都定义对应的接口？是不是任何代码都要只依赖接口，不依赖实现编程呢？

做任何事情都要讲求一个“度”。如果过度使用这个设计思想，非要给每个类都定义接口，接口“满天飞”，那么会产生不必要的开发负担。关于什么时候应该为某个类定义接口，以及什么时候不需要定义接口，我们进行权衡的根本还是“基于接口而非实现编程”设计思想产生的初衷。

“基于接口而非实现编程”设计思想产生的初衷是，将接口和实现分离，封装不稳定的实现，暴露稳定的接口。上游系统面向接口而非实现编程，不依赖不稳定的实现细节，这样，当实现发生变化时，上游系统的代码基本不需要做改动，以此降低代码的耦合性，提高代码的扩展性。

从这个设计思想的产生初衷来看，如果在业务场景中，某个功能只有一种实现方式，未来也不可能被其他实现方式替换，那么没有必要为其设计接口，也没有必要基于接口编程，直接使用实现类即可。还有，基于接口而非实现编程的另一种表述是基于抽象而非实现编程，即便某个功能的实现方式未来可能变化，如果不会有两种实现方式同时在被使用，就可以在原实现类中进行实现方式的修改。函数本身也是一种抽象，它封装了实现细节。只要函数定义足够抽象，不用接口也可以满足基于抽象而非实现的设计思想要求。

2.8.4 思考题

在本节最终重构之后的代码中，尽管我们通过接口隔离了两个具体的实现，但是，项目中很多地方都是通过类似下面的方式使用接口。这就会产生一个问题：如果需要替换图片存储方式，那么还是需要修改很多代码。对此，读者有什么好的实现思路吗？

```
//ImageStore的使用示例
public class ImageProcessingJob {
```

```
private static final String BUCKET_NAME = "ai_images_bucket";
//...省略其他无关代码...

public void process() {
  Image image = ...;  //处理图片，并封装为Image类的对象
  ImageStore imageStore = new PrivateImageStore(/*省略构造函数*/);
  imagestore.upload(image, BUCKET_NAME);
}
```

2.9 组合优于继承：什么情况下可以使用继承

面向对象编程中有一条经典的设计原则：组合优于继承，也常被描述为多用组合，少用继承。为什么不推荐使用继承？相比继承，组合有哪些优势？如何决定是使用组合还是使用继承？本节围绕这 3 个问题详细讲解这条设计原则。

2.9.1 为什么不推荐使用继承

继承是面向对象编程的四大特性之一，用来表示类之间的 is-a 关系，可以解决代码复用问题。虽然继承有诸多作用，但继承层次过深、过复杂，会影响代码的可维护性。对于是否应该在项目中使用继承，目前存在很多争议。很多人认为继承是一种反模式，应该尽量少用，甚至不用。为什么会有这样的争议呢？我们通过一个例子解释一下。

假设我们要设计一个关于鸟的类。我们将“鸟”这样一个抽象的事物概念定义为一个抽象类 AbstractBird。所有细分的鸟，如麻雀、鸽子和乌鸦等，都继承这个抽象类。

我们知道，大部分鸟都会飞，那么可不可以在 AbstractBird 抽象类中定义一个 fly() 方法呢？答案是否定的。尽管大部分鸟都会飞，但也有特例，如鸵鸟就不会飞。鸵鸟类继承具有 fly() 方法的父类，那么鸵鸟就具有了“飞”这样的行为，这显然不符合我们对现实世界中事物的认识。当然，读者可能会说，在鸵鸟这个子类中重写（override）fly() 方法，让它抛出 UnSupportedMethodException 异常不就可以了吗？具体的代码实现如下。

```
public class AbstractBird {
  //...省略其他属性和方法...
  public void fly() { ... }
}

public class Ostrich extends AbstractBird { //鸵鸟类
  //...省略其他属性和方法...
  public void fly() {
    throw new UnSupportedMethodException("I can't fly.");
  }
}
```

虽然这种设计思路可以解决问题，但不够优雅，因为除鸵鸟以外，不会飞的鸟还有一些，如企鹅。对于所有不会飞的鸟，我们都需要重写 fly() 方法，并抛出异常。这样的设计，一方面，徒增编码的工作量；另一方面，违背了 3.8 节要讲的最少知识原则（The Least Knowledge Principle，也称为迪米特法则），暴露不该暴露的接口给外部，增加了类使用过程中被误用的概率。

读者可能又会说，可以通过 AbstractBird 类派生出两个细分的抽象类：AbstractFlyableBird（会飞的鸟类）和 AbstractUnFlyableBird（不会飞的鸟类），让麻雀、乌鸦这些会飞的鸟对应的类都继承 AbstractFlyableBird 类，让鸵鸟、企鹅这些不会飞的鸟对应的类都继承 AbstractUnFlyableBird 类，如图 2-7 所示。是不是就可以解决问题了呢？

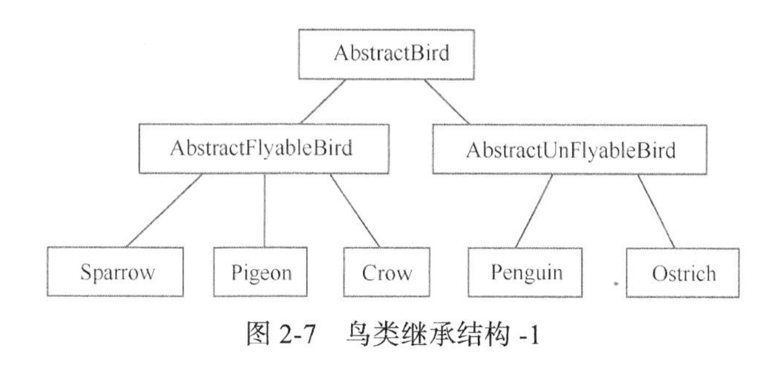

图 2-7 鸟类继承结构 -1

从图 2-7 中，我们可以看出，继承关系变成了 3 层。从整体上来讲，目前的继承关系还比较简单，层次比较浅，也算是一种可以接受的设计思路。我们继续添加需求。在上文提到的场景中，我们只关注“鸟会不会飞”，但如果我们还要关注“鸟会不会叫”，那么，这个时候，又该如何设计类之间的继承关系呢？

是否会飞和是否会叫可以产生 4 种组合：会飞会叫、不会飞但会叫、会飞但不会叫、不会飞不会叫。如果沿用上面的设计思路，那么需要再定义 4 个抽象类：AbstractFlyableTweetableBird、AbstractFlyableUnTweetableBird、AbstractUnFlyableTweetableBird 和 AbstractUnFlyableUnTweetable-Bird。此处的继承关系如图 2-8 所示。

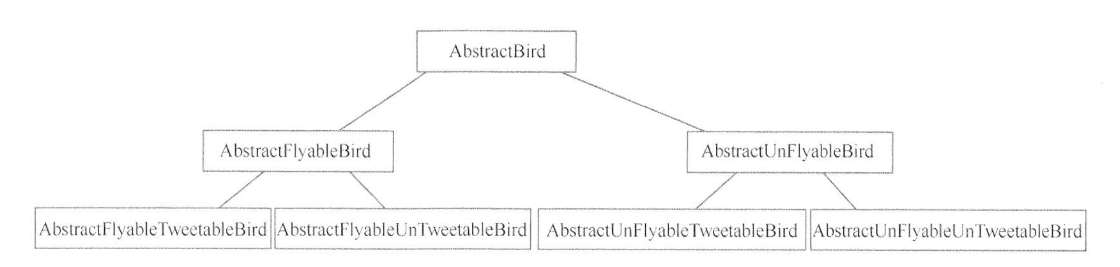

图 2-8 鸟类继承结构 -2

如果我们还需要考虑“是否会下蛋”，那么组合数量会呈指数式增长。也就是说，类的继承层次会越来越深，继承关系会越来越复杂。这种层次很深、很复杂的继承关系会导致代码的可读性变差，因为我们要弄清楚某个类包含哪些方法、属性，就必须阅读父类的代码、父类的父类的代码……一直追溯到顶层父类。另外，这破坏了类的封装特性，因为将父类的实现细节暴露给了子类。子类的实现依赖父类的实现，二者高度耦合，一旦父类的代码被修改，那么会影响所有的子类。

总之，继承最大的问题就在于：继承层次过深、继承关系过于复杂，会影响代码的可读性和可维护性。这也是我们不推荐使用继承的原因。对于本例中继承存在的问题，我们应该如何解决呢？读者可以在下文中得到答案。

2.9.2　相比继承，组合有哪些优势

实际上，我们可以通过组合（composition）、接口和委托（delegation）3 种技术手段共同解决上面继承存在的问题。

在介绍接口时，我们说过，接口表示具有某种行为特性。针对“会飞”这样一个行为特性，我们可以定义一个接口 Flyable，只让会飞的鸟去实现这个接口。对于会叫、会下蛋这两个行为特性，可以类似地分别定义 Tweetable 接口、EggLayable 接口。我们将此设计思路翻译成的 Java 代码如下所示。

```
public interface Flyable {
  void fly();
}

public interface Tweetable {
  void tweet();
}

public interface EggLayable {
  void layEgg();
}

public class Ostrich implements Tweetable, EggLayable {//鸵鸟类
  //...省略其他属性和方法...
  @Override
  public void tweet() { ... }

  @Override
  public void layEgg() { ... }
}

public class Sparrow impelents Flayable, Tweetable, EggLayable {//麻雀类
  //...省略其他属性和方法...
  @Override
  public void fly() { ... }

  @Override
  public void tweet() { ... }

  @Override
  public void layEgg() { ... }
}
```

不过，我们知道，接口只声明方法，不定义实现。也就是说，每个会下蛋的鸟都要实现一遍 layEgg() 方法，并且实现逻辑是一样的，这就会导致代码重复的问题。对于这个问题，我们可以针对 3 个接口再定义 3 个实现类：实现了 fly() 方法的 FlyAbility 类、实现了 tweet() 方法的 TweetAbility 类和实现了 layEgg() 方法的 EggLayAbility 类。然后，我们通过组合和委托技术消除代码重复问题。具体的代码实现如下。

```
public interface Flyable {
  void fly();
}

public class FlyAbility implements Flyable {
  @Override
```

```
  public void fly() { ... }
}

//省略Tweetable接口、TweetAbility类、
//EggLayable接口和EggLayAbility类的代码实现

public class Ostrich implements Tweetable, EggLayable { //鸵鸟类
  private TweetAbility tweetAbility = new TweetAbility(); //组合
  private EggLayAbility eggLayAbility = new EggLayAbility(); //组合
  //...省略其他属性和方法...

  @Override
  public void tweet() {
    tweetAbility.tweet(); //委托
  }

  @Override
  public void layEgg() {
    eggLayAbility.layEgg(); //委托
  }
}
```

我们知道，继承主要有 3 个作用：表示 is-a 关系、支持多态特性和代码复用。而这 3 个作用都可以通过其他技术手段来达成。例如，is-a 关系可以通过组合和接口的 has-a 关系替代；多态特性可以利用接口实现；代码复用可以通过组合和委托实现。从理论上来讲，组合、接口和委托 3 种技术手段完全可以替代继承。因此，在项目中，我们可以不用或少用继承关系，特别是一些复杂的继承关系。

2.9.3 如何决定是使用组合还是使用继承

尽管我们鼓励多用组合，少用继承，但组合并非完美，继承也并非一无是处。从上面的例子来看，继承改写成组合意味着要进行更细粒度的拆分。这也意味着，我们要定义更多的类和接口。类和接口的增多会增加代码的复杂程度与维护成本。因此，在实际的项目开发中，我们要根据具体的情况选择是使用继承还是使用组合。

如果类之间的继承结构稳定，不会轻易改变，而且继承层次比较浅，如最多有两层的继承关系，继承关系不复杂，我们就可以大胆地使用继承。反之，如果系统不稳定，继承层次很深，继承关系复杂，那么我们尽量使用组合替代继承。

一些特殊的场景要求必须使用继承。如果我们不能改变一个函数的入参类型，而入参又非接口，那么，为了支持多态，只能采用继承来实现。例如下面这段代码，其中的 FeignClient 类是一个外部类，我们没有权限修改这部分代码，但是，我们希望能够重写这个类在运行时执行的 encode() 函数。这个时候，我们只能采用继承来实现。

```
public class FeignClient { //Feign Client框架代码
  //...省略其他代码...
  public void encode(String url) { ... }
}

public class CustomizedFeignClient extends FeignClient {
  @Override
  public void encode(String url) {
    //...省略重写encode()的实现代码...
  }
```

```
}

public void demofunction(FeignClient feignClient) {
  //...省略部分代码...
  feignClient.encode(url);
  //...省略部分代码...
}

//调用
FeignClient client = new CustomizedFeignClient();
demofunction(client);
```

之所以推荐“多用组合，少用继承”，是因为长期以来，很多程序员过度使用继承。还是那句话，组合并非完美，继承也不是一无是处。控制好它们的副作用，发挥它们各自的优势，在不同的场合下，恰当地选择使用继承或组合，这才是我们应该追求的。

2.9.4 思考题

在基于 MVC 三层架构开发 Web 应用时，我们经常会在 Repository 数据库层定义 Entity，在 Service 业务层定义 BO（Business Object），在 Controller 接口层定义 VO（View Object）。大部分情况下，Entity、BO、VO 三者的代码有很多重复之处，但又不完全相同。那么，如何处理 Entity、BO 和 VO 代码重复的问题呢？

第 3 章 设计原则

第 2 章介绍了面向对象相关的知识，本章介绍一些经典的设计原则，包括 SOLID、KISS、YAGNI、DRY 和 LoD 等。对于这些设计原则，我们不仅要“看懂”，更要在实际项目中做到“会用”。如果对这些设计原则理解得不够透彻，就会导致在使用时过于教条，生搬硬套，最终适得其反。因此，在本章中，我们不仅会给出这些设计原则的定义，还会介绍这些设计原则的设计初衷和应用场景等，让读者知其然，知其所以然。

3.1 单一职责原则：如何判定某个类的职责是否单一

在本章的开头，我们提到了 SOLID 原则。实际上，SOLID 原则并非 1 个设计原则，而是由 5 个设计原则组成的，包括单一职责原则、开闭原则、里氏替换原则、接口隔离原则和依赖反转原则，它们依次对应 SOLID 中的 5 个英文字母。本节介绍 SOLID 原则中的第一个原则：单一职责原则。

3.1.1 单一职责原则的定义和解读

单一职责原则（Single Responsibility Principle，SRP）的描述：一个类或模块只负责完成一个职责（或功能）（A class or module should have a single reponsibility）。

注意，单一职责原则描述的对象有两个：类（class）和模块（module）。关于这两个概念，我们有两种理解方式。一种理解方式是把模块看作比类更加抽象的概念，把类看作一种模块；另一种理解方式是把模块看作比类更粗粒度的代码块，多个类组成一个模块。

无论哪种理解方式，单一职责原则在应用这两个描述对象时，原理是相通的。为了方便讲解，我们只从“类”设计的角度讲解如何应用单一职责原则。对于“模块”，读者可以自行理解。

单一职责原则是指一个类负责完成一个职责或功能。也就是说，我们不要设计大而全的类，要设计粒度小、功能单一的类。换个角度来讲，如果一个类包含两个或两个以上业务不相干的功能，那么我们就可以认为它的职责不够单一，应该将其拆分成多个粒度更小的功能单一的类。

例如，某类既包含对订单的一些操作，又包含对用户的一些操作。而订单和用户是两个独立的业务领域模型，将两个不相干的功能放到同一个类中，就违反了单一职责原则。为了满足单一职责原则，我们需要将这个类拆分成粒度更小的功能单一的两个类：订单类和用户类。

3.1.2 如何判断类的职责是否单一

3.1.1 节的例子简单，我们立即就能看出订单和用户毫不相干。但大部分情况下，类中的方法是归为同一类功能，还是归为不相关的两类功能，并不是那么容易判定。在真实的软件开发中，一个类是否职责单一的判定是很难的。我们用一个贴近真实开发的例子来解释类的职责是否单一的判定问题。

在某个社交产品中，我们用 UserInfo 类记录用户信息。那么，读者觉得以下 UserInfo 类的设计是否满足单一职责原则呢？

```
public class UserInfo {
  private long userId;
  private String username;
  private String email;
  private String telephone;
  private long createTime;
```

```
  private long lastLoginTime;
  private String avatarUrl;
  private String provinceOfAddress; //省
  private String cityOfAddress; //市
  private String regionOfAddress; //区
  private String detailedAddress; //详细地址
  //...省略其他属性和方法...
}
```

对于这个问题，我们有两种不同的观点。一种观点是UserInfo类包含的是与用户相关的信息，所有的属性和方法都隶属于用户这样一个业务模型，满足单一职责原则；另一种观点是地址信息在UserInfo类中所占的比例较高，可以继续拆分成独立的UserAddress类，而UserInfo类只保留除地址信息之外的其他信息，拆分后的两个类的职责变得单一。

对于上述两种观点，哪种观点是合理的呢？实际上，如果我们想要从中做出选择，就不能脱离具体的应用场景。如果在这个社交产品中，用户的地址信息与用户其他信息一样，只是用来进行信息展示，它们同时被使用，那么UserInfo类目前的设计就是合理的。但是，假如这个社交产品发展得比较好，之后又在该产品中添加了电商功能模块，用户的地址信息不仅用于展示，还会独立地应用在电商的物流中，此时最好将地址信息从UserInfo类中拆分出来，独立成为物流信息（或者称为地址信息、收货信息等）。

再进一步，假如这个社交产品所属的公司发展壮大，该公司又开发了很多其他产品（可以理解为其他App）。该公司希望其所有产品支持统一账号系统，即用户使用同一个账号可以在该公司的所有产品登录。此时，就需要继续对UserInfo类进行拆分，将与身份认证相关的信息（如email、telephone等）抽取成独立的类。

从上面的例子中，我们总结得出：在不同的应用场景和不同阶段的需求背景下，对同一个类的职责是否单一的判定可能是不一样的。在某种应用场景或当下的需求背景下，一个类的设计可能已经满足单一职责原则了，但如果换个应用场景或在未来的某个需求背景下，就可能不满足单一职责原则了，需要继续拆分成粒度更小的类。

除此之外，在从不同的业务层面看同一个类的设计时，我们对类是否职责单一的判定会有不同的认识。对于上面例子中的UserInfo类，如果从“用户”业务层面来看，UserInfo类包含的信息都属于用户，那么满足职责单一原则；如果从“用户展示信息”“地址信息”“登录认证信息”等更细粒度的业务层面来看，那么UserInfo类就不满足单一职责原则，应该继续拆分。

综上所述，评价一个类的职责是否单一，并没有一个明确的、可量化的标准。实际上，在真正的软件开发中，我们没必要过度设计（粒度过细）。我们可以先编写一个粗粒度的类，满足当下的业务需求即可。随着业务的发展，如果这个粗粒度的类越来越复杂，代码越来越多，那么我们在这时再将这个粗粒度的类拆分成几个细粒度的类即可。

对于职责是否单一的判定，存在一些判定原则，如下所示。

1）如果类中的代码行数、函数或属性过多，影响代码的可读性和可维护性，就需要考虑对类进行拆分。

2）如果某个类依赖的其他类过多，或者依赖某个类的其他类过多，不符合高内聚、低耦合的代码设计思想，就需要考虑对该类进行拆分。

3）如果类中的私有方法过多，就需要考虑将私有方法独立到新的类中，并设置为public方法，供更多的类使用，从而提高代码的复用性。

4）如果类很难准确命名（很难用一个业务名词概括），或者只能用Manager、Context之

类的笼统的词语来命名，就说明类的职责定义不够清晰。

5）如果类中的大量方法集中操作其中几个属性（如上面的 UserInfo 类的例子中，假如很多方法只操作 address 信息），就可以考虑将这些属性和对应的方法拆分出来。

3.1.3 类的职责是否越细化越好

为了满足单一职责原则，是不是把类拆分得越细就越好呢？答案是否定的。我们举例解释，示例代码如下所示。Serialization 类实现了一个简单协议的序列化和反序列功能。

```
/**
 * Protocol format: identifier-string;{gson string}
 * For example: UEUEUE;{"a":"A","b":"B"}
 */
public class Serialization {
  private static final String IDENTIFIER_STRING = "UEUEUE;";
  private Gson gson;

  public Serialization() {
    this.gson = new Gson();
  }

  public String serialize(Map<String, String> object) {
    StringBuilder textBuilder = new StringBuilder();
    textBuilder.append(IDENTIFIER_STRING);
    textBuilder.append(gson.toJson(object));
    return textBuilder.toString();
  }

  public Map<String, String> deserialize(String text) {
    if (!text.startsWith(IDENTIFIER_STRING)) {
        return Collections.emptyMap();
    }
    String gsonStr = text.substring(IDENTIFIER_STRING.length());
    return gson.fromJson(gsonStr, Map.class);
  }
}
```

如果想让 Serialization 类的职责更加细化，那么可以将其拆分为只负责序列化的 Serializer 类和只负责反序列化的 Deserializer 类。拆分后的代码如下所示。

```
public class Serializer {
  private static final String IDENTIFIER_STRING = "UEUEUE;";
  private Gson gson;

  public Serializer() {
    this.gson = new Gson();
  }

  public String serialize(Map<String, String> object) {
    StringBuilder textBuilder = new StringBuilder();
    textBuilder.append(IDENTIFIER_STRING);
    textBuilder.append(gson.toJson(object));
    return textBuilder.toString();
  }
}

public class Deserializer {
```

```
  private static final String IDENTIFIER_STRING = "UEUEUE;";
  private Gson gson;

  public Deserializer() {
    this.gson = new Gson();
  }

  public Map<String, String> deserialize(String text) {
    if (!text.startsWith(IDENTIFIER_STRING)) {
        return Collections.emptyMap();
    }
    String gsonStr = text.substring(IDENTIFIER_STRING.length());
    return gson.fromJson(gsonStr, Map.class);
  }
}
```

虽然拆分之后，Serializer 类和 Deserializer 类的职责变得单一，但随之带来新的问题：如果我们修改了协议的格式，数据标识从“UEUEUE”改为“DFDFDF”，或者序列化方式从 JSON 改为 XML，那么 Serializer 类和 Deserializer 类都需要做相应的修改，代码的内聚性显然没有之前高了。而且，如果我们对 Serializer 类做了协议修改，而忘记修改 Deserializer 类的代码，就会导致序列化和反序列化不匹配，程序运行出错，也就是说，拆分之后，代码的可维护性变差了。

实际上，无论是应用设计原则还是设计模式，最终的目的都是为了提高代码的可读性、可扩展性、复用性和可维护性等。在判断应用某一个设计原则是否合理时，我们可以以此作为最终的评价标准。

3.1.4 思考题

除应用到类的设计上，单一职责原则还能应用到哪些设计方面？

3.2 开闭原则：只要修改代码，就一定违反开闭原则吗

本节讲解 SOLID 原则中的第二个原则：开闭原则（Open Closed Principle，OCP），又称为“对扩展开发、对修改关闭”原则。开闭原则既是 SOLID 原则中最难理解、最难掌握的，又是最有用的。

之所以说开闭原则难理解，是因为“怎样的代码改动才被定义为‘扩展’？怎样的代码改动才被定义为‘修改’？怎么才算满足或违反‘开闭原则’？修改代码就一定意味着违反‘开闭原则’吗？”等问题都比较难理解。

之所以说开闭原则难掌握，是因为“如何做到‘对扩展开发、对修改关闭’？如何在项目中灵活应用‘开闭原则’，避免在追求高扩展性的同时影响代码的可读性？”等问题都比较难掌握。

之所以说开闭原则最有用，是因为扩展性是代码质量的重要衡量标准。在 22 种经典设计模式中，大部分设计模式都是为了解决代码的扩展性问题而产生的，它们主要遵守的设计原则就是开闭原则。

3.2.1 如何理解"对扩展开放、对修改关闭"

开闭原则的英文描述是：software entities(modules,classes,functions,etc.)should be open for extension, but closed for modification。对应的中文为：软件实体（模块、类和方法等）应该"对扩展开放、对修改关闭"。详细表述为：添加一个新功能时应该是在已有代码基础上扩展代码（新增模块、类和方法等），而非修改已有代码（修改模块、类和方法等）。

为了让读者更好地理解开闭原则，我们举例说明。

下面是一段API（应用程序编程接口）监控告警的代码。其中，AlertRule类存储告警规则；Notification类负责告警通知，支持电子邮件、短信和微信等多种通知渠道；NotificationEmergencyLevel类表示告警通知的紧急程度，包括SEVERE（严重）、URGENCY（紧急）、NORMAL（普通）和TRIVIAL（无关紧要），不同的紧急程度对应不同的通知渠道。

```
public class Alert {
  private AlertRule rule;
  private Notification notification;

  public Alert(AlertRule rule, Notification notification) {
    this.rule = rule;
    this.notification = notification;
  }

  public void check(String api, long requestCount, long errorCount, long duration) {
    long tps = requestCount / duration;
    if (tps > rule.getMatchedRule(api).getMaxTps()) {
      notification.notify(NotificationEmergencyLevel.URGENCY, "...");
    }

    if (errorCount > rule.getMatchedRule(api).getMaxErrorCount()) {
      notification.notify(NotificationEmergencyLevel.SEVERE, "...");
    }
  }
}
```

上面这段代码的业务逻辑主要集中在check()函数中。当接口的TPS（Transactions Per Second，每秒事务数）超过预先设置的最大值时，或者当接口请求出错数大于最大允许值时，就会触发告警，通知接口的相关负责人或团队。

如果我们需要添加更多的告警规则："当每秒接口超时请求个数超过预先设置的最大值时，也要触发告警并发送通知"，那么如何改动代码呢？代码的主要改动有两处：第一处是修改check()函数的入参，添加一个新的统计数据timeoutCount，表示超时接口请求数；第二处是在check()函数中添加新的告警逻辑。具体的代码改动如下所示。

```
public class Alert {
  //...省略AlertRule/Notification属性和构造函数...

  //改动一：添加参数timeoutCount
  public void check(String api, long requestCount, long errorCount, long timeoutCount,
long duration) {
    long tps = requestCount / duration;
    if (tps > rule.getMatchedRule(api).getMaxTps()) {
      notification.notify(NotificationEmergencyLevel.URGENCY, "...");
    }
```

```
    if (errorCount > rule.getMatchedRule(api).getMaxErrorCount()) {
      notification.notify(NotificationEmergencyLevel.SEVERE, "...");
    }

    //改动二：添加接口超时处理逻辑
    long timeoutTps = timeoutCount / duration;
    if (timeoutTps > rule.getMatchedRule(api).getMaxTimeoutTps()) {
      notification.notify(NotificationEmergencyLevel.URGENCY, "...");
    }
  }
}
```

上述代码的改动带来下列两方面的问题。一方面，对接口进行了修改，调用这个接口的代码就要做相应的修改。另一方面，修改了 check() 函数，相应的单元测试需要修改。

上述代码改动是基于“修改”方式增加新的告警。如果我们遵守开闭原则，也就是“对扩展开放、对修改关闭”，那么如何通过“扩展”方式增加新的告警呢？

我们先重构添加新的告警之前的 Alert 类的代码，让它的扩展性更好。重构的内容主要包含两部分：第一部分是将 check() 函数的多个入参封装成 ApiStatInfo 类；第二部分是引入 handler（告警处理器），将 if 判断逻辑分散到各个 handler 中。具体的代码实现如下。

```
public class Alert {
  private List<AlertHandler> alertHandlers = new ArrayList<>();

  public void addAlertHandler(AlertHandler alertHandler) {
    this.alertHandlers.add(alertHandler);
  }

  public void check(ApiStatInfo apiStatInfo) {
    for (AlertHandler handler : alertHandlers) {
      handler.check(apiStatInfo);
    }
  }
}

public class ApiStatInfo {//省略constructor、getter和setter方法
  private String api;
  private long requestCount;
  private long errorCount;
  private long duration;
}

public abstract class AlertHandler {
  protected AlertRule rule;
  protected Notification notification;

  public AlertHandler(AlertRule rule, Notification notification) {
    this.rule = rule;
    this.notification = notification;
  }

  public abstract void check(ApiStatInfo apiStatInfo);
}

public class TpsAlertHandler extends AlertHandler {
  public TpsAlertHandler(AlertRule rule, Notification notification) {
    super(rule, notification);
  }

  @Override
```

```
  public void check(ApiStatInfo apiStatInfo) {
    long tps = apiStatInfo.getRequestCount() / apiStatInfo.getDuration();
    if (tps > rule.getMatchedRule(apiStatInfo.getApi()).getMaxTps()) {
      notification.notify(NotificationEmergencyLevel.URGENCY, "...");
    }
  }
}

public class ErrorAlertHandler extends AlertHandler {
  public ErrorAlertHandler(AlertRule rule, Notification notification){
    super(rule, notification);
  }

  @Override
  public void check(ApiStatInfo apiStatInfo) {
    if (apiStatInfo.getErrorCount() > rule.getMatchedRule(apiStatInfo.getApi()).getMaxErrorCount()) {
      notification.notify(NotificationEmergencyLevel.SEVERE, "...");
    }
  }
}
```

接下来，我们看一下重构之后的Alert类的具体使用方式，如下列代码所示。其中，ApplicationContext是一个单例类，负责Alert类的创建、组装（alertRule和notification的依赖注入）和初始化（添加handler）。

```
public class ApplicationContext {
  private AlertRule alertRule;
  private Notification notification;
  private Alert alert;

  public void initializeBeans() {
    alertRule = new AlertRule(/*.省略参数.*/); //省略一些初始化代码
    notification = new Notification(/*.省略参数.*/); //省略一些初始化代码
    alert = new Alert();
    alert.addAlertHandler(new TpsAlertHandler(alertRule, notification));
    alert.addAlertHandler(new ErrorAlertHandler(alertRule, notification));
  }

  public Alert getAlert() { return alert; }

  //“饿汉式”单例
  private static final ApplicationContext instance = new ApplicationContext();
  private ApplicationContext() {
    initializeBeans();
  }

  public static ApplicationContext getInstance() {
    return instance;
  }
}

public class Demo {
  public static void main(String[] args) {
    ApiStatInfo apiStatInfo = new ApiStatInfo();
    //...省略设置apiStatInfo数据值的代码...
    ApplicationContext.getInstance().getAlert().check(apiStatInfo);
  }
}
```

对于重构之后的代码，如果添加新的告警：“如果每秒接口超时请求个数超过最大值，就告警”，那么如何改动代码呢？主要的改动有下面4处。

改动一：在 ApiStatInfo 类中添加新属性 timeoutCount。

改动二：添加新的 TimeoutAlertHander 类。

改动三：在 ApplicationContext 类的 initializeBeans() 方法中，向 alert 对象中注册 TimeoutAlertHandler。

改动四：使用 Alert 类时，需要给 check() 函数的入参 apiStatInfo 对象设置 timeoutCount 属性值。

改动之后的代码如下所示。

```
public class Alert { //代码未改动 }

public class ApiStatInfo { //省略constructor、getter和setter方法
  private String api;
  private long requestCount;
  private long errorCount;
  private long duration;
  private long timeoutCount; //改动一：添加新属性timeoutCount
}

public abstract class AlertHandler { //代码未改动 }
public class TpsAlertHandler extends AlertHandler { //代码未改动 }
public class ErrorAlertHandler extends AlertHandler { //代码未改动 }
//改动二：添加新的TimeoutAlertHander类
public class TimeoutAlertHandler extends AlertHandler { //省略代码 }

public class ApplicationContext {
  private AlertRule alertRule;
  private Notification notification;
  private Alert alert;

  public void initializeBeans() {
    alertRule = new AlertRule(/*.省略参数.*/); //省略一些初始化代码
    notification = new Notification(/*.省略参数.*/); //省略一些初始化代码
    alert = new Alert();
    alert.addAlertHandler(new TpsAlertHandler(alertRule, notification));
    alert.addAlertHandler(new ErrorAlertHandler(alertRule, notification));
    //改动三：向alert对象中注册TimeoutAlertHandler
      alert.addAlertHandler(new TimeoutAlertHandler(alertRule, notification));
  }
  //...省略其他未改动代码 ...
}

public class Demo {
  public static void main(String[] args) {
    ApiStatInfo apiStatInfo = new ApiStatInfo();
    //...省略apiStatInfo的set字段代码...
    apiStatInfo.setTimeoutCount(289); //改动四：设置timeoutCount值
    ApplicationContext.getInstance().getAlert().check(apiStatInfo);
}
```

重构之后的代码更加灵活，更容易扩展。如果想要添加新的告警，那么只需要基于扩展的方式创建新的 handler 类，不需要改动 check() 函数。不仅如此，我们只需要为新的 handler 类添加新的单元测试，旧的单元测试都不会失败，也不用修改。

3.2.2 修改代码就意味着违反开闭原则吗

读者可能对上面重构之后的代码产生疑问：在添加新的告警时，尽管改动二（添加新的

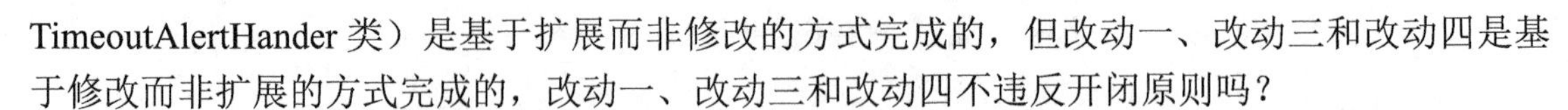

TimeoutAlertHander 类）是基于扩展而非修改的方式完成的，但改动一、改动三和改动四是基于修改而非扩展的方式完成的，改动一、改动三和改动四不违反开闭原则吗？

我们先分析一下改动一：在 ApiStatInfo 类中添加新属性 timeoutCount。

在“改动一”中，我们不仅在 ApiStatInfo 类中添加了新的属性，还添加了对应的 getter 和 setter 方法。那么，上述问题就转化为：在类中添加新的属性和方法属于“修改”还是“扩展”？

我们回忆一下开闭原则的定义：软件实体（模块、类和方法等）应该“对扩展开放、对修改关闭”。从定义中可以看出，开闭原则作用的对象可以是不同粒度的代码，如模块、类和方法（及其属性）。对于同一代码改动，在粗代码粒度下，可以被认定为“修改”，在细代码粒度下，可以被认定为“扩展”。例如，“改动一”中添加属性和方法相当于修改类，在类这个层面，这个代码改动可以被认定为“修改”；但这个代码改动并没有修改已有的属性和方法，在方法（及其属性）这一层面，它又可以被认定为“扩展”。

实际上，我们没有必要纠结某个代码改动是“修改”还是“扩展”，更没有必要纠结它是否违反“开闭原则”。回到开闭原则的设计初衷：只要代码改动没有破坏原有代码的正常运行和原有的单元测试，我们就可以认为这是一个合格的代码改动。

我们再来分析一下改动三和改动四：在 ApplicationContext 类的 initializeBeans() 方法中，向 alert 对象中注册 TimeoutAlertHandler；使用 Alert 类时，给 check() 函数的入参 apiStatInfo 对象设置 timeoutCount 属性值。

这两处改动是在方法内部进行的，无论从哪个层面（模块、类、方法）来看，都不能算是“扩展”，而是“修改”。不过，有些修改是在所难免的，是可以接受的。

在重构之后的 Alert 类代码中，核心逻辑集中在 Alert 类及其各个 handler 类中。当添加新的告警时，Alert 类完全不需要修改，而只需要扩展（新增）一个 handler 类。如果把 Alert 类及其各个 handler 类看作一个“模块”，那么，从模块这个层面来说，向模块添加新功能时，只需要扩展，不需要修改，完全满足开闭原则。

我们也要认识到，添加一个新功能时，不可能做到任何模块、类和方法的代码都不“修改”。类需要创建、组装，并且会进行一些初始化操作，这样才能构建可运行的程序，这部分代码的修改在所难免。我们努力的方向是尽量让修改操作集中在上层代码中，尽量让核心、复杂、通用、底层的那部分代码满足开闭原则。

3.2.3 如何做到“对扩展开放、对修改关闭”

在上面的 Alert 类的例子中，我们通过引入一组 handler 类的方式满足了开闭原则。如果读者没有太多复杂代码的设计和开发经验，就可能有这样的疑问：这样的代码设计思路我怎么想不到呢？你是怎么想到的呢？

实际上，之所以作者能够想到，依靠的是扎实的理论知识和丰富的实战经验，这需要读者慢慢学习和积累。对于如何做到“对扩展开放、对修改关闭”，作者有一些指导思想和具体方法分享给读者。

实际上，开闭原则涉及的就是代码的扩展性问题，该原则是判断一段代码是否易扩展的“金标准”。如果某段代码在应对未来需求变化时，能够做到“对扩展开放、对修改关闭”，就说明这段代码的扩展性很好。

为了写出扩展性好的代码，我们需要具备扩展意识、抽象意识和封装意识。这些意识可能比任何开发技巧都重要。

在编写代码时，我们需要多花点时间思考：对于当前这段代码，未来可能有哪些需求变更。如何设计代码结构，事先预留了扩展点，在未来进行需求变更时，不需要改动代码的整体结构，新的代码能够灵活地插入到扩展点上，完成需求变更，从而实现代码的最小化改动。

我们还要善于识别代码中的可变部分和不可变部分。我们将可变部分封装，达到隔离变化的效果，并提供抽象化的不可变接口给上层系统使用。当具体的实现发生变化时，只需要基于相同的抽象接口扩展一个新的实现，替换旧的实现，上层系统的代码几乎不需要修改。

为了实现开闭原则，除在写代码时，我们需要时间具备扩展意识、抽象意识、封装意识以外，我们还有一些具体的方法可以使用。

代码的扩展性是评判代码质量的重要标准。实际上，本书涉及的大部分知识点都是围绕如何提高代码的扩展性来展开讲解的，本书提到的大部分设计原则和设计模式都是以提高代码的扩展性为最终目的。22 种经典设计模式中的大部分都是为了解决代码的扩展性问题而总结出来的，都是以开闭原则为指导原则而设计的。

在众多的设计原则和设计模式中，常用来提高代码扩展性的方法包括多态、依赖注入、基于接口而非实现编程，以及大部分的设计模式（如策略模式、模板方法模式和职责链模式等）。设计模式这一部分的内容较多，第 6~8 章会详细讲解。本节通过一个简单例子来介绍如何利用多态、依赖注入、基于接口而非实现编程实现开闭原则。

例如，我们希望实现通过 Kafka 发送异步消息。对于这样一个功能的开发，我们抽象定义一组与具体消息队列（Kafka）无关的异步消息发送接口。所有上层系统都依赖这组抽象的接口编程，并且通过依赖注入（第 5 章讲解）的方式来调用。当需要替换消息队列或消息格式时，如将 Kafka 替换成 RocketMQ 或将消息的格式从 JSON 替换为 XML，因为代码设计满足开闭原则，所以替换起来非常轻松。具体的代码实现如下所示。

```
//这一部分代码体现了抽象意识
public interface MessageQueue { ... }
public class KafkaMessageQueue implements MessageQueue { ... }
public class RocketMQMessageQueue implements MessageQueue {...}

public interface MessageFromatter { ... }
public class JsonMessageFromatter implements MessageFromatter { ... }
public class ProtoBufMessageFromatter implements MessageFromatter { ... }

public class Demo {
  private MessageQueue msgQueue; //基于接口而非实现编程
  public Demo(MessageQueue msgQueue) { //依赖注入
    this.msgQueue = msgQueue;
  }

  //msgFormatter：多态、依赖注入
  public void send(Notification notification, MessageFormatter msgFormatter) {
    ...
  }
}
```

3.2.4 如何在项目中灵活应用开闭原则

上文提到，写出支持开闭原则（扩展性好）的代码的关键是预留扩展点。如何才能识别出所有可能的扩展点呢？

如果我们开发的是业务系统，如金融系统、电商系统和物流系统等，要想识别出尽可能多的扩展点，就要对业务有足够的了解。只有这样，才能预见未来可能要支持的业务需求。如果我们开发的是与业务无关的、通用的、偏底层的功能模块，如框架、组件和类库，如果想识别出尽可能多的扩展点，就需要了解它们会被如何使用和使用者未来会有哪些功能需求等。

但是，即使我们对业务和系统有足够的了解，也不可能识别出所有的扩展点。即便我们能够识别出所有的扩展点，但为了预留所有扩展点而付出的开发成本往往是不可接受的。因此，我们没必要为一些未来不一定需要实现的需求提前“买单”，也就是说，不要进行过度设计。

作者推荐的做法是，对于一些短期内可能进行的扩展，需求改动对代码结构影响比较大的扩展，或者实现成本不高的扩展，在编写代码时，我们可以事先进行可扩展性设计；但对于一些不确定未来是否要支持的需求，或者实现起来比较复杂的扩展，我们可以等到有需求驱动时，再通过重构的方式来满足扩展的需求。

除此之外，我们还要认识到，开闭原则并不是“免费”的。代码的扩展性往往与代码的可读性冲突。例如上文提供的 Alert 类的例子，为了更好地支持扩展性，我们对代码进行了重构，重构之后的代码比原始代码复杂很多，理解难度也增加不少。因此，在平时的开发中，我们需要权衡代码的扩展性和可读性。在一些场景下，代码的扩展性更重要，我们就适当地“牺牲”一些代码的可读性；在一些场景下，代码的可读性更重要，我们就适当地“牺牲”一些代码的扩展性。

在上文提到的 Alert 类的例子中，如果告警规则不是很多，也不复杂，那么 check() 函数中的 if 分支就不会有很多，对应的代码逻辑不会太复杂，代码行数也不会太多，因此，使用最初的代码实现即可。相反，如果告警规则多且复杂，那么 check() 函数中的 if 分支就会有很多，对应的代码逻辑就会变复杂，代码行数也会增加，check() 函数的可维护性和扩展性就会变差，此时，重构代码就变得合理了。

3.2.5　思考题

在学习设计原则时，读者要勤于思考，不能仅掌握设计原则的定义，更重要的是理解设计原则的目的，这样才能灵活地应用设计原则。因此，本节的思考题是：为什么要“对扩展开放、对修改关闭”？

3.3　里氏替换原则：什么样的代码才算违反里氏替换原则

本节讲解 SOLID 原则中的里氏替换原则。实际上，里氏替换原则是一条比较宽松的设计原则。一般情况下，我们所写的代码都不会违反这一条设计原则。因此，这条原则不难掌握，也不难应用。本节首先介绍里氏替换原则的定义，然后讲解里氏替换原则与多态的区别，最后通过反例的形式说明什么样的代码是违反里氏替换原则的。

3.3.1　里氏替换原则的定义

里氏替换原则（Liskov Substitution Principle，LSP）于 1986 年由 Barbara Liskov 提出，他

当时是这样描述这条原则的：If S is a subtype of T, then objects of type T may be replaced with objects of type S, without breaking the program（如果S是T的子类型，那么T的对象可以被S的对象所替换，并不影响代码的运行）。1996年，Robert Martin在他的SOLID原则中重新描述了里氏替换原则：Functions that use pointers of references to base classes must be able to use objects of derived classes without knowing it（使用父类对象的函数可以在不了解子类的情况下替换为使用子类对象）。

结合Barbara Liskov和Robert Martin的描述，我们将里氏替换原则描述为：子类对象（object of subtype/derived class）能够替换到程序（program）中父类对象（object of base/parent class）出现的任何地方，并且保证程序原有的逻辑行为（behavior）不变和正确性不被破坏。

里氏替换原则的定义比较抽象，我们通过一个代码示例进行解释。其中，父类Transporter使用org.apache.http库中的HttpClient类传输网络数据；子类SecurityTransporter继承父类Transporter，增加了一些额外的功能，支持在传输数据的同时传输appId和appToken安全认证信息。

```
public class Transporter {
  private HttpClient httpClient;

  public Transporter(HttpClient httpClient) {
    this.httpClient = httpClient;
  }

  public Response sendRequest(Request request) {
    //...省略使用httpClient发送请求的代码逻辑...
  }
}

public class SecurityTransporter extends Transporter {
  private String appId;
  private String appToken;

  public SecurityTransporter(HttpClient httpClient, String appId, String appToken) {
    super(httpClient);
    this.appId = appId;
    this.appToken = appToken;
  }

  @Override
  public Response sendRequest(Request request) {
    if (StringUtils.isNotBlank(appId) && StringUtils.isNotBlank(appToken)) {
      request.addPayload("app-id", appId);
      request.addPayload("app-token", appToken);
    }
    return super.sendRequest(request);
  }
}

public class Demo {
  public void demoFunction(Transporter transporter) {
    Reuqest request = new Request();
    //...省略设置request中数据值的代码...
    Response response = transporter.sendRequest(request);
    //...省略其他逻辑...
  }
}

//里氏替换原则
Demo demo = new Demo();
demo.demofunction(new SecurityTransporter(/*省略参数*/););
```

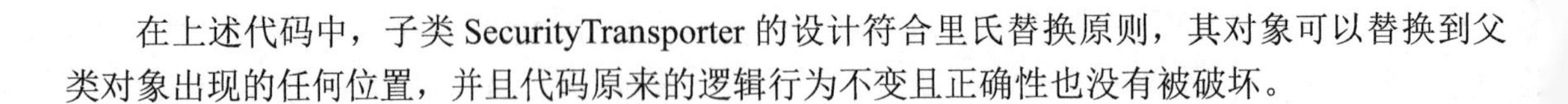

在上述代码中，子类 SecurityTransporter 的设计符合里氏替换原则，其对象可以替换到父类对象出现的任何位置，并且代码原来的逻辑行为不变且正确性也没有被破坏。

3.3.2　里氏替换原则与多态的区别

不过，读者可能会有疑问：上述代码设计不就是简单利用了面向对象的多态特性吗？多态和里氏替换原则是不是一回事？从上面的代码示例和里氏替换原则的定义来看，里氏替换原则与多态看起来类似，但实际上它们完全是两回事。

我们还是通过上面的代码示例进行解释。不过，我们需要对 SecurityTransporter 类中的 sendRequest() 函数稍加改造。改造前，如果 appId 或 appToken 没有设置，则不做安全校验；改造后，如果 appId 或 appToken 没有设置，则直接抛出 NoAuthorizationRuntimeException 未授权异常。改造前后的代码对比如下。

```
//改造前：
public class SecurityTransporter extends Transporter {
  //...省略其他代码...
  @Override
  public Response sendRequest(Request request) {
    if (StringUtils.isNotBlank(appId) && StringUtils.isNotBlank(appToken)) {
      request.addPayload("app-id", appId);
      request.addPayload("app-token", appToken);
    }
    return super.sendRequest(request);
  }
}

//改造后：
public class SecurityTransporter extends Transporter {
  //...省略其他代码...
  @Override
  public Response sendRequest(Request request) {
    if (StringUtils.isBlank(appId) || StringUtils.isBlank(appToken)) {
      throw new NoAuthorizationRuntimeException(...);
    }
    request.addPayload("app-id", appId);
    request.addPayload("app-token", appToken);
    return super.sendRequest(request);
  }
}
```

在改造后的代码中，如果传入 demoFunction() 函数的是父类 Transporter 的对象，那么 demoFunction() 函数并不会抛出异常，但如果传入 demoFunction() 函数的是子类 SecurityTransporter 的对象，那么 demoFunction() 有可能抛出异常。尽管代码中抛出的是运行时异常（Runtime Exception），可以不在代码中显式地捕获处理，但子类替换父类并传入 demoFunction() 函数之后，整个程序的逻辑行为有了改变。

虽然改造之后的代码仍然可以通过 Java 的多态语法动态地使用子类 SecurityTransporter 替换父类 Transporter，也并不会导致程序编译或运行报错，但是，从设计思路上来讲，SecurityTransporter 的设计是不符合里氏替换原则的。多态是一种代码实现思路。而里氏替换原则是一种设计原则，用来指导继承关系中子类的设计：在替换父类时，确保不改变程序原有的逻辑行为，以及不破坏程序的正确性。

3.3.3 违反里氏替换原则的反模式

实际上，里氏替换原则还有一个能落地且更有指导意义的描述，那就是Design By Contract（按照协议来设计）。在设计子类时，需要遵守父类的行为约定（或称为协议）。父类定义了函数的行为约定，子类可以改变函数的内部实现逻辑，但不能改变函数原有的行为约定。这里的行为约定包括函数声明要实现的功能，对输入、输出和异常的约定，以及注释中罗列的任何特殊情况说明等。实际上，这里所讲的父类和子类的关系可以替换成接口和实现类的关系。

为了更好地理解上述内容，我们提供若干违反里氏替换原则的例子。

（1）子类违反父类声明要实现的功能

例如，父类定义了一个订单排序函数 sortOrdersByAmount()，该函数按照金额从小到大来给订单排序，而子类重写 sortOrdersByAmount() 之后，按照创建日期来给订单排序。那么，这个子类的设计就违反了里氏替换原则。

（2）子类违反父类对输入、输出和异常的约定

在父类中，某个函数约定：运行出错时返回 null，获取数据为空时返回空集合（empty collection）。而子类重载此函数之后，重新定义了返回值：运行出错时返回异常（exception），获取不到数据时返回 null。那么，这个子类的设计就违反了里氏替换原则。

在父类中，某个函数约定：输入数据可以是任意整数，但子类重载此函数之后，只允许输入数据是正整数，如果是负数，就抛出异常，也就是说，子类对输入数据的校验比父类更加严格。那么，这个子类的设计就违反了里氏替换原则。

在父类中，某个函数约定只抛出 ArgumentNullException 异常，那么子类重载此函数之后，也只允许抛出 ArgumentNullException 异常，否则子类就违反了里氏替换原则。

（3）子类违反父类注释中罗列的任何特殊说明

在父类中，定义了一个提现函数 withdraw()，其注释是这样写的：“用户的提现金额不得超过账户余额……”，而子类重写 withdraw() 函数之后，针对 VIP 账号实现了透支提现的功能，也就是提现金额可以大于账户余额。那么，这个子类的设计就不符合里氏替换原则。如果想要这个子类的设计符合里氏替换原则，那么，较为简单的办法是修改父类的注释。

以上便是 3 种典型的违反里氏替换原则的反模式。

除此之外，判断子类的设计实现是否违反里氏替换原则，还有一个小窍门，那就是用父类的单元测试验证子类的代码。如果某些单元测试运行失败，就说明子类的设计实现没有完全遵守父类的约定，子类有可能违反了里氏替换原则。

3.3.4 思考题

里氏替换原则存在的意义是什么？

3.4 接口隔离原则：如何理解该原则中的“接口”

Robert Martin 在 SOLID 原则中是这样定义接口隔离原则（Interface Segregation Principle,

ISP）的："Clients should not be forced to depend upon interfaces that they do not use."（客户端不应该被强迫依赖它不需要的接口）。其中的"客户端"可以理解为接口的调用者或使用者。

实际上，"接口"这个词汇可以应用在软件开发的很多场合中。"接口"既可以看作一组抽象的约定，又可以具体指系统之间互相调用的 API，还可以特指面向对象编程语言中的接口等。对于接口隔离原则中的"接口"，我们主要有以下 3 种理解方式。

1）一组 API 或函数。

2）单个 API 或函数。

3）OOP 中的接口概念。

接下来，我们按照上述 3 种理解方式，解读不同场景下的接口隔离原则。

3.4.1 把"接口"理解为一组 API 或函数

我们结合一个代码示例进行讲解。在该示例代码中，微服务用户系统向其他系统提供了一组与用户相关的 API，如注册、登录和获取用户信息等。具体代码如下。

```
public interface UserService {
  boolean register(String cellphone, String password);
  boolean login(String cellphone, String password);
  UserInfo getUserInfoById(long id);
  UserInfo getUserInfoByCellphone(String cellphone);
}

public class UserServiceImpl implements UserService {
  //...省略实现代码...
}
```

现在，后台管理系统要实现删除用户的功能，希望用户系统提供一个删除用户的接口。如何做呢？有些读者认为很简单，只需要在 UserService 中添加 deleteUserByCellphone() 或 deleteUserById() 接口。虽然这个方法可以解决问题，但是隐藏了一些安全隐患。

因为删除用户是一个需要慎重执行的操作，我们只希望通过后台管理系统来执行，所以这个接口只限于给后台管理系统使用。如果我们把这个接口放到 UserService 中，那么所有使用 UserService 的系统都可以调用这个接口。如果这个接口不加限制地被其他业务系统调用，就有可能导致误删用户。

我们推荐的解决方案是从架构设计层面，通过接口鉴权的方式，限制接口的调用。但如果暂时没有鉴权框架支持，那么我们可以从代码设计层面，尽量避免接口被误用，将删除用户的接口单独放到 RestrictedUserService 中，然后，将 RestrictedUserService 打包并只提供给后台管理系统使用。这样就满足了接口隔离原则，即调用者只依赖它需要的接口，不依赖它不需要的接口。具体的代码实现如下。

```
public interface UserService {
  boolean register(String cellphone, String password);
  boolean login(String cellphone, String password);
  UserInfo getUserInfoById(long id);
  UserInfo getUserInfoByCellphone(String cellphone);
}

public interface RestrictedUserService {
  boolean deleteUserByCellphone(String cellphone);
```

```
  boolean deleteUserById(long id);
}

public class UserServiceImpl implements UserService, RestrictedUserService {
  //...省略实现代码 ...
}
```

在上面的代码示例中，我们把接口隔离原则中的接口理解为一组接口，也就是说，它可以是某个微服务的接口、某个类库的函数等。在设计微服务接口或类库函数时，如果部分接口或函数只被部分调用者使用，就需要将这部分接口或函数隔离出来，并单独提供给对应的调用者使用，而不是“强迫”其他调用者也依赖这部分不会被用到的接口或函数。

3.4.2　把“接口”理解为单个 API 或函数

现在我们换一种理解方式，即把接口理解为单个 API 或函数。对应地，接口隔离原则就可以理解为：API 或函数尽量功能单一，不要将多个不同的功能逻辑在一个函数中实现。我们通过代码示例的方式进行说明。

```
public class Statistics {
  private Long max;
  private Long min;
  private Long average;
  private Long sum;
  private Long percentile99;
  private Long percentile999;
  //...省略constructor、getter和setter等方法...
}

public Statistics count(Collection<Long> dataSet) {
  Statistics statistics = new Statistics();
  //...省略计算逻辑 ...
  return statistics;
}
```

在上述代码中，count() 函数的功能不够单一，因为包含多个不同的统计功能，如求最大值、最小值和平均值等。按照接口隔离原则，我们应该把 count() 函数拆分成几个更小粒度的函数，每个函数负责实现一个独立的统计功能。拆分之后的代码如下所示。

```
public Long max(Collection<Long> dataSet) { ... }
public Long min(Collection<Long> dataSet) { ... }
public Long average(Colletion<Long> dataSet) { ... }
//...省略其他统计函数 ...
```

不过，换一个角度来看，count() 函数也不能算是职责不够单一，毕竟它只做了与统计相关的事情。在介绍单一职责原则时，我们提到过，对于判定功能是否单一，有时需要结合具体的场景。

在项目中，如果对于每个统计需求，Statistics 类定义的所有统计信息都会被用到，那么 count() 函数的设计就是合理的；如果对于每个统计需求，Statistics 类定义的统计信息只会用到一部分，如只需要用到 max、min 和 average 这 3 个统计信息，那么 count() 函数仍然会把所有的统计信息计算一遍。这相当于做了很多无用功，特别是在需要统计的数据量很大的时候，势必会影响代码的性能。在这种情况下，我们应该将 count() 函数拆分成粒度更细的多个统计函数。

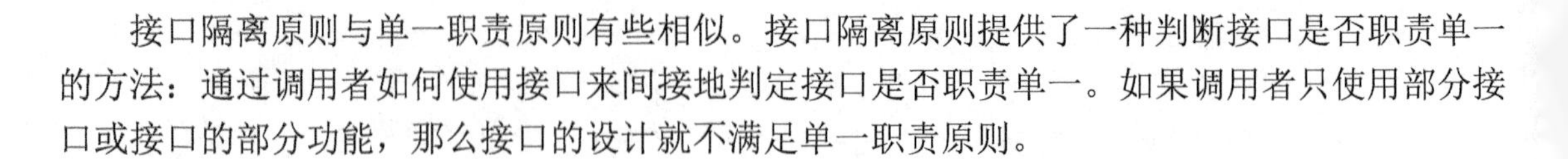

接口隔离原则与单一职责原则有些相似。接口隔离原则提供了一种判断接口是否职责单一的方法：通过调用者如何使用接口来间接地判定接口是否职责单一。如果调用者只使用部分接口或接口的部分功能，那么接口的设计就不满足单一职责原则。

3.4.3　把“接口”理解为OOP中的接口概念

除上面提到的两种理解方式以外，我们还可以把“接口”理解为OOP中的接口概念，如Java中的interface。我们还是通过代码示例的方式进行说明。

假设项目中用到了3个外部系统：Redis、MySQL和Kafka。每个系统对应一系列配置信息，如IP地址、端口和访问超时时间等。为了在内存中存储这些配置信息，以供项目中的其他模块使用，我们实现了3个配置类：RedisConfig、MysqlConfig和KafkaConfig，具体的代码实现如下。注意，这里只给出了RedisConfig类的代码实现，另外两个类的代码实现与之类似，因此不再赘述。

```
public class RedisConfig {
    private ConfigSource configSource; //配置中心（如ZooKeeper）
    private String address;
    private int timeout;
    private int maxTotal;
    //...省略其他配置：maxWaitMillis、maxIdle、minIdle...

    public RedisConfig(ConfigSource configSource) {
        this.configSource = configSource;
    }

    public String getAddress() {
        return this.address;
    }

    //...省略get()、init()方法...

    public void update() {
      //从configSource加载配置到address、timeout和maxTotal
    }
}

public class KafkaConfig { ... }
public class MysqlConfig { ... }
```

现在，有一个新的功能需求，即希望支持Redis和Kafka配置信息的热更新。“热更新”（hot update）是指，如果在配置中心中更改了配置信息，那么，在不重启系统的情况下，最新的配置信息也能加载到内存中。但是，因为某些原因，我们并不希望对MySQL的配置信息进行热更新。

为了实现这样一个功能需求，我们实现了ScheduledUpdater类，以固定时间频率（periodInSeconds）调用RedisConfig、KafkaConfig的update()方法，更新配置信息。具体的代码实现如下。

```
public interface Updater {
  void update();
}
```

```
public class RedisConfig implemets Updater {
  //...省略其他属性和方法 ...

  @Override
  public void update() { ... }
}

public class KafkaConfig implements Updater {
  //...省略其他属性和方法...
  @Override
  public void update() { ... }
}

public class MysqlConfig { ... }

public class ScheduledUpdater {
    private final ScheduledExecutorService executor = Executors.newSingleThreadScheduledExecutor();
    private long initialDelayInSeconds;
    private long periodInSeconds;
    private Updater updater;

    public ScheduleUpdater(Updater updater, long initialDelayInSeconds, long periodInSeconds) {
        this.updater = updater;
        this.initialDelayInSeconds = initialDelayInSeconds;
        this.periodInSeconds = periodInSeconds;
    }

    public void run() {
        executor.scheduleAtFixedRate(new Runnable() {
            @Override
            public void run() {
                updater.update();
            }
        }, this.initialDelayInSeconds, this.periodInSeconds, TimeUnit.SECONDS);
    }
}

public class Application {
  ConfigSource configSource = new ZookeeperConfigSource(/*省略参数*/);
  public static final RedisConfig redisConfig = new RedisConfig(configSource);
  public static final KafkaConfig kafkaConfig = new KakfaConfig(configSource);
  public static final MySqlConfig mysqlConfig = new MysqlConfig(configSource);

  public static void main(String[] args) {
    ScheduledUpdater redisConfigUpdater = new ScheduledUpdater(redisConfig, 300, 300);
    redisConfigUpdater.run();
    ScheduledUpdater kafkaConfigUpdater = new ScheduledUpdater(kafkaConfig, 60, 60);
    kafkaConfigUpdater.run();
  }
}
```

热更新的需求已经实现，现在，我们又有一个监控的新需求。通过命令行方式查看ZooKeeper中的配置信息比较麻烦，因此我们希望有一种更加方便的查看配置信息的方式。

我们可以在项目中开发一个内嵌的SimpleHttpServer，输出项目的配置信息到一个固定的HTTP地址，如http://127.0.0.1:2389/config。我们只需要在浏览器中输入这个地址，就可以显示系统的配置信息。不过，因为某些原因，我们只想暴露MySQL和Redis的配置信息，不想暴露Kafka的配置信息。

为了实现这个监控功能，我们需要对代码进行改造。改造之后的代码如下所示。

```java
public interface Updater {
  void update();
}

public interface Viewer {
  String outputInPlainText();
  Map<String, String> output();
}

public class RedisConfig implemets Updater, Viewer {
  //省略其他属性和方法
  @Override
  public void update() { ... }

  @Override
  public String outputInPlainText() { ... }

  @Override
  public Map<String, String> output() { ... }
}

public class KafkaConfig implements Updater {
  //省略其他属性和方法
  @Override
  public void update() { ... }
}

public class MysqlConfig implements Viewer {
  //省略其他属性和方法
  @Override
  public String outputInPlainText() { ... }

  @Override
  public Map<String, String> output() { ... }
}

public class SimpleHttpServer {
  private String host;
  private int port;
  private Map<String, List<Viewer>> viewers = new HashMap<>();

  public SimpleHttpServer(String host, int port) { ... }

  public void addViewers(String urlDirectory, Viewer viewer) {
    if (!viewers.containsKey(urlDirectory)) {
      viewers.put(urlDirectory, new ArrayList<Viewer>());
    }
    this.viewers.get(urlDirectory).add(viewer);
  }

  public void run() { ... }
}

public class Application {
    ConfigSource configSource = new ZookeeperConfigSource();
    public static final RedisConfig redisConfig = new RedisConfig(configSource);
    public static final KafkaConfig kafkaConfig = new KakfaConfig(configSource);
    public static final MySqlConfig mysqlConfig = new MySqlConfig(configSource);

    public static void main(String[] args) {
        ScheduledUpdater redisConfigUpdater =
```

```
            new ScheduledUpdater(redisConfig, 300, 300);
        redisConfigUpdater.run();

        ScheduledUpdater kafkaConfigUpdater =
            new ScheduledUpdater(kafkaConfig, 60, 60);
        kafkaConfigUpdater.run();

        SimpleHttpServer simpleHttpServer = new SimpleHttpServer("127.0.0.1", 2389);
        simpleHttpServer.addViewer("/config", redisConfig);
        simpleHttpServer.addViewer("/config", mysqlConfig);
        simpleHttpServer.run();
    }
}
```

至此，热更新和监控的需求都已经实现。我们设计了两个功能单一的接口：Updater 和 Viewer。ScheduledUpdater 类只依赖 Updater 这个与热更新相关的接口，不依赖不需要的 Viewer 接口，满足接口隔离原则。同理，SimpleHttpServer 类只依赖与查看信息相关的 Viewer 接口，不依赖不需要的 Updater 接口，也满足接口隔离原则。

如果我们不遵守接口隔离原则，不设计 Updater 和 Viewer 两个接口，而是设计一个“大而全”的 Config 接口，让 RedisConfig、KafkaConfig 和 MysqlConfig 实现 Config 接口，并且将原来传递给 ScheduledUpdater 的 Updater 对象和传递给 SimpleHttpServer 的 Viewer 对象都替换为 Config 对象，这样的设计是否可行？我们先看一下按照这种思路实现的代码。

```
public interface Config {
  void update();
  String outputInPlainText();
  Map<String, String> output();
}

public class RedisConfig implements Config {
  //需要实现Config的3个接口：update、outputInPlainText和output
}

public class KafkaConfig implements Config {
  //需要实现Config的3个接口：update、outputInPlainText和output
}

public class MysqlConfig implements Config {
  //需要实现Config的3个接口：update、outputInPlainText和output
}

public class ScheduledUpdater {
  //...省略其他属性和方法 ...

  private Config config;

  public ScheduleUpdater(Config config, long initialDelayInSeconds, long periodInSeconds) {
      this.config = config;
      ...
  }
  ...
}

public class SimpleHttpServer {
  private String host;
  private int port;
  private Map<String, List<Config>> viewers = new HashMap<>();
```

```
  public SimpleHttpServer(String host, int port) { ... }

  public void addViewer(String urlDirectory, Config config) {
    if (!viewers.containsKey(urlDirectory)) {
      viewers.put(urlDirectory, new ArrayList<Config>());
    }
    viewers.get(urlDirectory).add(config);
  }

  public void run() { ... }
}
```

对比前后两种设计思路，在代码量、实现复杂度、可读性接近的情况下，第一种设计思路比第二种设计思路好，主要体现在以下两个方面。

首先，第一种设计思路更加灵活、易扩展和易复用。Updater 和 Viewer 的职责单一，单一就意味着通用和高复用性。例如，现在又有一个新的需求，即开发一个性能统计模块，并且希望将统计结果通过 SimpleHttpServer 显示在网页上，以方便用户查看。对于这样一个新需求，我们可以让性能统计类实现通用的接口 Viewer，复用 SimpleHttpServer 的代码实现。具体代码如下所示。

```
public class ApiMetrics implements Viewer { ... }
public class DbMetrics implements Viewer { ... }
public class Application {
    ConfigSource configSource = new ZookeeperConfigSource();
    public static final RedisConfig redisConfig = new RedisConfig(configSource);
    public static final KafkaConfig kafkaConfig = new KakfaConfig(configSource);
    public static final MySqlConfig mySqlConfig = new MySqlConfig(configSource);
    public static final ApiMetrics apiMetrics = new ApiMetrics();
    public static final DbMetrics dbMetrics = new DbMetrics();

    public static void main(String[] args) {
        SimpleHttpServer simpleHttpServer = new SimpleHttpServer("127.0.0.1", 2389);
        simpleHttpServer.addViewer("/config", redisConfig);
        simpleHttpServer.addViewer("/config", mySqlConfig);
        simpleHttpServer.addViewer("/metrics", apiMetrics);
        simpleHttpServer.addViewer("/metrics", dbMetrics);
        simpleHttpServer.run();
    }
}
```

其次，第二种设计思路在代码实现上做了一些无用功。因为 Config 接口中包含两类不相关的接口，update() 属于一类，output() 和 outputInPlainText() 属于另一类。在当前的需求背景下，KafkaConfig 只需要实现 update() 接口，并不需要实现 output() 相关的接口。同理，MysqlConfig 只需要实现 output() 相关接口，并不需要实现 update() 接口。但第二种设计思路要求 RedisConfig、KafkaConfig 和 MySqlConfig 必须同时实现 Config 的所有接口（update()、output() 和 outputInPlainText()）。不仅如此，如果我们向 Config 中继续添加一个新的接口，那么所有的实现类都要做相应的改动。相反，如果接口粒度比较小，那么接口改动导致的需要改动的类就会比较少。

3.4.4 思考题

java.util.concurrent 并发包提供了原子类 AtomicInteger，其中的函数 getAndIncrement() 的功能是给整数增加 1，并且返回未增之前的值。本节的思考题：getAndIncrement() 函数是否符合单一职责原则和接口隔离原则？为什么？

3.5 依赖反转原则：依赖反转与控制反转、依赖注入有何关系

本节讲解 SOLID 原则中的最后一个原则：依赖反转原则。前面讲到，单一职责原则和开闭原则的原理比较简单，但在实践中用好比较难，而本节要讲的依赖反转原则正好相反。依赖反转原则的使用简单，但理解较难。在进行详细介绍之前，读者可以尝试回答下列问题。

1）"依赖反转"指的是"谁与谁"的"什么依赖"被反转了？如何理解"反转"？

2）我们经常听到另外两个概念："控制反转"和"依赖注入"。它们和"依赖反转"是一回事吗？若不是，这两个概念与"依赖反转"的区别和联系是什么？

3）如果读者熟悉 Java 语言，那么 Spring 框架中的 IoC 与上述 3 个概念有什么关系？

3.5.1 控制反转（IoC）

首先介绍控制反转（Inversion of Control，IoC）。此处强调一下，如果读者是 Java 工程师，那么暂时不要把这里提到的 IoC 与 Spring 框架的 IoC 联系在一起。关于 Spring 框架的 IoC，我们会在下文介绍。

我们借助一个代码示例介绍什么是控制反转。

```
public class UserServiceTest {
  public static boolean doTest() {
    ...
  }

  public static void main(String[] args) { //这部分逻辑可以放到框架中
    if (doTest()) {
      System.out.println("Test succeed.");
    } else {
      System.out.println("Test failed.");
    }
  }
}
```

上面这段代码是一段没有依赖任何测试框架的测试代码，测试代码的执行流程由程序员编写和控制。实际上，我们可以从中抽象出一个测试框架，代码如下所示。

```
public abstract class TestCase {
  public void run() {
    if (doTest()) {
      System.out.println("Test succeed.");
    } else {
      System.out.println("Test failed.");
    }
  }

  public abstract boolean doTest();
}
```

```
public class JunitApplication {
  private static final List<TestCase> testCases = new ArrayList<>();

  public static void register(TestCase testCase) {
    testCases.add(testCase);
  }

  public static final void main(String[] args) {
    for (TestCase testCase: testCases) {
      testCase.run();
    }
  }
}
```

在把上述简化版的测试框架引入工程中之后，程序员要想测试某个类，只需要在框架预留的扩展点，也就是 TestCase 类的抽象函数 doTest() 中，填充具体的测试代码，不需要亲自编写负责执行流程的 main() 函数。示例代码如下所示。

```
public class UserServiceTest extends TestCase {
  @Override
  public boolean doTest() {
    ...
  }
}
//注册操作还可以通过配置的方式实现，不需要程序员显式调用register()
JunitApplication.register(new UserServiceTest());
```

上述代码示例是通过框架实现了"控制反转"的典型用法。框架提供了一个可扩展的代码"骨架"，用来组装对象和管理整个执行流程。程序员利用框架进行开发时，只需要向框架预留的扩展点中添加与自己业务相关的代码，这样就可以利用框架驱动整个程序流程的执行。

这里的"控制"是指对程序执行流程的控制，而"反转"是指在没有使用框架之前，程序员自己编写代码控制整个程序流程的执行。在使用框架之后，整个程序的执行流程由框架控制，流程的控制权从程序员"反转"给了框架。

实际上，实现控制反转的方法有很多，除上面的例子中类似模板设计模式的方法以外，还有依赖注入等方法。因此，控制反转并不是一种具体的实现技巧，而是一种比较笼统的设计思想，一般用来指导框架的设计。

3.5.2 依赖注入（DI）

与控制反转相反，依赖注入（Dependency Injection，DI）是一种具体的编程技巧。依赖注入容易理解、应用简单，并且非常有用。

什么是依赖注入？用一句话来概括：不通过 new 的方式在类内部创建依赖的类对象，而是将依赖的类对象在外部创建好之后，通过构造函数、函数参数等方式传递（或称为注入）给类使用。示例代码如下。

```
public class Notification {
  private MessageSender messageSender;

  public Notification(MessageSender messageSender) {
    this.messageSender = messageSender; //依赖注入，而非通过new创建
  }
```

```
  public void sendMessage(String cellphone, String message) {
    this.messageSender.send(cellphone, message);
  }
}

public interface MessageSender {
  void send(String cellphone, String message);
}

//短信发送类
public class SmsSender implements MessageSender {
  @Override
  public void send(String cellphone, String message) {
    ...
  }
}

//站内信发送类
public class InboxSender implements MessageSender {
  @Override
  public void send(String cellphone, String message) {
    ...
  }
}
//使用Notification
MessageSender messageSender = new SmsSender();
Notification notification = new Notification(messageSender);
```

如果读者理解了上述示例代码，那么就算掌握了依赖注入这一编程技巧。在 5.3 节中，我们会提到，依赖注入是编写可测试性代码的有效手段。

3.5.3 依赖注入框架（DI Framework）

理解了什么是“依赖注入”，我们再介绍什么是“依赖注入框架”。

在上面的 Notification 类的例子中，尽管我们采用依赖注入之后，不需要以类似 hardcode（硬编码）的方式在 Notification 类内部通过 new 来创建 MessageSender 对象，但是，对象创建、组装（或依赖注入）的代码逻辑仍然需要程序员自己实现，只不过是被移动到了上层代码。创建、组装的代码如下所示。

```
public class Demo {
  public static final void main(String args[]) {
    MessageSender sender = new SmsSender(); //创建对象
    Notification notification = new Notification(sender); //依赖注入
    notification.sendMessage("1391894****", "短信验证码：2346");
  }
}
```

在实际的软件开发中，有些项目可能包含几十个类、上百个类，甚至几百个类，类对象的创建和依赖注入会变得非常复杂。如果这部分工作都是依靠程序员自己编写代码来完成，那么容易出错且开发成本较高。而对象的创建和依赖注入本身与具体的业务无关。这部分逻辑完全可以抽象成框架，由框架自动完成。实际上，这个框架就是“依赖注入框架”。

我们通过依赖注入框架提供的扩展点，简单配置所有需要创建的类对象、类之间的依赖关系，就可以实现由框架自动创建对象、管理对象的生命周期、依赖注入等。

目前，依赖注入框架有很多，如 Google Guice、Spring、PicoContainer、Butterfly Container 等。有人把 Spring 框架称为控制反转容器（Inversion of Control Container），也有人把 Spring 框架称为依赖注入框架。实际上，这两种说法都没错，“控制反转容器”是一种宽泛的描述，而“依赖注入框架”这种表述更加具体。上文提到，实现控制反转的方式有很多，除依赖注入以外，还有模板设计模式等，而 Spring 框架的控制反转主要是通过依赖注入实现的，因此，Spring 归为依赖注入框架更确切。

3.5.4 依赖反转原则（DIP）

最后，我们来看一下本节的主角：依赖反转原则（Dependency Inversion Principle，DIP），有时它也称为依赖倒置原则。

依赖反转原则的英文描述：“High-level modules shouldn’t depend on low-level modules. Both modules should depend on abstractions. In addition, abstractions shouldn’t depend on details. Details depend on abstractions.”对应的中文翻译为：高层模块（high-level modules）不要依赖低层模块（low-level modules）。高层模块和低层模块应该通过抽象（abstractions）互相依赖。除此之外，抽象不要依赖具体实现细节（details），具体实现细节依赖抽象。

如何划分高层模块和低层模块？简单来说，调用者属于高层，被调用者属于低层。依赖反转原则主要用来指导框架的设计，与前面讲到的控制反转类似。我们以 Tomcat 为例，对此进行进一步解释。

Tomcat 是运行 Java Web 应用程序的容器。我们编写的 Web 应用程序代码只需要部署在 Tomcat 容器下，便可以被 Tomcat 容器调用并执行。按照之前的划分原则，Tomcat 就是高层模块，我们编写的 Web 应用程序代码就是低层模块。Tomcat 和应用程序代码之间并没有直接的依赖关系，二者都依赖同一个“抽象”，也就是 Servlet 规范。Servlet 规范不依赖具体的 Tomcat 容器和应用程序的实现细节，而 Tomcat 容器和应用程序依赖 Servlet 规范。

3.5.5 思考题

从本节的 Notification 类的例子来看，“基于接口而非实现编程”与“依赖注入”相似，那么，它们之间有什么区别和联系呢？

3.6 KISS 原则和 YAGNI 原则：二者是一回事吗

3.1 节～ 3.5 节讲解了经典的 SOLID 原则，本节介绍 KISS 原则和 YAGNI 原则。很多读者比较熟悉 KISS 原则，可能很少听过 YAGNI 原则，其实后者也不难理解。

如何理解 KISS 原则中的“简单”两个字？什么样的代码才算“简单”？什么样的代码才算“复杂”？如何才能写出“简单”的代码？YAGNI 原则与 KISS 原则是一回事吗？读者可以带着这些问题阅读本节内容。

3.6.1 KISS 原则的定义和解读

KISS 原则的英文描述有 3 种版本：Keep It Simple and Stupid、Keep It Short and Simple 和 Keep It Simple and Straightforward。其实，它们要表达的意思差不多，即“尽量保持简单”。

KISS 原则是一个“万金油”一样的设计原则，可以应用在诸多场合。它不仅经常用来指导软件开发，还经常用来指导系统设计、产品设计等，如冰箱、建筑和手机的设计等。本书讲解的是代码设计，因此，接下来，我们重点讲解如何在程序开发中应用 KISS 原则。

我们知道，代码的可读性和可维护性是衡量代码质量的两个重要标准。而 KISS 原则就是保持代码可读和可维护的重要手段。代码足够简单，也就意味着容易读懂，bug 比较难隐藏。即便出现 bug，修复也比较简单。

不过，KISS 原则只是告诉我们，要保持代码“简单”，但并没有讲什么样的代码才算得上“简单”，更没有给出明确的方法来指导如何开发“简单”的代码。因此，KISS 原则虽然简单，但不太容易落地。

3.6.2 代码并非行数越少越简单

在下面的示例代码中，我们使用 3 种方式实现同一功能：检查输入的字符串 ipAddress 是否是合法的 IP 地址。一个合法的 IP 地址由 4 个数字组成，并且通过“.”进行分隔。每个数字的取值范围是 0~255（第一个数字比较特殊，不允许为 0）。对比下面 3 段代码，读者认为哪一段代码符合 KISS 原则呢？

```
//第一种实现方式：使用正则表达式
public boolean isValidIpAddressV1(String ipAddress) {
  if (StringUtils.isBlank(ipAddress)) return false;
  String regex = "^(1\\d{2}|2[0-4]\\d|25[0-5]|[1-9]\\d|[1-9])\\."
          + "(1\\d{2}|2[0-4]\\d|25[0-5]|[1-9]\\d|\\d)\\."
          + "(1\\d{2}|2[0-4]\\d|25[0-5]|[1-9]\\d|\\d)\\."
          + "(1\\d{2}|2[0-4]\\d|25[0-5]|[1-9]\\d|\\d)$";
  return ipAddress.matches(regex);
}

//第二种实现方式：使用现成的工具类
public boolean isValidIpAddressV2(String ipAddress) {
  if (StringUtils.isBlank(ipAddress)) return false;
  String[] ipUnits = StringUtils.split(ipAddress, '.');
  if (ipUnits.length != 4) {
    return false;
  }
  for (int i = 0; i < 4; ++i) {
    int ipUnitIntValue;
    try {
      ipUnitIntValue = Integer.parseInt(ipUnits[i]);
    } catch (NumberFormatException e) {
      return false;
    }
    if (ipUnitIntValue < 0 || ipUnitIntValue > 255) {
      return false;
    }
    if (i == 0 && ipUnitIntValue == 0) {
```

```
            return false;
          }
        }
        return true;
      }

      //第三种实现方式：不使用任何工具类
      public boolean isValidIpAddressV3(String ipAddress) {
        char[] ipChars = ipAddress.toCharArray();
        int length = ipChars.length;
        int ipUnitIntValue = -1;
        boolean isFirstUnit = true;
        int unitsCount = 0;
        for (int i = 0; i < length; ++i) {
          char c = ipChars[i];
          if (c == '.') {
            if (ipUnitIntValue < 0 || ipUnitIntValue > 255) return false;
            if (isFirstUnit && ipUnitIntValue == 0) return false;
            if (isFirstUnit) isFirstUnit = false;
            ipUnitIntValue = -1;
            unitsCount++;
            continue;
          }
          if (c < '0' || c > '9') {
            return false;
          }
          if (ipUnitIntValue == -1) ipUnitIntValue = 0;
          ipUnitIntValue = ipUnitIntValue * 10 + (c - '0');
        }
        if (ipUnitIntValue < 0 || ipUnitIntValue > 255) return false;
        if (unitsCount != 3) return false;
        return true;
      }
```

第一种实现方式利用正则表达式，3 行代码就解决了问题。第一种实现方式的代码行数最少，那么是否符合 KISS 原则呢？答案是否定的。虽然第一种实现方式的代码行数最少，看似简单，但使用了比较复杂的正则表达式，而想要写出完全没有 bug 的正则表达式是很有挑战性的。对于不熟悉正则表达式的人，看懂并维护含有正则表达式的代码是比较困难的。基于正则表达式的实现方式导致代码的可读性和可维护性变差，因此，从 KISS 原则的设计初衷（提高代码的可读性和可维护性）来看，这种实现方式并不符合 KISS 原则。

第二种实现方式使用 StringUtils 类和 Integer 类提供的一些现成的工具函数来处理 IP 地址字符串。第三种实现方式不使用任何工具函数，而是通过逐一处理 IP 地址中的字符来判断其是否合法。从代码行数上来说，第二种实现方式和第三种实现方式的代码行数差不多。但是，第三种实现方式比第二种实现方式更有难度，更容易产生 bug。从可读性来说，第二种实现方式的代码逻辑更清晰、更好理解。相比来说，第二种实现方式更“简单”，符合 KISS 原则。

虽然第三种实现方式稍微复杂，但其性能要比第二种实现方式高一些。从性能的角度来说，选择第三种实现方式是不是更好呢？在回答这个问题之前，我们先解释一下为什么第三种实现方式的性能更高一些。一般来说，工具类的功能是通用和全面的，因此，在代码实现方面，需要兼容和处理更多的情况，执行效率就会受到影响。而第三种实现方式，完全是自己操作底层字符，只针对 IP 地址这一种输入格式，没有其他不必要的处理逻辑，因此，在执行效率方面，这种类似定制化的处理代码肯定比通用的工具类高。

尽管第三种实现方式的性能更高，但我们还是倾向于选择第二种实现方式，因为第三种实现方式实际上是过度优化。除非 isValidIpAddress() 函数是影响系统性能的瓶颈代码，否则，这样优化的投入产出比并不高，反而增加了代码实现的难度、牺牲了代码的可读性，而性能上的提升并不明显。

3.6.3 代码复杂不一定违反 KISS 原则

上文我们提到，代码并非行数越少越简单，因为还要考虑逻辑复杂度、实现难度和代码的可读性等。如果一段代码的逻辑复杂、实现难度大、可读性也不太好，是不是一定违反 KISS 原则呢？在回答这个问题之前，我们先来看下面这段代码（来自作者出版的《数据结构与算法之美》中 KMP 算法的代码实现）。

```
//KMP 算法：a、b分别是主串和模式串，n、m分别是主串和模式串的长度
public static int kmp(char[] a, int n, char[] b, int m) {
  int[] next = getNexts(b, m);
  int j = 0;
  for (int i = 0; i < n; ++i) {
    while (j > 0 && a[i] != b[j]) {
      j = next[j - 1] + 1;
    }
    if (a[i] == b[j]) {
      ++j;
    }
    if (j == m) {
      return i - m + 1;
    }
  }
  return -1;
}

private static int[] getNexts(char[] b, int m) {
  int[] next = new int[m];
  next[0] = -1;
  int k = -1;
  for (int i = 1; i < m; ++i) {
    while (k != -1 && b[k + 1] != b[i]) {
      k = next[k];
    }
    if (b[k + 1] == b[i]) {
      ++k;
    }
    next[i] = k;
  }
  return next;
}
```

上面这段代码逻辑复杂、实现难度大和可读性差，但它并不违反 KISS 原则。KMP 算法以高效著称。当需要处理长文本字符串匹配问题（如几百 MB 大小的文本内容的匹配），或者字符串匹配是某个产品的核心功能（如 Vim、Word 等文本编辑器中的文本查找），抑或字符串匹配算法是系统性能瓶颈时，我们就应该选择 KMP 算法。而 KMP 算法本身具有逻辑复杂、实现难度大和可读性差特点，因此，使用复杂的算法解决复杂的问题，并不违反 KISS 原则。

不过，平时的项目开发涉及的字符串匹配问题大多针对较小的文本，在这种情况下，直接调用编程语言提供的现成的字符串匹配函数即可。如果用 KMP 算法实现较小文本的字符串匹配，就违反 KISS 原则了。也就是说，对于同样一段代码，在某个应用场景下满足 KISS 原则，

换一个应用场景后可能就不满足KISS原则了。

3.6.4 如何写出满足KISS原则的代码

关于如何写出满足KISS原则的代码，前面已经讲了一些方法，这里总结一下。

1）慎重使用过于复杂的技术来实现代码，如复杂的正则表达式、编程语言中过于高级的语法等。

2）不要“重复造轮子”，首先考虑使用已有类库。根据作者的经验，如果自己实现类库，那么产生bug的概率更高，维护成本也更高。

3）不要过度优化。尽量避免使用一些“奇技淫巧”（如使用位运算代替算术运算、使用复杂的条件语句代替if-else等）来优化代码。

3.6.5 YAGNI原则和KISS原则的区别

当YAGNI（You Ain't Gonna Need It）原则用在软件开发时，其含义是：不要去设计当前用不到的功能；不要去编写当前用不到的代码。实际上，这条原则的核心思想是：不要过度设计。和KISS原则一样，YAGNI原则也称得上“万金油”一样的设计原则。

例如，某系统暂时只使用Redis来存储配置信息，以后可能会用到ZooKeeper。根据YAGNI原则，在未用到ZooKeeper之前，我们没必要提前编写这部分代码。当然，这并不是说就不需要考虑代码的扩展性了。我们还是有必要预留扩展点，在需要引入ZooKeeper时，能够在不修改太多代码的情况下完成扩展。

又如，不要在项目中提前引入不需要依赖的开发包。Java程序员经常使用Maven或Gradle管理项目依赖的类库，我们发现，有些程序员为了避免开发中类库的缺失而频繁地修改Maven或Gradle配置文件，提前向项目里引入大量常用的类库。实际上，这种做法违反YAGNI原则。

从刚才的分析可以看出，YAGNI原则与KISS原则并非一回事。KISS原则讲的是“如何做”（尽量保持简单），而YAGNI原则讲的是“要不要做”（当前不需要的，就不要做）。

3.6.6 思考题

读者如何看待开发中的“重复造轮子”？

3.7 DRY原则：相同的两段代码就一定违反DRY原则吗

DRY原则（Don't Repeat Yourself）翻译成中文是：不要编写重复的代码。很多人对其中的“重复”二字有误解，认为项目中存在两段相同的代码就是重复，实际上，相同的两段代码未必违反DRY原则，相反，不同的两段代码也未必就不违反DRY原则。本节我们就重点来讲一下怎么才算是“重复”。

3.7.1 代码逻辑重复

下面这段代码是否违反了 DRY 原则？如果违反了，应该如何重构才能让它满足 DRY 原则？如果没有违反，那又是为什么？

```
public class UserAuthenticator {
  public void authenticate(String username, String password) {
    if (!isValidUsername(username)) {
      // 抛出InvalidUsernameException异常
    }
    if (!isValidPassword(password)) {
      // 抛出InvalidPasswordException异常
    }
    //...省略其他代码 ...
  }

  private boolean isValidUsername(String username) {
    if (StringUtils.isBlank(username)) {
      return false;
    }

    int length = username.length();
    if (length < 4 || length > 64) {
      return false;
    }

    if (!StringUtils.isAllLowerCase(username)) {
      return false;
    }


    for (int i = 0; i < length; ++i) {
      char c = username.charAt(i);
      if (!(c >= 'a' && c <= 'z') || (c >= '0' && c <= '9') || c == '.') {
        return false;
      }
    }
    return true;
  }

  private boolean isValidPassword(String password) {
    if (StringUtils.isBlank(password)) {
      return false;
    }

    int length = password.length();
    if (length < 4 || length > 64) {
      return false;
    }

    if (!StringUtils.isAllLowerCase(password)) {
      return false;
    }

    for (int i = 0; i < length; ++i) {
      char c = password.charAt(i);
      if (!(c >= 'a' && c <= 'z') || (c >= '0' && c <= '9') || c == '.') {
        return false;
```

```
        }
      }
      return true;
    }
}
```

在上述代码中，isValidUserName() 函数和 isValidPassword() 函数包含大量相同的代码逻辑，看起来明显违反 DRY 原则。为了移除重复的代码逻辑，我们重构上述代码，将 isValidUserName() 函数和 isValidPassword() 函数，合并为一个更通用的 isValidUserNameOrPassword() 函数。重构之后的代码如下所示。

```
public class UserAuthenticatorV2 {
  public void authenticate(String userName, String password) {
    if (!isValidUsernameOrPassword(userName)) {
      //抛出InvalidUsernameException异常
    }

    if (!isValidUsernameOrPassword(password)) {
      //抛出InvalidPasswordException异常
    }
  }

  private boolean isValidUsernameOrPassword(String usernameOrPassword) {
    //与原来的isValidUsername()或isValidPassword()的实现逻辑一样
    return true;
  }
}
```

经过重构之后，代码行数减少，重复的代码逻辑也被移除，但这样的重构并不合理。

虽然 isValidUserName() 和 isValidPassword() 两个函数从代码逻辑上看是重复的，但语义不重复。“语义不重复”指的是：从功能上来看，这两个函数做的是完全不重复的两件事情，一个是校验用户名，另一个是校验密码。尽管在目前的设计中，二者的校验逻辑完全一样，但是，如果按照第二种写法，将两个函数的合并，就会存在潜在的问题。在未来的某一天，如果密码的校验逻辑改变，如允许密码包含大写字符或允许密码为 8 ～ 64 个字符，验证用户名和验证密码的实现逻辑就变得不相同了。我们就要把合并后的 isValidUserNameOrPassword() 函数，重新拆成合并前的 isValidUserName() 函数和 isValidPassword() 函数。

尽管代码逻辑相同，但语义不同，所以，判定它并不违反 DRY 原则。至于重复的代码逻辑，我们可以通过抽象出更细粒度的函数的方式来解决。比如将校验只包含 a~z、0~9、点号的逻辑封装成 boolean onlyContains(String str, String charlist); 函数供 isValidUserName() 函数和 isValidPassword() 函数调用。

3.7.2 功能（语义）重复

假如在某一项目代码中包含 isValidIp() 和 checkIfIpValid() 两个函数。尽管这两个函数的命名不同，代码逻辑不同，但功能相同，都是用来判断 IP 地址是否合法。之所以在同一个项目中会有两个功能相同的函数，是因为这两个函数是由不同的工程师开发的，其中一个工程师在不知道 isValidIp() 函数已经存在的情况下，定义并实现了 checkIfIpValid() 函数。在同一个项目中，如果存在两个功能相同的函数，那么是否违反 DRY 原则呢？

```
public boolean isValidIp(String ipAddress) {
  if (StringUtils.isBlank(ipAddress)) return false;
  String regex = "^(1\\d{2}|2[0-4]\\d|25[0-5]|[1-9]\\d|[1-9])\\."
          + "(1\\d{2}|2[0-4]\\d|25[0-5]|[1-9]\\d|\\d)\\."
          + "(1\\d{2}|2[0-4]\\d|25[0-5]|[1-9]\\d|\\d)\\."
          + "(1\\d{2}|2[0-4]\\d|25[0-5]|[1-9]\\d|\\d)$";
  return ipAddress.matches(regex);
}

public boolean checkIfIpValid(String ipAddress) {
  if (StringUtils.isBlank(ipAddress)) return false;
  String[] ipUnits = StringUtils.split(ipAddress, '.');
  if (ipUnits.length != 4) {
    return false;
  }
  for (int i = 0; i < 4; ++i) {
    int ipUnitIntValue;
    try {
      ipUnitIntValue = Integer.parseInt(ipUnits[i]);
    } catch (NumberFormatException e) {
      return false;
    }
    if (ipUnitIntValue < 0 || ipUnitIntValue > 255) {
      return false;
    }
    if (i == 0 && ipUnitIntValue == 0) {
      return false;
    }
  }
  return true;
}
```

3.7.1 节中的例子是代码逻辑重复，但语义不重复，我们并不认为它违反 DRY 原则。而这个例子是代码逻辑不重复，但语义重复，也就是功能重复，我们认为它违反 DRY 原则。在同一个项目中，所有判断 IP 地址是否合法的地方，应该统一调用同一个函数。

假如一些地方调用 isValidIp() 函数，另一些地方调用 checkIfIpValid() 函数，就会导致代码的可读性和可维护性变差。例如，看到此段代码的其他人可能产生疑惑：为什么出现两个功能相同的函数？又如，在项目中，我们改变了判断 IP 地址是否合法的规则，如 255.255.255.255 不再被判定为合法的 IP 地址，如果我们只对 isValidIp() 函数做了相应的修改，而忘记对 checkIfIpValid() 函数做相应的修改，就会导致产生莫名其妙的 bug（明明修改了规则却不生效）。

3.7.3 代码执行重复

在下面的示例代码中，UserService 类中的 login() 函数用来校验用户登录是否成功。如果登录成功，则返回用户信息；如果登录失败，则返回异常。这段代码是否违反 DRY 原则呢？

```
public class UserService {
  private UserRepo userRepo;  //通过依赖注入或IoC框架注入

  public User login(String email, String password) {
    boolean existed = userRepo.checkIfUserExisted(email, password);
    if (!existed) {
      //抛出AuthenticationFailureException异常
    }
    User user = userRepo.getUserByEmail(email);
```

```
    return user;
  }
}

public class UserRepo {
  public boolean checkIfUserExisted(String email, String password) {
    if (!EmailValidation.validate(email)) {
      //抛出InvalidEmailException异常
    }
    if (!PasswordValidation.validate(password)) {
      //抛出InvalidPasswordException异常
    }
    //...省略代码：查询数据库检查email和password是否存在...
  }

  public User getUserByEmail(String email) {
    if (!EmailValidation.validate(email)) {
      //抛出InvalidEmailException异常
    }
    //...省略代码：查询数据库通过email获取用户信息...
  }
}
```

上面这段代码，既没有出现代码逻辑重复，又没有出现语义重复，但它仍然违反了DRY原则，因为代码中存在执行重复。明显的执行重复是，在login()函数中，email的校验逻辑被执行了两次，一次是在调用checkIfUserExisted()函数时，另一次是在调用getUserByEmail()函数时。这个问题比较容易解决，我们只需要将email的校验逻辑从UserRepo类中移除，然后统一放到UserService类中。

除此之外，代码中还有一处隐蔽的执行重复。login()函数并不需要调用checkIfUserExisted()函数，只需要调用一次getUserByEmail()函数，从数据库中获取用户的email、password信息，然后与用户输入的email、password信息做对比，以此判断登录是否成功。这个优化是很有必要的，因为checkIfUserExisted()函数和getUserByEmail()函数都需要查询数据库，而数据库的I/O操作是比较耗时的。我们应当尽量减少这类I/O操作。

按照上述修改思路，我们重构代码，移除"重复执行"的代码，只校验一次email和password，并且只查询一次数据库。重构之后的代码如下所示。

```
public class UserService {
  private UserRepo userRepo;  //通过依赖注入或IoC框架注入

  public User login(String email, String password) {
    if (!EmailValidation.validate(email)) {
      //抛出InvalidEmailException异常
    }
    if (!PasswordValidation.validate(password)) {
      //抛出InvalidPasswordException异常
    }
    User user = userRepo.getUserByEmail(email);
    if (user == null || !password.equals(user.getPassword()) {
      //抛出AuthenticationFailureException异常
    }
    return user;
  }
}

public class UserRepo {
```

```
  public boolean checkIfUserExisted(String email, String password) {
    //...省略代码：查询数据库检查email和password是否存在...
  }

  public User getUserByEmail(String email) {
    //...省略代码：查询数据库通过email获取用户信息...
  }
}
```

3.7.4　代码的复用性

在第1章中，我们提到，复用性是评判代码质量的一个重要标准。对于如何提高代码的复用性，我们前面章节中已经介绍过很多方法了，现在总结如下。

（1）降低代码的耦合度

对于高度耦合的代码，当我们希望复用其中某一功能，并将其抽取成一个独立的模块、类或函数时，往往“牵一发而动全身”，抽取少许代码可能就要“牵连”很多其他代码。因此，高度耦合的代码会影响代码的复用性，应当尽量降低代码的耦合度。

（2）满足单一职责原则

如果模块或类的职责不够单一，设计得大而全，那么依赖它的代码或它依赖的代码会比较多，这样就增加了代码的耦合度，影响了代码的复用性。也就是说，代码的粒度越细，其通用性越好，越容易被复用。

（3）将代码模块化

这里的“模块”不仅指一组类构成的模块，我们还可以将其理解为单个类或函数。我们要学会将功能独立的代码封装成模块。模块就像积木，容易复用，可以直接用来搭建复杂的系统。

（4）业务逻辑与非业务逻辑分离

与业务无关的代码容易复用，针对特定业务的代码难以复用。为了复用与业务无关的代码，我们要将非业务逻辑与业务逻辑分离，抽取成通用的框架、类库或组件等。

（5）通用代码“下沉”

从分层的角度来看，越底层的代码越容易被复用。一般情况下，在代码分层之后，为了避免交叉调用导致调用关系混乱，我们只允许上层代码调用下层代码和同层代码之间互相调用，杜绝下层代码调用上层代码。因此，通用代码应尽量“下沉”到更下层，供更多的上层系统复用。

（6）继承、多态、抽象和封装

利用继承，将公共的代码抽取到父类，子类可以复用父类的属性和方法；利用多态，动态地替换一段代码的部分逻辑，让这段代码可复用。越抽象的代码（如函数、接口）越容易被复用。代码封装成模块，隐藏可变的细节，暴露不变的接口，更容易被复用。

（7）应用模板等设计模式

一些设计模式能够提高代码的复用性。例如，模板方法模式利用多态，可以灵活地替换其中的部分代码，使得整个流程的模板代码可复用。关于如何应用设计模式提高代码的复用性，我们将在后续章节讲解。

另外，一些与编程语言相关的特性也能提高代码的复用性，如泛型编程等。实际上，虽然上述罗列的提高代码复用性的方法重要，但是具备复用意识更重要。在编写代码时，我们要考

虑目前编写的这部分代码是否可以抽取出来，并作为一个独立的模块、类或函数，以供其他需求使用。在设计模块、类和函数时，需要像设计外部 API 一样，考虑它们的复用性。

编写可复用的代码并不是一件简单的事情。在编写代码时，如果已经有复用的需求，那么，根据复用的需求开发可复用的代码并不难。但是，如果当下并没有复用的需求，只是希望目前编写的代码有一定的复用性，那么预测代码将来如何被复用比较难。

除非有明确的复用需求，否则，为了暂时用不到的复用需求，投入太多的开发成本，并不是值得推荐的做法。这也违反我们之前讲到的 YAGNI 原则。

有一个著名的原则："Rule of Three" 的原则，这条原则可以用在很多领域。如果我们把这条原则用在代码开发中，那么可以将其理解为：在第一次编写代码时，不考虑复用性；在之后遇到复用场景时，再进行重构，使其可复用。需要注意的是，"Rule of Three" 中的 "Three" 并不是确切地指 "三"，这里就是指 "二"。

3.7.5　思考题

除代码逻辑重复、功能（语义）重复和代码执行重复以外，读者还知道哪些类型的代码重复？这些类型的代码重复是否违反 DRY 原则？

3.8　LoD：如何实现代码的"高内聚、低耦合"

本节介绍本章开头提到的最后一个设计原则：LoD（Law of Demeter，迪米特法则）。尽管 LoD 不像 SOLID、KISS 和 DRY 原则那样被广大程序员熟知，但它非常实用。这条设计原则能够帮助我们实现代码的"高内聚、低耦合"。

3.8.1　何为"高内聚、低耦合"

"高内聚、低耦合"是一个非常重要的设计思想，能够有效地提高代码的可读性和可维护性，能够缩小功能改动引起的代码改动范围。实际上，在前面的章节中，我们已经多次提到过这个设计思想。很多设计原则都以实现代码的"高内聚、低耦合"为目标，如单一职责原则、基于接口而非实现编程等。

"高内聚、低耦合"是一个通用的设计思想，可以用来指导系统、模块、类和函数的设计开发，也可以应用到微服务、框架、组件和类库等的设计开发中。为了讲解方便，我们以"类"作为这个设计思想的应用对象，至于其他应用场景，读者可以自行类比。

"高内聚"用来指导类本身的设计，指的是相近的功能应该放到同一个类中，不相近的功能不要放到同一个类中。相近的功能往往会被同时修改，如果放到同一个类中，那么代码可以集中修改，也容易维护。单一职责原则是实现代码高内聚的有效的设计原则。

"低耦合"用来指导类之间依赖关系的设计，指的是在代码中，类之间的依赖关系要简单、清晰。即使两个类有依赖关系，一个类的代码的改动不会或很少导致依赖类的代码的改动。前面提到的依赖注入、接口隔离和基于接口而非实现编程，以及本节介绍的 LoD，都是为了实现代码的低耦合。

注意，“内聚”和“耦合”并非完全独立，“高内聚”有助于“低耦合”，同理，“低内聚”会导致“高耦合”。例如，图 3-1a 所示的代码结构呈现“高内聚、低耦合”，图 3-1b 所示的代码结构呈现“低内聚、高耦合”。

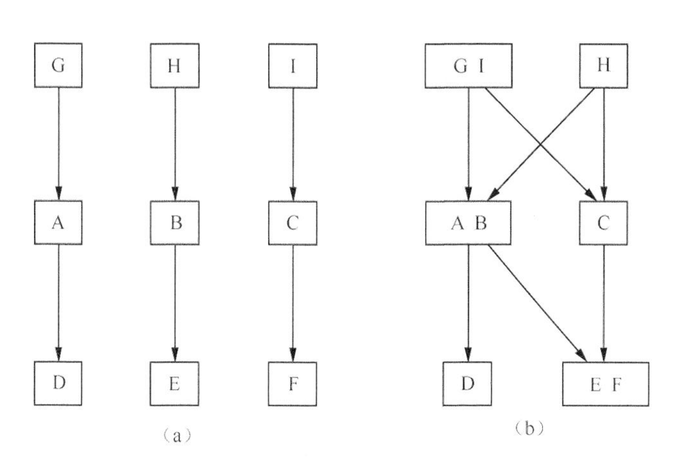

图 3-1 “内聚”和“耦合”的关系

在图 3-1a 所示的代码结构中，每个类的职责单一，不同的功能被放到不同的类中，代码的内聚性高。因为职责单一，所以每个类被依赖的类就会比较少，代码的耦合度低，一个类的修改只会影响一个依赖类的代码的改动。在图 3-1b 所示的代码结构中，类的职责不够单一，功能大而全，不相近的功能放到了同一个类中，导致依赖关系复杂。在这种情况下，当我们需要修改某个类时，影响的类比较多。从图 3-1 中我们可以看出，高内聚、低耦合的代码的结构更加简单、清晰，相应地，代码的可维护性和可读性更好。

3.8.2 LoD 的定义描述

单从“LoD”这个名字来看，我们完全猜不出这条设计原则讲的是什么。其实，LoD 还可以称为“最少知识原则”（The Least Knowledge Principle）。

“最少知识原则”的英文描述是：“Each unit should have only limited knowledge about other units: only units “closely” related to the current unit. Or: Each unit should only talk to its friends; Don’t talk to strangers.”对应的中文为：每个模块（unit）只应该了解那些与它关系密切的模块（units: only units “closely” related to the current unit）的有限知识（knowledge），或者说，每个模块只和自己的“朋友”“说话”（talk），不和“陌生人”“说话”。

大部分设计原则和设计思想都非常抽象，不同的人可能有不同的解读，如果我们想要将它们灵活地应用到实际开发中，那么需要实战经验支撑，LoD 也不例外。于是，作者结合自己的理解和以往的经验，对 LoD 的定义进行了重新描述：不应该存在直接依赖关系的类之间不要有依赖，有依赖关系的类之间尽量只依赖必要的接口（也就是上面 LoD 定义描述中的“有限知识”）。注意，为了讲解统一，作者把原定义描述中的“模块”替换成了“类”。

从上面作者给出的描述中，我们可以看出，LoD 包含前后两部分，这两个部分讲的是两

件事情，下面通过两个代码示例进行解读。

3.8.3 定义解读与代码示例一

我们先来看作者给出的LoD定义描述中的前半部分：“不应该存在直接依赖关系的类之间不要有依赖”。我们通过一个简单的代码示例进行解读。在这个代码示例中，我们实现了简化的搜索引擎“爬取”网页的功能。这段代码包含3个类，其中，NetworkTransporter类负责底层网络通信，根据请求获取数据；HtmlDownloader类用来通过URL获取网页；Document表示网页文档，后续的网页内容抽取、分词和索引都是以此为处理对象。具体的代码实现如下。

```
public class NetworkTransporter {
    //...省略属性和其他方法 ...
    public Byte[] send(HtmlRequest htmlRequest) {
      ...
    }
}

public class HtmlDownloader {
  private NetworkTransporter transporter;  //通过构造函数或IoC注入

  public Html downloadHtml(String url) {
    Byte[] rawHtml = transporter.send(new HtmlRequest(url));
    return new Html(rawHtml);
  }
}

public class Document {
  private Html html;
  private String url;

  public Document(String url) {
    this.url = url;
    HtmlDownloader downloader = new HtmlDownloader();
    this.html = downloader.downloadHtml(url);
  }
  ...
}
```

虽然上述代码能够实现基本功能，但存在较多设计缺陷。

我们先来分析NetworkTransporter类。NetworkTransporter类作为一个底层网络通信类，我们希望它的功能是通用的，而不只是服务于下载HTML网页，因此，它不应该直接依赖HtmlRequest类。从这一点上来讲，NetworkTransporter类的设计违反LoD。

如何重构NetworkTransporter类才能满足LoD呢？我们举一个比较形象的例子。假如我们去商店买东西，在结账的时候，肯定不会直接把钱包给收银员，让收银员自己从里面拿钱，而是我们从钱包里把钱拿出来并交给收银员。这里的HtmlRequest类相当于钱包，HtmlRequest类中的address和content（HtmlRequest类的定义在上面的代码中并未给出，它包含address和content两个属性，分别表示网页的下载地址和网页的内容）相当于钱，NetworkTransporter类相当于收银员。我们应该把address和content交给NetworkTransporter类，而非直接把HtmlRequest类交给NetworkTransporter类，让NetworkTransporter类自己取出address和content。根据这个思路，我们对NetworkTransporter类进行重构，重构后的代码如下所示。

```
public class NetworkTransporter {
    //...省略属性和其他方法 ...

    public Byte[] send(String address, Byte[] content) {
      ...
    }
}
```

我们再来分析 HtmlDownloader 类。HtmlDownloader 类原来的设计是没有问题的，不过，我们修改了 NetworkTransporter 类中 send() 函数的定义，而 HtmlDownloader 类调用了 send() 函数，因此，HtmlDownloader 类也要做相应的修改。修改后的代码如下所示。

```
public class HtmlDownloader {
  private NetworkTransporter transporter;  //通过构造函数或IoC注入

  public Html downloadHtml(String url) {
    HtmlRequest htmlRequest = new HtmlRequest(url);
    Byte[] rawHtml = transporter.send(
        htmlRequest.getAddress(), htmlRequest.getContent().getBytes());
    return new Html(rawHtml);
  }
}
```

最后，我们分析 Document 类。Document 类中存在下列 3 个问题。第一，构造函数中的 downloader.downloadHtml() 的逻辑比较复杂，执行耗时长，不方便测试，因此它不应该放到构造函数中。第二，HtmlDownloader 类的对象在构造函数中通过 new 创建，违反了基于接口而非实现编程的设计思想，也降低了代码的可测试性。第三，Document 类依赖了不该依赖的 HtmlDownloader 类，违反了 LoD。

虽然 Document 类中有 3 个问题，但修改一处即可解决所有问题。修改之后的代码如下所示。

```
public class Document {
  private Html html;
  private String url;

  public Document(String url, Html html) {
    this.html = html;
    this.url = url;
  }
  ...
}

//通过工厂方法创建Document类的对象
public class DocumentFactory {
  private HtmlDownloader downloader;

  public DocumentFactory(HtmlDownloader downloader) {
    this.downloader = downloader;
  }

  public Document createDocument(String url) {
    Html html = downloader.downloadHtml(url);
    return new Document(url, html);
  }
}
```

3.8.4 定义解读与代码示例二

现在，我们再来看一下作者给出 LoD 定义描述中的后半部分："有依赖关系的类之间尽量只依赖必要的接口"。我们还是结合一个代码示例进行讲解。下面这段代码中的 Serialization 类负责对象的序列化和反序列化。

```
public class Serialization {
  public String serialize(Object object) {
    String serializedResult = ...;
    ...
    return serializedResult;
  }

  public Object deserialize(String str) {
    Object deserializedResult = ...;
    ...
    return deserializedResult;
  }
}
```

单看 Serialization 类的设计，一点问题都没有。不过，如果把 Serialization 类放到一定的应用场景中，如有些类只用到了序列化操作，而另一些类只用到了反序列化操作，那么，基于"有依赖关系的类之间尽量只依赖必要的接口"，只用到序列化操作的那些类不应该依赖反序列化接口，只用到反序列化操作的那些类不应该依赖序列化接口，因此，我们应该将 Serialization 类拆分为两个更小粒度的类，一个类（Serializer 类）只负责序列化，另一个类（Deserializer 类）只负责反序列化。拆分之后，使用序列化操作的类只需要依赖 Serializer 类，使用反序列化操作的类只需要依赖 Deserializer 类。拆分之后的代码如下所示。

```
public class Serializer {
  public String serialize(Object object) {
    String serializedResult = ...;
    ...
    return serializedResult;
  }
}

public class Deserializer {
  public Object deserialize(String str) {
    Object deserializedResult = ...;
    ...
    return deserializedResult;
  }
}
```

不过，尽管拆分之后的代码满足了 LoD，但违反了高内聚的设计思想。高内聚要求相近的功能在同一个类中实现，当需要修改功能时，修改之处不会分散。对于上面这个例子，如果修改了序列化的实现方式，如从 JSON 换成 XML，那么反序列化的实现方式也需要一并修改。也就是说，在 Serialization 类未拆分之前，只需要修改一个类，而在拆分之后，需要修改两个类。显然，拆分之后的代码的改动范围变大了。

如果我们既不想违反高内聚的设计思想，又不想违反 LoD，那么怎么办呢？实际上，引入两个接口就能轻松解决这个问题。具体代码如下所示。

```
public interface Serializable {
  String serialize(Object object);
}

public interface Deserializable {
  Object deserialize(String text);
}

public class Serialization implements Serializable, Deserializable {
  @Override
  public String serialize(Object object) {
    String serializedResult = ...;
    ...
    return serializedResult;
  }

  @Override
  public Object deserialize(String str) {
    Object deserializedResult = ...;
    ...
    return deserializedResult;
  }
}

public class DemoClass_1 {
  private Serializable serializer;

  public Demo(Serializable serializer) {
    this.serializer = serializer;
  }
  ...
}

public class DemoClass_2 {
  private Deserializable deserializer;

  public Demo(Deserializable deserializer) {
    this.deserializer = deserializer;
  }
  ...
}
```

尽管我们还是需要向 DemoClass_1 类的构造函数中传入同时包含序列化和反序列化操作的 Serialization 类，但是，DemoClass_1 类依赖的 Serializable 接口只包含序列化操作，因此，DemoClass_1 类无法使用 Serialization 类中的反序列化函数，即对反序列化操作无“感知”，这就符合了作者给出的 LoD 定义描述的后半部分“有依赖关系的类之间尽量只依赖必要的接口”的要求。

Serialization 类包含序列化和反序列化两个操作，只使用序列化操作的使用者即便能够“感知”到另一个函数（反序列化函数），其实也是可以接受的，那么，为了满足 LoD，将一个简单的类拆分成两个接口，是否是过度设计呢？

设计原则本身没有对错。判定设计模式的应用是否合理，我们要结合应用场景，具体问题具体分析。

对于 Serialization 类，虽然只包含了序列化和反序列化两个操作，看似没有必要拆分成两

个接口，但是，如果我们向 Serialization 类中添加更多的序列化和反序列化函数，如下面的代码所示，那么，序列化操作和反序列化操作的拆分就是合理的。

```
public class Serializer {
  public String serialize(Object object) { ... }
  public String serializeMap(Map map) { ... }
  public String serializeList(List list) { ... }

  public Object deserialize(String objectString) { ... }
  public Map deserializeMap(String mapString) { ... }
  public List deserializeList(String listString) { ... }
}
```

3.8.5 思考题

本章介绍了5个代码设计原则：SOLID、KISS、YAGNI、DRY 和 LoD，请读者说明它们之间的区别和联系。

第 4 章 代码规范

设计原则和设计模式往往比较抽象，使用时非常依赖个人经验，使用不当反而适得其反。而本章将要介绍的代码规范大多简单明了，聚焦代码细节，可落地、可执行。我们按照代码规范编码，可以有效改善代码质量。正因为如此，很多程序员认为代码规范比设计原则、设计模式更加重要，在平时的项目开发中更有用。结合作者多年的开发经验，本章从命名与注释（naming and comment）、代码风格（code style）和编程技巧（coding tip）3 个方面讲解常用的代码规范。

4.1 命名与注释：如何精准命名和编写注释

项目、模块、包、API、类、函数、变量和参数等都离不开“命名”。命名对代码可读性的影响很大。除此之外，命名还能体现程序员的基本编程素养。因此，我们首先介绍“命名”规范。

4.1.1 长命名和短命名哪个更好

按照长度，命名可以简单分为长命名和短命名。在过往的工作经历中，作者发现，有些人喜欢长命名，希望命名尽可能详尽，这样才可以从命名中一眼看出设计意图，有些人喜欢短命名，认为这样写出的代码才简洁。

在命名时，可以使用一些常用的缩写，如 sec（表示 second）、str（表示 string）、num（表示 number）和 doc（表示 document）等，除此之外，缩写应该谨慎使用。对于作用域比较小的变量，如函数内的临时变量，可以使用短命名，如 a、b 和 c 等。对于作用域比较大的变量，如全局变量，我们推荐使用长命名。

4.1.2 利用上下文信息简化命名

我们先来看一个简单的代码示例。

```
public class User {
  private String userName;
  private String userPassword;
  private String userAvatarUrl;
  ...
}
```

在 User 类中，我们没有必要在成员变量的命名中使用“user”前缀，直接将成员变量命名为 name、password 和 avatarUrl 即可。在使用这些成员变量时，我们借助对象这个上下文信息，可以表意明确。示例代码如下。

```
User user = new User();
user.getName();   //借助user对象这个上下文信息可以表示获取user的name
```

除类以外，函数的参数的命名也可以借助函数这个上下文信息来简化。示例代码如下。

```
public void uploadUserAvatarImageToAliyun(String userAvatarImageUri);
//利用上下文信息，简化为：
public void uploadUserAvatarImageToAliyun(String imageUri);
```

4.1.3 利用业务词汇表统一命名

大部分业务开发都会涉及大量的业务专有名词，项目中的程序员的英文水平有高有低，就可能导致对同一个业务名词的翻译不同，这也会降低代码的可读性。设置业务词汇表可以有效地解决这个问题。在业务词汇表中，对于特别长的单词，我们可以给出统一的缩写方式。这种统一的缩写并不会降低代码的可读性。

除此之外，有些高效团队会对常见的命名进行规范，如整理一份用来给类、函数和变量等命名的常用单词列表，这能有效地解决命名不统一、不规范问题，也节省了编程时命名的时间。

4.1.4 命名既要精准又要抽象

如果项目中存在大量包含 process、handle 和 manage 等表意宽泛的单词的命名，那么我们需要考虑这些命名是否表意精准，是否应该换成其他表意具体的单词。当然，命名也不能过于具体，不能透露太多实现细节，只需要表明做什么，而不需要表明怎么做。在命名精准的同时，我们还要兼顾抽象特性，在修改类、函数等的具体实现时，可以不用修改它们的命名。

另外，我们需要重视命名工作，尤其对于影响范围较大的命名，如包名、接口名和类名等，我们要反复斟酌和推敲。在找不到合适的命名时，我们可以进行团队讨论，或者参考优秀开源项目的命名方式。

4.1.5 注释应该包含哪些内容

注释与命名同样重要。一些程序员认为，好的命名完全可以替代注释，如果代码需要注释，就说明命名不够好，需要在命名上下功夫，而不是添加注释。作者认为，这种观点有失偏颇。命名再好，毕竟有长度限制，不可能面面俱到，而注释就是一个很好的补充。注释主要包含 3 个方面的内容：做什么（what）、为什么（why）和怎么做（how），代码示例如下。

```
/**
* (what) 用来创建Bean的工厂类
*
* (why) 这个类的功能类似Spring IoC框架，但更加轻量级
*
* (how) 按照如下顺序从不同的数据源创建Bean：
* 用户指定对象->SPI->配置文件->默认对象
*/
public class BeansFactory {
  ...
}
```

一些人认为，注释只需要提供补充信息，也就是只需要解释清楚“为什么”，表明代码的设计意图即可，不需要在注释中提供“做什么”和“怎么做”，因为这两部分内容都可以通过查看命名或阅读详细代码获取。作者并不认同这种观点，有下面 3 个理由。

（1）注释可以承载的信息比命名多

对于函数和变量，我们确实可以只使用命名来说明它们的功能（也就是“做什么”），如“void increaseWalletAvailableBalance(BigDecimal amount)”语句表示 increaseWalletAvailableBalance 函数可以用来增加“钱包”的可用余额，“boolean isValidatedPassword”语句表示 isValidatedPassword 变量可以用来判断密码是否合法。相比之下，类包含的内容较多，命名往往不能完全体现类的作用，注释的必要性就体现出来了，因为它可以承载更多的信息。对于类，在注释中写明“做什

么”是合理的。

（2）注释有说明和示范作用

代码之下无秘密。如果我们可以通过阅读代码了解代码是“怎么做”的，也就是了解代码是如何实现的，那么注释就不需要包含代码是“怎么做”的信息了吗？不能一概而论。在注释中，我们可以对代码的实现思路做一些总结性的说明以及特殊情况的说明。这样能够让工程师在不详细阅读代码情况下，通过注释就能大概了解代码的实现思路。

对于复杂的类或接口，我们可能还需要在注释中写清楚“如何用”，如列举简单的示例（Demo），此时的注释可以起到很好的示范作用。

（3）总结性注释可以使代码逻辑更加清晰

对于逻辑复杂的函数，如果不容易将其拆分成职责单一的函数，那么我们可以在这个复杂函数的内部提供总结性注释，使这个复杂函数的代码逻辑更加清晰。在下面的示例代码中，通过3行总结性注释，我们将isValidPasword函数中的代码分为3个小模块，可读性更好。

```
public boolean isValidPasword(String password) {
  //检查密码是否为空或者null
  if (StringUtils.isBlank(password)) {
    return false;
  }

  //检查密码的长度是否大于或等于4、小于或等于64
  int length = password.length();
  if (length < 4 || length > 64) {
    return false;
  }

  //检查密码是否只包含字符a～z、0～9和"."
  for (int i = 0; i < length; ++i) {
    char c = password.charAt(i);
    if (!((c >= 'a' && c <= 'z') || (c >= '0' && c <= '9') || c == '.')) {
      return false;
    }
  }
  return true;
}
```

4.1.6　注释并非越多越好

注释太多往往意味着代码的可读性不够好，编写代码的人需要通过很多注释来对代码进行补充说明。另外，如果注释较多，那么注释的后期维护成本较高。如果我们修改了代码，但忘记修改相应的注释，就会导致注释和代码逻辑不一致。

对于类、函数和成员变量，我们都要写详尽的注释，而对于函数内部的代码，如局部变量和函数内部每条语句，我们尽量少写注释。我们可以通过好的命名、函数拆分、解释性变量来替代注释。

4.1.7　思考题

在讲到“总结性注释使代码逻辑更加清晰”时，我们列举了一个isValidPassword()函数的例子。在代码的可读性方面，isValidPassword()函数还有哪些可以优化的地方？

4.2 代码风格：与其争论标准，不如团队统一

谈到代码风格，我们其实很难说哪种风格更好，更没有必要追求所谓的标准的代码写法。我们关注的重点是在团队或项目中保持代码风格的统一。这样能够减少代码阅读时因风格不同而产生的干扰。

4.2.1 类、函数多大才合适

类或函数的代码行数不能过多，也不能过少。如果类或函数的代码行数太多，如一个类包含上千行代码，一个函数包含几百行代码，就会导致逻辑过于复杂。对于这样庞大的类或函数，在阅读时，我们很容易会看了后面的代码而忘了前面的代码。相反，如果类或函数的代码行数太少，在项目代码总量相同的情况下，类或函数的个数就会增加，调用关系也会变得更复杂。对于类或函数过多的代码，在检查某个代码逻辑时，我们需要在多个类或函数之间频繁"跳跃"，这样会影响阅读体验。

一个类或函数包含多少行代码才算合适呢？

在 3.1.2 节中，我们曾经介绍过，评价一个类的职责是否单一，并没有一个明确的、可量化的标准。同理，一个类或函数包含多少行代码也没有一个明确的、可量化的标准。

一些程序员认为函数代码的行数最好不要超过显示屏的显示高度。例如作者的计算机，如果想要将一个函数包含的所有代码完整地显示在同一屏幕中，那么代码不能超过 50 行。如果一个函数包含的所有代码不能在同一屏幕中完整显示，那么，在阅读代码时，我们为了"串联"前后代码的逻辑，要频繁地上下滚动屏幕，这样的阅读体验并不好。

对于类包含多少行代码才算合适，其实我们也很难给出一个确切的数字。在 3.1.2 节中，我们曾经提到过，如果我们感到阅读一个类的代码困难、实现某个功能时不知道应该使用类中的哪个函数、需要很长时间寻找函数和使用一个小功能却要引入一个庞大的类（类中包含很多与此功能实现无关的函数）时，就说明类的代码行数过多了。

4.2.2 一行代码多长才合适

在 Google 的 Java 编程规范中，一行代码限制为 100 个字符。注意，不同编程语言、编程规范、项目和团队对此的限制可能不同。对于一行代码的长度，我们都可以遵循一个原则：一行代码的长度最好不要超过 IDE 的显示宽度。如果我们需要拖动滑动条才能完整地查看一行代码，那么显然不利于代码的阅读。当然，一行代码的长度的限制也不能太小，太小会导致稍长的代码语句被分成两行（甚至更多行），这样也不利于代码的阅读。

4.2.3 善用空行分割代码块

如果较长的函数可以在逻辑上被分为几个独立的代码块，那么，在不方便将这些独立的代

码块抽取成函数的情况下，为了让逻辑更加清晰，除使用 4.1.5 节中提到的使用总结性注释的方法以外，我们还可以使用空行分割各个代码块。

在类的成员变量与函数之间，静态成员变量与普通成员变量之间，各函数之间，以及各成员变量之间，我们也可以通过添加空行的方式，让这些模块之间的界限和代码的整体结构更加清晰。

4.2.4 是四格缩进还是两格缩进

“PHP 是否是世界上最好的编程语言？”和“代码换行应该是四格缩进还是两格缩进？”应该是程序员争论得最多的两个话题了。据作者了解，Java 代码规范中倾向于使用两格缩进，PHP 代码规范中倾向于使用四格缩进。至于是两格缩进还是四格缩进，作者认为，这不但取决于个人习惯，而且要保证团队或项目内部统一。

另外，我们的缩进风格可以与业内推荐的代码风格或重要开源项目的缩进风格保持一致。这样，当我们需要将一些开源项目的代码片段复制到自己的项目中时，引入的代码与我们自己项目本身的代码的风格可以统一。

作者比较推荐使用两格缩进，这样可以节省空间。如果使用四格缩进，那么在代码嵌套较深时，累计缩进较多容易导致一条代码语句被分成两行或多行，影响代码的可读性。

值得强调的是，我们一定不要使用 Tab 键进行缩进，因为在不同的 IDE 中，使用 Tab 键后显示的宽度不同，有些为四格缩进，而另外一些为两格缩进。

4.2.5 左大括号是否要另起一行

左大括号是否要另起一行呢？据作者了解，一些 PHP 程序员习惯将左大括号另起一行，一些 Java 程序员不习惯将左大括号另起行，代码示例如下。

```
//PHP
class ClassName
{
    public function foo()
    {
        //方法体
    }
}

//Java
public class ClassName {
  public void foo() {
    //方法体
  }
}
```

左大括号不另起行可以节省代码行数，左括号另起行可以让左右大括号垂直对齐，代码结构一目了然。无论左大括号是另起行还是不另起行，我们只需要在团队或项目中保持统一。

4.2.6 类中成员的排列顺序

在 Java 类中，我们要先写类所属的包名，再列出引入（import）的依赖类。在 Google 的编码规范中，依赖类按照字母表次序排列。

在类中，成员变量一般排在函数前面。成员变量之间和函数之间都是按照“先静态（静态成员变量或静态函数）、后非静态（非静态成员变量或非静态函数）”的方式排列。除此之外，成员变量之间和函数之间还会按照作用域范围从大到小的顺序排列，也就是说，我们首先写公共（public）成员变量（或函数），然后写受保护的（protected）成员变量（或函数），最后写私有（private）成员变量（或函数）。

不过，在不同的编程语言中，类内部成员的排列顺序可能有较大差别。例如，在C++中，我们习惯将成员变量放在函数后面。除此之外，对于函数，我们除可以按照作用域范围从大到小排列以外，还可以按照其他方式排列：把有调用关系的函数放到一起。例如，一个公共（public）函数调用了一个私有（private）函数，那么，我们可以将这两个函数放在一起。

4.2.7 思考题

有人认为编写代码要严格遵守代码规范，有人认为严格遵守代码规范浪费时间，可以适当放松要求，读者怎么看待这个问题呢？

4.3 编程技巧：小技巧，大作用，一招提高代码的可读性

4.1节和4.2节分别介绍了命名与注释、代码风格，本节介绍一些实用的编程技巧。编程技巧比较琐碎、比较多。在本节中，作者仅列出了一些个人认为非常实用的编程技巧，更多的技巧需要读者在实践中慢慢积累。

4.3.1 将复杂的代码模块化

在编写代码时，我们要有模块化思维，善于将大块的复杂的代码封装成类或函数，让阅读代码的人不会迷失在代码的细节中，这样能极大地提高代码的可读性。

我们结合示例代码进行说明。

```
//重构前的代码
public void invest(long userId, long financialProductId) {
  Calendar calendar = Calendar.getInstance();
  calendar.setTime(date);
  calendar.set(Calendar.DATE, (calendar.get(Calendar.DATE) + 1));
  if (calendar.get(Calendar.DAY_OF_MONTH) == 1) {
    return;
  }
  ...
}

//重构后的代码：封装成isLastDayOfMonth()函数之后，逻辑更加清晰
public void invest(long userId, long financialProductId) {
  if (isLastDayOfMonth(new Date())) {
    return;
  }
```

```
    ...
}

public boolean isLastDayOfMonth(Date date) {
  Calendar calendar = Calendar.getInstance();
  calendar.setTime(date);
  calendar.set(Calendar.DATE, (calendar.get(Calendar.DATE) + 1));
  if (calendar.get(Calendar.DAY_OF_MONTH) == 1) {
   return true;
  }
  return false;
}
```

在重构前，invest() 函数中的关于时间处理的代码比较难理解。重构之后，我们将其抽象成 isLastDayOfMonth() 函数，从该函数的命名，我们就能清晰地了解它的功能：判断某天是不是当月的最后一天。

4.3.2 避免函数的参数过多

如果函数的参数过多，那么我们在阅读或使用该函数时都会感到不方便。函数包含多少个参数才算过多呢？当然，这也没有固定标准。根据作者的经验，函数的参数一般超过 5 个就算过多了，因为函数参数超过 5 个之后，在调用函数时，调用语句容易超出一行代码的长度，需要将其分为两行甚至多行，导致代码的可读性降低。除此之外，参数过多也增加了传递出错的风险。

如果导致函数的参数过多的原因是函数的职责不单一，那么我们可以通过将这个函数拆分成多个函数的方式来减少参数。示例代码如下。

```
public User getUser(String id,String username, String telephone, String email,String udid, String uuid);
//拆分成多个函数
public User getUserById(String id);
public User getUserByUsername(String username);
public User getUserByTelephone(String telephone);
public User getUserByEmail(String email);
public User getUserByUdid(String udid);
public User getUserByUuid(String uuid);
```

针对函数参数过多的问题，我们还可以通过将参数封装为对象的方式来解决。这种处理方式不仅可以减少参数的个数，还能提高函数的兼容性。在向函数中添加新的参数时，只需要向对象中添加成员变量，不需要改变函数定义，原来的调用代码不需要修改。示例代码如下。

```
public void postBlog(String title, String summary, String keywords, String content, String category, long authorId);
//将参数封装成对象
public class Blog {
  private String title;
  private String summary;
  private String keywords;
  private Strint content;
  private String category;
  private long authorId;
}
public void postBlog(Blog blog);
```

4.3.3 移除函数中的 flag 参数

我们不应该在函数中使用布尔类型的 flag（标识）参数来控制内部逻辑（flag 为 true 时执行一个代码逻辑，flag 为 false 时执行另一个代码逻辑），这违背单一职责原则和接口隔离原则。我们建议将包含 flag 参数的函数拆分成两个函数。示例代码如下，其中，isVip 是 flag 参数。

```
public void buyCourse(long userId, long courseId, boolean isVip);
//将其拆分成两个函数
public void buyCourse(long userId, long courseId);
public void buyCourseForVip(long userId, long courseId);
```

不过，如果函数是私有（private）函数，其影响范围有限，或者拆分之后的两个函数经常同时被调用，那么我们可以考虑保留 flag 参数。示例代码如下。

```
//拆分成两个函数之后的调用方式
boolean isVip = false;
...
if (isVip) {
  buyCourseForVip(userId, courseId);
} else {
  buyCourse(userId, courseId);
}
//保留flag参数调用方式，代码更加简洁
boolean isVip = false;
...
buyCourse(userId, courseId, isVip);
```

实际上，在函数中，除使用布尔类型的 flag 参数来控制内部逻辑以外，还有人喜欢使用参数是否为 null 来控制内部逻辑。对于后一种情况，我们也应该将这个函数拆分成多个函数。拆分之后的函数的职责明确。示例代码如下，其中，selectTransactions() 函数根据参数 startDate、endDate 是否为 null，执行不同的代码逻辑。

```
    public List<Transaction> selectTransactions(Long userId, Date startDate, Date
endDate) {
      if (startDate != null && endDate != null) {
        //查询两个时间之间的交易
      }
      if (startDate != null && endDate == null) {
        //查询startDate之后的所有交易
      }
      if (startDate == null && endDate != null) {
        //查询endDate之前的所有交易
      }
      if (startDate == null && endDate == null) {
        //查询所有的交易
      }
    }

    //拆分成多个公共（public）函数，代码变得清晰、易用
    public List<Transaction> selectTransactionsBetween(Long userId, Date startDate, Date endDate) {
      return selectTransactions(userId, startDate, endDate);
    }

    public List<Transaction> selectTransactionsStartWith(Long userId, Date startDate) {
      return selectTransactions(userId, startDate, null);
```

```
}

public List<Transaction> selectTransactionsEndWith(Long userId, Date endDate) {
  return selectTransactions(userId, null, endDate);
}

public List<Transaction> selectAllTransactions(Long userId) {
  return selectTransactions(userId, null, null);
}

private List<Transaction> selectTransactions(Long userId, Date startDate, Date endDate) {
  ...
}
```

4.3.4 移除嵌套过深的代码

代码嵌套过深往往是因为 if-else、switch-case 和 for 循环过度嵌套。作者建议嵌套最好不超过两层，如果嵌套超过两层，就要想办法减少嵌套层数。嵌套过深导致代码语句多次缩进，大量代码语句超过一行的长度而被分成两行或多行，影响代码的可读性。

针对嵌套过深的问题，作者总结了下列 4 种常见的处理思路。

1）去掉冗余的 if、else 语句，示例代码如下。

```
//示例一
public double caculateTotalAmount(List<Order> orders) {
  if (orders == null || orders.isEmpty()) {
    return 0.0;
  } else {  //if内部使用return，因此，此处的else可以去掉
    double amount = 0.0;
    for (Order order : orders) {
      if (order != null) {
        amount += (order.getCount() * order.getPrice());
      }
    }
    return amount;
  }
}

//示例二
public List<String> matchStrings(List<String> strList,String substr) {
  List<String> matchedStrings = new ArrayList<>();
  if (strList != null && substr != null) {
    for (String str : strList) {
      if (str != null) {  //此处的if可以与下一行的if语句合并
        if (str.contains(substr)) {
          matchedStrings.add(str);
        }
      }
    }
  }
  return matchedStrings;
}
```

2）使用 continue、break 和 return 关键字提前退出嵌套，示例代码如下。

```
//重构前的代码
public List<String> matchStrings(List<String> strList,String substr) {
  List<String> matchedStrings = new ArrayList<>();
```

```
  if (strList != null && substr != null){
    for (String str : strList) {
      if (str != null && str.contains(substr)) {
        matchedStrings.add(str);
        ...
      }
    }
  }
  return matchedStrings;
}

//重构后的代码：使用continue提前退出嵌套
public List<String> matchStrings(List<String> strList,String substr) {
  List<String> matchedStrings = new ArrayList<>();
  if (strList != null && substr != null){
    for (String str : strList) {
      if (str == null || !str.contains(substr)) {
        continue;
      }
      matchedStrings.add(str);
      ...
    }
  }
  return matchedStrings;
}
```

3）通过调整执行顺序来减少嵌套层数，示例代码如下。

```
//重构前的代码
public List<String> matchStrings(List<String> strList,String substr) {
  List<String> matchedStrings = new ArrayList<>();
  if (strList != null && substr != null) {
    for (String str : strList) {
      if (str != null) {
        if (str.contains(substr)) {
          matchedStrings.add(str);
        }
      }
    }
  }
  return matchedStrings;
}

//重构后的代码：先执行判断是否为空逻辑，再执行正常逻辑
public List<String> matchStrings(List<String> strList,String substr) {
  if (strList == null || substr == null) { //先判断是否为空
    return Collections.emptyList();
  }
  List<String> matchedStrings = new ArrayList<>();
  for (String str : strList) {
    if (str != null) {
      if (str.contains(substr)) {
        matchedStrings.add(str);
      }
    }
  }
  return matchedStrings;
}
```

4）我们可以将部分嵌套代码封装成函数，以减少嵌套层数，示例代码如下。

```
//重构前的代码
public List<String> appendSalts(List<String> passwords) {
  if (passwords == null || passwords.isEmpty()) {
    return Collections.emptyList();
  }

  List<String> passwordsWithSalt = new ArrayList<>();
  for (String password : passwords) {
    if (password == null) {
      continue;
    }
    if (password.length() < 8) {
      ...
    } else {
      ...
    }
  }
  return passwordsWithSalt;
}

//重构后的代码：将部分代码封装为函数
public List<String> appendSalts(List<String> passwords) {
  if (passwords == null || passwords.isEmpty()) {
    return Collections.emptyList();
  }
  List<String> passwordsWithSalt = new ArrayList<>();
  for (String password : passwords) {
    if (password == null) {
      continue;
    }
    passwordsWithSalt.add(appendSalt(password));
  }
  return passwordsWithSalt;
}

private String appendSalt(String password) {
  String passwordWithSalt = password;
  if (password.length() < 8) {
    ...
  } else {
    ...
  }
  return passwordWithSalt;
}
```

4.3.5 学会使用解释性变量

解释性变量可以提高代码的可读性，也可以减少不必要的注释。常用的解释性变量有以下两种。

1）使用常量取代魔法数字，示例代码如下。

```
public double CalculateCircularArea(double radius) {
  return (3.1415) * radius * radius;
}

//常量替代魔法数字
public static final Double PI = 3.1415;
```

```
public double CalculateCircularArea(double radius) {
  return PI * radius * radius;
}
```

2）使用解释性变量来解释复杂表达式，示例代码如下。

```
if (date.after(SUMMER_START) && date.before(SUMMER_END)) {
  ...
} else {
  ...
}

//引入解释性变量后，代码更易被人理解
boolean isSummer = date.after(SUMMER_START)&&date.before(SUMMER_END);
if (isSummer) {
  ...
} else {
  ...
}
```

4.3.6 思考题

除本章提到的这些代码规范，还有哪些代码规范可以提高代码的可读性？

第 5 章　重构技巧

大部分工程师对“重构”不会感到陌生。持续重构是提高代码质量的有效手段。不过，据作者了解，进行过代码重构的程序员不多，而将持续重构作为开发的一部分的程序员就更少了。重构代码对一个程序员能力的要求比编写代码高，因为我们在重构时需要洞察代码存在的“坏味道”、设计上的不足，并且合理、熟练地利用设计原则、设计模式和代码规范等解决问题。

5.1 重构四要素：目的、对象、时机和方法

一些软件工程师对为什么要重构（why）、到底重构什么（what）、什么时候重构（when）和应该如何重构（how）等问题的理解不深，对重构没有系统性认识。在面对质量不佳的代码时，这些软件工程师没有足够的重构技巧，不能系统地进行重构。为了让读者对重构有全面和清晰的认识，我们先来了解一下重构的目的、对象、时机和方法。

5.1.1 重构的目的：为什么重构（why）

软件设计专家 Martin Fowler 给出的重构的定义："重构是一种对软件内部结构的改善，目的是在不改变软件对外部的可见行为的情况下，使其更易理解，修改成本更低。"在这个定义描述中，我们需要关注一点："重构不改变对外部的可见行为"。注意，这里提到的"外部"是相对而言的。如果我们重构的是函数，那么函数的定义就是对外部的可见行为；如果我们重构的是一个类库，那么类库暴露的 API 就是对外部的可见行为。

在了解了重构的定义之后，我们探讨一下为什么要进行代码重构。

首先，重构是保证代码质量的有效手段，可有效避免代码质量下滑。随着技术的更新、需求的变化和人员的流动，代码质量可能存在下降的情况。如果此时没有人为代码的质量负责，那么代码就会变得越来越混乱。当代码混乱到一定程度之后，项目的维护成本高于重新开发一套新代码的成本，此时再去重构就不现实了。

其次，高质量的代码不是设计出来的，而是迭代出来的。我们无法完全预测未来的需求，也没有足够的精力和资源提前实现"未来可能需要实现的需求"，这就意味着，随着产品的迭代、项目的推进和系统的演进，重构代码是不可避免的。

最后，重构是避免过度设计的有效手段，可以兜底暂时不完善的设计。在代码的维护过程中，当遇到问题时，我们再对代码进行重构，这样能有效避免前期的过度设计。

实际上，重构对软件工程师的技术成长也有重要意义。重构是设计原则和设计模式，以及代码规范等理论知识的重要应用场景。重构的过程能够锻炼我们熟练使用这些理论知识的能力。除此之外，重构能力是衡量软件工程师编码能力的重要手段。作者听过这样一句话："初级软件工程师开发代码，高级软件工程师设计代码，资深软件工程师重构代码"，这句话的意思是：初级软件工程师在已有代码框架下修改、添加功能代码；高级软件工程师从零开始设计代码结构，搭建代码框架；而资深软件工程师为代码质量负责，能够及时发现代码中存在的问题，有针对性地对代码进行重构，时刻保证代码质量处于可控状态。

5.1.2 重构的对象：到底重构什么（what）

根据重构的规模，我们可以将重构笼统地分为大规模高层次重构（以下简称"大型重构"）和小规模低层次重构（以下简称"小型重构"）。

大型重构是指对顶层代码设计的重构，包括对系统、模块、代码结构、类之间关系等的重

构。大型重构的手段包括分层、模块化、解耦和抽象可复用组件等。大型重构的工具包括第 3 章介绍的设计原则和第 6 ～ 8 章介绍的设计模式。大型重构涉及的代码改动较多，影响较大，因此，其难度较大，耗时较长，引入 bug 的风险较高。

小型重构是指对代码细节的重构，主要是针对类、函数和变量等级别的重构，如规范命名、规范注释、消除超大类或函数、提取重复代码等。小型重构主要是通过第 4 章介绍的代码规范来实现。小型重构需要修改之处集中，过程简单，可操作性较强，耗时较短，引入 bug 的风险较低。读者只要熟练掌握各种代码规范，就可以在小型重构时得心应手。

5.1.3 重构的时机：什么时候重构（when）

在代码“烂”到一定程度之后，我们才进行重构吗？当然不是。如果代码已经出现维护困难、bug 频发等严重问题，那么重构已为时晚矣。

因此，我们不提倡平时不注重代码质量，随意添加或删除代码，实在维护不了了就重构，甚至重写的行为。我们不要寄希望于代码“烂”到一定程度后通过重构解决所有问题。我们必须探索一个可持续、可演进的重构方案。这个重构方案就是持续重构。

我们要培养持续重构的意识。我们应该像把单元测试、Code Review（代码评审）作为开发的一部分一样，把持续重构也作为开发的一部分。如果持续重构成为一种开发习惯，并在团队内形成共识，那么代码质量就有了保障。

5.1.4 重构的方法：应该如何重构（how）

前面提到，按照重构的规模，我们可以将重构笼统地分为大型重构和小型重构。对于这两种不同规模的重构，我们要区别对待。

大型重构涉及的代码较多，如果原有代码的质量较差，耦合度较高，那么重构时往往牵一发而动全身，程序员本来觉得可以很快完成的重构，结果有可能代码越改问题越多，导致短时间内无法完成重构，而新业务的开发又与重构冲突，最终，重构只能半途而废，程序员无奈地撤消之前所有的改动。

因此，在进行大型重构时，我们要提前制订完善的重构计划，有条不紊地分阶段进行。每个阶段完成一小部分代码的重构，然后提交、测试和运行，没有问题之后，再进行下一阶段的重构，保证代码仓库中的代码一直处于可运行的状态。在大型重构的每个阶段，我们都要控制重构影响的代码的范围，考虑如何兼容旧的代码逻辑，必要的时候提供实现兼容的过渡代码。只有这样，我们才能让每一个阶段的重构都不会耗时太长（最好一天就能完成），不与新功能的开发冲突。

大型重构一定是有组织的、有计划的和谨慎的，需要经验丰富、业务熟练的资深工程师主导。而小型重构的影响范围小，改动耗时短，因此，只要我们愿意并且有时间，随时都可以进行小型重构。实际上，除利用人工方式发现代码的质量问题以外，我们还可以借助成熟的代码分析工具（如 Checkstyle、FindBugs 和 PMD 等）自动发现代码中存在的问题，然后有针对性地进行重构。

在项目开发中，资深软件工程师、项目管理者要担负重构的责任，经常重构代码，保证代码的质量处于可控状态，避免引发“破窗效应”（只要一个人向项目中随意添加质量不高的代码，就会有更多的人往项目中添加更多质量不高的代码)。除此之外，我们要在团队内部营造一种追求代码质量的氛围，以此来驱动团队成员主动关注代码质量，进行持续重构。

5.1.5 思考题

在重构代码时，读者遇到过哪些问题？在代码重构方面，读者有什么经验教训？

5.2 单元测试：保证重构不出错的有效手段

据作者了解，作者身边的大部分程序员对持续重构还是认同的，但因为担心重构（尤其是重构其他人开发的代码时）之后出现问题，如引入bug，所以，很少有人会主动去重构代码。

如何保证重构不出错呢？我们不仅需要熟练掌握经典的设计原则和设计模式，还需要对业务和代码有足够的了解。另外，单元测试（unit testing）是保证重构不出错的有效手段。当重构完成之后，如果新代码仍然能够通过单元测试，就说明代码原有逻辑的正确性未被破坏，原有对外部的可见行为未变，符合重构的定义。

5.2.1 什么是单元测试

单元测试由开发工程师而非测试工程师编写，用来测试代码的正确性。相比集成测试（integration testing），单元测试的粒度更小。集成测试是一种端到端（end to end，从请求到返回所涉及的代码执行的整个路径）的测试。集成测试的测试对象是整个系统或某个功能模块，如测试用户的注册、登录功能是否正常。而单元测试是代码层级的测试，其测试对象是类或函数，用来测试类或函数是否能够按照预期执行。下面结合代码示例介绍单元测试。

```
public class Text {
  private String content;

  public Text(String content) {
    this.content = content;
  }

  /**
   *将字符串转化为数字，并忽略字符串中的首尾空格；
   *如果字符串中包含除首尾空格以外的非数字字符，则返回null
   */
  public Integer toNumber() {
    if (content == null || content.isEmpty()) {
      return null;
    }
    ...
    return null;
  }
}
```

如果我们需要测试Text类中的toNumber()函数，那么如何编写单元测试代码？

实际上，编写单元测试代码并不需要高深的技术，需要程序员思考缜密，设计尽量覆盖所有正常情况和异常情况的测试用例，以保证代码在任何预期或非预期的情况下都能正确运行。为了保证测试的全面性，针对 toNumber() 函数，我们需要设计如下测试用例。

1）如果字符串中只包含数字“123”，那么 toNumber() 函数输出对应的整数 123。

2）如果字符串为空或 null，那么 toNumber() 函数返回 null。

3）如果字符串中包含首尾空格：“ 123”“123 ”或“ 123 ”，那么 toNumber() 返回对应的整数 123。

4）如果字符串中包含多个首尾空格：“123 ”“ 123”或“ 123 ”，那么 toNumber() 返回对应的整数 123。

5）如果字符串中包含非数字字符：“123a4”或“123 4”，那么 toNumber() 返回 null。

当测试用例设计好之后，接下来就是将其“翻译”成代码，具体的代码实现如下。注意，下列单元测试代码没有使用任何测试框架。

```
public class Assert {
  public static void assertEquals(Integer expectedValue, Integer actualValue) {
    if (actualValue != expectedValue) {
      String message = String.format(
              "Test failed, expected: %d, actual: %d.", expectedValue, actualValue);
      System.out.println(message);
    } else {
      System.out.println("Test succeeded.");
    }
  }

  public static boolean assertNull(Integer actualValue) {
    boolean isNull = actualValue == null;
    if (isNull) {
      System.out.println("Test succeeded.");
    } else {
      System.out.println("Test failed, the value is not null:" + actualValue);
    }
    return isNull;
  }
}

public class TestCaseRunner {
  public static void main(String[] args) {
    System.out.println("Run testToNumber()");
    new TextTest().testToNumber();
    System.out.println("Run testToNumber_nullorEmpty()");
    new TextTest().testToNumber_nullorEmpty();
    System.out.println("Run testToNumber_containsLeadingAndTrailingSpaces()");
    new TextTest().testToNumber_containsLeadingAndTrailingSpaces();
    System.out.println("Run testToNumber_containsMultiLeadingAndTrailingSpaces()");
    new TextTest().testToNumber_containsMultiLeadingAndTrailingSpaces();
    System.out.println("Run testToNumber_containsInvalidCharaters()");
    new TextTest().testToNumber_containsInvalidCharaters();
  }
}

public class TextTest {
  public void testToNumber() {
    Text text = new Text("123");
    Assert.assertEquals(123, text.toNumber());
  }

  public void testToNumber_nullorEmpty() {
```

```
    Text text1 = new Text(null);
    Assert.assertNull(text1.toNumber());
    Text text2 = new Text("");
    Assert.assertNull(text2.toNumber());
  }

  public void testToNumber_containsLeadingAndTrailingSpaces() {
    Text text1 = new Text(" 123");
    Assert.assertEquals(123, text1.toNumber());
    Text text2 = new Text("123 ");
    Assert.assertEquals(123, text2.toNumber());
    Text text3 = new Text(" 123 ");
    Assert.assertEquals(123, text3.toNumber());
  }

  public void testToNumber_containsMultiLeadingAndTrailingSpaces() {
    Text text1 = new Text("  123");
    Assert.assertEquals(123, text1.toNumber());
    Text text2 = new Text("123  ");
    Assert.assertEquals(123, text2.toNumber());
    Text text3 = new Text("  123  ");
    Assert.assertEquals(123, text3.toNumber());
  }

  public void testToNumber_containsInvalidCharaters() {
    Text text1 = new Text("123a4");
    Assert.assertNull(text1.toNumber());
    Text text2 = new Text("123 4");
    Assert.assertNull(text2.toNumber());
  }
}
```

5.2.2 为什么要编写单元测试代码

编写单元测试代码是提高代码质量的有效手段。在 Google 工作期间，作者编写了大量单元测试代码，因此，作者结合过往的开发经验，总结了单元测试的 6 个好处。

（1）单元测试能够帮助程序员发现代码中的 bug

编写 bug free（无缺陷）的代码，是衡量程序员编码能力的重要标准，也是很多企业（尤其是 Google、Facebook 等）面试时考察的重点。

在作者多年的工作过程中，作者坚持为自己提交的每一份代码设计完善的单元测试，得益于此，作者编写的代码几乎是 bug free 的。这为作者节省了很多修复低级 bug 的时间，使作者能够腾出更多时间来做其他更有意义的事情。

（2）单元测试能够帮助程序员发现代码设计上的问题

在第 1 章中，我们提到，代码的可测试性是评判代码质量的重要标准。如果我们在为一段代码设计单元测试时感觉吃力，需要依靠单元测试框架中的高级特性，那么往往意味着这段代码的设计不合理，如没有使用依赖注入，大量使用静态函数和全局变量，以及代码高度耦合等。因此，通过设计单元测试，我们可以及时发现代码设计上的问题。

（3）单元测试是对集成测试的有力补充

程序运行时出现的 bug 往往是在一些边界条件和异常情况下产生的，如除数未判断是否为零、网络超时等。大部分异常情况都很难在测试环境中模拟。单元测试正好弥补了测试环境在这方面的不足，其利用 Mock 方式（将在 5.3 节中介绍），控制 Mock 对象的返回值，模拟异常情况，以此测试代码在异常情况下的表现。

对于一些复杂系统，集成测试无法做到覆盖全面，因为复杂系统中往往有很多模块，每个模块都有各种输入、输出，以及可能出现的异常情况，如果我们将它们相互组合，那么整个系统中需要模拟的测试场景会非常多，针对所有可能出现的情况设计测试用例并测试是不现实的。单元测试是对集成测试的有力补充。尽管单元测试无法完全替代集成测试，但是，如果我们能够保证每个类和函数都能按照预期执行，那么整个系统出问题的概率就会下降。

（4）编写单元测试代码的过程就是代码重构的过程

在 5.1 节中，我们提到，要把持续重构作为开发的一部分。实际上，编写单元测试代码就是一个落地执行持续重构的有效途径。在编写代码时，我们很难把所有情况都考虑清楚，编写单元测试代码就相当于我们自己对代码进行一次 Code Review，我们可以从中发现代码设计上的问题（如代码的可测试性不高）和代码编写方面的问题（如边界条件处理不当）等，然后有针对性地进行重构。

（5）单元测试能够帮助程序员快速熟悉代码

我们在阅读代码前，应该先了解业务背景和代码设计思路，这样阅读代码就会变得很轻松。一些程序员不喜欢编写文档和添加注释，而其编写的代码又很难做到“易读”和“易懂”。在这种情况下，单元测试可以发挥文档和注释的作用。实际上，单元测试用例就是用户用例，它反映了代码的功能和使用方式。借助单元测试，我们不需要深入阅读代码，便能够知道代码实现的功能，以及我们需要考虑的特殊情况和需要处理的边界条件。

（6）单元测试是 TDD 的改进方案

测试驱动开发（Test-Driven Development，TDD）是一个经常被人提及但很少被执行的开发模式。它的核心思想是测试用例先于代码编写。不过，目前想要让程序员接受和习惯这种开发模式，还是有一定难度的，因为一些程序员连单元测试代码都不愿意编写，更不用提在编写代码之前先设计测试用例了。

实际上，单元测试是 TDD 的改进方案：首先编写代码，然后设计单元测试，最后根据单元测试反馈的问题重构代码。这种开发流程更容易被程序员接受和落地执行。

5.2.3 如何设计单元测试

在 5.2.1 节介绍什么是单元测试时，我们提供了一个给 toNumber() 函数编写单元测试代码的例子。根据那个例子，我们可以得到一个结论：编写单元测试代码就是针对代码设计覆盖各种输入、异常和边界条件的测试用例，并将测试用例“翻译”成代码的过程。

在将测试用例“翻译”成代码时，我们可以利用单元测试框架，简化单元测试代码的编写。针对 Java 的单元测试框架有 JUnit、TestNG 和 Spring Testing 等。这些单元测试框架提供了通用的执行流程（如执行测试用例的 TestCaseRunner）和工具类库（如各种 Assert 函数）等。借助它们，在编写测试代码时，我们只需要关注测试用例本身的设计。对于如何使用单元测试框架，读者可以参考单元测试框架的官方文档。

我们利用 JUnit 重新实现针对 toNumber() 函数的测试用例，重新实现之后的代码如下所示。

```
import org.junit.Assert;
import org.junit.Test;
public class TextTest {
  @Test
```

```
  public void testToNumber() {
    Text text = new Text("123");
    Assert.assertEquals(new Integer(123), text.toNumber());
  }

  @Test
  public void testToNumber_nullorEmpty() {
    Text text1 = new Text(null);
    Assert.assertNull(text1.toNumber());
    Text text2 = new Text("");
    Assert.assertNull(text2.toNumber());
  }

  @Test
  public void testToNumber_containsLeadingAndTrailingSpaces() {
    Text text1 = new Text(" 123");
    Assert.assertEquals(new Integer(123), text1.toNumber());
    Text text2 = new Text("123 ");
    Assert.assertEquals(new Integer(123), text2.toNumber());
    Text text3 = new Text(" 123 ");
    Assert.assertEquals(new Integer(123), text3.toNumber());
  }

  @Test
  public void testToNumber_containsMultiLeadingAndTrailingSpaces() {
    Text text1 = new Text("  123");
    Assert.assertEquals(new Integer(123), text1.toNumber());
    Text text2 = new Text("123  ");
    Assert.assertEquals(new Integer(123), text2.toNumber());
    Text text3 = new Text("  123  ");
    Assert.assertEquals(new Integer(123), text3.toNumber());
  }

  @Test
  public void testToNumber_containsInvalidCharaters() {
    Text text1 = new Text("123a4");
    Assert.assertNull(text1.toNumber());
    Text text2 = new Text("123 4");
    Assert.assertNull(text2.toNumber());
  }
}
```

接下来，我们探讨一下单元测试设计方面的 5 个问题。

1）设计单元测试是一件耗时的事情吗？

虽然单元测试的代码量很大，有时甚至超过被测代码本身，但单元测试代码的编写并不会太耗时，因为单元测试代码的实现简单，我们不需要考虑太多代码设计上的问题。不同测试用例实现起来的差别可能不是很大，因此，我们可以在编写新的单元测试代码时，复用之前已经编写好的单元测试代码。

2）对于单元测试代码的质量，有什么要求吗？

由于单元测试代码不在生产环境上运行，而且每个类的单元测试代码独立，不互相依赖，因此，相比业务代码，我们可以适当放低对单元测试代码的质量要求。命名稍微有些不规范，代码稍微有些重复，也都可以接受。只要单元测试能够自动化运行，不需要人工干预（如准备数据等），不会因为运行环境的变化而失败，就是合格的。

3）单元测试只要覆盖率高就足够了吗？

单元测试覆盖率是一个容易量化的指标，我们经常使用它衡量单元测试的质量。单元测试覆盖率的统计工具有很多，如JaCoCo、Cobertura、EMMA和Clover等。覆盖率的计算方式也有很多种，如简单的语句覆盖，以及复杂一些的条件覆盖、判定覆盖和路径覆盖等。

无论覆盖率的计算方式多么复杂，作者认为，将覆盖率作为衡量单元测试质量的唯一标准是不合理的。实际上，我们更应该关注的是测试用例是否覆盖了所有可能的情况，特别是一些特殊情况。例如，针对下面这段代码，只需要一个测试用例，如cal(10.0, 2.0)，就可以实现100%的测试覆盖率，但这并不表示测试全面，因为我们还需要测试，在除数为0的情况下，代码的执行是否符合预期。

```
public double cal(double a, double b) {
    if (b != 0) {
     return a / b;
  }
}
```

实际上，过度关注单元测试覆盖率会导致开发人员为了提高覆盖率编写很多没有必要的测试代码。例如getter、setter方法，因为它们的逻辑简单，一般只包含赋值操作，所以没有必要为它们设计单元测试。一般来讲，项目的单元测试覆盖率达到60%～70%，即可上线。如果我们对代码质量的要求较高，那么可以适当提高对项目的单元测试覆盖率的要求。

4）编写单元测试代码时需要了解代码的实现逻辑吗？

单元测试不需要依赖被测试函数的具体实现逻辑，它只关注被测试函数实现了什么功能。我们切不可为了追求高覆盖率，而逐行阅读代码，然后针对实现逻辑设计单元测试。否则，一旦对代码进行重构，在外部的可见行为不变的情况下，对代码的实现逻辑进行了修改，那么原本的单元测试都会运行失败，也就失去了为重构“保驾护航”的作用。

5）如何选择单元测试框架？

编写单元测试代码并不需要使用复杂的技术，大部分单元测试框架都能满足需求。我们要在公司内部或团队内部统一单元测试框架。如果我们编写的代码无法使用已经选定的单元测试框架进行测试，那么多半是代码写得不够好。这个时候，我们要重构自己的代码，让其更容易被测试，而不是去找另一个更高级的单元测试框架。

5.2.4 为什么单元测试落地困难

虽然越来越多的人意识到单元测试的重要性，但目前真正付诸实践的并不多。据作者了解，大部分公司的项目都没有单元测试。即使一些项目有单元测试，但单元测试也不完善。落地单元测试是一件“知易行难”的事情。

编写单元测试代码是一件考验耐心的事情。很多人往往因为单元测试代码编写起来比较烦琐且没有太多技术含量，而不愿意去做。还有很多团队在刚开始推行编写单元测试时，还比较认真，执行得比较好。但当开发任务变得紧张之后，团队就开始放低对单元测试的要求，一旦出现破窗效应，大家慢慢地就都跟着不写单元测试代码了。

还有的团队是因为历史原因，原来的代码都没有编写单元测试，代码已经堆砌了十几万行，不可能再逐一去补齐单元测试。对于这种情况，首先，我们要保证新写的代码都要有单元测试，其次，当修改到某个类时，顺便为其补齐单元测试。不过，这要求团队成员有足够强的主人翁意识，毕竟光依靠领导督促，很多事情是很难执行到位的。

除此之外，还有人会觉得，有了测试团队，编写单元测试纯粹是浪费时间，没有必要。IT

这一行业本该是智力密集型的，但现在，很多公司把它搞成劳动密集型的，包括一些大公司，在开发的过程中，既不编写单元测试代码，又没有 Code Review 流程。即便有，做的也很不到位。写完代码直接提交，然后丢给黑盒测试团队去测试，测出的问题反馈给开发团队再修改，测不出的问题就留在线上出了问题再修复。

在这样的开发模式下，团队往往会觉得没必要编写单元测试，但换一个思考方式，如果我们把单元测试写好、Code Review 做好，重视起代码质量，其实可以很大程度上减少黑盒测试的时间。作者在 Google 工作时，很多项目几乎没有测试团队参与，代码的正确性完全靠开发团队来保证。在这种开发模式下，线上 bug 反倒会很少。

只有使程序员真正感受到单元测试带来的好处，他们才会认可并使用它。

5.2.5 思考题

读者可尝试设计一个二分查找的变体算法：查找递增数组中第一个大于或等于某个给定值的元素，然后为这个算法设计单元测试用例。

5.3 代码的可测试性：如何编写可测试代码

编写单元测试代码并不难，也不需要太多技巧。写出可测试的代码反而是一件有挑战的事情。代码的可测试性也在一定程度上反映了代码的质量。本节介绍编写可测试代码的方法，并且列举常见的不可测试代码。

5.3.1 编写可测试代码的方法

我们结合代码示例介绍编写可测试代码的方法。在下面这段代码中，Transaction 类表示订单交易流水，Transaction 类中的 execute() 函数调用 WalletRpcService（RPC 服务）执行转账操作，即将钱从买家的“钱包”转到卖家的“钱包”。另外，为了避免转账操作并发执行出错，代码中还使用了分布式锁（对应的代码实现为 RedisDistributedLock 单例类）。

```
public class Transaction {
  private String id;
  private Long buyerId;
  private Long sellerId;
  private Long productId;
  private String orderId;
  private Long createTimestamp;
  private Double amount;
  private STATUS status;
  private String walletTransactionId;

  public Transaction(String preAssignedId, Long buyerId, Long sellerId,
                     Long productId, String orderId) {
    if (preAssignedId != null && !preAssignedId.isEmpty()) {
      this.id = preAssignedId;
    } else {
```

```
      this.id = IdGenerator.generateTransactionId();
    }

    if (!this.id.startWith("t_")) {
      this.id = "t_" + preAssignedId;
    }

    this.buyerId = buyerId;
    this.sellerId = sellerId;
    this.productId = productId;
    this.orderId = orderId;
    this.status = STATUS.TO_BE_EXECUTD;
    this.createTimestamp = System.currentTimestamp();
  }

  public boolean execute() throws InvalidTransactionException {
    if ((buyerId == null || (sellerId == null || amount < 0.0) {
      throw new InvalidTransactionException(...);
    }

    if (status == STATUS.EXECUTED) return true;

    boolean isLocked = false;
    try {
      isLocked = RedisDistributedLock.getSingletonIntance().lockTransction(id);
      if (!isLocked) {
        return false;  //锁定未成功，返回false,job(定时任务)兜底执行
      }
      if (status == STATUS.EXECUTED) return true;

      long executionInvokedTimestamp = System.currentTimestamp();
      if (executionInvokedTimestamp - createdTimestap > 14days) {
        this.status = STATUS.EXPIRED;
        return false;
      }

      WalletRpcService walletRpcService = new WalletRpcService();
      String walletTransactionId = walletRpcService.moveMoney(id, buyerId, sellerId, amount);
      if (walletTransactionId != null) {
        this.walletTransactionId = walletTransactionId;
        this.status = STATUS.EXECUTED;
        return true;
      } else {
        this.status = STATUS.FAILED;
        return false;
      }
    } finally {
      if (isLocked) {
       RedisDistributedLock.getSingletonIntance().unlockTransction(id);
      }
    }
  }
}
```

在上述代码中，Transaction 类的主要实现逻辑集中在 execute() 函数中，因此，execute() 函数是重点测试对象。为了尽可能覆盖所有情况，包括正常情况和异常情况，针对 execute() 函数，我们设计了以下 6 个测试用例。

1）在正常情况下，交易执行成功，回填用于对账（交易与钱包的交易流水）的 walletTransactionId，并将交易状态设置为 EXECUTED，execute() 函数返回 true。

2）当参数 buyerId 为 null、sellerId 为 null、amount 小于 0 三者满足其一时，execute() 函数抛出 InvalidTransactionException 异常。

3）如果交易已过期（createTimestamp 超过 14 天），那么 execute() 函数将交易状态设置为 EXPIRED，并且返回 false。

4）如果交易已经被执行（status==EXECUTED），那么 execute() 函数不再重复执行转账逻辑，并且返回 true。

5）如果转账失败（调用 WalletRpcService 失败），那么 execute() 函数将交易状态设置为 FAILED，并且返回 false。

6）如果交易正在进行，那么 execute() 函数不会重复进行交易，直接返回 false。

在将上述测试用例“翻译”成代码时，我们会发现存在诸多问题。本节仅结合测试用例 1 和测试用例 3 的实现代码探讨其中存在的问题。如果读者有兴趣，可尝试实现其他 4 个测试用例的代码。

我们先看测试用例 1 的实现代码，如下所示。

```
public void testExecute() {
  Long buyerId = 123L;
  Long sellerId = 234L;
  Long productId = 345L;
  Long orderId = 456L;
  Transaction transaction = new Transaction(null, buyerId, sellerId, productId, orderId);
  boolean executedResult = transaction.execute();
  assertTrue(executedResult);
}
```

execute() 函数依赖 RedisDistributedLock 和 WalletRpcService 两个外部服务，导致上述单元测试代码存在以下 3 个问题。

1）如果想让单元测试能够运行，那么我们需要搭建 Redis 服务和 Wallet RPC 服务，而搭建和维护成本非常高。

2）我们需要保证将伪造的 transaction 数据发送给 Wallet RPC 服务之后，Wallet RPC 服务能够返回我们期望的结果。然而，Wallet RPC 服务有可能是第三方（另一个团队开发并维护的）服务，并不是我们可控的，并不是我们想让它返回什么就能够返回什么。

3）execute() 函数对 Redis 服务和 Wallet RPC 服务的调用，底层都是通过网络进行的，耗时较长，对单元测试的执行有影响。

网络的中断、超时，以及 Redis 服务和 RPC 服务的不可用，都会影响单元测试的执行。单元测试主要是测试程序员自己编写的代码的正确性，并非端到端的集成测试，它不需要测试所依赖的外部系统（分布式锁、Wallet RPC 服务）的逻辑是否正确。如果代码中依赖了外部系统或不可控组件，如数据库、网络和文件系统等，那么需要将被测代码与外部系统或不可控组件解依赖，这种解依赖的方法称为“Mock”（实际上，对于不同的测试框架，Mock 的称谓有所不同，如 Stub、Dummy、Fake 和 Spy 等）。Mock 就是用一个“假”的服务替换真正的服务。Mock 的服务完全在我们的控制之下，可以模拟输出我们想要的任何结果。

如何 Mock 服务呢？Mock 主要有两种方式：手动 Mock 和利用框架 Mock。相比手动 Mock，利用框架 Mock 仅仅是为了简化代码的编写。因为每个框架的 Mock 方式都不一样，所以我们只展示手动 Mock 方式。

我们通过继承 WalletRpcService 类，并且重写其中的 moveMoney() 函数的方式来实

现 WalletRpcService 类的 Mock 类，具体代码如下所示。MockWalletRpcServiceOne 类和 MockWalletRpcServiceTwo 类中的函数不包含任何代码逻辑，不需要真正地进行网络通信，直接返回我们想要的输出，完全在我们的控制范围之内。

```
public class MockWalletRpcServiceOne extends WalletRpcService {
  public String moveMoney(Long id, Long fromUserId, Long toUserId, Double amount) {
    return "123bac";
  }
}

public class MockWalletRpcServiceTwo extends WalletRpcService {
  public String moveMoney(Long id, Long fromUserId, Long toUserId, Double amount) {
    return null;
  }
}
```

现在我们分析上面的代码是如何用 MockWalletRpcServiceOne 类、MockWalletRpcServiceTwo 类替换代码中真正的 WalletRpcService 类的。

因为 WalletRpcService 类是在 execute() 函数中通过 new 方式创建的，所以我们无法动态地对其进行替换。也就是说，Transaction 类中的 execute() 方法的可测试性很差，需要通过重构让其变得更容易测试。

在 3.5 节中，我们讲到，依赖注入是提高代码可测试性的有效手段。我们可以通过依赖注入将 WalletRpcService 类的对象的创建反转给上层逻辑，也就是在外部创建好对象之后，再注入 Transaction 类中。重构后的 Transaction 类的代码如下所示。

```
public class Transaction {
  ...
  //添加一个成员变量及其setter方法
  private WalletRpcService walletRpcService;

  public void setWalletRpcService(WalletRpcService walletRpcService) {
    this.walletRpcService = walletRpcService;
  }
  ...
  public boolean execute() {
    ...
    //删除下面这行代码
    //WalletRpcService walletRpcService = new WalletRpcService();
    ...
  }
}
```

现在，在单元测试中，我们可以轻松地将 WalletRpcService 替换成 MockWalletRpcServiceOne 或 MockWalletRpcServiceTwo 了。重构后的代码对应的单元测试代码如下所示。

```
public void testExecute() {
  Long buyerId = 123L;
  Long sellerId = 234L;
  Long productId = 345L;
  Long orderId = 456L;
  Transaction transaction = new Transaction(null, buyerId, sellerId, productId, orderId);
  //使用MockWalletRpcServiceOne替代真正的Wallet RPC服务WalletRpcService
  transaction.setWalletRpcService(new MockWalletRpcServiceOne()):
  boolean executedResult = transaction.execute();
  assertTrue(executedResult);
```

```
    assertEquals(STATUS.EXECUTED, transaction.getStatus());
  }
```

WalletRpcService 类的 Mock 已经实现，我们再来看 RedisDistributedLock 类。RedisDistributedLock 类的 Mock 要复杂一些，因为 RedisDistributedLock 类是一个单例类。单例类相当于全局变量，我们无法 Mock（无法继承和重写方法），也无法通过依赖注入方式替换。

如果 RedisDistributedLock 类是我们自己维护的，可以自由修改和重构，那么我们可以将其重构为非单例模式。这样，我们就可以像 WalletRpcService 那样 Mock 了。但如果 RedisDistributedLock 不是我们维护的，我们无权修改这部分代码，那么，我们可以通过将加锁逻辑封装来解决这个问题。具体实现代码如下所示。

```
public class TransactionLock { //封装加锁逻辑
  public boolean lock(String id) {
    return RedisDistributedLock.getSingletonIntance().lockTransction(id);
  }

  public void unlock() {
    RedisDistributedLock.getSingletonIntance().unlockTransction(id);
  }
}

public class Transaction {
  ...
  private TransactionLock lock;

  public void setTransactionLock(TransactionLock lock) {
    this.lock = lock;
  }

  public boolean execute() {
    ...
    try {
      isLocked = lock.lock();
      ...
    } finally {
      if (isLocked) {
        lock.unlock();
      }
    }
    ...
  }
}
```

针对重构后的代码的单元测试代码如下所示。在这段单元测试代码中，我们使用 Mock 的 TransactionLock 替代真正的 TransactionLock，避免与 Redis 的交互。

```
public void testExecute() {
  Long buyerId = 123L;
  Long sellerId = 234L;
  Long productId = 345L;
  Long orderId = 456L;

  TransactionLock mockLock = new TransactionLock() {
    public boolean lock(String id) {
      return true;
    }
```

```
    public void unlock() {}
  };

  Transaction transaction = new Transaction(null, buyerId, sellerId, productId, orderId);
  transaction.setWalletRpcService(new MockWalletRpcServiceOne());
  transaction.setTransactionLock(mockLock);
  boolean executedResult = transaction.execute();
  assertTrue(executedResult);
  assertEquals(STATUS.EXECUTED, transaction.getStatus());
}
```

至此，测试用例 1 的代码已经实现。通过依赖注入和 Mock，我们可以让单元测试代码不依赖任何不可控的外部服务。按照这个思路，读者可以尝试实现测试用例 4～测试用例 6 的代码。

现在，我们再来看测试用例 3：如果交易已过期（createTimestamp 超过 14 天），那么 execute() 函数将交易状态设置为 EXPIRED，并且返回 false。针对这个单元测试用例，我们还是先给出代码实现，再分析。

```
public void testExecute_with_TransactionIsExpired() {
  Long buyerId = 123L;
  Long sellerId = 234L;
  Long productId = 345L;
  Long orderId = 456L;
  Transaction transaction = new Transaction(null, buyerId, sellerId, productId, orderId);
  transaction.setCreatedTimestamp(System.currentTimestamp() - 14days);
  boolean actualResult = transaction.execute();
  assertFalse(actualResult);
  assertEquals(STATUS.EXPIRED, transaction.getStatus());
}
```

在上述单元测试代码中，我们将 transaction 的创建时间 createdTimestamp 设置为 14 天前，也就是说，当单元测试代码运行时，transaction 一定处于过期状态。但是，如果在 Transaction 类中，并没有暴露修改 createdTimestamp 成员变量的 setter 方法（也就是没有定义 setCreatedTimestamp() 函数），那么该怎么办呢？

有些读者可能会说，如果没有 createTimestamp 的 setter 方法，就添加一个。实际上，随意添加 setter 方法违背了类的封装特性。在 Transaction 类中，createTimestamp 在生成交易时被赋值为系统当下的时间，之后就不应该被轻易修改。虽然暴露 createTimestamp 的 setter 方法增加了代码的灵活性，但也降低了代码的可控性。

如果没有针对 createTimestamp 的 setter 方法，那么如何实现测试用例 3 的代码呢？实际上，这是常见的一类问题：代码中包含与“时间”相关的“未决行为”（代码的运行结果受时间的影响，不同的时间对应不同的运行结果）。通常的处理方式是将这种未决行为重新封装。针对 Transaction 类，我们只需要将交易是否过期的逻辑封装到 isExpired() 函数中，具体的实现代码如下所示。

```
public class Transaction {
  protected boolean isExpired() {
    long executionInvokedTimestamp = System.currentTimestamp();
    return executionInvokedTimestamp - createdTimestamp > 14days;
  }

  public boolean execute() throws InvalidTransactionException {
      ...
```

```
      if (isExpired()) {
        this.status = STATUS.EXPIRED;
        return false;
      }
      ...
    }
  }
```

针对重构后的代码的单元测试代码如下所示。在这个单元测试代码中，我们重写了Transaction类中的isExpired()函数，让其直接返回true，以模拟交易过期的情况。

```
public void testExecute_with_TransactionIsExpired() {
  Long buyerId = 123L;
  Long sellerId = 234L;
  Long productId = 345L;
  Long orderId = 456L;

  Transaction transaction = new Transaction(null, buyerId, sellerId, productId, orderId) {
    protected boolean isExpired() {
      return true;
    }
  };

  boolean actualResult = transaction.execute();
  assertFalse(actualResult);
  assertEquals(STATUS.EXPIRED, transaction.getStatus());
}
```

通过重构，Transaction类的代码的可测试性得到了提高。至此，测试用例3的代码顺利实现。不过，Transaction类的构造函数的设计有些不合理，因为构造函数中并非只包含简单的赋值操作。构造函数中的交易id的赋值逻辑有些复杂，为了保证其正确性，我们需要验证这个逻辑。为了方便验证，我们可以把交易id的赋值逻辑单独抽象到fillTransactionId()函数中，然后针对此函数编写单元测试代码。具体的实现代码如下所示。

```
public Transaction(String preAssignedId, Long buyerId, Long sellerId, Long productId,
String orderId) {
  ...
  fillTransactionId(preAssignId);
  ...
}

protected void fillTransactionId(String preAssignedId) {
  if (preAssignedId != null && !preAssignedId.isEmpty()) {
    this.id = preAssignedId;
  } else {
    this.id = IdGenerator.generateTransactionId();
  }
  if (!this.id.startWith("t_")) {
    this.id = "t_" + preAssignedId;
  }
}
```

至此，我们已将Transaction类的代码重构为可测试性较高的代码。不过，读者可能会有疑问：Transaction类中isExpired()函数不需要测试吗？其实，isExpired()函数的逻辑简单，通过阅读代码方式，我们就能判断其是否存在bug，因此，可以不用为其设计单元测试。也就是说，我们只需要为逻辑复杂的函数编写单元测试，不需要为逻辑简单的代码编写单元测试。

一个类的单元测试代码是否容易编写的关键在于这个类的独立性，也就是这个类是否满足

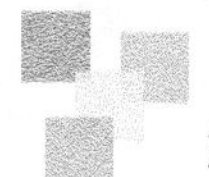

“高内聚、低耦合”特性。如果这个类与其他类的耦合度高，甚至与第三方系统也有耦合（如依赖数据库、RPC服务等），那么这个类的单元测试就很难编写。实际上，依赖注入的主要作用就是降低代码的耦合度，它是提高代码可测试性的有效手段。

5.3.2 常见不可测试代码示例

在5.3.1节中，我们结合代码示例介绍了如何利用依赖注入提高代码的可测试性，以及如何通过Mock、二次封装等方式解依赖外部服务。现在，我们列举4种常见的不可测试代码。

（1）未决行为

未决行为是指代码的输出是随机的或不确定的，多与时间、随机数有关。在下面的示例代码中，caculateDelayDays() 函数的运行结果与当前时间有关。对于同样的 dueTime 输入，caculateDelayDays() 函数的运行结果不同。对于不确定的运行结果，我们无法测试其是否正确。

```
public class Demo {
  public long caculateDelayDays(Date dueTime) {
    long currentTimestamp = System.currentTimeMillis();
    if (dueTime.getTime() >= currentTimestamp) {
      return 0;
    }
    long delayTime = currentTimestamp - dueTime.getTime();
    long delayDays = delayTime / 86400;
    return delayDays;
  }
}
```

（2）全局变量

滥用全局变量使单元测试的设计变得困难。我们结合代码示例进行解释。在下面这段示例代码中，RangeLimiter 表示一个区间；position 是一个表示位置的静态全局变量，初始化为0；move() 函数负责改变 position；RangeLimiterTest 类是 RangeLimiter 类的单元测试类。

```
public class RangeLimiter {
  private static AtomicInteger position = new AtomicInteger(0);
  public static final int MAX_LIMIT = 5;
  public static final int MIN_LIMIT = -5;

  public boolean move(int delta) {
    int currentPos = position.addAndGet(delta);
    boolean betweenRange = (currentPos <= MAX_LIMIT) && (currentPos >= MIN_LIMIT);
    return betweenRange;
  }
}

public class RangeLimiterTest {
  public void testMove_betweenRange() {
    RangeLimiter rangeLimiter = new RangeLimiter();
    assertTrue(rangeLimiter.move(1));
    assertTrue(rangeLimiter.move(3));
    assertTrue(rangeLimiter.move(-5));
  }

  public void testMove_exceedRange() {
    RangeLimiter rangeLimiter = new RangeLimiter();
    assertFalse(rangeLimiter.move(6));
  }
}
```

实际上，上述单元测试代码存在问题，有可能运行失败。假设单元测试框架依次执行 testMove_betweenRange() 和 testMove_exceedRange() 两个测试用例。在第一个测试用例执行完成之后，position 的值为 -1，在执行第二个测试用例时，position 的值变为 5，move() 函数返回 true，因此，第二个测试用例执行失败。

当然，如果 RangeLimiter 类提供了重设 position 的值的函数，那么在每次执行单元测试用例之前，我们可以将 position 重设为 0，从而解决上面提到的问题。然而，不同的单元测试框架执行单元测试用例的方式可能有所不同，如有的是顺序执行，有的是并发执行。如果两个测试用例并发执行，包含 move() 函数的 4 行代码可能被交叉执行，就会影响最终的执行结果。

（3）静态方法

在代码中调用静态方法有时会导致代码的可测试性降低，因为静态方法很难 Mock。不过，针对上述情况，我们要具体问题具体分析。只有在静态方法执行时间太长、依赖外部资源、逻辑复杂和行为未决等情况下，我们才需要在单元测试中 Mock 静态方法。类似 Math.abs() 这样的简单静态方法不会影响代码的可测试性，因为这类静态方法本身并不需要 Mock。

（4）复杂的继承关系

相比组合关系，继承关系的耦合度更高。利用继承关系实现的代码的测试更加困难。如果父类需要 Mock 某个依赖对象才能进行单元测试，那么所有的子类、子类的子类……的单元测试代码中都要 Mock 这个依赖对象。在层次深、逻辑复杂的继承关系中，层次越深的子类需要 Mock 的依赖对象越多，而且在 Mock 依赖对象时，还需要查看父类代码，以便了解如何 Mock 这些依赖对象，这是相当麻烦的事情。

5.3.3 思考题

1）在 5.3.1 节的代码示例中，void fillTransactionId(String preAssignedId) 语句中包含一个静态函数调用：IdGenerator.generateTransactionId()，这是否会影响代码的可测试性？在编写单元测试时，我们是否需要 Mock 静态函数 generateTransactionId()？

2）依赖注入是指不要在类内部通过 new 方式创建对象，而是将对象在外部创建好之后再传递给类使用。那么，是不是所有的对象都不能在类内部创建呢？哪种类型的对象可以在类内部创建但不影响代码的可测试性？

5.4 解耦：哪些方法可以用来解耦代码

在 5.1 节中，我们曾经讲到，重构可以分为大型重构和小型重构。小型重构的主要目的是提高代码的可读性，大型重构的主要目的是解耦。本节讲解如何对代码进行解耦。

5.4.1 为何解耦如此重要

在软件的设计与开发过程中，我们需要关注代码的复杂度问题。复杂的代码经常有可读性、可维护性方面的问题，那么，如何控制代码的复杂度呢？其实，控制代码的复杂度的手段有很多，效果显著的应该是解耦，因为解耦可以使代码高内聚、低耦合。利用解耦的方式对代码进行重构可以有效控制代码的复杂度。

实际上，“高内聚、低耦合”是一种通用的设计思想，它不仅可以指导细粒度的类之间的关系的设计，还能指导粗粒度的系统、架构、模块的设计。相比代码规范，它能够在更高层次上提高代码的可读性和可维护性。

无论是阅读代码还是修改代码，“高内聚、低耦合”特性可以让我们聚焦在某一模块或类上，不需要过多了解其他模块或类的代码，从而降低阅读代码和修改代码的难度。因为依赖关系简单，耦合度低，所以修改代码时不会牵一发而动全身，代码改动集中，引入 bug 的风险降低。

代码“高内聚、低耦合”意味着代码的结构清晰，分层和模块化合理，依赖关系简单，模块或类之间的耦合度低。对于“高内聚、低耦合”的代码，即使某个类或模块内部的设计不太合理，代码质量不算高，影响范围也是有限的。我们可以聚焦这个模块或类并进行小型重构。相比代码结构的调整，这种改动集中的小型重构的难度大幅降低。

5.4.2　如何判断代码是否需要解耦

如果修改一段功能代码时出现“牵一发而动全身”的情况，那么说明这个项目的代码耦合度过高，需要对其进行解耦。除此之外，我们还有一个直观的衡量方式，就是先把项目代码中的模块之间、类之间的依赖关系画出来，再根据依赖关系图的复杂度来判断项目代码是否需要解耦。如果模块之间、类之间的依赖关系复杂、混乱，那么说明代码结构存在问题，此时，我们可以通过解耦让依赖关系变得简单、清晰。

5.4.3　如何给代码解耦

接下来，我们探讨一下如何给代码解耦。

1. 通过封装与抽象来解耦

封装和抽象可以应用在多种代码设计场景中，如系统、模块、类库、组件、接口和类等的设计。封装和抽象可以有效地隐藏实现的复杂性，隔离实现的易变性，给上层模块提供稳定且易用的接口。

例如，UNIX 系统提供的文件操作函数 open() 使用简单，但其底层实现复杂，涉及权限控制、并发控制和物理存储等。我们通过将 open() 封装为一个抽象的函数，能够有效控制代码复杂性的蔓延，将代码复杂性封装在局部代码中。除此之外，因为 open() 函数基于抽象而非具体实现来定义，所以我们在改动 open() 函数的底层实现时，并不需要改动依赖它的上层代码。

2. 通过引入中间层来解耦

中间层能够简化模块之间或类之间的依赖关系。图 5-1 是引入中间层前后的依赖关系对比图。在引入数据存储中间层之前，A、B 和 C 模块都要依赖内存一级缓存、Redis 二级缓存和 DB 持久化存储 3 个模块。在引入数据存储中间层之后，A、B 和 C 模块只需要依赖数据存储中间层模块。从图 5-1 可以看出，中间层的引入简化了模块之间的依赖关系，让代码结构更加清晰。

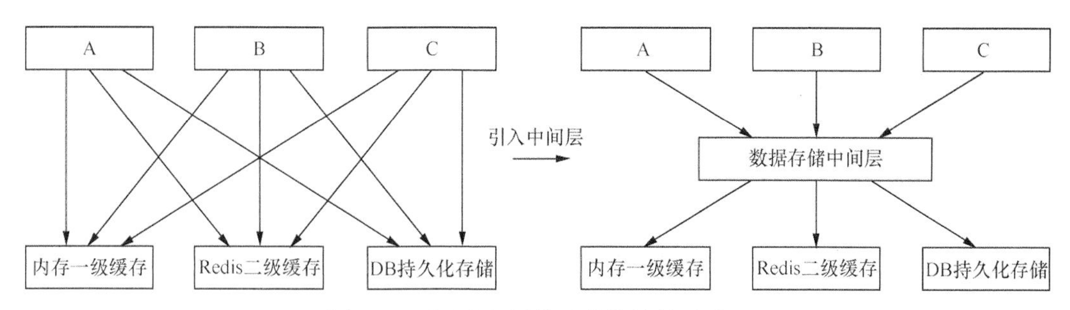

图 5-1 引入中间层前后的依赖关系对比

在进行重构时，中间层可以起到过渡作用，实现开发和重构同步进行，且不互相干扰。例如，某个接口的设计有问题，我们需要修改它的定义，于是，所有调用这个接口的代码都要做相应改动。如果新开发的代码也使用这个接口，那么开发与重构之间会产生冲突。为了使重构“小步快跑”，我们可以通过以下 4 个阶段完成对接口的修改。

1）第一阶段：引入一个中间层，利用中间层“包裹”旧接口，提供新接口。

2）第二阶段：新开发的代码依赖中间层提供的新接口。

3）第三阶段：将依赖旧接口的代码改为调用新接口。

4）第四阶段：确保所有代码中都调用新接口之后，删除旧接口。

通过引入中间层，我们可以分阶段完成重构。由于每个阶段的开发工作量都不会很大，可以在短时间内完成，因此重构与开发发生冲突的概率变小了。

3. 通过模块化、分层来解耦

模块化是构建复杂系统的常用手段。模块化还广泛用于建筑、机械制造等行业。对于 UNIX 这样复杂的系统，我们很难掌控其所有实现细节。之所以人们能够开发出 UNIX 这样复杂的系统，并且能够对其进行维护，主要原因是将该系统划分成了多个独立模块，如进程调度、进程通信、内存管理、虚拟文件系统和网络接口等模块。模块之间通过接口通信，模块之间的耦合度很小，每个小型团队负责一个独立的高内聚模块的开发，最终，将各个模块组合，构成一个复杂的系统。

实际上，模块化思想在 SOA（Service-Oriented Architecture，面向服务的架构）、微服务、类库，以及类和函数的设计等方面都有所体现。模块化的本质是“分而治之”。

我们将目光聚焦到代码层面。在开发代码时，我们要有模块化意识，将每个模块都当作一个独立的类库来开发，只提供封装了内部实现细节的接口给其他模块使用，这样可以降低模块之间的耦合度。

除模块化以外，分层也是构建复杂系统的常用手段。例如，UNIX 系统就是基于分层思想开发的，它大致分为 3 层：内核层、系统调用层和应用层。每一层都封装了实现细节，并且暴露抽象的接口供上层使用。而且，任意一层都可以被重新实现，不会影响其他层的代码。面对复杂系统的开发，我们要善于应用分层技术，尽量将容易复用、与具体业务关系不大的代码下沉到下层，将容易变动、与具体业务强相关的代码移到上层。

4. 利用经典的代码设计思想和设计原则来解耦

我们总结一下可以用来解耦的代码设计原则和设计思想。

（1）单一职责原则

内聚性和耦合性二者并非相互独立。高内聚使得代码低耦合，而实现高内聚的重要指导原则是单一职责原则。如果模块或类的职责单一，那么依赖它们的类和它们依赖的类较少，代码的耦合度也就降低了。

（2）基于接口而非实现编程

如果我们利用“基于接口而非实现编程”思想来编程，那么，在有依赖关系的两个模块或类之间，一个模块或类的改动不会影响另一个模块或类。这就相当于将一种强依赖关系（强耦合）解耦为了弱依赖关系（弱耦合）。

（3）依赖注入

与“基于接口而非实现编程”类似，依赖注入也能将模块或类之间的强耦合变为弱耦合。尽管依赖注入无法将本应该有依赖关系的两个类解耦为没有依赖关系，但可以使二者的耦合关系不再像原来那么紧密，方便将某个类锁依赖的类替换为其他类。

（4）多用组合，少用继承

继承是一种强依赖关系，父类与子类高度耦合，且这种耦合关系非常脆弱，父类的每一次改动都会影响其所有子类。组合是一种弱依赖关系。对于复杂的继承关系，我们可以利用组合替换继承，以达到解耦的目的。

（5）LoD

LoD 的定义描述是：不应该存在直接依赖关系的类之间不要有依赖，有依赖关系的类之间尽量只依赖必要的接口。从 LoD 的定义描述中可以看出，使用 LoD 的目的就是实现代码的低耦合。

除上述设计思想和设计原则以外，大部分设计模式也能起到解耦的效果，关于这一部分内容，我们将在设计模式章节（第 6 ～ 8 章）中讲解。

5.4.4　思考题

实际上，在平时的开发中，解耦到处可见，例如，Spring 中的 AOP 能实现业务代码与非业务代码的解耦，IoC 能实现对象的创建和使用的解耦，除此之外，读者还能想到哪些解耦场景？

5.5　重构案例：将 ID 生成器代码从“能用”重构为“好用”

在本章的前 4 节中，我们介绍了一些与重构相关的理论知识，如重构四要素、单元测试、代码的可测试性和解耦。在本节中，我们结合 ID 生成器代码展示重构的大致过程，探讨如何发现代码的质量问题，并对代码进行优化，将代码从“能用”变成“好用”。

5.5.1　ID 生成器需求背景

ID（identifier，标识）在生活、工作中随处可见，如身份证号码、商品条形码、二维码和车牌号等。在软件开发中，ID 常作为业务信息的唯一标识，如订单号或数据库中的唯一主键。

假设我们正在参与一个后端业务系统的开发，为了方便在请求出错时排查问题，在编写代码时，会在代码的关键执行路径中输出日志，以便在某个请求出错后，能够找出与这个请求有关的所有日志，以此查找出现问题的原因。而在实际情况中，日志文件中不同请求的日志会交织在一起。如果我们没有使用任何东西来标识哪些日志属于哪个请求，就无法关联同一个请求的所有日志。

上述需求与微服务中的调用链追踪类似。不过，微服务中的调用链追踪是服务间的追踪，我们现在要实现的是服务内的追踪。

借鉴微服务中的调用链追踪的实现思路，我们可以给每个请求分配一个唯一 ID，并且保存在请求的上下文（context）中，如处理请求的工作线程的局部变量中。在 Java 中，我们可以使用线程的 ThreadLocal 实现，或者直接利用日志框架 SLF4J 的 MDC（Mapped Diagnostic Contexts）实现。每当输出日志时，我们从请求的上下文中取出请求 ID，然后将其与日志一起输出。这样，同一个请求的所有日志都包含同样的请求 ID，我们就可以通过请求 ID 搜索同一个请求的所有日志了。

ID 生成器的需求背景介绍完毕，至于如何实现整个需求，我们不做讲解，如果读者感兴趣，那么可以自行设计并实现。接下来，我们介绍其中的生成请求 ID 这部分功能的开发。

5.5.2 “凑合能用”的代码实现

下面是实现生成请求 ID 功能的示例代码，读者可以思考一下其有什么可优化之处。

```
public class IdGenerator {
  private static final Logger logger = LoggerFactory.getLogger(IdGenerator.class);

  public static String generate() {
    String id = "";
    try {
      String hostName = InetAddress.getLocalHost().getHostName();
      String[] tokens = hostName.split("\\.");
      if (tokens.length > 0) {
        hostName = tokens[tokens.length - 1];
      }
      char[] randomChars = new char[8];
      int count = 0;
      Random random = new Random();
      while (count < 8) {
        int randomAscii = random.nextInt(122);
        if (randomAscii >= 48 && randomAscii <= 57) {
          randomChars[count] = (char)('0' + (randomAscii - 48));
          count++;
        } else if (randomAscii >= 65 && randomAscii <= 90) {
          randomChars[count] = (char)('A' + (randomAscii - 65));
          count++;
        } else if (randomAscii >= 97 && randomAscii <= 122) {
          randomChars[count] = (char)('a' + (randomAscii - 97));
          count++;
        }
      }
      id = String.format("%s-%d-%s", hostName,
              System.currentTimeMillis(), new String(randomChars));
    } catch (UnknownHostException e) {
      logger.warn("Failed to get the host name.", e);
    }
```

```
        return id;
    }
}
```

上述代码生成的请求 ID 由 3 部分组成：第一部分是主机名的最后一个字段；第二部分是当前时间戳，精确到毫秒；第三部分是 8 位随机字符，包含大小写字母和数字。尽管这样生成的请求 ID 并不是唯一的，有可能重复，但重复的概率非常低。对于日志追踪，极小概率的 ID 重复是可以接受的。ID 举例如下。

```
103-1577456311467-3nR3Do45
103-1577456311468-0wnuV5yw
103-1577456311468-sdrnkFxN
103-1577456311468-8lwk0BP0
```

不过，上述实现生成请求 ID 功能的示例代码只能算是“凑合能用”，因为这段代码虽然行数不多，但有很多值得优化的地方。

5.5.3 如何发现代码的质量问题

我们可以参考第 2 章讲到的代码质量评判标准，从下面 7 个方面审查这段代码是否可读、可扩展、可维护、灵活、简洁、可复用和可测试等。

1）模块划分是否清晰？代码结构是否满足“高内聚、低耦合”特性？

2）代码是否遵循经典的设计原则（SOLID、DRY、KISS、YAGNI 和 LoD 等）？

3）设计模式是否应用得当？代码是否存在过度设计问题？

4）代码是否易扩展？

5）代码是否可复用？是否有“重复造轮子”现象？

6）代码是否容易进行测试？单元测试是否全面覆盖了各种正常情况和异常情况？

7）代码是否符合代码规范（如命名和注释是否恰当，代码风格是否统一等）？

我们可以将上述问题作为常规检查项，套用在任何代码的重构上。对照上述检查项，我们检查上面实现的生成请求 ID 功能的示例代码存在哪些问题。

首先，示例代码比较简单，只包含 IdGenerator 类，因此，这段代码不涉及模块划分和代码结构等，也不违反 SOLID、DRY、KISS、YAGNI 和 LoD 等设计原则。因为这段代码没有应用设计模式，所以也不存在对设计模式的不合理使用问题。

其次，IdGenerator 类设计成了实现类而非接口，调用者直接依赖实现而非接口，违反了基于接口而非实现编程的设计思想。不过，这样的设计没有太大问题。如果后续 ID 生成算法发生了变化，那么我们可以直接修改 IdGenerator 类。如果项目中同时存在两种 ID 生成算法，就需要将两种 ID 生成算法抽象为公共接口。

再次，IdGenerator 类中的 generate() 函数为静态函数，影响使用该函数的代码的可测试性。同时，generate() 函数的代码实现依赖运行环境（主机名）、时间函数和随机函数，因此，generate() 函数本身的可测试性也不好，需要对其进行较大的重构。除此之外，我们没有针对示例代码编写单元测试代码，重构时需要补充。

最后，虽然 IdGenerator 类只包含一个函数，并且代码的行数也不多，但代码的可读性并不好。特别是生成随机字符串这部分代码，一方面，这部分代码没有注释，生成算法比较难理解，另一方面，这部分代码包含很多“魔法数”。在重构时，我们需要提高这部分代码的可读性。

除此关注代码设计方面的问题以外，我们还要关注代码实现是否满足业务本身特有的功能和非功能需求。对此，作者也罗列了一些检查项，如下所示。

1）代码是否实现了预期的业务需求？

2）代码逻辑是否正确？代码是否处理了各种异常情况？

3）日志输出是否得当？

4）接口是否易用？接口是否支持幂等、事务等？

5）代码是否存在线程安全问题？

6）代码的性能否有优化空间？

7）代码是否存在安全漏洞？对输入 / 输出的校验是否合理？

接下来，我们对照以上检查项，重新审查生成请求 ID 的示例代码。

上文提到过，虽然生成请求 ID 的示例代码生成的 ID 并非唯一，但是，对于追踪日志，小概率的 ID 冲突是可以让人接受的，满足业务需求。获取 hostName 这部分代码的逻辑有问题，因为并未处理“hostName 为空”的情况。除此之外，尽管代码中针对获取不到主机名的情况做了异常处理，但是对异常的处理是在 IdGenerator 类内部将其捕获，然后输出一条报警日志，并没有将异常继续向上层调用函数抛出。这样的异常处理是否得当呢？我们在下文回答这个问题。

生成请求 ID 的示例代码的日志输出得当，日志描述能够准确反映问题，方便程序员排查问题，并且没有冗余日志。IdGenerator 类只暴露 generate() 接口供使用者使用，接口的定义简单明了，不存在不易用问题。因为 generate() 函数的代码中没有涉及共享变量，所以代码线程安全，多线程环境下调用 generate() 函数不存在并发问题。

在性能方面，ID 的生成不依赖外部存储，在内存中生成，并且日志的输出频率不会很高，因此，生成请求 ID 的示例代码足以应对业务的性能需求。然而，每次生成 ID 都需要获取主机名，但获取主机名比较耗时，因此，这部分代码可以优化。还有，randomAscii 的范围是 0 ～ 122，但可用值仅包含 3 个子区间（0 ～ 9，a ～ z，A ～ Z），在极端情况下，这部分代码会随机生成很多 3 个区间之外的无效值，循环多次才能生成随机字符串，因此，随机字符串的生成算法也可以优化。

在 generate() 函数的 while 循环中，3 个 if 语句内部的代码相似，且实现有些复杂，实际上，我们可以将 3 个 if 语句合并，以简化代码。

针对上面发现的问题，接下来，我们对这段“凑合能用”的生成请求 ID 的示例代码进行重构，让其变得“好用”。对于重构，我们采取循序渐进、小步快跑的方式。也就是说，我们每次改动一小部分代码，完成之后，再进行下一轮重构，这样可以保证对代码的每次改动都不会太大，能够在短时间内完成。于是，我们将上述发现的代码质量问题分 4 轮重构来解决，具体如下。

1）第一轮重构：提高代码的可读性。

2）第二轮重构：提高代码的可测试性。

3）第三轮重构：编写单元测试代码。

4）第四轮重构：重构异常处理逻辑。

5.5.4 第一轮重构：提高代码的可读性

我们首先解决代码的可读性问题。我们按照第 4 章介绍的代码规范优化代码，具体优化策略如下。

1）hostName 变量不应该被重复使用，尤其两次使用的含义不相同。

2）将获取 hostName 的代码抽离，并定义为 getLastFieldOfHostName() 函数。

3）删除代码中的魔法数，如 57、90、97 和 122。

4）将随机数生成的代码抽离，并定义为 generateRandomAlphameric() 函数。

5）generate() 函数中 3 个 if 语句的逻辑重复且实现复杂，我们要对其进行简化。

6）对 IdGenerator 类重命名，并且抽象出对应的接口。

根据上面的优化策略，我们对代码进行第一轮重构，重构之后的代码如下所示。

```
public interface IdGenerator {
  String generate();
}

public class LogTraceIdGenerator implements IdGenerator {
  private static final Logger logger = LoggerFactory.getLogger(LogTraceIdGenerator.class);

  @Override
  public String generate() {
    String substrOfHostName = getLastFieldOfHostName();
    long currentTimeMillis = System.currentTimeMillis();
    String randomString = generateRandomAlphameric(8);
    String id = String.format("%s-%d-%s",
            substrOfHostName, currentTimeMillis, randomString);
    return id;
  }

  private String getLastFieldOfHostName() {
    String substrOfHostName = null;
    try {
      String hostName = InetAddress.getLocalHost().getHostName();
      String[] tokens = hostName.split("\\.");
      substrOfHostName = tokens[tokens.length - 1];
      return substrOfHostName;
    } catch (UnknownHostException e) {
      logger.warn("Failed to get the host name.", e);
    }
    return substrOfHostName;
  }

  private String generateRandomAlphameric(int length) {
    char[] randomChars = new char[length];
    int count = 0;
    Random random = new Random();
    while (count < length) {
      int maxAscii = 'z';
      int randomAscii = random.nextInt(maxAscii);
      boolean isDigit= randomAscii >= '0' && randomAscii <= '9';
      boolean isUppercase= randomAscii >= 'A' && randomAscii <= 'Z';
      boolean isLowercase= randomAscii >= 'a' && randomAscii <= 'z';
      if (isDigit|| isUppercase || isLowercase) {
        randomChars[count] = (char) (randomAscii);
        ++count;
      }
    }
    return new String(randomChars);
  }
}
```

5.5.5 第二轮重构：提高代码的可测试性

在代码的可测试性方面，主要存在下列两个问题。

1）generate() 函数被定义为静态函数，这会影响使用该函数的代码的可测试性。

2）generate() 函数的代码实现依赖运行环境（主机名）、时间函数和随机函数，因此，generate() 函数本身的可测试性也不好。

对于第一个问题，我们已经在第一轮重构中解决了。我们将 LogTraceIdGenerator 类中的 generate() 函数定义成非静态函数。调用者在外部通过依赖注入方式创建 LogTraceIdGenerator 类的对象后，再将其注入自己的代码中使用。对于第二个问题，我们需要在第一轮重构的基础上再进行重构，这主要包含下列两部分代码的重构。

1）从 getLastFieldOfHostName() 函数中，我们将逻辑复杂的那部分代码抽离，并将其定义为 getLastSubstrSplittedByDot() 函数。“瘦身”之后的 getLastFieldOfHostName() 函数逻辑简单，我们可以不对其进行测试。我们测试 getLastSubstrSplittedByDot() 函数即可。

2）因为私有函数无法通过对象调用，不方便测试，所以，我们将 generateRandomAlphameric() 函数和 getLastSubstrSplittedByDot() 函数的访问权限由 private 改为 protected，并且给这两个函数添加 Google Guava 的 @VisibleForTesting 注解。这个注解没有任何实际作用，只起到标识作用，也就是告诉阅读代码者，这两个函数的访问权限本是 private，之所以将它们的访问权限提升为 protected，只是方便编写单元测试代码。

```
public class LogTraceIdGenerator implements IdGenerator {
  private static final Logger logger = LoggerFactory.getLogger(LogTraceIdGenerator.class);

  @Override
  public String generate() {
    String substrOfHostName = getLastFieldOfHostName();
    long currentTimeMillis = System.currentTimeMillis();
    String randomString = generateRandomAlphameric(8);
    String id = String.format("%s-%d-%s",
            substrOfHostName, currentTimeMillis, randomString);
    return id;
  }

  private String getLastFieldOfHostName() {
    String substrOfHostName = null;
    try {
      String hostName = InetAddress.getLocalHost().getHostName();
      substrOfHostName = getLastSubstrSplittedByDot(hostName);
    } catch (UnknownHostException e) {
      logger.warn("Failed to get the host name.", e);
    }
    return substrOfHostName;
  }

  @VisibleForTesting
  protected String getLastSubstrSplittedByDot(String hostName) {
    String[] tokens = hostName.split("\\.");
    String substrOfHostName = tokens[tokens.length - 1];
    return substrOfHostName;
  }

  @VisibleForTesting
```

```
  protected String generateRandomAlphameric(int length) {
    char[] randomChars = new char[length];
    int count = 0;
    Random random = new Random();
    while (count < length) {
      int maxAscii = 'z';
      int randomAscii = random.nextInt(maxAscii);
      boolean isDigit= randomAscii >= '0' && randomAscii <= '9';
      boolean isUppercase= randomAscii >= 'A' && randomAscii <= 'Z';
      boolean isLowercase= randomAscii >= 'a' && randomAscii <= 'z';
      if (isDigit|| isUppercase || isLowercase) {
        randomChars[count] = (char) (randomAscii);
        ++count;
      }
    }
    return new String(randomChars);
  }
}
```

有些读者可能已经发现，在上述代码中，输出日志的 Logger 类的对象 logger 被定义为 static final，并且在类内部创建，这是否影响代码的可测试性？我们是否应该将 Logger 类的对象 logger 通过依赖注入的方式注入类中呢？

依赖注入之所以能够提高代码的可测试性，主要是因为通过这种方式可以轻松实现利用 Mock 对象替换真实对象。之所以使用 Mock 对象替换真实对象，是因为真实对象参与逻辑执行（例如，我们要依赖真实对象输出的数据进行后续计算）但又不可控。对于 Logger 类的对象 logger，我们只向其中写入数据，并不读取数据，另外，对象 logger 不参与业务逻辑的执行，不会影响代码逻辑的正确性，因此，我们没有必要 Mock 对象 logger，也就没有必要使用依赖注入，直接在类内部创建对象 logger 即可。除此之外，对于一些只存储数据的值对象，如 BO（Business Object）、VO（View Object）、Entity，我们也没必要通过依赖注入方式创建，直接在类中通过 new 方式创建即可。

5.5.6　第三轮重构：编写单元测试代码

在经过前两轮重构之后，代码中存在的明显问题已经得到解决。接下来，我们为代码完善单元测试。LogTraceIdGenerator 类中有下列 4 个函数。

```
public String generate();
private String getLastFieldOfHostName();
@VisibleForTesting
protected String getLastSubstrSplittedByDot(String hostName);
@VisibleForTesting
protected String generateRandomAlphameric(int length);
```

我们先来看 getLastSubstrSplittedByDot() 和 generateRandomAlphameric() 函数。这两个函数涉及的逻辑复杂，是我们测试的重点，但它们并不难测试，因为在第二轮重构中，为了提高代码的可测试性，我们已经将这两个函数的代码与不可控的组件（获取主机名函数、随机函数和时间函数）进行了隔离。这两个函数具体的单元测试代码如下所示（注意，我们使用了 JUnit 测试框架）。

```
public class LogTraceIdGeneratorTest {
  @Test
```

```
  public void testGetLastSubstrSplittedByDot() {
    RandomIdGenerator idGenerator = new RandomIdGenerator();
    String actualSubstr = idGenerator.getLastSubstrSplittedByDot("field1.field2.field3");
    Assert.assertEquals("field3", actualSubstr);
    actualSubstr = idGenerator.getLastSubstrSplittedByDot("field1");
    Assert.assertEquals("field1", actualSubstr);
    actualSubstr = idGenerator.getLastSubstrSplittedByDot("field1#field2$field3");
    Assert.assertEquals("field1#field2#field3", actualSubstr);
  }

  //此单元测试会失败，因为代码中没有处理hostName为null或空字符串的情况
  @Test
  public void testGetLastSubstrSplittedByDot_nullOrEmpty() {
    RandomIdGenerator idGenerator = new RandomIdGenerator();
    String actualSubstr = idGenerator.getLastSubstrSplittedByDot(null);
    Assert.assertNull(actualSubstr);
    actualSubstr = idGenerator.getLastSubstrSplittedByDot("");
    Assert.assertEquals("", actualSubstr);
  }

  @Test
  public void testGenerateRandomAlphameric() {
    RandomIdGenerator idGenerator = new RandomIdGenerator();
    String actualRandomString = idGenerator.generateRandomAlphameric(6);
    Assert.assertNotNull(actualRandomString);
    Assert.assertEquals(6, actualRandomString.length());
    for (char c : actualRandomString.toCharArray()) {
      Assert.assertTrue(('0' < c && c < '9') ||
                        ('a' < c && c < 'z') ||
                        ('A' < c && c < 'Z'));
    }
  }

  //此单元测试会失败，因为代码中没有处理length<=0的情况
  @Test
  public void testGenerateRandomAlphameric_lengthEqualsOrLessThanZero() {
    RandomIdGenerator idGenerator = new RandomIdGenerator();
    String actualRandomString = idGenerator.generateRandomAlphameric(0);
    Assert.assertEquals("", actualRandomString);
    actualRandomString = idGenerator.generateRandomAlphameric(-1);
    Assert.assertNull(actualRandomString);
  }
}
```

我们再来看 generate() 函数。这个函数是唯一一个暴露给外部使用的函数。generate() 函数依赖获取主机名函数、随机函数和时间函数，那么，在测试时，是否需要 Mock 这些依赖的函数呢？

在上文中，我们曾经介绍过，单元测试的对象是功能而非实现。只有这样，在函数的实现逻辑改变之后，才能做到单元测试仍然可以工作。那么，generate() 函数的功能是什么呢？这完全由代码编写者自行定义。

generate() 函数有 3 种功能定义。针对不同的功能定义，我们设计不同的单元测试。

1）如果我们把 generate() 函数的功能定义为“随机生成一个唯一 ID”，那么只需要测试多次调用 generate() 函数生成的 ID 是否唯一。

2）如果我们把 generate() 函数的功能定义为“生成一个只包含数字、大小写字母和短横线的唯一 ID”，那么不仅要测试 ID 的唯一性，还要测试生成的 ID 是否只包含数字、大小写字母和短横线。

3）如果我们把 generate() 函数的功能定义为“生成唯一 ID，格式为 {主机名 substr}-{时间戳}-{8 位随机数}，在获取主机名失败时，返回 null-{时间戳}-{8 位随机数}”，那么不仅要测试 ID 的唯一性，还要测试生成的 ID 是否完全符合格式要求。

对于 generate() 函数的前两种功能定义方式，在测试 generate() 函数时，我们不需要 Mock 获取主机名函数、随机函数和时间函数等，但对于第 3 种功能定义方式，我们需要 Mock 获取主机名函数，让其返回 null，测试代码运行是否符合预期。

最后，我们看一下 getLastFieldOfHostName() 函数。getLastFieldOfHostName() 函数的代码实现简单，通过人工审查方式，我们可以发现所有 bug，因此，我们可以不为其编写单元测试代码。

有些读者可能已经发现，在上述单元测试代码中，有两行注释，分别说明两个单元测试会因为一些边界条件处理不当而失败。这体现了单元测试的作用，即帮助我们发现代码中的问题。针对边界条件处理不当等情况，我们进行第四轮重构。

5.5.7　第四轮重构：重构异常处理逻辑

我们可以把函数的运行结果分为两类：一类是预期结果，也就是函数在正常情况下输出的结果；另一类是非预期结果，也就是函数在异常（或称为出错）情况下输出的结果。例如，对于获取主机名函数，在正常情况下，函数返回字符串格式的主机名；在异常情况下，获取主机名失败，函数抛出 UnknownHostException 异常。

在正常情况下，函数返回数据的类型明确，但是，在异常情况下，函数返回数据的类型就比较“灵活”了。除抛出异常以外，函数在异常情况下还可以返回错误码、null、特殊值（如 -1）和空对象（如空集合）等。接下来，我们介绍它们的用法和适用场景。

1．返回错误码

对于 Java、Python 等语言，在大部分情况下，我们使用异常来处理函数出错的情况，极少使用错误码。C 语言中没有异常这种语法机制，因此，返回错误码便是其常用的错误处理方式。在 C 语言中，错误码的返回方式有两种：一种是直接占用函数的返回值，而函数正常执行时的返回值放到出参中；另一种是将错误码定义为全局变量，在函数执行出错时，函数调用者通过这个全局变量获取错误码。返回错误码的示例代码如下所示。

```
//错误码的返回方式一：
//pathname、flags和mode为入参；fd为出参，存储打开的文件句柄
int open(const char *pathname, int flags, mode_t mode, int* fd) {
  if (/*文件不存在*/) {
    return EEXIST;
  }

  if (/*没有访问权限*/) {
    return EACCESS;
  }

  if (/*打开文件成功*/) {
    return SUCCESS;  //C语言中的宏定义：#define SUCCESS 0
  }
  ...
}
//使用举例
int fd;
```

```
int result = open("c:\test.txt", O_RDWR, S_IRWXU|S_IRWXG|S_IRWXO, &fd);
if (result == SUCCESS) {
  //取出fd并使用
} else if (result == EEXIST) {
  ...
} else if (result == EACESS) {
  ...
}
//错误码的返回方式二：函数返回打开的文件句柄，错误码放到errno中
int errno;  //线程安全的全局变量
int open(const char *pathname, int flags, mode_t mode){
  if (/*文件不存在*/) {
    errno = EEXIST;
    return -1;
  }

  if (/*没有访问权限*/) {
    errno = EACCESS;
    return -1;
  }

  ...
}
//使用举例
int hFile = open("c:\test.txt", O_RDWR, S_IRWXU|S_IRWXG|S_IRWXO);
if (-1 == hFile) {
   printf("Failed to open file, error no: %d.\n", errno);
   if (errno == EEXIST ) {
    ...
   } else if(errno == EACCESS) {
    ...
   }
  ...
}
```

2. 返回 null

在多数编程语言中，我们用 null 表示“不存在”。不过，一些人不建议在函数中返回 null。在使用返回值有可能是 null 的函数时，如果我们忘记进行 null 判断，就有可能抛出空指针异常（Null Pointer Exception，NPE）。如果我们定义了大量返回值可能为 null 的函数，那么代码中就会充斥大量的 null 判断逻辑，这不但导致编程烦琐，而且 null 判断逻辑与业务逻辑代码耦合，影响代码的可读性。返回 null 的示例代码如下所示。

```
public class UserService {
  private UserRepo userRepo;  //依赖注入

  public User getUser(String telephone) {
    //如果用户不存在，则返回null
    return null;
  }
}

//使用函数getUser()
User user = userService.getUser("1891771****");
if (user != null) {  //进行null判断，否则有可能抛出NPE
  String email = user.getEmail();
  if (email != null) {  //进行null判断，否则有可能抛出NPE
    String escapedEmail = email.replaceAll("@", "#");
  }
}
```

我们是否可以使用异常替代null，也就是在查找的用户不存在时，让函数抛出UserNotFoundException异常？

尽管返回null有诸多弊端，但对于以get、find、select、search和query等开头的查找函数，数据不存在并非异常情况，而是正常行为，因此，返回表示“不存在”语义的null比返回异常合理。

对于查找函数，除返回数据对象以外，有些查找函数还会返回下标位置，如Java中的indexOf()函数用来实现在某个字符串中查找子串第一次出现的位置。函数的返回值为基本类型int。这个时候，我们就无法用null表示不存在的情况了。对于这种情况，我们有两种处理思路，一种是返回NotFoundException，另一种是返回一个特殊值，如-1。显然，返回-1更加合理，因为“没有查找到”是一种正常而非异常的行为。

3. 返回空对象

既然返回null存在诸多弊端，那么我们可以用空对象（如空字符串和空集合）替代null。这样，在使用函数时，我们就可以不进行null判断。返回空对象的示例代码如下所示。

```
//使用空集合替代null
public class UserService {
  private UserRepo userRepo;  //依赖注入

  public List<User> getUsersByTelPrefix(String telephonePrefix) {
   //没有查找到数据
    return Collections.emptyList();
  }
}
//getUsers()使用示例
List<User> users = userService.getUsersByTelPrefix("189");
for (User user : users) { //这里不需要进行null判断
  ...
}
//使用空字符串替代null
public String retrieveUppercaseLetters(String text) {
  //如果text中没有大写字母，则返回空字符串，而非null
  return "";
}
//retrieveUppercaseLetters()使用举例
String uppercaseLetters = retrieveUppercaseLetters("wangzheng");
int length = uppercaseLetters.length();  //不需要进行null判断
System.out.println("Contains " + length + " upper case letters.");
```

4. 抛出异常

上文介绍了函数出错时返回数据的多种类型，其实，我们常用的函数出错处理方式还是抛出异常，因为异常可以携带更多的错误信息，如函数调用栈信息。除此之外，异常可以将正常逻辑和异常逻辑的处理分离，代码的可读性会更好。

不同编程语言的异常语法不同。C++和大部分动态语言（如Python、Ruby和JavaScript等）都只定义了一种异常类型：运行时异常（runtime exception）。而Java，除定义了运行时异常以外，还定义了一种异常类型：编译时异常（compile exception）。

对于运行时异常，在编写代码时，我们可以不主动捕获，因为编译器在编译代码时，并不会检查代码是否对运行时异常做了处理。对于编译时异常，在编写代码时，我们需要主动使用捕获或者在函数定义中声明异常，否则编译时会报错。因此，运行时异常也称为非受检异常（unchecked exception），编译时异常也称为受检异常（checked exception）。那么，在异常出现时，我们应该选择抛出哪种异常类型呢？

对于代码 bug（如数组越界）和不可恢复异常（如数据库连接失败），即便我们捕获了这个异常，也无能为力，因此，使用运行时异常更合适。对于可恢复异常（如接口访问超时，可以重试）、业务异常（如提现金额大于余额），使用编译时异常更合适，这样可以明确告知调用者需要捕获处理。

实际上，编译时异常一直被有些人诟病，他们主张对所有异常情况使用运行时异常，理由主要有下列 3 个。

1）编译时异常需要在函数定义中显式声明。如果函数会抛出很多编译时异常，那么函数的定义会非常长，这会影响代码的可读性，函数使用也不方便。

2）编译器强制我们显式捕获所有编译时异常，这样会导致代码实现比较烦琐。而运行时异常正好相反，我们不需要在定义中显式声明运行时异常，并且可以自行决定是否进行捕获处理。

3）编译时异常的使用违反开闭原则。在给某函数新增一个编译时异常时，这个函数所在的函数调用链上的所有位于其之上的函数都需要进行代码修改，直到调用链中的某个函数将这个新增异常捕获为止。而新增运行时异常可以不改动调用链上的代码。我们可以选择在某个函数中集中处理运行时异常，如使用 Spring AOP（面向切面编程）框架，在切面内集中处理异常。

从上面的描述中，我们可以看出，运行时异常的使用更加灵活，将如何处理（是捕获还是不捕获）的主动权交给了程序员。而过于灵活会带来不可控问题。运行时异常不需要在函数定义中显式声明，在使用函数时，我们需要通过查看代码才能知道函数会抛出哪些异常。运行时异常不需要强制进行捕获处理，那么，在编写代码时，程序员有可能漏掉一些本应捕获处理的异常。

对于应该使用编译时异常还是运行时异常，业界有很多争论，目前还没有一个强有力的证据能够证明一个比另一个更好。因此，我们只需要根据团队的开发习惯，在同一个项目中，制订统一的异常处理规范。

上文介绍了两种异常类型，下面介绍处理异常的 3 种方法。

1）直接捕获处理，不再继续抛给上层调用函数。示例代码如下所示。

```
public void func1() throws Exception1 {
  ...
}

public void func2() {
  ...
  try {
    func1();
  } catch(Exception1 e) {
    log.warn("...", e);  //捕获异常并输出日志
  }
  ...
}
```

2）将异常原封不动地抛给上层调用函数。示例代码如下所示。

```
public void func1() throws Exception1 {
  ...
}

public void func2() throws Exception1 {
  ...
  func1();
  ...
}
```

3）将异常包装成新的异常并抛给上层调用函数。示例代码如下所示。

```
public void func1() throws Exception1 {
  ...
}

public void func2() throws Exception2 {
  ...
  try {
    func1();
  } catch(Exception1 e) {
   throw new Exception2("...", e);
  }
  ...
}
```

当函数抛出异常时，我们应该选择哪种处理方式呢？

在函数内，是选择捕获异常还是将异常抛给上层调用函数，取决于上层调用函数是否“关心”这个异常。如果上层调用函数“关心”这个异常，就将它抛给上层调用函数，否则直接捕获处理。如果选择将异常抛给上层调用函数，那么对于是否需要先包装成新的异常，再抛给上层调用函数，要看上层调用函数是否能“理解”这个异常。如果上层调用函数能“理解”，就直接抛给上层调用函数，否则封装成新的异常再抛给上层调用函数。

按照上述函数出错处理方式，我们重新审视生成请求 ID 功能的示例代码。

（1）重构 generate() 函数

对于下面的 generate() 函数，如果获取主机名失败，那么函数返回什么？返回值是否合理？

```
public String generate() {
  String substrOfHostName = getLastFiledOfHostName();
  long currentTimeMillis = System.currentTimeMillis();
  String randomString = generateRandomAlphameric(8);
  String id = String.format("%s-%d-%s",
          substrOfHostName, currentTimeMillis, randomString);
  return id;
}
```

ID 由三部分构成：主机名、时间戳和随机数。获取时间戳和生成随机数的函数不会出错，只有获取主机名的函数可能失败。在目前的代码实现中，如果主机名获取失败，substrOfHostName 为 null，那么 generate() 函数会返回类似“null-1672373****-83Ab3uK6”的结果。如果主机名获取失败，substrOfHostName 为空字符串，那么 generate() 函数会返回类似“-16723733****-83Ab3uK6”的结果。

在异常情况下，generate() 函数返回这两种特殊格式的值是否合理呢？这个问题其实很难回答，我们需要查看具体业务是如何设计的。不过，作者倾向于调用时将异常明确地告知调用者。因此，针对上述这段代码，我们最好抛出编译时异常，而非特殊值。

按照上述设计思路，我们对 generate() 函数进行重构。重构之后的代码如下所示。

```
public String generate() throws IdGenerationFailureException {
  String substrOfHostName = getLastFiledOfHostName();
  if (substrOfHostName == null || substrOfHostName.isEmpty()) {
    throw new IdGenerationFailureException("host name is empty.");
  }
```

```
    long currentTimeMillis = System.currentTimeMillis();
    String randomString = generateRandomAlphameric(8);
    String id = String.format("%s-%d-%s",
            substrOfHostName, currentTimeMillis, randomString);
    return id;
}
```

（2）重构 getLastFiledOfHostName() 函数

getLastFiledOfHostName() 函数是应该在其内部将 UnknownHostException 异常捕获，还是应该将 UnknownHostException 异常抛给上层调用函数？如果 getLastFiledOfHostName() 函数选择将异常抛给上层调用函数，那么，是直接将 UnknownHostException 异常原样抛出，还是封装成新的异常后再抛出？

```
private String getLastFiledOfHostName() {
  String substrOfHostName = null;
  try {
    String hostName = InetAddress.getLocalHost().getHostName();
    substrOfHostName = getLastSubstrSplittedByDot(hostName);
  } catch (UnknownHostException e) {
    logger.warn("Failed to get the host name.", e);
  }
  return substrOfHostName;
}
```

在上面这段代码中，当获取主机名失败时，getLastFiledOfHostName() 函数返回 null。我们在上文介绍过，函数是返回 null 还是异常对象，要看获取不到数据是正常行为还是异常行为。获取主机名失败会影响后续逻辑的处理，这并不是我们期望的，因此，这是一种异常行为。针对上述这段代码，我们最好抛出异常，而非返回 null。

至于是直接将 UnknownHostException 异常抛出，还是将其重新封装成新的异常后再抛出，要看 getLastFiledOfHostName() 函数与 UnknownHostException 异常是否有业务相关性。getLastFiledOfHostName() 函数用来获取主机名的最后一个字段，UnknownHostException 异常表示获取主机名失败，二者有业务相关性，因此，我们可以直接将 UnknownHostException 异常抛出，不需要将其重新包装成新的异常。

按照上述设计思路，我们对 getLastFiledOfHostName() 函数进行重构。重构之后的代码如下所示。

```
private String getLastFiledOfHostName() throws UnknownHostException{
   String substrOfHostName = null;
   String hostName = InetAddress.getLocalHost().getHostName();
   substrOfHostName = getLastSubstrSplittedByDot(hostName);
   return substrOfHostName;
}
```

我们修改 getLastFiledOfHostName() 函数之后，也要相应地修改 generate() 函数。在 generate() 函数中，我们需要捕获 getLastFiledOfHostName() 抛出的 UnknownHostException 异常。在捕获这个异常之后，我们应该如何对其进行处理呢？

按照之前的分析，在 ID 生成失败时，我们需要明确地告知调用者。于是，我们应该将异常抛给上层调用函数。那么，我们是应该将 UnknownHostException 异常原样抛出，还是封装成新的异常后再抛出呢？我们选择后者。generate() 函数将 UnknownHostException 异常重新包装成新的 IdGenerationFailureException 异常后再抛出。之所以这样做，有如下 3 个原因。

1）在使用 generate() 函数时，调用者只需要知道该函数生成的是随机且唯一的 ID，并不需要关心 ID 是如何生成的。如果 generate() 函数直接抛出 UnknownHostException 异常，那么就暴露了实现细节。

2）从代码封装的角度来讲，我们不希望将 UnknownHostException 这个底层异常暴露给上层代码（调用 generate() 函数的代码）。而且，调用者在得到这个异常之后，并不理解这个异常表示什么，也不知道如何处理。

3）UnknownHostException 异常与获取主机名有关，generate() 函数与生成 ID 有关，二者涉及的业务没有相关性。

按照上述设计思路，我们对 generate() 函数再次进行重构。重构之后的代码如下所示。

```
public String generate() throws IdGenerationFailureException {
  String substrOfHostName = null;
  try {
    substrOfHostName = getLastFiledOfHostName();
  } catch (UnknownHostException e) {
    throw new IdGenerationFailureException("host name is empty.");
  }
  long currentTimeMillis = System.currentTimeMillis();
  String randomString = generateRandomAlphameric(8);
  String id = String.format("%s-%d-%s",
          substrOfHostName, currentTimeMillis, randomString);
  return id;
}
```

（3）重构 getLastSubstrSplittedByDot() 函数

在下面这段代码中，如果 getLastSubstrSplittedByDot() 函数的参数 hostName 为 null 或空字符串，那么这个函数应该返回什么？

```
@VisibleForTesting
protected String getLastSubstrSplittedByDot(String hostName) {
  String[] tokens = hostName.split("\\.");
  String substrOfHostName = tokens[tokens.length - 1];
  return substrOfHostName;
}
```

如果传递给参数 hostName 的值为 null，getLastSubstrSplittedByDot() 函数会抛出空指针异常；如果传递给参数 hostName 的值为空字符串，getLastSubstrSplittedByDot() 函数会抛出数组访问越界异常。那么，是应该在 getLastSubstrSplittedByDot() 函数内对 hostName 做校验，还是有调用者保证不传递值为 null 和空字符串的 hostName 呢？

如果函数是私有（private）函数，其只在类内部被调用，完全在我们的掌控之下，那么我们只要保证在调用私有函数时不传递 null 或空字符串即可。因此，我们可以不在私有函数中进行 null 或空字符串的判断。如果函数是公共（public）函数或受保护（protected）函数，我们无法掌控谁调用它以及如何调用，可能有人因为疏忽向其传递 null 或空字符串，就会导致代码出错。为了尽可能提高代码的健壮性，我们最好在公共函数和受保护函数中进行 null 或空字符串的判断。

按照上述设计思路，我们对 getLastSubstrSplittedByDot() 函数进行重构。重构之后的代码如下所示。

```
@VisibleForTesting
protected String getLastSubstrSplittedByDot(String hostName) {
  if (hostName == null || hostName.isEmpty()) {
```

```
    throw IllegalArgumentException("...");  //运行时异常
  }
  String[] tokens = hostName.split("\\.");
  String substrOfHostName = tokens[tokens.length - 1];
  return substrOfHostName;
}
```

在使用 getLastSubstrSplittedByDot() 函数时，我们也要保证不传入 null 或空字符串，因此，我们需要相应地修改 getLastFiledOfHostName() 函数的代码。修改之后的 getLastFiledOfHostName() 函数的代码如下所示。

```
private String getLastFiledOfHostName() throws UnknownHostException {
   String substrOfHostName = null;
   String hostName = InetAddress.getLocalHost().getHostName();
   if (hostName == null || hostName.isEmpty()) {
      //此处进行null或空字符串的判断
     throw new UnknownHostException("...");
   }
   substrOfHostName = getLastSubstrSplittedByDot(hostName);
   return substrOfHostName;
}
```

（4）重构 generateRandomAlphameric() 函数

如果传递给 generateRandomAlphameric() 函数的参数 length 的值小于或等于 0，那么这个函数应该返回什么？

```
  @VisibleForTesting
  protected String generateRandomAlphameric(int length) {
    char[] randomChars = new char[length];
    int count = 0;
    Random random = new Random();
    while (count < length) {
      int maxAscii = 'z';
      int randomAscii = random.nextInt(maxAscii);
      boolean isDigit= randomAscii >= '0' && randomAscii <= '9';
      boolean isUppercase= randomAscii >= 'A' && randomAscii <= 'Z';
      boolean isLowercase= randomAscii >= 'a' && randomAscii <= 'z';
      if (isDigit|| isUppercase || isLowercase) {
        randomChars[count] = (char) (randomAscii);
        ++count;
      }
    }
    return new String(randomChars);
  }
}
```

生成长度为零或负值的随机字符串是不符合常规逻辑的，是一种异常行为。因此，当传递给参数 length 的值小于 0 时，generateRandomAlphameric() 函数抛出 IllegalArgumentException 异常。

5.5.8 思考题

在本节所示的代码中，输出日志的 Logger 类的对象 logger 被定义为 static final，并且在类内部创建，这是否影响 IdGenerator 类的代码的可测试性？我们是否应该将 Logger 类的对象 logger 通过依赖注入方式注入 IdGenerator 类中？

第 6 章　创建型设计模式

创建型设计模式主要解决对象的创建问题，封装复杂的创建过程，以及解耦对象的创建代码和使用代码。其中，单例模式用来创建全局唯一的对象；工厂模式用来创建类型不同但相关的对象（继承同一父类或接口的一组子类），由给定的参数来决定创建哪种类型的对象；建造者模式用来创建复杂对象，该模式可以通过设置不同的可选参数，“定制化”地创建不同的对象；原型模式针对创建成本较大的对象，利用对已有对象进行复制的方式进行创建，以达到节省创建时间的目的。

6.1 单例模式（上）：为什么不推荐在项目中使用单例模式

经典的设计模式有 22 种，但常用的并不是很多。根据作者的工作经验，常用的设计模式可能不到一半。如果我们问一下程序员熟悉哪 3 种设计模式，那么他们的回答中肯定包含本节要讲的单例模式。

6.1.1 单例模式的定义

如果一个类只允许创建一个对象（或实例），那么，这个类就是一个单例类，这种设计模式就称为单例设计模式（Singleton Design Pattern），简称单例模式（Singleton Pattern）。

从业务概念方面来讲，如果某个类包含的数据在系统中只应保存一份，那么这个类就应该被设计为单例类。例如配置信息类，在系统中，只有一个配置文件，当配置文件被加载到内存之后，以对象的形式存在，也理应只有一份。又如唯一递增 ID 生成器类，如果程序中有两个 ID 生成器对象，那么有可能生成重复 ID。ID 生成器的单例模式代码实现如下所示。

```
import java.util.concurrent.atomic.AtomicLong;
public class IdGenerator {
  //AtomicLong是Java并发库中提供的一个原子变量类型，
  //它将一些线程不安全需要加锁的复合操作封装为线程安全的原子操作，
  //如下面会用到的incrementAndGet()
  private AtomicLong id = new AtomicLong(0);
  private static final IdGenerator instance = new IdGenerator();

  private IdGenerator() {}

  public static IdGenerator getInstance() {
    return instance;
  }

  public long getId() {
    return id.incrementAndGet();
  }
}
//IdGenerator类使用举例
long id = IdGenerator.getInstance().getId();
```

6.1.2 单例模式的实现方法

在 6.1.1 节的例子中，我们已经给出了单例模式的一种实现方法。实际上，单例模式还是其他实现方法。概括一下，如果我们要实现一个单例，那么关注点无外乎以下 4 个。

1）构造函数必须具有 private 访问权限，这样才能避免通过关键字 new 创建实例。

2）对象创建时的线程安全问题。

3）是否支持延迟加载。

4）getInstance() 函数的性能是否足够高。

注意，下面列出的单例模式的5种实现方式针对Java语言。如果读者熟悉其他编程语言，那么可以通过其他编程语言进行实现，并且与这5种实现方式进行对比。

（1）“饿汉”式

“饿汉”式的实现比较简单。在加载类时，instance实例就已经被创建并初始化，因此，instance实例的创建过程是线程安全的。不过，这种实现方式不支持延迟加载，instance实例是提前创建好的，而非在使用时才创建。因此，这种实现方式被称为“饿汉式”。具体的代码实现如下所示。

```
public class IdGenerator {
  private AtomicLong id = new AtomicLong(0);
  private static final IdGenerator instance = new IdGenerator();

  private IdGenerator() {}
  public static IdGenerator getInstance() {
    return instance;
  }

  public long getId() {
    return id.incrementAndGet();
  }
}
```

（2）“懒汉”式

有“饿汉”式，对应地，就有“懒汉”式。相比“饿汉”式，“懒汉”式支持延迟加载，实例的创建和初始化推迟到真正使用时才进行。具体的代码实现如下所示。

```
public class IdGenerator {
  private AtomicLong id = new AtomicLong(0);
  private static IdGenerator instance;

  private IdGenerator() {}

  public static synchronized IdGenerator getInstance() {
    if (instance == null) {
      instance = new IdGenerator();
    }
    return instance;
  }

  public long getId() {
    return id.incrementAndGet();
  }
}
```

有些人认为“懒汉”式支持延迟加载，比“饿汉”式更合理。他们的理由是：如果实例占用的资源较多（如占用内存较多）或初始化时间较长（如需要加载各种配置文件），那么提前创建和初始化实例是一种浪费资源的行为。

不过，作者并不认同这样的观点。

如果初始化操作耗时比较长，等到真正要使用实例时，才执行初始化操作，那么会影响系统性能。例如，在执行某个客户端接口请求时，执行初始化操作，会导致接口请求的响应时间变长，甚至超时。如果采用“饿汉”式，即将耗时的初始化操作在程序启动时提前完成，那么，在程序运行时，就能够避免再去执行初始化操作而导致的性能问题。

如果实例占用资源比较多，那么，按照 fail-fast 设计原则（有问题及早暴露），我们也希望在程序启动时就将实例的初始化操作执行完成。如果资源不够，在程序启动时，就会触发报错（如 Java 中的 PermGen Space OOM），那么我们可以立即修复。这样就可以避免在运行时报错，不会影响系统的可用性。

除此之外，“懒汉”式还有一个明显的缺点，以上面的代码为例，getInstance() 函数被添加了一把“锁”——synchronized，导致这个函数的并发度变为 1，即同一时间只允许一个线程执行 getInstance() 函数。而只要用到 IdGenerator 类，就必然用到此函数。如果 IdGenerator 类偶尔被用到，那么这种实现方式还可以接受。但是，如果 IdGenerator 类被频繁使用，频繁加锁、释放锁，以及并发度低等问题，会产生性能瓶颈，那么这种实现方式就不可取了，此时，我们需要考虑其他实现方式，如“饿汉”式。

（3）双重检测

“饿汉”式不支持延迟加载，“懒汉”式不支持高并发，下面我们介绍一种既支持延迟加载，又支持高并发的单例模式的实现方式：双重检测。在这种实现方式中，只要在实例被创建后，再调用 getInstance() 函数，就不会进入加锁逻辑。因此，双重检测解决了“懒汉”式并发度低的问题。具体的代码实现如下所示。

```
public class IdGenerator {
  private AtomicLong id = new AtomicLong(0);
  private static IdGenerator instance;

  private IdGenerator() {}

  public static IdGenerator getInstance() {
    if (instance == null) {
      synchronized(IdGenerator.class) { //此处为类级别的锁
        if (instance == null) {
          instance = new IdGenerator();
        }
      }
    }
    return instance;
  }

  public long getId() {
    return id.incrementAndGet();
  }
}
```

实际上，上述实现方式存在问题：CPU 指令重排序可能导致在 IdGenerator 类的对象被关键字 new 创建并赋值给 instance 之后，还没来得及初始化（执行构造函数中的代码逻辑），就被另一个线程使用了。这样，另一个线程就使用了一个没有完整初始化的 IdGenerator 类的对象。要解决这个问题，我们只需要给 instance 成员变量添加 volatile 关键字来禁止指令重排序。

（4）静态内部类

我们介绍一种比双重检测更加简单的实现方法，那就是利用 Java 的静态内部类实现单例模式。它类似于“饿汉”式，但能够做到延迟加载。具体的代码实现如下所示。

```
public class IdGenerator {
  private AtomicLong id = new AtomicLong(0);

  private IdGenerator() {}
```

```
  private static class SingletonHolder{
    private static final IdGenerator instance = new IdGenerator();
  }

  public static IdGenerator getInstance() {
    return SingletonHolder.instance;
  }

  public long getId() {
    return id.incrementAndGet();
  }
}
```

在上述代码中，SingletonHolder是一个静态内部类，当外部类IdGenerator被加载时，并不会加载SingletonHolder类。只有当getInstance()函数第一次被调用时，SingletonHolder类才会被加载，也才会创建instance。instance的唯一性和创建过程的线程安全性都由JVM（Java虚拟机）保证。因此，这种实现方法既保证了线程安全，又能够做到延迟加载。

（5）枚举

最后，我们介绍基于枚举类型的单例模式的实现方式。这种实现方式通过Java枚举类型本身的特性，保证了实例创建的线程安全性和实例的唯一性。具体的代码实现如下所示。

```
public enum IdGenerator {
  INSTANCE;
  private AtomicLong id = new AtomicLong(0);

  public long getId() {
    return id.incrementAndGet();
  }
}
```

6.1.3 单例模式的应用：日志写入

下面这段代码实现了一个向文件中写入日志的Logger类。

```
public class Logger {
  private FileWriter writer;

  public Logger() {
    File file = new File("/Users/wangzheng/log.txt");
    writer = new FileWriter(file, true); //true表示追加写入
  }

  public void log(String message) {
    writer.write(mesasge);
  }
}
//Logger类的应用示例
public class UserController {
  private Logger logger = new Logger();

  public void login(String username, String password) {
    //...省略业务逻辑代码...
    logger.log(username + " logined!");
  }
```

```
}

public class OrderController {
  private Logger logger = new Logger();

  public void create(OrderVo order) {
    //...省略业务逻辑代码...
    logger.log("Created an order: " + order.toString());
  }
}
```

在上述代码中，所有日志都写入同一个文件：log.txt。在 UserController 类和 OrderController 类中，我们分别创建了各自的 Logger 类的对象。在 Web 容器的 Servlet 多线程环境下，如果两个 Servlet 线程分别同时执行 login() 函数和 create() 函数，并且同时将日志写入 log.txt 文件，就有可能导致日志信息互相覆盖。

为什么会出现日志信息互相覆盖呢？我们可以通过类比多线程的共享变量来理解。在多线程环境下，如果两个线程同时给同一个共享变量加 1，那么，因为共享变量是竞争资源，所以这个共享变量的最终值有可能并不是增加了 2，而是 1。同理，这里的 log.txt 文件也是竞争资源，两个线程同时往里面写数据，就有可能存在互相覆盖的情况，如图 6-1 所示。

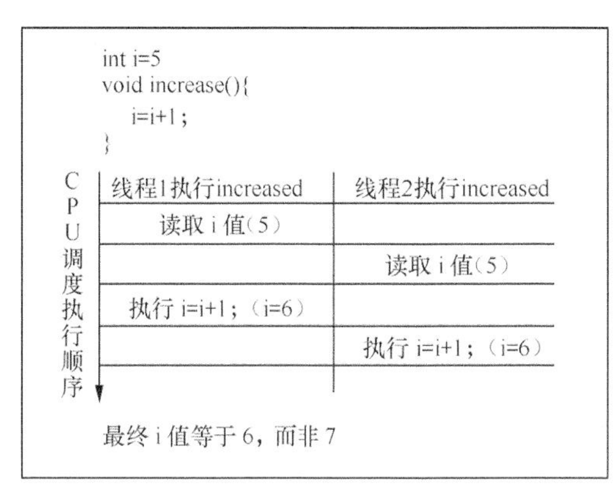

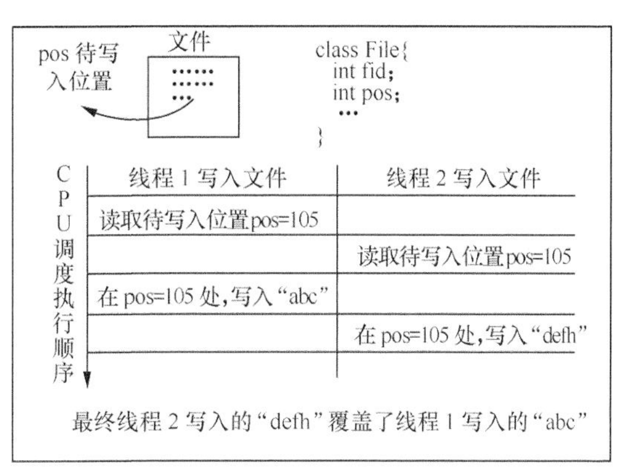

图 6-1　日志信息互相覆盖

如何解决日志信息互相覆盖问题呢？我们最先想到的解决方法应该是加锁：给 log() 函数添加互斥锁（在 Java 中，可以通过 synchronized 关键字实现），同一时刻只允许一个线程执行 log() 函数。具体的代码实现如下所示。

```
public class Logger {
  private FileWriter writer;

  public Logger() {
    File file = new File("/Users/wangzheng/log.txt");
    writer = new FileWriter(file, true); //true表示追加写入
  }

  public void log(String message) {
    synchronized(this) {
      writer.write(mesasge);
    }
  }
}
```

不过，我们仔细想想，上述代码真的能够解决多线程写入日志时互相覆盖的问题吗？答案是否定的。这是因为上述代码中的锁是对象级别的锁，一个对象在不同的线程下同时调用 log() 函数，会被强制要求顺序执行。但是，不同的对象之间并不共享同一个锁。在不同的线程中，通过不同的对象调用 log() 函数，锁并不会起作用，仍然有可能存在写入日志互相覆盖的问题。

这里补充一下，在上面的讲解和给出的代码中，作者故意“隐瞒”了一个事实：我们给 log() 函数加不加对象级别的锁，其实并没有差别。因为 FileWriter 类本身就是线程安全的，其内部实现本身就添加了对象级别的锁，因此，在调用 FileWriter 类的 write() 函数时，再添加对象级别的锁实际上是多此一举。不仅如此，因为不同的 Logger 类的对象不共享 FileWriter 类的对象，所以 FileWriter 类的对象级别的锁也解决不了日志写入互相覆盖的问题。

那么到底该如何解决这个问题呢？实际上，我们将对象级别的锁换成类级别的锁即可。我们让所有的对象都共享同一个锁，对于所有的 Logger 类的对象，在多线程环境下，因为类级别的锁的存在，同一时间只能有一个 log() 函数在执行。具体的代码实现如下所示。

```
public class Logger {
  private FileWriter writer;

  public Logger() {
    File file = new File("/Users/wangzheng/log.txt");
    writer = new FileWriter(file, true); //true表示追加写入
  }

  public void log(String message) {
    synchronized(Logger.class) { //类级别的锁
      writer.write(mesasge);
    }
  }
}
```

除使用类级别的锁以外，实际上，解决资源竞争问题的办法还有很多，分布式锁是经常被我们提及的一种解决方案。不过，实现一个安全、可靠、无 bug、高性能的分布式锁并不是一件容易的事情。除此之外，并发队列（如 Java 中的 BlockingQueue）也可以解决资源竞争问题。多个线程同时往并发队列里写日志，另外一个单独的线程负责将并发队列中的数据写入日志文件。

相比分布式锁和并发队列这两种解决方案，利用单例模式的解决方案就简单多了。我们将 Logger 类设计成单例类，这样，程序中只允许创建一个 Logger 类的对象，所有的线程共享一个 Logger 类的对象，进而共享一个 FileWriter 类的对象，而 FileWriter 类本身是对象级别线程安全的，也就避免了多线程写入日志互相覆盖问题。按照这种设计思路实现的 Logger 类如下所示。

```
public class Logger {
  private FileWriter writer;
  private static final Logger instance = new Logger();

  private Logger() {
    File file = new File("/Users/wangzheng/log.txt");
    writer = new FileWriter(file, true); //true表示追加写入
  }
```

```
  public static Logger getInstance() {
    return instance;
  }

  public void log(String message) {
    writer.write(mesasge);
  }
}

//Logger类的应用示例
public class UserController {
  public void login(String username, String password) {
    //...省略业务逻辑代码...
    Logger.getInstance().log(username + " logined!");
  }
}

public class OrderController {
  public void create(OrderVo order) {
    //...省略业务逻辑代码...
    Logger.getInstance().log("Created a order: " + order.toString());
  }
}
```

6.1.4 单例模式的弊端

尽管单例模式常用，但单例模式的使用带来了诸多问题，甚至有人把它称为反模式，即不建议在项目中使用。接下来，我们就看一下在项目中使用单例模式会存在哪些问题。

1. 单例模式隐藏类之间的依赖关系

我们知道，代码的可读性非常重要。在阅读代码时，我们希望一眼就能看出类之间的依赖关系，即快速弄清楚某个类依赖了其他哪些类。

对于通过构造函数、参数传递等方式声明的类之间的依赖关系，我们很容易通过查看函数定义识别。但是，单例类不需要显式创建，也不需要依赖参数传递，在函数中直接调用即可，这种依赖关系隐蔽。在阅读代码时，我们需要仔细查看每个函数的代码实现，只有这样，才能知道这个类到底依赖了哪些单例类。

2. 单例模式影响代码的扩展性

我们知道，单例类只能创建一个实例。如果未来某一天，我们需要在代码中创建两个或多个实例，就要对代码进行较大改动。读者可能有所疑惑：既然大部分情况下，单例类都用来表示全局类，那么，怎么会需要两个或多个实例呢？

实际上，这样的需求并不少见。我们通过数据库连接池举例说明。

在系统设计初期，我们认为系统中只应该存在一个数据库连接池，这样可以方便地控制数据库连接资源。因此，我们把数据库连接池类设计为单例类。但之后我们发现，系统中有些SQL语句运行速度非常慢。这些SQL语句在执行时，长时间占用数据库连接资源，导致其他SQL请求无法得到响应。为了解决这个问题，我们希望将运行速度慢的SQL语句与其他SQL语句隔离并单独执行。为了实现这个目的，我们在系统中创建两个数据库连接池，运行速度慢的SQL语句独享一个数据库连接池，其他SQL语句共享另外一个数据库连接池，这样就能避免运行速度慢的SQL语句影响其他SQL语句的执行。

如果我们将数据库连接池设计成单例类，就无法适应上述需求变更，也就是说，单例类

的使用影响了代码的扩展性。这也是一些经典的数据库连接池、线程池没有设计成单例类的原因。

3. 单例模式影响代码的可测试性

如果单例类依赖外部资源，如数据库，那么，在编写单元测试时，我们希望通过Mock方式将它替换。而下面这段代码所示的类似硬编码的使用方式，显然无法实现Mock替换。

```
public class Order {
  public void create(...) {
    ...
    long id = IdGenerator.getInstance().getId();
    ...
  }
}
```

除此之外，如果单例类持有成员变量（如IdGenerator类中的成员变量id），那么它实际上相当于全局变量，被所有的代码共享。如果此成员变量是可以被修改的，那么，在编写单元测试时，我们需要注意，在不同测试用例之间，如果修改了单例类中的同一个成员变量的值，那么会导致测试结果互相影响。关于这一点，读者可以回顾5.3.2节讲解的内容。

4. 单例模式不支持包含参数的构造函数

由于单例模式不支持包含参数的构造函数，因此，如果我们想要创建一个连接池的单例对象，那么无法通过参数指定连接池的大小。针对这个问题，我们给出下列3种解决思路。

1）第一种解决思路：通过init()函数传递参数。这种解决思路要求在使用单例类时，先调用init()函数，再调用getInstance()函数，否则代码会抛出异常。具体的代码实现如下所示。

```
public class Singleton {
  private static Singleton instance = null;
  private final int paramA;
  private final int paramB;

  private Singleton(int paramA, int paramB) {
    this.paramA = paramA;
    this.paramB = paramB;
  }

  public static Singleton getInstance() {
    if (instance == null) {
       throw new RuntimeException("Run init() first.");
    }
    return instance;
  }

  public synchronized static Singleton init(int paramA, int paramB) {
    if (instance != null){
       throw new RuntimeException("Singleton has been created!");
    }
    instance = new Singleton(paramA, paramB);
    return instance;
  }
}
//先调用init()函数，再通过getInstance()函数获取对象并使用
Singleton.init(10, 50);
Singleton singleton = Singleton.getInstance();
```

2）第二种解决思路：将参数放到getInstance()函数中。具体的代码实现如下所示。

```
public class Singleton {
  private static Singleton instance = null;
  private final int paramA;
  private final int paramB;
  private Singleton(int paramA, int paramB) {
    this.paramA = paramA;
    this.paramB = paramB;
  }
  public synchronized static Singleton getInstance(int paramA, int paramB) {
    if (instance == null) {
      instance = new Singleton(paramA, paramB);
    }
    return instance;
  }
}
Singleton singleton = Singleton.getInstance(10, 50);
```

不过，上述代码存在问题。如下代码所示，两次执行 getInstance() 函数：

```
Singleton singleton1 = Singleton.getInstance(10, 50);
Singleton singleton2 = Singleton.getInstance(20, 30);
```

最终的结果是：singleton1 和 signleton2 的 paramA 都为 10，paramB 都为 50。也就是说，第二条语句中的参数 20 和 30 没有起作用，而构建过程也没有给出提示，这样就会误导用户。因此，这种参数传递方式并不优雅。

3）第三种解决思路：将参数放到全局变量中，代码如下所示。其中，Config 类被定义成存储了 paramA 和 paramB 值的全局变量。paramA 和 paramB 的值既可以像如下代码所示的那样，通过静态常量来定义，又可以从配置文件中加载得到。相比前两种解决思路，这种解决思路是值得推荐的。

```
public class Config {
  public static final int PARAM_A = 123;
  public static fianl int PARAM_B = 245;
}

public class Singleton {
  private static Singleton instance = null;
  private final int paramA;
  private final int paramB;

  private Singleton() {
    this.paramA = Config.PARAM_A;
    this.paramB = Config.PARAM_B;
  }

  public synchronized static Singleton getInstance() {
    if (instance == null) {
      instance = new Singleton();
    }
    return instance;
  }
}
```

6.1.5 单例模式的替代方案

上文提到了单例模式的诸多问题，有些读者可能会问，尽管单例模式有这么多问题，但

是，如果不使用单例模式，那么如何才能保证某个类的对象全局唯一呢？

为了保证对象全局唯一，除使用单例模式以外，我们还可以通过静态方法来实现。对于ID唯一递增生成器，我们用静态方法实现，代码如下所示。

```
public class IdGenerator {
  private static AtomicLong id = new AtomicLong(0);

  public static long getId() {
    return id.incrementAndGet();
  }
}
//使用举例
long id = IdGenerator.getId();
```

不过，静态方法并不能解决单例模式中存在的测试不方便、代码不容易扩展等问题。于是，我们介绍另一种解决思路：基于依赖注入，将单例模式生成的对象作为参数传递给函数（也可以通过构造函数传递给类的成员变量）。示例代码如下。

```
//依赖注入
public demofunction(IdGenerator idGenerator) {
  long id = idGenerator.getId();
}
//在外部调用demofunction()时，传入idGenerator
IdGenerator idGenerator = IdGenerator.getInsance();
demofunction(idGenerator);
```

上述单例类的对象的使用方式可以解决部分问题，如可以解决单例模式隐藏类之间依赖关系的问题。不过，单例模式存在的其他问题，如其对代码的扩展性、可测试性不友好等，还是无法得到解决。实际上，我们还可以使用工厂模式、DI容器（如Spring）来替换单例模式，这样既能保证类的对象的全局唯一性，又能保证代码可扩展、可测试。6.2节和6.3节会详细介绍工厂模式和DI容器。

有人把单例模式当做反模式，主张杜绝在项目中使用。作者认为，这种观点过于极端。模式没有对错，关键看怎么用。如果某个类并没有后续扩展的需求，并且不依赖外部系统，那么，为了限制其对象全局唯一，将其设计为单例类就是合理的。而且，单例类有一定的优势，如使用简单，不需要通过关键字new创建和在类之间传递。

6.1.6 思考题

如果我们在项目中使用了单例模式，代码如下所示，那么应该如何在尽量少改动代码的前提下，通过重构方式提高代码的可测试性呢？

```
public class Demo {
  private UserRepo userRepo; //通过构造函数或IoC容器依赖注入

  public boolean validateCachedUser(long userId) {
    User cachedUser = CacheManager.getInstance().getUser(userId);
    User actualUser = userRepo.getUser(userId);
    //省略核心逻辑：对比cachedUser和actualUser...
  }
}
```

6.2 单例模式（下）：如何设计实现一个分布式单例模式

在 6.1 节中，我们讲解了单例模式的基本理论知识，包括单例模式的定义、实现方法、存在的弊端和替代方案等。在本节中，我们基于上述基本理论进行扩展，探讨如何设计实现一个分布式单例模式。当然，本节内容只是为了拓展读者的开发思维，并非表示这种分布式单例模式有实际用处。

6.2.1 单例模式的唯一性

我们重新审视一下单例模式的定义：一个类只允许创建一个对象（或实例），那么，这个类就是单例类，这种设计模式就称为单例模式。

单例模式的定义中提到，一个类只允许创建一个对象，那么，对象的唯一性是指在线程内只允许创建一个对象，还是指在进程内只允许创建一个对象？答案是后者。也就是说，单例模式创建的对象是进程唯一的。我们进一步解释。

我们编写的代码，通过编译和链接组织在一起，构成了操作系统可以执行的文件，也就是我们平时所说的“可执行文件”（如 Windows 操作系统中的 EXE 文件）。可执行文件实际上就是代码被翻译成操作系统可理解的一组指令。这组指令与代码一一对应。因此，我们可以将可执行文件包含的内容粗略地认为代码本身。

当我们使用命令行或双击方式运行这个可执行文件时，操作系统会启动一个进程，将这个执行文件从磁盘加载到进程的地址空间（进程的地址空间可以理解为操作系统可为进程分配的内存存储区，用来存储代码和数据）。接着，进程一条条地执行可执行文件中的代码。例如，当进程读取代码中的“User user = new User();”语句时，它就在自己的地址空间中创建一个名为 user 的临时变量和一个 User 类的对象。

进程之间不共享地址空间。如果我们在一个进程中创建另一个进程（例如，代码中有一个 fork() 语句，进程执行这条语句的时候，会创建一个新进程），那么操作系统会给新进程分配新的地址空间，并且将老进程的地址空间内的所有内容复制一份并放到新进程的地址空间中，这些内容包括代码、数据（如名为 user 的临时变量、User 类的对象）。

单例类在老进程中存在且只能存在一个对象，在新进程中也会存在且只能存在一个对象。而且，这两个对象并不是同一个对象，也就是说，单例类中对象的唯一性的作用范围是进程内，在进程间是不唯一的（新老进程各有一个单例类的对象）。

6.2.2 线程唯一的单例模式

上文提到，单例类的对象是进程唯一的，即一个进程只能有一个单例类的对象。那么，如何实现一个线程唯一的单例模式呢？

在回答这个问题之前，我们需要先介绍“线程唯一”和“进程唯一”的区别，以及什么是线程唯一的单例模式。“进程唯一”是指进程内唯一，进程间不唯一。然而，“线程唯一”是指线程内唯一，线程间可以不唯一。实际上，“进程唯一”还表示线程内、线程间都唯一，这也是“进程唯一”和“线程唯一”的区别之处。关于线程唯一，我们举例说明一下。

假设 IdGenerator 是一个线程唯一的单例类。在线程 A 内，我们可以创建一个单例类的对象 a。因为线程内唯一，所以，在线程 A 内，我们就不能再创建其他 IdGenerator 类的对象了，而线程间可以不唯一，于是，我们可以在线程 B 内，创建单例类的对象 b。

尽管“线程唯一”的描述复杂，但线程唯一的单例模式的代码实现却不复杂。在下面这段代码中，我们通过 HashMap 存储每个线程的单例类的对象，其中 HashMap 的键是线程 ID，值是单例类的对象。这样，我们可以实现不同的线程对应不同的对象，同一个线程只能对应一个对象。实际上，对于 Java 语言，我们可以使用 ThreadLocal 替代 HashMap，实现起来更加简便。不过，ThreadLocal 也是基于 HashMap 实现的。

```
public class IdGenerator {
  private AtomicLong id = new AtomicLong(0);
  private static final ConcurrentHashMap<Long, IdGenerator> instances
          = new ConcurrentHashMap<>();

  private IdGenerator() {}

  public static IdGenerator getInstance() {
    Long currentThreadId = Thread.currentThread().getId();
    instances.putIfAbsent(currentThreadId, new IdGenerator());
    return instances.get(currentThreadId);
  }

  public long getId() {
    return id.incrementAndGet();
  }
}
```

6.2.3　集群环境下的单例模式

现在，我们介绍“集群唯一”的单例模式，也就是 6.2 节节标题中提到的“分布式单例模式”。

我们还是先介绍什么是“集群唯一”。集群相当于多个进程构成的一个集合，“集群唯一”就是指进程内唯一，进程间也唯一。也就是说，不同的进程只能共享同一个对象，不能创建同一个类的多个对象。

为了实现分布式单例模式，我们可以把这个共享的单例类的对象序列化并存储到外部共享存储区（如文件）中。某个进程在使用这个单例类的对象时，需要先将它从外部共享存储区中读取到内存，并反序列化成对象后再使用，在使用完成之后，还需要再将其序列化并存储回外部共享存储区。为了保证任何时刻进程间都只有一个对象存在，一个进程在获取对象之后，需要在对象上加锁，避免其他进程获取它。进程在使用完这个对象之后，还需要显式地将对象从内存中删除，并且释放对象上的锁。对于上面的描述，我们用伪代码进行表达。

```
public class IdGenerator {
  private AtomicLong id = new AtomicLong(0);
  private static IdGenerator instance;
  private static SharedObjectStorage storage = FileSharedObjectStorage(/*入参省略，如文
件地址*/);
```

```
  private static DistributedLock lock = new DistributedLock();

  private IdGenerator() {}

  public synchronized static IdGenerator getInstance()
    if (instance == null) {
      lock.lock();
      instance = storage.load(IdGenerator.class);
    }
    return instance;
  }

  public synchroinzed void freeInstance() {
    storage.save(this, IdGeneator.class);
    instance = null; //释放对象
    lock.unlock();
  }

  public long getId() {
    return id.incrementAndGet();
  }
}
//IdGenerator类使用举例
IdGenerator idGeneator = IdGenerator.getInstance();
long id = idGenerator.getId();
IdGenerator.freeInstance();
```

6.2.4 多例模式

与单例模式相对应的是多例模式。单例模式是指一个类只能创建一个对象。对应地，多例模式是指一个类可以创建多个对象，但个数是有限制的，如只能创建 3 个对象。多例模式的示例代码如下。

```
public class BackendServer {
  private long serverNo;
  private String serverAddress;
  private static final int SERVER_COUNT = 3;
  private static final Map<Long, BackendServer> serverInstances = new HashMap<>();
  static {
    serverInstances.put(1L, new BackendServer(1L, "192.168.22.138:8080"));
    serverInstances.put(2L, new BackendServer(2L, "192.168.22.139:8080"));
    serverInstances.put(3L, new BackendServer(3L, "192.168.22.140:8080"));
  }

  private BackendServer(long serverNo, String serverAddress) {
    this.serverNo = serverNo;
    this.serverAddress = serverAddress;
  }

  public BackendServer getInstance(long serverNo) {
    return serverInstances.get(serverNo);
  }

  public BackendServer getRandomInstance() {
    Random r = new Random();
    int no = r.nextInt(SERVER_COUNT)+1;
    return serverInstances.get(no);
  }
}
```

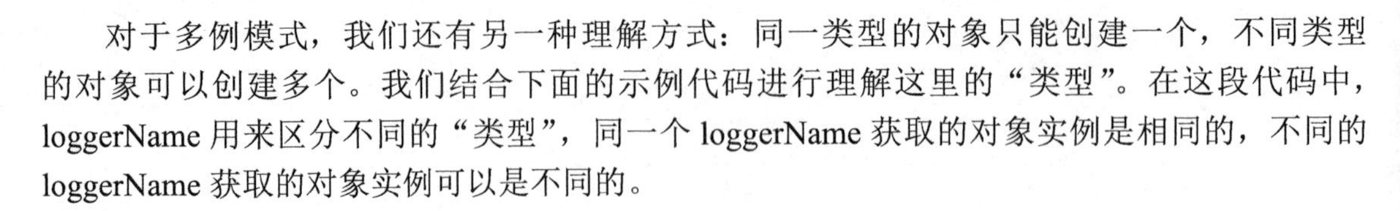

对于多例模式，我们还有另一种理解方式：同一类型的对象只能创建一个，不同类型的对象可以创建多个。我们结合下面的示例代码进行理解这里的“类型”。在这段代码中，loggerName 用来区分不同的“类型”，同一个 loggerName 获取的对象实例是相同的，不同的 loggerName 获取的对象实例可以是不同的。

```
public class Logger {
  private static final ConcurrentHashMap<String, Logger> instances
          = new ConcurrentHashMap<>();

  private Logger() {}

  public static Logger getInstance(String loggerName) {
    instances.putIfAbsent(loggerName, new Logger());
    return instances.get(loggerName);
  }

  public void log() {
    ...
  }
}
//l1==l2, l1!=l3
Logger l1 = Logger.getInstance("User.class");
Logger l2 = Logger.getInstance("User.class");
Logger l3 = Logger.getInstance("Order.class");
```

这种多例模式类似工厂模式。但它与工厂模式的不同之处在于，多例模式创建的对象都是同一个类的对象，而工厂模式创建的是不同子类的对象。除此之外，实际上，枚举类型也类似于多例模式，一个类型只能对应一个对象，一个类可以创建多个对象。

6.2.5 思考题

在本节中，我们提到单例模式的唯一性的作用范围是进程内，实际上，对于 Java 语言，更严谨地讲，单例模式的唯一性的作用范围并非进程内，而是类加载器（class loader）内，这是为什么呢？

6.3 工厂模式（上）：如何解耦复杂对象的创建和使用

工厂模式有两种分类方法。第一种分类方法将工厂模式分为 3 小类：简单工厂模式、工厂方法模式和抽象工厂模式。第二种分类方法（也是 GoF 合著的《设计模式：可复用面向对象软件的基础》一书中使用的分类方法）将工厂模式分为工厂方法模式和抽象工厂模式，并将简单工厂模式看作工厂方法模式的一种特例。因为第一种分类方法常见，所以本书沿用第一种分类方法进行讲解。

在 3 种细分的工厂模式中，简单工厂模式和工厂方法模式比较简单，在实际的项目开发中常用；而抽象工厂模式的原理比较复杂，在实际的项目开发中，其并不常用。因此，本书讲解的重点是前两种工厂模式。对于抽象工厂模式，读者简单了解即可。

6.3.1 简单工厂模式（Simple Factory Pattern）

在下面这段示例代码中，我们根据配置文件的扩展名（如 json、xml、yaml 和 properties），选择不同的解析器（如 JsonRuleConfigParser、XmlRuleConfigParser 等），将存储在文件中的配置解析成内存对象（RuleConfig）。

```
public class RuleConfigSource {
  public RuleConfig load(String ruleConfigFilePath) {
    String ruleConfigFileExtension = getFileExtension(ruleConfigFilePath);
    IRuleConfigParser parser = null;
    if ("json".equalsIgnoreCase(ruleConfigFileExtension)) {
      parser = new JsonRuleConfigParser();
    } else if ("xml".equalsIgnoreCase(ruleConfigFileExtension)) {
      parser = new XmlRuleConfigParser();
    } else if ("yaml".equalsIgnoreCase(ruleConfigFileExtension)) {
      parser = new YamlRuleConfigParser();
    } else if ("properties".equalsIgnoreCase(ruleConfigFileExtension)) {
      parser = new PropertiesRuleConfigParser();
    } else {
      throw new InvalidRuleConfigException(
              "Rule config file format is not supported: " + ruleConfigFilePath);
    }

    String configText = "";
    //从ruleConfigFilePath文件中读取配置文本到configText中
    RuleConfig ruleConfig = parser.parse(configText);
    return ruleConfig;
  }

  private String getFileExtension(String filePath) {
    //解析文件名以获取扩展名，如rule.json，返回json
    return "json";
  }
}
```

在第 4 章介绍的代码规范中，我们提到，为了让代码的逻辑更加清晰、可读性更好，我们可以将功能独立的代码块封装成函数。因此，我们可以将上述代码中涉及 parser 对象创建的这部分逻辑剥离出来，封装成 createParser() 函数。重构之后的代码如下所示。

```
  public RuleConfig load(String ruleConfigFilePath) {
    String ruleConfigFileExtension = getFileExtension(ruleConfigFilePath);
    IRuleConfigParser parser = createParser(ruleConfigFileExtension);
    if (parser == null) {
      throw new InvalidRuleConfigException(
              "Rule config file format is not supported: " + ruleConfigFilePath);
    }

    String configText = "";
    //从ruleConfigFilePath文件中读取配置文本到configText中
    RuleConfig ruleConfig = parser.parse(configText);
    return ruleConfig;
  }

  private String getFileExtension(String filePath) {
    //解析文件名以获取扩展名，如rule.json，返回json
    return "json";
```

```
  }

  private IRuleConfigParser createParser(String configFormat) {
    IRuleConfigParser parser = null;
    if ("json".equalsIgnoreCase(configFormat)) {
      parser = new JsonRuleConfigParser();
    } else if ("xml".equalsIgnoreCase(configFormat)) {
      parser = new XmlRuleConfigParser();
    } else if ("yaml".equalsIgnoreCase(configFormat)) {
      parser = new YamlRuleConfigParser();
    } else if ("properties".equalsIgnoreCase(configFormat)) {
      parser = new PropertiesRuleConfigParser();
    }
    return parser;
  }
}
```

为了让类的职责单一、代码清晰，我们可以进一步将createParser()函数从RuleConfigSource类中剥离出来，并将其放到一个独立的类中，让这个类只负责对象的创建。这个类就是我们将要介绍的简单工厂模式的工厂类。剥离之后的代码如下所示。

```
public class RuleConfigSource {
  public RuleConfig load(String ruleConfigFilePath) {
    String ruleConfigFileExtension = getFileExtension(ruleConfigFilePath);
    IRuleConfigParser parser = RuleConfigParserFactory.createParser(ruleConfigFileExtension);
    if (parser == null) {
      throw new InvalidRuleConfigException(
              "Rule config file format is not supported: " + ruleConfigFilePath);
    }

    String configText = "";
    //从ruleConfigFilePath文件中读取配置文本到configText中
    RuleConfig ruleConfig = parser.parse(configText);
    return ruleConfig;
  }

  private String getFileExtension(String filePath) {
    //解析文件名以获取扩展名，如rule.json，返回json
    return "json";
  }
}

public class RuleConfigParserFactory {
  public static IRuleConfigParser createParser(String configFormat) {
    IRuleConfigParser parser = null;
    if ("json".equalsIgnoreCase(configFormat)) {
      parser = new JsonRuleConfigParser();
    } else if ("xml".equalsIgnoreCase(configFormat)) {
      parser = new XmlRuleConfigParser();
    } else if ("yaml".equalsIgnoreCase(configFormat)) {
      parser = new YamlRuleConfigParser();
    } else if ("properties".equalsIgnoreCase(configFormat)) {
      parser = new PropertiesRuleConfigParser();
    }
    return parser;
  }
}
```

上述代码就是简单工厂模式的一种实现方法（在接下来的讲解中，我们把这种实现方式称为简单工厂模式的第一种实现方式）。在简单工厂模式的代码实现中，大部分工厂类的命名都以“Factory”结尾，但这不是必需的，如 Java 中的 DateFormat、Calender 尽管没有以“Factory”结尾，但它们也是工厂类。除此之外，在工厂类中，创建对象的方法的名称一般以“create”开头，后面紧跟要创建的类名，如上述代码中的 createParser()。创建对象的方法还有其他命名方式，如 getInstance()、createInstance() 和 newInstance() 等，甚至命名为 valueOf()（如 Java String 类的 valueOf() 函数）。关于创建对象的方法的命名，读者根据具体应用场景和使用习惯命名就好，不做强制要求。

在简单工厂模式的第一种代码实现中，每次调用 RuleConfigParserFactory 的 createParser() 函数，都会创建一个新的 parser。实际上，如果 parser 可以复用，那么，为了节省内存和对象创建的时间开销，我们可以事先创建 parser 并将其缓存。当调用 createParser() 函数时，我们直接从缓存中取出 parser 并使用。这类似单例模式和简单工厂模式的结合，具体的代码实现如下所示。在接下来的讲解中，我们把下面这种实现方法称为简单工厂模式的第二种实现方法。

```
public class RuleConfigParserFactory {
  private static final Map<String, RuleConfigParser> cachedParsers = new HashMap<>();
  static {
    cachedParsers.put("json", new JsonRuleConfigParser());
    cachedParsers.put("xml", new XmlRuleConfigParser());
    cachedParsers.put("yaml", new YamlRuleConfigParser());
    cachedParsers.put("properties", new PropertiesRuleConfigParser());
  }

  public static IRuleConfigParser createParser(String configFormat) {
    if (configFormat == null || configFormat.isEmpty()) {
      return null; //返回null或IllegalArgumentException由读者决定
    }
    IRuleConfigParser parser = cachedParsers.get(configFormat.toLowerCase());
    return parser;
  }
}
```

对于简单工厂模式的两种实现方法，如果我们添加新的 parser，那么势必改动 RuleConfigParserFactory 类的代码，这是不是违反开闭原则？实际上，如果并非频繁地添加新的 parser，只是偶尔修改 RuleConfigParserFactory 类的代码，即便 RuleConfigParserFactory 类的代码实现不符合开闭原则，也是可以接受的。

除此之外，RuleConfigParserFactory 类的第一种代码实现中有一组 if 分支判断逻辑语句，是不是应该将它替换为多态或其他设计模式呢？实际上，如果 if 分支并不是很多，代码中存在 if 分支也是可以接受的。

6.3.2 工厂方法模式（Factory Method Pattern）

如果我们要将 if 分支判断逻辑去掉，那么应该怎么办呢？经典的解决方法是利用多态替代 if 分支判断逻辑。具体的代码实现如下所示。

```
public interface IRuleConfigParserFactory {
  IRuleConfigParser createParser();
}

public class JsonRuleConfigParserFactory implements IRuleConfigParserFactory {
  @Override
  public IRuleConfigParser createParser() {
```

```
      return new JsonRuleConfigParser();
    }
  }

  public class XmlRuleConfigParserFactory implements IRuleConfigParserFactory {
    @Override
    public IRuleConfigParser createParser() {
      return new XmlRuleConfigParser();
    }
  }

  public class YamlRuleConfigParserFactory implements IRuleConfigParserFactory {
    @Override
    public IRuleConfigParser createParser() {
      return new YamlRuleConfigParser();
    }
  }

  public class PropertiesRuleConfigParserFactory implements IRuleConfigParserFactory {
    @Override
    public IRuleConfigParser createParser() {
      return new PropertiesRuleConfigParser();
    }
  }
```

实际上，上述代码就是工厂方法模式的实现代码。当需要新增一种 parser 时，我们只需要新增一个实现了 IRuleConfigParserFactory 接口的 Factory 类。因此，**工厂方法模式比简单工厂模式更加符合开闭原则。**

不过，上述工厂方法模式的代码实现仍然存在问题。我们先看一下如何使用工厂方法模式的代码实现中的工厂类来实现 RuleConfigSource 类的 load() 函数，代码如下所示。

```
public class RuleConfigSource {
  public RuleConfig load(String ruleConfigFilePath) {
    String ruleConfigFileExtension = getFileExtension(ruleConfigFilePath);
    IRuleConfigParserFactory parserFactory = null;
    if ("json".equalsIgnoreCase(ruleConfigFileExtension)) {
      parserFactory = new JsonRuleConfigParserFactory();
    } else if ("xml".equalsIgnoreCase(ruleConfigFileExtension)) {
      parserFactory = new XmlRuleConfigParserFactory();
    } else if ("yaml".equalsIgnoreCase(ruleConfigFileExtension)) {
      parserFactory = new YamlRuleConfigParserFactory();
    } else if ("properties".equalsIgnoreCase(ruleConfigFileExtension)) {
      parserFactory = new PropertiesRuleConfigParserFactory();
    } else {
      throw new InvalidRuleConfigException("Rule config file format is not supported: "
+ ruleConfigFilePath);
    }
    IRuleConfigParser parser = parserFactory.createParser();
    String configText = "";
    //从ruleConfigFilePath文件中读取配置文本到configText中
    RuleConfig ruleConfig = parser.parse(configText);
    return ruleConfig;
  }

  private String getFileExtension(String filePath) {
    //解析文件名以获取扩展名，如rule.json，返回json
    return "json";
  }
}
```

从上面的代码实现来看，尽管 parser 对象的创建逻辑从 RuleConfigSource 类中剥离，但工厂类的对象的创建逻辑又与 RuleConfigSource 类耦合。也就是说，引入工厂方法模式，非但没有解决问题，反倒让设计变得更加复杂了。那么，这个问题应该怎么解决呢？

我们可以为工厂类再创建一个简单工厂，也就是工厂的工厂，用来创建工厂类的对象，具体的代码实现如下所示。其中，RuleConfigParserFactoryMap 类是创建工厂类的对象的工厂类，getParserFactory() 返回缓存好的工厂类的对象。

```
public class RuleConfigSource {
  public RuleConfig load(String ruleConfigFilePath) {
    String ruleConfigFileExtension = getFileExtension(ruleConfigFilePath);
    IRuleConfigParserFactory parserFactory = RuleConfigParserFactoryMap.getParserFactory
(ruleConfigFileExtension);
    if (parserFactory == null) {
      throw new InvalidRuleConfigException("Rule config file format is not supported: "
+ ruleConfigFilePath);
    }
    IRuleConfigParser parser = parserFactory.createParser();
    String configText = "";
    //从ruleConfigFilePath文件中读取配置文本到configText中
    RuleConfig ruleConfig = parser.parse(configText);
    return ruleConfig;
  }
  private String getFileExtension(String filePath) {
    //解析文件名以获取扩展名，如rule.json，返回json
    return "json";
  }
}

public class RuleConfigParserFactoryMap { //工厂的工厂
  private static final Map<String, IRuleConfigParserFactory> cachedFactories = new HashMap<>();
  static {
    cachedFactories.put("json", new JsonRuleConfigParserFactory());
    cachedFactories.put("xml", new XmlRuleConfigParserFactory());
    cachedFactories.put("yaml", new YamlRuleConfigParserFactory());
    cachedFactories.put("properties", new PropertiesRuleConfigParserFactory());
  }

  public static IRuleConfigParserFactory getParserFactory(String type) {
    if (type == null || type.isEmpty()) {
      return null;
    }
    IRuleConfigParserFactory parserFactory = cachedFactories.get(type.toLowerCase());
    return parserFactory;
  }
}
```

当我们需要添加新的 parser 时，只需要定义新的 parser 对应的类和工厂类，并且在 RuleConfigParserFactoryMap 类中，将工厂类的对象添加到 cachedFactories 中。这样做使得代码改动非常少，基本符合开闭原则。

实际上，对于规则配置解析这个应用场景，工厂方法模式需要额外创建诸多工厂类，而且每一个工厂类的功能都非常"单薄"，只包含一行创建代码，实际上，这有点过度设计。拆分解耦的目的是降低代码的复杂度，如果代码已经足够简单，就没必要继续拆分了。因此，在这个应用场景下，简单工厂模式已经够用了，没必要使用工厂方法模式。

相反，如果每个对象的创建逻辑都比较复杂，如对象的创建需要组合其他类的对象，并进

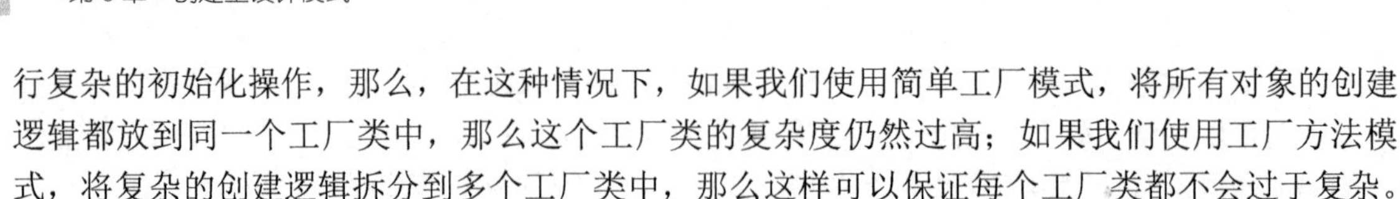

行复杂的初始化操作，那么，在这种情况下，如果我们使用简单工厂模式，将所有对象的创建逻辑都放到同一个工厂类中，那么这个工厂类的复杂度仍然过高；如果我们使用工厂方法模式，将复杂的创建逻辑拆分到多个工厂类中，那么这样可以保证每个工厂类都不会过于复杂。实际上，工厂方法模式是基于简单工厂模式，对对象创建逻辑的进一步拆分。

6.3.3 抽象工厂模式（Abstract Factory Pattern）

在简单工厂模式和工厂方法模式中，类只有一种分类方式。例如，在配置解析的例子中，解析器只会根据配置文件的格式（JSON、XML、YAML 等）来分类。但是，如果解析器有两种分类方式，既可以按照配置文件格式来分类，又可以按照解析的对象（规则配置或系统配置）来分类，那么，通过组合，我们会得到下列 8 种解析器类。

（1）针对规则配置的解析器（基于接口 IRuleConfigParser 的实现类）

1）JsonRuleConfigParser

2）XmlRuleConfigParser

3）YamlRuleConfigParser

4）PropertiesRuleConfigParser

（2）针对系统配置的解析器（基于接口 ISystemConfigParser 的实现类）

1）JsonSystemConfigParser

2）XmlSystemConfigParser

3）YamlSystemConfigParser

4）PropertiesSystemConfigParser

针对这种特殊的场景，如果我们继续使用工厂方法模式来实现，那么需要针对每个 parser 分别编写一个工厂类，也就是要编写 8 个工厂类。如果我们未来还需要增加针对业务配置的解析器（如基于接口 IBizConfigParser 的实现类），那么需要再对应地增加 4 个工厂类。而我们知道，过多的类会让系统变得难以维护。那么，这个问题应该怎么解决呢？

抽象工厂模式就是针对这种特殊场景而产生的。我们让一个工厂负责创建多种不同类型的 parser 对象（IRuleConfigParser、ISystemConfigParser 等），而不是只创建一种类型的 parser 对象。这样就可以有效地减少工厂类的个数。示例代码如下。

```
public interface IConfigParserFactory {
  IRuleConfigParser createRuleParser();
  ISystemConfigParser createSystemParser();
  //此处可以扩展新的parser类型，如IBizConfigParser
}

public class JsonConfigParserFactory implements IConfigParserFactory {
  @Override
  public IRuleConfigParser createRuleParser() {
    return new JsonRuleConfigParser();
  }

  @Override
  public ISystemConfigParser createSystemParser() {
    return new JsonSystemConfigParser();
  }
}
```

```
public class XmlConfigParserFactory implements IConfigParserFactory {
  @Override
  public IRuleConfigParser createRuleParser() {
    return new XmlRuleConfigParser();
  }

  @Override
  public ISystemConfigParser createSystemParser() {
    return new XmlSystemConfigParser();
  }
}
//省略YamlConfigParserFactory和PropertiesConfigParserFactory代码
```

6.3.4 工厂模式的应用场景总结

当对象的创建逻辑比较复杂时，我们可以考虑使用工厂模式，即封装对象的创建过程，将对象的创建和使用分离，以此降低代码的复杂度。那么，怎么才算对象的创建逻辑比较复杂呢？作者总结了下面两种情况。

第一种情况：类似规则配置解析的例子，代码中存在 if 分支判断逻辑，其根据不同的类型动态地创建不同的对象。针对这种情况，我们可以考虑使用工厂模式，将这一大段创建对象的代码抽离，并放到工厂类中。当每个对象的创建逻辑都比较简单时，我们使用简单工厂模式，将多个对象的创建逻辑放到一个工厂类中即可。当每个对象的创建逻辑都比较复杂时，为了避免工厂类过于复杂，我们推荐使用工厂方法模式，将对象的创建逻辑拆分得更细，每个对象的创建逻辑单独放到各自的工厂类中。

第二种情况：尽管我们不需要根据不同的类型创建不同的对象，但是，单个对象本身的创建过程比较复杂，如前面提到的需要组合其他类的对象，并进行各种初始化操作。在这种情况下，我们也可以考虑使用工厂模式，即将对象的创建过程封装到工厂类中。

总结一下，工厂模式的作用有下列 4 个，它们也是判断是否使用工厂模式的参考标准。

1）封装变化：利用工厂模式，封装创建逻辑，创建逻辑的变更对调用者透明。

2）代码复用：创建逻辑抽离到工厂类之后，可以复用，不需要重复编写。

3）隔离复杂性：封装复杂的创建逻辑，调用者无须了解如何创建对象。

4）控制复杂度：将创建逻辑与使用逻辑分离，原本复杂的代码变得简洁。

6.3.5 思考题

1）工厂模式是一种常用的设计模式，在很多开源项目、工具类中到处可见，如 Java 的 Calendar 类、DateFormat 类中。除此之外，读者还知道哪些使用工厂模式实现的类？为什么它们要使用工厂模式？

2）实际上，简单工厂模式还称为静态工厂方法模式（Static Factory Method Pattern），因为其中创建对象的方法是静态的。为什么创建对象的方法要设置成静态的？在使用的时候，这样的设置是否会影响代码的可测试性？

6.4 工厂模式（下）：如何设计实现一个依赖注入容器

工厂模式在依赖注入容器（Dependency Injection Container，DI 容器，也称依赖注入框架）中有广泛应用。本节重点剖析依赖注入容器的实现原理。

6.4.1 DI 容器与工厂模式的区别

DI 容器底层的基本设计思路基于工厂模式。DI 容器相当于一个大的工厂类，在程序启动时，负责根据配置（需要创建哪些类的对象，每个类的对象的创建需要依赖哪些其他类的对象）事先创建好对象。当应用程序需要使用某个类的对象时，直接从容器中获取即可。因为 DI 容器持有一堆对象，所以它才被称为“容器”。

相对于普通的工厂模式，DI 容器处理的是更大的对象创建工程。在工厂模式中，一个工厂类只负责某个类的对象或某一组相关类的对象（继承自同一抽象类或接口的子类）的创建，而 DI 容器负责的是整个应用程序中所有类的对象的创建。

除此之外，相比工厂模式，DI 容器不只是负责对象的创建，还包括其他工作，如配置的解析、对象生命周期管理等。接下来，我们介绍一个基础的 DI 容器包含哪些核心功能。

6.4.2 DI 容器的核心功能

一个基础的 DI 容器一般包含 3 个核心功能：配置解析、对象创建和对象生命周期管理。接下来，我们详细介绍这 3 个核心功能。

1. 配置解析

在工厂模式中，工厂类要创建哪个类的对象，是事先确定好的，并且是“硬编码”在工厂类代码中的。作为一个通用的框架，DI 容器的代码与应用程序的代码应该是高度解耦的，也就是说，DI 容器事先并不知道应用程序会创建哪些对象，不可能把某个应用程序要创建的对象“硬编码”在 DI 容器的代码中。因此，我们需要通过一种形式让应用程序“告知”DI 容器需要创建哪些对象。这种形式就是下面要讲的“配置”。

我们将需要由 DI 容器创建的类的对象和创建类的对象的必要信息（使用哪个构造函数，以及对应的构造函数的参数等）放到配置文件中。DI 容器读取配置文件，并根据配置文件提供的信息创建对象。

下面是一个典型的 Spring 容器（Java 中著名的 DI 容器）的配置文件。Spring 容器读取这个配置文件，并解析出需要它创建的两个对象：rateLimiter 和 redisCounter，并且得到二者的依赖关系，即 rateLimiter 依赖 redisCounter，由此创建这两个对象。

```
public class RateLimiter {
  private RedisCounter redisCounter;

  public RateLimiter(RedisCounter redisCounter) {
    this.redisCounter = redisCounter;
```

```
  }

  public void test() {
    System.out.println("Hello World!");
  }
  ...
}

public class RedisCounter {
  private String ipAddress;
  private int port;

  public RedisCounter(String ipAddress, int port) {
    this.ipAddress = ipAddress;
    this.port = port;
  }
  ...
}
```

配置文件 beans.xml 的内容如下。

```
<beans>
     <bean id="rateLimiter" class="com.xzg.RateLimiter">
            <constructor-arg ref="redisCounter"/>
      </bean>

      <bean id="redisCounter" class="com.xzg.redisCounter">
     <constructor-arg type="String" value="127.0.0.1">
     <constructor-arg type="int" value=1234>
      </bean>
</beans>
```

2. 对象创建

在 DI 容器中，如果我们给每个类都对应地创建一个工厂类，那么工厂类的个数非常多，这增加了代码的维护成本。解决这个问题其实并不难，我们只需要将所有类的对象的创建都放到一个工厂类中完成，如 BeansFactory 工厂类。

有些读者可能会问，如果需要创建的类的对象非常多，那么 BeansFactory 中的代码会不会线性“膨胀”（代码量与创建的对象个数成正比）呢？实际上并不会。在接下来讲到 DI 容器的具体实现时，我们会讲到“反射”，它能在程序运行的过程中动态地加载类并创建对象，不需要事先在代码中“硬编码”要创建哪些对象。因此，无论是创建一个对象还是多个对象，BeansFactory 工厂类的代码都是一样的。

3. 对象生命周期管理

在 6.3.1 节中，我们讲到，简单工厂模式有两种实现方式，一种是每次都返回新创建的对象；另一种是每次都返回同一个事先创建好的对象。在 Spring 框架中，我们可以通过配置 scope 属性来区分这两种不同类型的对象，scope=prototype 表示返回新创建的对象，scope=singleton 表示返回实现创建好的对象。

除此之外，我们还可以配置对象是否支持“懒”加载。如果 lazy-init=true，那么对象只有在真正被使用时（如 BeansFactory.getBean("userService")）才会被创建；如果 lazy-init=false，那么对象在应用程序启动时事先被创建好。

不仅如此，我们还可以配置对象的 init-method 和 destroy-method 方法，如 init-method=loadProperties() 和 destroy-method=updateConfigFile()。DI 容器在创建好对象之后，会主动调

用 init-method 属性指定的方法来初始化对象。在对象被最终销毁之前，DI 容器会主动调用 destroy-method 属性指定的方法来做一些清理工作，如释放数据库连接、关闭文件等。

6.4.3 DI 容器的设计与实现

实际上，使用 Java 语言实现一个简单的 DI 容器的核心逻辑只需要包含两个部分：解析配置文件和根据配置文件并通过“反射”语法来创建对象。接下来，我们介绍如何设计和实现一个简单的 DI 容器。

1. 最小原型设计

像 Spring 容器这样的 DI 容器，它支持的配置格式非常灵活和复杂。为了简化代码实现，侧重讲解原理，我们只实现一个 DI 容器的最小原型。在最小原型中，我们只支持下面这个配置文件中涉及的配置语法。

```
<beans>
   <bean id="rateLimiter" class="com.xzg.RateLimiter">
      <constructor-arg ref="redisCounter"/>
   </bean>

   <bean id="redisCounter" class="com.xzg.redisCounter" scope="singleton" lazy-init="true">
     <constructor-arg type="String" value="127.0.0.1">
     <constructor-arg type="int" value=1234>
   </bean>
</beans>
```

最小原型的使用方式与 Spring 容器的使用方法类似，示例代码如下。

```
public class Demo {
  public static void main(String[] args) {
    ApplicationContext applicationContext = new ClassPathXmlApplicationContext("beans.xml");

    RateLimiter rateLimiter = (RateLimiter) applicationContext.getBean("rateLimiter");
    rateLimiter.test();
    ...
  }
}
```

2. 提供执行入口

在 2.3 节中，我们讲到，面向对象设计的最后一步是组装类并提供执行入口。对于 ID 容器，执行入口就是一组暴露给外部使用的接口和类。通过上面给出的最小原型的使用示例代码，我们可以看出，执行入口主要包含 ApplicationContext 和 ClassPathXmlApplicationContext。其中，ApplicationContext 是接口，ClassPathXmlApplicationContext 是接口的实现类。它们的具体实现代码如下。

```
public interface ApplicationContext {
  Object getBean(String beanId);
}

public class ClassPathXmlApplicationContext implements ApplicationContext {
  private BeansFactory beansFactory;
  private BeanConfigParser beanConfigParser;

  public ClassPathXmlApplicationContext(String configLocation) {
    this.beansFactory = new BeansFactory();
```

```
    this.beanConfigParser = new XmlBeanConfigParser();
    loadBeanDefinitions(configLocation);
  }

  private void loadBeanDefinitions(String configLocation) {
    InputStream in = null;
    try {
      in = this.getClass().getResourceAsStream("/" + configLocation);
      if (in == null) {
        throw new RuntimeException("Can not find config file: " + configLocation);
      }
      List<BeanDefinition> beanDefinitions = beanConfigParser.parse(in);
      beansFactory.addBeanDefinitions(beanDefinitions);
    } finally {
      if (in != null) {
        try {
          in.close();
        } catch (IOException e) {
          //TODO：输出异常日志
        }
      }
    }
  }

  @Override
  public Object getBean(String beanId) {
    return beansFactory.getBean(beanId);
  }
}
```

从上述代码中，我们可以发现，ClassPathXmlApplicationContext 负责组装 BeansFactory 和 BeanConfigParser 两个类，串联执行流程：从 classpath（类加载路径）中加载 XML 格式的配置文件，通过 BeanConfigParser 类解析成统一的 BeanDefinition 格式，最后，BeansFactory 类根据 BeanDefinition 创建对象。

3. 配置文件解析

配置文件解析主要包含 BeanConfigParser 接口和 XmlBeanConfigParser 实现类，负责将配置文件解析为 BeanDefinition 结构，以便 BeansFactory 类根据这个结构创建对象。

配置文件的解析过程烦琐，不涉及本书讲解的知识，不是我们讲解的重点，这里作者只给出 BeanConfigParser 接口和 XmlBeanConfigParser 实现类的大致设计思路，并未给出具体的实现代码。如果读者感兴趣的话，那么可以自行补充完整。BeanConfigParser 接口和 XmlBeanConfigParser 实现类的代码框架如下所示。

```
public interface BeanConfigParser {
  List<BeanDefinition> parse(InputStream inputStream);
  List<BeanDefinition> parse(String configContent);
}

public class XmlBeanConfigParser implements BeanConfigParser {
  @Override
  public List<BeanDefinition> parse(InputStream inputStream) {
    String content = null;
    ...
    return parse(content);
  }

  @Override
```

```
  public List<BeanDefinition> parse(String configContent) {
    List<BeanDefinition> beanDefinitions = new ArrayList<>();
    ...
    return beanDefinitions;
  }
}

public class BeanDefinition {
  private String id;
  private String className;
  private List<ConstructorArg> constructorArgs = new ArrayList<>();
  private Scope scope = Scope.SINGLETON;
  private boolean lazyInit = false;
  //省略必要的getter、setter和constructors方法

  public boolean isSingleton() {
    return scope.equals(Scope.SINGLETON);
  }

  public static enum Scope {
    SINGLETON,
    PROTOTYPE
  }

  public static class ConstructorArg {
    private boolean isRef;
    private Class type;
    private Object arg;
    //省略必要的getter、setter和constructors方法
  }
}
```

4. 核心工厂类设计

最后，我们介绍 BeansFactory 类是如何被设计和实现的。BeansFactory 类是 DI 容器的核心类，负责根据从配置文件解析得到的 BeanDefinition 来创建对象。

如果对象的 scope 属性是 singleton，那么对象创建之后会缓存在 singletonObjects 这样一个 map 中，下次请求此对象时，可直接从 map 中取出并使用，不需要重新创建。如果对象的 scope 属性是 prototype，那么，在每次请求对象时，BeansFactory 类都会创建一个新的对象。

实际上，BeansFactory 类创建对象时使用的主要技术是 Java 中的反射语法——一种动态加载类和创建对象的机制。我们知道，JVM 在启动时，会根据代码自动地加载类和创建对象。至于需要加载哪些类和创建哪些对象，这些都已“硬编码”在代码中。但是，如果某个对象的创建并不是“硬编码”在代码中，而是放到配置文件中，那么，在程序运行期间，我们需要动态地根据配置文件来加载类和创建对象，而这部分工作无法由 JVM 自动完成，我们需要利用 Java 提供的反射语法自行编写代码实现。BeansFactory 类的代码如下所示。

```
public class BeansFactory {
  private ConcurrentHashMap<String, Object> singletonObjects = new ConcurrentHashMap<>();
  private ConcurrentHashMap<String, BeanDefinition> beanDefinitions = new ConcurrentHashMap<>();

  public void addBeanDefinitions(List<BeanDefinition> beanDefinitionList) {
    for (BeanDefinition beanDefinition : beanDefinitionList) {
      this.beanDefinitions.putIfAbsent(beanDefinition.getId(), beanDefinition);
    }
    for (BeanDefinition beanDefinition : beanDefinitionList) {
      if (beanDefinition.isLazyInit() == false && beanDefinition.isSingleton()) {
        createBean(beanDefinition);
```

```
      }
    }
  }

  public Object getBean(String beanId) {
    BeanDefinition beanDefinition = beanDefinitions.get(beanId);
    if (beanDefinition == null) {
      throw new NoSuchBeanDefinitionException("Bean is not defined: " + beanId);
    }
    return createBean(beanDefinition);
  }

  @VisibleForTesting
  protected Object createBean(BeanDefinition beanDefinition) {
    if (beanDefinition.isSingleton() && singletonObjects.contains(beanDefinition.getId())) {
      return singletonObjects.get(beanDefinition.getId());
    }
    Object bean = null;
    try {
      Class beanClass = Class.forName(beanDefinition.getClassName());
      List<BeanDefinition.ConstructorArg> args = beanDefinition.getConstructorArgs();
      if (args.isEmpty()) {
        bean = beanClass.newInstance();
      } else {
        Class[] argClasses = new Class[args.size()];
        Object[] argObjects = new Object[args.size()];
        for (int i = 0; i < args.size(); ++i) {
          BeanDefinition.ConstructorArg arg = args.get(i);
          if (!arg.getIsRef()) {
            argClasses[i] = arg.getType();
            argObjects[i] = arg.getArg();
          } else {
            BeanDefinition refBeanDefinition = beanDefinitions.get(arg.getArg());
            if (refBeanDefinition == null) {
            throw new NoSuchBeanDefinitionException("Bean is not defined: " + arg.getArg());
            }
            argClasses[i] = Class.forName(refBeanDefinition.getClassName());
            argObjects[i] = createBean(refBeanDefinition);
          }
        }
        bean = beanClass.getConstructor(argClasses).newInstance(argObjects);
      }
    } catch (ClassNotFoundException | IllegalAccessException
            | InstantiationException | NoSuchMethodException | InvocationTargetException e) {
      throw new BeanCreationFailureException("", e);
    }
    if (bean != null && beanDefinition.isSingleton()) {
      singletonObjects.putIfAbsent(beanDefinition.getId(), bean);
      return singletonObjects.get(beanDefinition.getId());
    }
    return bean;
  }
}
```

在一些软件开发中，DI 容器已经成为标配，如 Spring 容器已经成为了 Java 开发的标配。但是，大部分人只是把它当成黑盒子使用，并未真正了解它的底层是如何实现的。当然，如果我们面对的是一些简单的小项目，那么，对于选择使用的框架，我们只要会用就足够了。但是，如果我们面对的是非常复杂的系统，那么，当系统出现问题时，对底层原理的掌握程度决定了排查问题的能力，直接影响排查问题的效率。希望本节内容能够加深读者对 DI 容器底层

原理的理解，激发读者对底层原理的兴趣。

6.4.4　思考题

BeansFactory 类中的 createBean() 函数是一个递归函数。当该函数的参数是 ref 类型时，它会递归地创建 ref 属性指向的对象。如果我们在配置文件中错误地配置了对象之间的依赖关系，导致存在循环依赖，那么 BeansFactory 类的 createBean() 函数是否会出现堆栈溢出？若出现堆栈溢出问题，那么如何解决呢？

6.5　建造者模式：什么情况下必须用建造者模式创建对象

建造者模式（Builder Pattern）又称为构建者模式或生成器模式。实际上，建造者模式的原理和代码实现非常简单，掌握起来并不难，其难点在于应用场景。读者是否考虑过下列两个问题：直接使用构造函数或配合 setter 方法就能创建对象，为什么还需要通过建造者模式创建呢？建造者模式和工厂模式都可以创建对象，它们的区别是什么？带着这两个问题，我们学习建造者模式。

6.5.1　使用构造函数创建对象

在平时的开发中，创建一个对象的常用方式是使用 new 关键字调用类的构造函数来完成。假设有这样一道代码设计方面的面试题：请编写代码实现一个资源池配置类 ResourcePoolConfig。这里的资源池可以简单地被理解为线程池、连接池和对象池等。这个资源池配置类中有表 6-1 所示的成员变量，也就是可配置项。

表 6-1　资源池配置类 ResourcePoolConfig 中的成员变量

成员变量	说明	是否为必填变量	默认值
name	资源名称	是	没有
maxTotal	最大总资源数量	否	8
maxIdle	最大空闲资源数量	否	8
minIdle	最小空闲资源数量	否	0

只要我们有一些项目开发经验，就能够轻松实现这个资源池配置类。我们容易想到的实现思路如下面的代码所示。因为 maxTotal、maxIdle 和 minIdle 不是必填变量，所以，在创建 ResourcePoolConfig 类的对象时，通过向构造函数中传递 null 值来表示使用默认值。

```
public class ResourcePoolConfig {
  private static final int DEFAULT_MAX_TOTAL = 8;
  private static final int DEFAULT_MAX_IDLE = 8;
  private static final int DEFAULT_MIN_IDLE = 0;
  private String name;
```

```
  private int maxTotal = DEFAULT_MAX_TOTAL;
  private int maxIdle = DEFAULT_MAX_IDLE;
  private int minIdle = DEFAULT_MIN_IDLE;

  public ResourcePoolConfig(String name, Integer maxTotal, Integer maxIdle, Integer minIdle) {
    if (StringUtils.isBlank(name)) {
      throw new IllegalArgumentException("name should not be empty.");
    }
    this.name = name;
    if (maxTotal != null) {
      if (maxTotal <= 0) {
        throw new IllegalArgumentException("maxTotal should be positive.");
      }
      this.maxTotal = maxTotal;
    }
    if (maxIdle != null) {
      if (maxIdle < 0) {
        throw new IllegalArgumentException("maxIdle should not be negative.");
      }
      this.maxIdle = maxIdle;
    }
    if (minIdle != null) {
      if (minIdle < 0) {
        throw new IllegalArgumentException("minIdle should not be negative.");
      }
      this.minIdle = minIdle;
    }
  }
  //...省略getter方法...
}
```

目前，ResourcePoolConfig 类中只有 4 个可配置项，对应到构造函数中，就是 4 个参数，参数的个数并不多。但是，如果可配置项逐渐增多，如变成了 8 个、10 个，甚至更多，那么继续沿用上述设计思路，构造函数的参数列表会变得很长，代码的可读性和易用性就会变得很差。在使用构造函数时，我们很容易搞错各参数的顺序，传递错误的参数值，导致引入隐蔽的 bug，示例代码如下。

```
    ResourcePoolConfig config = new ResourcePoolConfig("dbconnectionpool", 16, null, 8,
null, false, true, 10, 20,false,true);
```

6.5.2 使用 setter 方法为成员变量赋值

实际上，解决 6.5.1 节最后提出的那个问题很简单，我们可以用 setter 方法替代构造函数为成员变量赋值，具体的代码如下所示。其中，配置项 name 是必填的，因此，我们把它放到构造函数中进行设置，强制在创建对象时填写。其他配置项 maxTotal、maxIdle 和 minIdle 都不是必填的，因此，我们通过 setter 方法进行设置，让使用者自主选择填写或不填写。

```
public class ResourcePoolConfig {
  private static final int DEFAULT_MAX_TOTAL = 8;
  private static final int DEFAULT_MAX_IDLE = 8;
  private static final int DEFAULT_MIN_IDLE = 0;
  private String name;
  private int maxTotal = DEFAULT_MAX_TOTAL;
  private int maxIdle = DEFAULT_MAX_IDLE;
  private int minIdle = DEFAULT_MIN_IDLE;
```

```
    public ResourcePoolConfig(String name) {
      if (StringUtils.isBlank(name)) {
        throw new IllegalArgumentException("name should not be empty.");
      }
      this.name = name;
    }

    public void setMaxTotal(int maxTotal) {
      if (maxTotal <= 0) {
        throw new IllegalArgumentException("maxTotal should be positive.");
      }
      this.maxTotal = maxTotal;
    }

    public void setMaxIdle(int maxIdle) {
      if (maxIdle < 0) {
        throw new IllegalArgumentException("maxIdle should not be negative.");
      }
      this.maxIdle = maxIdle;
    }

    public void setMinIdle(int minIdle) {
      if (minIdle < 0) {
        throw new IllegalArgumentException("minIdle should not be negative.");
      }
      this.minIdle = minIdle;
    }
    //...省略getter方法...
  }
```

重构之后的 ResourcePoolConfig 类的使用方法见下面的示例代码。在创建对象时，不需要创建冗长的参数列表，代码的可读性和易用性提高了很多。

```
ResourcePoolConfig config = new ResourcePoolConfig("dbconnectionpool");
config.setMaxTotal(16);
config.setMaxIdle(8);
```

6.5.3　使用建造者模式做参数校验

至此，我们都没有用到建造者模式，只需要通过构造函数设置必填项，通过 setter 方法设置可选项，就能够满足需求。如果我们加大难度，如还需要解决下面 3 个问题，那么，目前的设计思路是否还满足需求呢？

1）上文讲到，name 是必填项，因此，我们把它放到构造函数中，在强制创建对象时设置。如果必填项很多，把这些必填项都放到构造函数中进行设置，那么又会出现构造函数的参数列表过长的问题。如果我们不把必填项放到构造函数中，而是通过 setter 方法进行设置，那么校验必填项是否已经填写的逻辑就无处安放了。

2）假设配置项之间有一定的依赖关系，如设置了 maxTotal、maxIdle 和 minIdle 三者中的一个，就必须显式地设置另外两个；或者，配置项之间有一定的约束条件，如 maxIdle、minIdle 必须小于或等于 maxTotal。如果我们通过 setter 方法设置配置项，那么这些配置项之间的依赖关系或约束条件的校验逻辑就无处安放了。

3）如果我们希望 ResourcePoolConfig 类的对象是不可变对象，也就是说，对象在创建好之后，就不能再修改内部的属性值。想要满足这个需求，我们就不能在 ResourcePoolConfig 类中暴露 setter 方法。

为了解决这些问题，建造者模式就派上用场了。我们利用建造者模式对代码进行重构，重构之后的代码如下所示。

```
public class ResourcePoolConfig {
  private String name;
  private int maxTotal;
  private int maxIdle;
  private int minIdle;

  private ResourcePoolConfig(Builder builder) {
    this.name = builder.name;
    this.maxTotal = builder.maxTotal;
    this.maxIdle = builder.maxIdle;
    this.minIdle = builder.minIdle;
  }

  //...省略getter方法...

  // 将Builder类设计成ResourcePoolConfig类的内部类
  // 也可以将Builder类设计成独立的非内部类
  public static class Builder {
    private static final int DEFAULT_MAX_TOTAL = 8;
    private static final int DEFAULT_MAX_IDLE = 8;
    private static final int DEFAULT_MIN_IDLE = 0;
    private String name;
    private int maxTotal = DEFAULT_MAX_TOTAL;
    private int maxIdle = DEFAULT_MAX_IDLE;
    private int minIdle = DEFAULT_MIN_IDLE;

    public ResourcePoolConfig build() {
      //校验逻辑放到这里进行，包括必填项校验、依赖关系校验、约束条件校验等
      if (StringUtils.isBlank(name)) {
        throw new IllegalArgumentException("...");
      }
      if (maxIdle > maxTotal) {
        throw new IllegalArgumentException("...");
      }
      if (minIdle > maxTotal || minIdle > maxIdle) {
        throw new IllegalArgumentException("...");
      }
      return new ResourcePoolConfig(this);
    }

    public Builder setName(String name) {
      if (StringUtils.isBlank(name)) {
        throw new IllegalArgumentException("...");
      }
      this.name = name;
      return this;
    }

    public Builder setMaxTotal(int maxTotal) {
      if (maxTotal <= 0) {
        throw new IllegalArgumentException("...");
      }
      this.maxTotal = maxTotal;
      return this;
```

```
        }

        public Builder setMaxIdle(int maxIdle) {
          if (maxIdle < 0) {
            throw new IllegalArgumentException("...");
          }
          this.maxIdle = maxIdle;
          return this;
        }

        public Builder setMinIdle(int minIdle) {
          if (minIdle < 0) {
            throw new IllegalArgumentException("...");
          }
          this.minIdle = minIdle;
          return this;
        }
      }
    }

    //这段代码会抛出IllegalArgumentException异常，因为minIdle>maxIdle
    ResourcePoolConfig config = new ResourcePoolConfig.Builder()
            .setName("dbconnectionpool")
            .setMaxTotal(16)
            .setMaxIdle(10)
            .setMinIdle(12)
            .build();
```

在上述利用建造者模式实现的代码中，我们把所有的校验逻辑全部放到建造者模式的 Builder 类中。我们先创建 Builder 类的对象，并且通过其 setter 方法设置 Builder 类的对象的属性值，然后，在使用 build() 方法创建真正的对象之前，集中进行校验。除此之外，ResourcePoolConfig 类的构造函数的访问权限是 private（私有）。ResourcePoolConfig 类的对象只能通过建造者创建。并且，ResourcePoolConfig 类没有提供任何 setter 方法，这样创建的 ResourcePoolConfig 类的对象就是不可变对象。

实际上，使用建造者模式创建对象还能避免对象存在无效状态。例如，我们定义了一个长方形类，如果不使用建造者模式创建对象，而是先通过构造函数创建对象，再调用 setter 方法设置属性，如下面的代码所示，就会导致在第一个 setter 方法执行之后，第二个 setter 方法执行之前，对象处于无效状态。

```
Rectangle r = new Rectange(); //r是无效的
r.setWidth(2); //r是无效的，宽为2，长为0
r.setLong(3); //r是无效的
```

为了避免出现无效状态，我们可以使用构造函数一次性地初始化所有的成员变量。但是，如果构造函数的参数过多，我们就可以使用建造者模式，先设置建造者的变量，再一次性地创建对象，让对象一直处于有效状态。

6.5.4 建造者模式在 Guava 中的应用

在项目开发中，我们经常用到缓存。缓存可以有效地提高访问速度。常用的缓存系统有 Redis、Memcached 等。但是，如果要缓存的数据比较少，那么我们没必要在项目中独立部署一套缓存系统。毕竟，系统都有一定的出错概率，项目中包含的系统越多，组合起来，项目整体出错的概率就会升高，可用性就会降低。同时，多引入一个系统就要多维护一个系统，项目维护的成本就会变高。

取而代之的是，我们可以在系统内部构建一个内存缓存，将它与系统集成并一起进行开发、部署。如何构建内存缓存呢？我们可以基于 JDK 提供的类，如 HashMap，从零开始开发一个内存缓存。不过，这样做的开发成本比较高。为了简化开发，我们可以使用 Google Guava 提供的现成的缓存工具类 com.google.common.cache.*。使用 Google Guava 构建内存缓存非常简单，示例代码如下。

```
public class CacheDemo {
  public static void main(String[] args) {
    Cache<String, String> cache = CacheBuilder.newBuilder()
            .initialCapacity(100)
            .maximumSize(1000)
            .expireAfterWrite(10, TimeUnit.MINUTES)
            .build();
    cache.put("key1", "value1");
    String value = cache.getIfPresent("key1");
    System.out.println(value);
  }
}
```

从上述代码中，我们可以发现，cache 对象由建造者 CacheBuilder 类创建。之所以这样做，是因为构建一个缓存，需要配置诸多参数，如过期时间、淘汰策略、最大缓存等，相应地，cache 对象就会包含诸多成员变量。我们需要在构造函数中设置这些成员变量的值，但又不是必须设置所有成员变量的值，设置哪些成员变量的值由用户决定。为了满足这个需求，我们就需要定义多个包含不同参数列表的构造函数。为了避免构造函数的参数列表过长、不同的构造函数过多，我们一般有两种解决方案。第一种解决方案是使用建造者模式；第二种解决方案是先通过无参构造函数创建对象，再通过 setter 方法逐一设置需要设置的成员变量。为什么 Guava 会选择第一种解决方案呢？第二种解决方案是否可以使用呢？想要得到上面两个问题的答案，我们先看 CacheBuilder 类中的 build() 函数的实现代码。

```
public <K1 extends K, V1 extends V> Cache<K1, V1> build() {
  this.checkWeightWithWeigher();
  this.checkNonLoadingCache();
  return new LocalManualCache(this);
}

private void checkNonLoadingCache() {
  Preconditions.checkState(this.refreshNanos == -1L, "refreshAfterWrite requires a LoadingCache");
}

private void checkWeightWithWeigher() {
  if (this.weigher == null) {
    Preconditions.checkState(this.maximumWeight == -1L, "maximumWeight requires weigher");
  } else if (this.strictParsing) {
    Preconditions.checkState(this.maximumWeight != -1L, "weigher requires maximumWeight");
  } else if (this.maximumWeight == -1L) {
    logger.log(Level.WARNING, "ignoring weigher specified without maximumWeight");
  }
}
```

看了上面的代码，读者是否有答案了呢？必须使用建造者模式的主要原因是，在真正构造 cache 对象时，我们必须做一些必要的参数校验，也就是 build() 函数中前两行代码要做的工作。

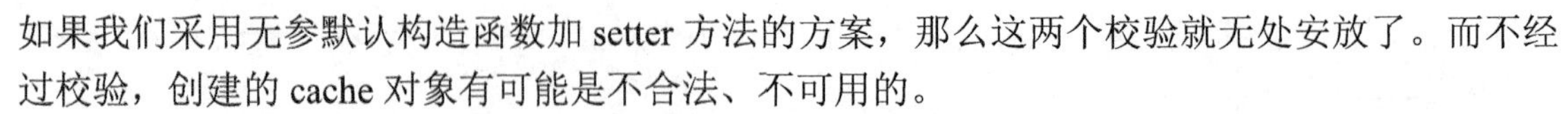

如果我们采用无参默认构造函数加 setter 方法的方案，那么这两个校验就无处安放了。而不经过校验，创建的 cache 对象有可能是不合法、不可用的。

在第 1 章中，我们提到过，学习设计模式能够帮助我们更好地阅读源码、理解源码。如果没有之前的理论学习，那么，对于很多源码的阅读，我们可能都只停留在走马观花的层面上，根本学习不到它的精髓。例如，对于上面出现的 CacheBuilder 类，大部分人都知道它利用了建造者模式，但是，如果对建造者模式没有深入了解，那么很少人能够讲清楚为什么要用建造者模式，而不用构造函数加 setter 方法的方式来实现。

6.5.5　建造者模式与工厂模式的区别

建造者模式和工厂模式都可以用来创建对象，那么二者的区别是什么？

实际上，工厂模式用来创建类型不同但相关的对象（继承同一父类或接口的一组子类），由给定的参数来决定创建哪种类型的对象；建造者模式用来创建同一种类型的复杂对象，通过设置不同的可选参数，“定制化”地创建不同的对象。

一个经典的例子可以很好地说明二者的区别。顾客走进一家餐馆并点餐，我们利用工厂模式，根据顾客不同的选择，制作不同的食物，如比萨、汉堡和沙拉等。对于比萨，顾客又有各种配料可以选择，如奶酪、西红柿和培根等。我们通过建造者模式，根据顾客选择的不同配料，制作不同口味的比萨。

6.5.6　思考题

在下面代码的 ConstructorArg 类中，当 isRef 为 true 时，arg 需要设置，type 不需要设置；当 isRef 为 false 时，arg、type 都需要设置。请读者根据上述需求，完善 ConstructorArg 类。

```
public class ConstructorArg {
  private boolean isRef;
  private Class type;
  private Object arg;
  //TODO：请读者完善...
}
```

6.6　原型模式：如何快速复制（clone）一个哈希表

对于熟悉 JavaScript 语言的前端工程师，原型模式是一种常用的开发模式。这是因为有别于 Java、C++ 等基于类的面向对象编程语言，JavaScript 是一种基于原型的面向对象编程语言。尽管 JavaScript 现在也引入了类的概念，但也只不过是基于原型的语法糖，底层的实现原理仍然是原型。本节我们脱离具体的编程语言讲一讲原型模式。

6.6.1　原型模式的定义

如果对象的创建成本比较大，而同一个类的不同对象之间差别不大（大部分字段都相同），那么，在这种情况下，我们可以利用对已有对象（原型）进行复制（或者称为拷贝）的方式来创建新对象，以达到节省创建时间的目的。这种基于原型创建对象的方式称为原型设计模式（Prototype Design Pattern），简称原型模式。

创建对象的过程一般包含申请内存和给成员变量赋值这两个操作。这两个操作本身并不会花费太多时间。对于大部分业务系统，这点时间完全可以忽略。也就是说，大部分对象没必要使用原型模式创建。但是，如果对象的创建耗时很多，对象中的数据需要经过复杂的计算（如排序、计算哈希值）才能得到，或者需要从 RPC（远程过程调用）、网络、数据库和文件系统等慢速的 IO 中读取，那么，在这种情况下，我们可以利用原型模式，从已有对象中直接复制生成，避免每次在创建新对象时重复执行这些耗时的操作。

6.6.2 原型模式的应用举例

假设数据库中存储了大约 10 万条搜索关键词信息，每条信息包含关键词、关键词被搜索的次数、时间戳（信息记录的时间）等。系统 A 在启动时，会将所有的数据从数据库加载到内存中。为了提高查询效率，系统 A 将数据组织成哈希表结构。假设系统 A 是用 Java 语言开发的，那么其中的哈希表结构直接使用 Java 语言中的 HashMap 实现。HashMap 的 key 为搜索关键词，value 为关键词的详细信息（如搜索次数等）。

除系统 A 以外，还有另一个系统 B，它会定期（如每隔 1 小时）分析搜索日志，统计搜索关键词出现的次数等信息，并更新数据库中的数据。如表 6-2 所示，经过更新之后，“设计模式”这个关键词的搜索次数增加了，并且相应的时间戳也更新了。除此之外，增加了一个新的搜索关键词“王争”。注意，这里假设没有删除关键词的行为。

表 6-2 数据库中的数据更新前后对比

更新前			更新后		
关键词	搜索次数	时间戳	关键词	搜索次数	时间戳
算法	2098	1548506764	算法	2098	1548506764
设计模式	1938	1548470987	设计模式	2188	1548513456
小争哥	13098	1548384124	小争哥	13098	1548384124
...	...	...	王争	234	1548513781
...	...	...	...	...	...

因为系统 B 会定期地更新数据库中的数据，为了保证系统 A 中数据的实时性（不一定绝对实时，但数据也不能太过时），系统 A 需要根据数据库中的数据，定期更新内存中的数据。为了实现这个需求，系统 A 中记录了当前内存数据的最后更新时间 T，并从数据库中“捞出”时间戳大于 T 的所有搜索关键词，也就是找出内存记录的旧数据与数据库中记录的最新数据之间的“差集”。然后，系统 A 对差集中的每个关键词进行处理，如果某个关键词已经在内存中存在了，就更新相应的搜索次数、时间戳等信息；如果某个关键词在内存中不存在，就将它添加到内存中。按照这个设计思路，我们给出如下示例代码。

```
public class Demo {
  private ConcurrentHashMap<String, SearchWord> currentKeywords = new ConcurrentHashMap<>();
  private long lastUpdateTime = -1;
```

```
  public void refresh() {
    //从数据库中取出时间戳大于lastUpdateTime的数据，
    //并将它们放入currentKeywords
    List<SearchWord> toBeUpdatedSearchWords = getSearchWords(lastUpdateTime);
    long maxNewUpdatedTime = lastUpdateTime;
    for (SearchWord searchWord : toBeUpdatedSearchWords) {
      if (searchWord.getLastUpdateTime() > maxNewUpdatedTime) {
        maxNewUpdatedTime = searchWord.getLastUpdateTime();
      }
      if (currentKeywords.containsKey(searchWord.getKeyword())) {
        currentKeywords.replace(searchWord.getKeyword(), searchWord);
      } else {
        currentKeywords.put(searchWord.getKeyword(), searchWord);
      }
    }
    lastUpdateTime = maxNewUpdatedTime;
  }

  private List<SearchWord> getSearchWords(long lastUpdateTime) {
    //TODO: 从数据库中取出时间戳大于lastUpdateTime的数据
    return null;
  }
}
```

不过，上述代码存在问题，当系统A更新内存中的数据时，内存中的数据存在不一致的情况。也就是说，在某一时刻，系统A中的数据有的是旧的统计数据，有的是新的统计数据。如何解决内存中的数据不一致的问题呢？

当然，简单的办法是停机更新。也就是说，在更新内存中的数据时，让系统A处于不可用状态，但这种处理思路显然有点简单、“粗暴”。优雅的解决方案：我们把正在使用的数据定义为“服务数据”，当需要更新内存中的数据时，我们并不是直接在服务数据上进行更新，而是在内存中创建新版本的数据，等新版本的数据创建好之后，再一次性地将新版本的数据切换为服务数据（具体的切换操作如下面的代码所示）。这样既保证了数据一直可用，又避免了不一致状态的存在。

```
public class Demo {
  private HashMap<String, SearchWord> currentKeywords=new HashMap<>();

  public void refresh() {  //新版本数据
    HashMap<String, SearchWord> newKeywords = new LinkedHashMap<>();
    //从数据库中取出所有数据，并将它们放入newKeywords
    List<SearchWord> toBeUpdatedSearchWords = getSearchWords();
    for (SearchWord searchWord : toBeUpdatedSearchWords) {
      newKeywords.put(searchWord.getKeyword(), searchWord);
    }
    currentKeywords = newKeywords; //切换操作：将新版本数据切换为服务数据
  }

  private List<SearchWord> getSearchWords() {
    //TODO: 从数据库中取出所有数据
    return null;
  }
}
```

不过，在上面的代码实现中，newKeywords的构建成本比较高，因为我们需要将这大约10万条数据从数据库中读出，然后通过一一计算哈希值来构建哈希表，这个过程显然比较耗时。为了提高效率，原型模式就派上用场了。我们首先将currentKeywords中的数据复制到 newKeywords 中，然后从数据库中只“捞出”新增或有更新的关键词，并将它们更新到 newKeywords 中。而对于这大约 10 万条数据，每次新增或更新的关键词个数是比较少的，因此，这种策略大大提高了数据更新的效率。按照这个设计思路，我们给出下列示例代码。

```
public class Demo {
  private HashMap<String, SearchWord> currentKeywords=new HashMap<>();
  private long lastUpdateTime = -1;

  public void refresh() {
    //原型模式：复制已有对象的数据，更新少量差值
    HashMap<String, SearchWord> newKeywords = (HashMap<String, SearchWord>) currentKeywords.clone();
    //从数据库中取出时间戳大于lastUpdateTime的数据，
    //并将它们放入newKeywords
    List<SearchWord> toBeUpdatedSearchWords = getSearchWords(lastUpdateTime);
    long maxNewUpdatedTime = lastUpdateTime;
    for (SearchWord searchWord : toBeUpdatedSearchWords) {
      if (searchWord.getLastUpdateTime() > maxNewUpdatedTime) {
        maxNewUpdatedTime = searchWord.getLastUpdateTime();
      }
      if (newKeywords.containsKey(searchWord.getKeyword())) {
        SearchWord oldSearchWord = newKeywords.get(searchWord.getKeyword());
        oldSearchWord.setCount(searchWord.getCount());
        oldSearchWord.setLastUpdateTime(searchWord.getLastUpdateTime());
      } else {
        newKeywords.put(searchWord.getKeyword(), searchWord);
      }
    }
    lastUpdateTime = maxNewUpdatedTime;
    currentKeywords = newKeywords;
  }

  private List<SearchWord> getSearchWords(long lastUpdateTime) {
    //TODO：从数据库中取出更新时间大于lastUpdateTime的数据
    return null;
  }
}
```

在上述代码中，我们利用 Java 中的 clone() 方法复制一个对象。如果读者熟悉的编程语言中没有类似语法，那么需要先将数据从 currentKeywords 中逐一取出，再重新计算哈希值，并将其放入 newKeywords。当然，这种处理方式是可以接受的。毕竟，耗时的还是从数据库中取数据的操作。相对于数据库的 IO 操作，内存操作和 CPU 计算的耗时都可以忽略。

不知道读者有没有发现，上述代码实现是有问题的。想要弄清楚到底有什么问题，我们需要先了解两个概念：深拷贝（deep copy）和浅拷贝（shallow copy）。

6.6.3 原型模式的实现方式：深拷贝和浅拷贝

使用哈希表组织搜索关键词信息的内存存储方式如图 6-2 所示。从图 6-2 中，我们可以发现，在哈希表中，每个节点存储的 key 是搜索关键词，value 是 searchWord 对象的内存地址。searchWord 对象本身存储在哈希表之外的内存空间中。

浅拷贝和深拷贝的区别在于，浅拷贝只会复制图 6-2 中的索引（哈希表），不会复制数据（searchWord 对象）本身；相反，深拷贝不仅复制索引，还复制数据本身。浅拷贝得到的对象（newKeywords）与原始对象（currentKeywords）共享数据（searchWord 对象），而深拷贝得到

的是一个完全独立的对象。浅拷贝和深拷贝的对比如图 6-3 所示。

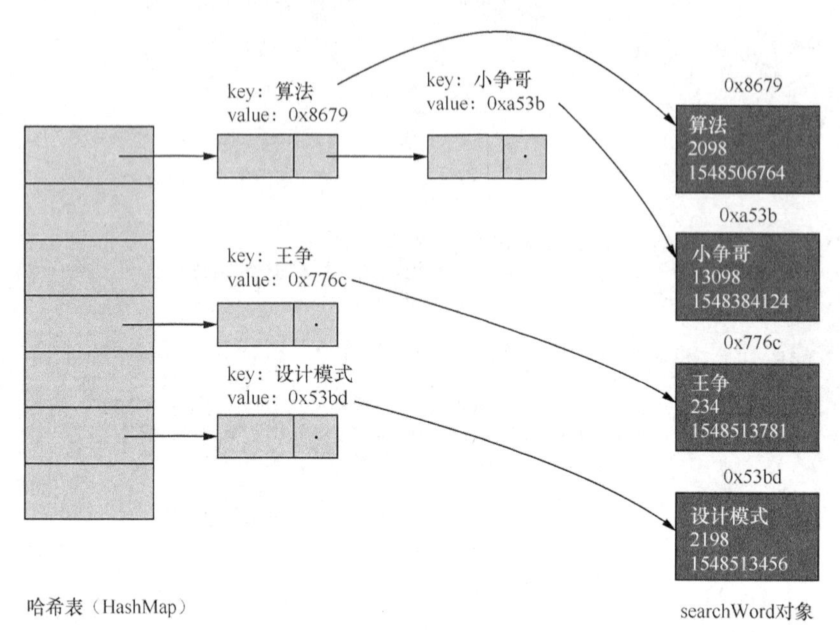

图 6-2　使用哈希表组织搜索关键词信息的内存存储方式

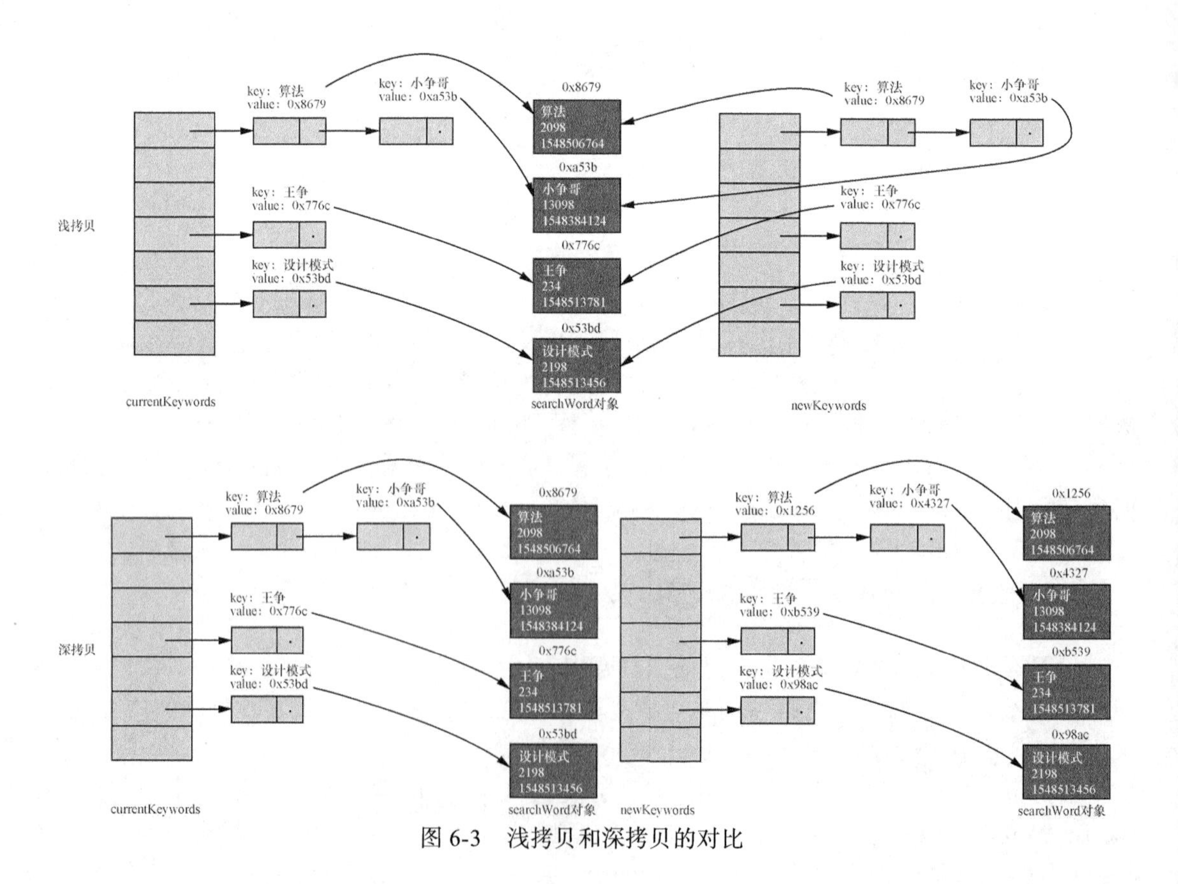

图 6-3　浅拷贝和深拷贝的对比

在 Java 语言中，clone() 方法执行的是浅拷贝，只会复制对象中的基本数据类型（如 int、long）的数据，以及所引用的对象（searchWord）的内存地址，不会递归地复制所引用的对象本身。如果我们通过调用 HashMap 中的浅拷贝方法 clone() 来实现原型模式，newKeywords 和 currentKeywords 指向相同的 searchWord 对象，当通过 newKeywords 更新 searchWord 对象时，currentKeywords 指向的 searchWord 对象，有的是旧的统计数据，有的是新的统计数据，那么这会导致数据不一致问题。

实际上，我们将浅拷贝替换为深拷贝，就可以解决这个问题。如果通过深拷贝由 currentKeywords 生成 newKeywords，那么 newKeywords 和 currentKeywords 就指向不同的 searchWord 对象，更新 newKeywords 的数据，不会影响 currentKeywords 的数据。

那么，如何实现深拷贝呢？有以下两种方法。

第一种方法：递归复制引用对象、引用对象的引用对象……直到要复制的对象只包含基本数据类型数据，没有引用对象为止。示例代码如下。

```
public class Demo {
  private HashMap<String, SearchWord> currentKeywords=new HashMap<>();
  private long lastUpdateTime = -1;

  public void refresh() {
    //深拷贝
    HashMap<String, SearchWord> newKeywords = new HashMap<>();
    for (HashMap.Entry<String, SearchWord> e : currentKeywords.entrySet()) {
      SearchWord searchWord = e.getValue();
      SearchWord newSearchWord = new SearchWord(
              searchWord.getKeyword(), searchWord.getCount(), searchWord.getLastUpdateTime());
      newKeywords.put(e.getKey(), newSearchWord);
    }

    //从数据库中取出时间戳大于lastUpdateTime的数据，
    //并将它们放入newKeywords
    List<SearchWord> toBeUpdatedSearchWords = getSearchWords(lastUpdateTime);
    long maxNewUpdatedTime = lastUpdateTime;
    for (SearchWord searchWord : toBeUpdatedSearchWords) {
      if (searchWord.getLastUpdateTime() > maxNewUpdatedTime) {
        maxNewUpdatedTime = searchWord.getLastUpdateTime();
      }
      if (newKeywords.containsKey(searchWord.getKeyword())) {
        SearchWord oldSearchWord = newKeywords.get(searchWord.getKeyword());
        oldSearchWord.setCount(searchWord.getCount());
        oldSearchWord.setLastUpdateTime(searchWord.getLastUpdateTime());
      } else {
        newKeywords.put(searchWord.getKeyword(), searchWord);
      }
    }
    lastUpdateTime = maxNewUpdatedTime;
    currentKeywords = newKeywords;
  }

  private List<SearchWord> getSearchWords(long lastUpdateTime) {
    //TODO：从数据库中取出更新时间大于lastUpdateTime的数据
    return null;
  }
}
```

第二种方法：先将对象序列化，再反序列化成新的对象，示例代码如下。

```
public Object deepCopy(Object object) {
  ByteArrayOutputStream bo = new ByteArrayOutputStream();
  ObjectOutputStream oo = new ObjectOutputStream(bo);
  oo.writeObject(object);

  ByteArrayInputStream bi = new ByteArrayInputStream(bo.toByteArray());
  ObjectInputStream oi = new ObjectInputStream(bi);

  return oi.readObject();
}
```

无论采用哪种实现方式，深拷贝都要比浅拷贝耗时多、耗费内存多。针对搜索关键词这个应用场景，有没有更快、更省内存的实现方式呢？

我们可以先采用浅拷贝的方式创建newKeywords，对于需要更新的searchWord对象，我们再使用深拷贝的方式创建一个新对象，替换newKeywords中的旧对象。毕竟，需要更新的数据是很少的。这种方式既利用了浅拷贝节省时间和空间的优点，又能保证更新时currentKeywords中的数据都是旧数据。具体的代码实现如下所示。这也是6.6节节标题中提到的，在这个应用场景下，快速复制哈希表的方式。

```
public class Demo {
  private HashMap<String, SearchWord> currentKeywords=new HashMap<>();
  private long lastUpdateTime = -1;

  public void refresh() {
    //浅拷贝
    HashMap<String, SearchWord> newKeywords = (HashMap<String, SearchWord>) currentKeywords.
clone();
    //从数据库中取出时间戳大于lastUpdateTime的数据，
    //并将它们放入newKeywords
    List<SearchWord> toBeUpdatedSearchWords = getSearchWords(lastUpdateTime);
    long maxNewUpdatedTime = lastUpdateTime;
    for (SearchWord searchWord : toBeUpdatedSearchWords) {
      if (searchWord.getLastUpdateTime() > maxNewUpdatedTime) {
        maxNewUpdatedTime = searchWord.getLastUpdateTime();
      }
      if (newKeywords.containsKey(searchWord.getKeyword())) {
        newKeywords.remove(searchWord.getKeyword());
      }
      newKeywords.put(searchWord.getKeyword(), searchWord);
    }
    lastUpdateTime = maxNewUpdatedTime;
    currentKeywords = newKeywords;
  }

  private List<SearchWord> getSearchWords(long lastUpdateTime) {
    //TODO：从数据库中取出时间戳大于lastUpdateTime的数据
    return null;
  }
}
```

6.6.4 思考题

1）在本节的应用场景中，如果我们需要不仅支持向数据库中添加和更新关键词，还支持删除关键词，那么，如何实现呢？

2）在 2.5.1 节中，为了让 ShoppingCart 类的 getItems() 方法返回不可变对象，我们如下实现代码。当时，我们指出这样的实现思路是有问题的，因为当调用者通过 ShoppingCart 类的 getItems() 方法获取 items 集合之后，可以修改集合中每个对象（ShoppingCartItem）的数据。在学完本节内容之后，读者有没有解决方法了呢？

```
public class ShoppingCart {
  //...省略其他代码...
  public List<ShoppingCartItem> getItems() {
    return Collections.unmodifiableList(this.items);
  }
}

//以下是ShoppingCart类的测试代码
ShoppingCart cart = new ShoppingCart();
List<ShoppingCartItem> items = cart.getItems();
items.clear();  //抛出UnsupportedOperationException异常

ShoppingCart cart = new ShoppingCart();
cart.add(new ShoppingCartItem(...));
List<ShoppingCartItem> items = cart.getItems();
ShoppingCartItem item = items.get(0);
item.setPrice(19.0); //这里修改了item的价格属性
```

第 7 章　结构型设计模式

结构型设计模式主要总结了一些类或对象组合在一起的经典结构，这些经典的结构可以解决特定应用场景的问题。其中，代理模式主要用来给原始类附加不相关的其他功能；装饰器模式主要用来给原始类附加相关功能（增强功能）；适配器模式主要用来解决代码兼容问题；桥接模式主要用来解决组合“爆炸”问题；门面模式主要用于接口设计（提供不同粒度的接口）；组合模式主要应用在能够表示为树形结构的数据中；享元模式用来解决复用问题。

7.1 代理模式：代理模式在 RPC、缓存和监控等场景中的应用

在实际的开发中，我们经常使用代理模式。本节我们重点讲解代理模式的两种实现方式：基于接口的实现方式和基于继承的实现方式，并且介绍一种特殊的代理：动态代理，以及代理模式在非业务需求开发（如监控、幂等）、RPC 和缓存等场景中的应用。

7.1.1 基于接口实现代理模式

代理模式（Proxy Design Pattern）的描述：在不改变原始类（或称为被代理类）的情况下，通过引入代理类来给原始类附加不相关的其他功能。我们还是举例说明，示例代码如下。其中，MetricsCollector 类用来收集接口请求的性能数据，如处理时长等。在业务系统中，我们通过如下方式使用 MetricsCollector 类。

```
public class UserController {
  //...省略其他属性和方法...
  private MetricsCollector metricsCollector; //依赖注入

  public UserVo login(String telephone, String password) {
    long startTimestamp = System.currentTimeMillis();
    //...省略login()方法逻辑...
    long endTimeStamp = System.currentTimeMillis();
    long responseTime = endTimeStamp - startTimestamp;
    RequestInfo requestInfo = new RequestInfo("login", responseTime, startTimestamp);
    metricsCollector.recordRequest(requestInfo);
    //返回UserVo数据
  }

  public UserVo register(String telephone, String password) {
    long startTimestamp = System.currentTimeMillis();
    //...省略register()方法逻辑...
    long endTimeStamp = System.currentTimeMillis();
    long responseTime = endTimeStamp - startTimestamp;
    RequestInfo requestInfo = new RequestInfo("register", responseTime, startTimestamp);
    metricsCollector.recordRequest(requestInfo);
    //返回UserVo数据
  }
}
```

上述代码存在两个问题。第一个问题：性能统计代码“侵入”业务代码，与业务代码高度耦合。如果未来需要替换 MetricsCollector 类，那么替换的成本会比较大。第二个问题：性能统计代码与业务代码无关。业务类最好只聚焦业务处理。

为了将性能统计代码与业务代码解耦，代理模式就派上用场了。我们定义一个代理类 UserControllerProxy，它与原始类 UserController 实现相同的接口 IUserController。UserController 类只负责业务功能。代理类 UserControllerProxy 负责在业务代码执行前后，附加其他逻辑代码（这里的其他逻辑就是性能统计代码），并通过委托方式调用原始类来执行业务代码。具体的代码实现如下所示。

```
public interface IUserController {
  UserVo login(String telephone, String password);
  UserVo register(String telephone, String password);
}

public class UserController implements IUserController {
  //...省略其他属性和方法...

  @Override
  public UserVo login(String telephone, String password) {
    //...省略login()方法逻辑...
  }

  @Override
  public UserVo register(String telephone, String password) {
    //...省略register()方法逻辑...
  }
}

public class UserControllerProxy implements IUserController {
  private MetricsCollector metricsCollector;
  private UserController userController;

  public UserControllerProxy(UserController userController) {
    this.userController = userController;
    this.metricsCollector = new MetricsCollector();
  }

  @Override
  public UserVo login(String telephone, String password) {
    long startTimestamp = System.currentTimeMillis();
    UserVo userVo = userController.login(telephone, password);
    long endTimeStamp = System.currentTimeMillis();
    long responseTime = endTimeStamp - startTimestamp;
    RequestInfo requestInfo = new RequestInfo("login", responseTime, startTimestamp);
    metricsCollector.recordRequest(requestInfo);
    return userVo;
  }

  @Override
  public UserVo register(String telephone, String password) {
    long startTimestamp = System.currentTimeMillis();
    UserVo userVo = userController.register(telephone, password);
    long endTimeStamp = System.currentTimeMillis();
    long responseTime = endTimeStamp - startTimestamp;
    RequestInfo requestInfo = new RequestInfo("register", responseTime, startTimestamp);
    metricsCollector.recordRequest(requestInfo);
    return userVo;
  }
}
```

UserControllerProxy类的使用方式如下面的示例代码所示。因为原始类和代理类实现相同的接口，在编写代码时，我们基于接口而非实现编程，所以，将UserController类的对象替换为UserControllerProxy类的对象，不需要改动太多代码。

```
IUserController userController = new UserControllerProxy(new UserController());
```

7.1.2 基于继承实现代理模式

在基于接口实现的代理模式中，原始类和代理类实现相同的接口。但是，如果原始类并没有定义接口，并且原始类并不是由我们开发和维护的，如它来自一个第三方类库，那么，我们没办法直接修改原始类，也就是无法给它重新定义一个接口。在这种没有接口的情况下，我们应该如何实现代理模式呢？

我们可以采用继承方式，对外部类进行扩展。我们先让代理类继承原始类，再扩展附加功能。具体的代码实现如下所示。

```
public class UserControllerProxy extends UserController {
  private MetricsCollector metricsCollector;

  public UserControllerProxy() {
    this.metricsCollector = new MetricsCollector();
  }

  public UserVo login(String telephone, String password) {
    long startTimestamp = System.currentTimeMillis();
    UserVo userVo = super.login(telephone, password);
    long endTimeStamp = System.currentTimeMillis();
    long responseTime = endTimeStamp - startTimestamp;
    RequestInfo requestInfo = new RequestInfo("login", responseTime, startTimestamp);
    metricsCollector.recordRequest(requestInfo);
    return userVo;
  }

  public UserVo register(String telephone, String password) {
    long startTimestamp = System.currentTimeMillis();
    UserVo userVo = super.register(telephone, password);
    long endTimeStamp = System.currentTimeMillis();
    long responseTime = endTimeStamp - startTimestamp;
    RequestInfo requestInfo = new RequestInfo("register", responseTime, startTimestamp);
    metricsCollector.recordRequest(requestInfo);
    return userVo;
  }
}

//UserControllerProxy类使用举例
UserController userController = new UserControllerProxy();
```

7.1.3 基于反射实现动态代理

不过，上述代码仍然存在问题。一方面，在代理类中，我们需要将原始类中的所有方法全部重新实现一遍，并且为每个方法附加相似的代码逻辑。另一方面，如果有很多类需要添加附加功能，那么我们需要针对每个类都创建一个代理类。如果有 50 个要添加附加功能的原始类，那么我们就要创建 50 个对应的代理类。这会导致项目中类的个数成倍增加，增加了代码的维护成本。并且，每个代理类中的代码都很相似，我们没必要重复开发。针对这个问题，我们应该如何解决呢？

我们可以使用动态代理来解决这个问题。动态代理（dynamic proxy）是指不事先为每个原始类编写代理类，而是在代码运行时，动态地为原始类创建代理类，并用代理类替换代码中的原始类。那么，如何实现动态代理呢？

对于 Java 语言，其本身就已经提供了动态代理语法（底层依赖 Java 的反射语法）。我们使用 Java 的动态代理实现之前的性能统计的例子，代码实现如下所示。其中，MetricsCollectorProxy 是动态代理类，动态地给每个需要统计性能的类创建代理类。

```
public class MetricsCollectorProxy {
  private MetricsCollector metricsCollector;

  public MetricsCollectorProxy() {
    this.metricsCollector = new MetricsCollector();
  }

  public Object createProxy(Object proxiedObject) {
    Class<?>[] interfaces = proxiedObject.getClass().getInterfaces();
    DynamicProxyHandler handler = new DynamicProxyHandler(proxiedObject);
    return Proxy.newProxyInstance(proxiedObject.getClass().getClassLoader(), interfaces, handler);
  }

  private class DynamicProxyHandler implements InvocationHandler {
    private Object proxiedObject;
    public DynamicProxyHandler(Object proxiedObject) {
      this.proxiedObject = proxiedObject;
    }

    @Override
    public Object invoke(Object proxy, Method method, Object[] args) throws Throwable {
      long startTimestamp = System.currentTimeMillis();
      Object result = method.invoke(proxiedObject, args);
      long endTimeStamp = System.currentTimeMillis();
      long responseTime = endTimeStamp - startTimestamp;
      String apiName = proxiedObject.getClass().getName() + ":" + method.getName();
      RequestInfo requestInfo = new RequestInfo(apiName, responseTime, startTimestamp);
      metricsCollector.recordRequest(requestInfo);
      return result;
    }
  }
}

//MetricsCollectorProxy类使用举例
MetricsCollectorProxy proxy = new MetricsCollectorProxy();
IUserController userController = (IUserController) proxy.createProxy(new UserController());
```

实际上，Spring AOP（面向切面编程）底层的实现原理就是基于动态代理。用户配置好需要给哪些类创建代理类，并定义好在执行原始类的业务代码前后执行哪些附加功能。Spring 为这些类创建动态代理类，并在 JVM 中使用动态代理类的对象替代原始类的对象。在代码中，原本应该执行原始类的方法被替换为执行代理类的方法，也就实现了给原始类附加不相关的其他功能的目的。

7.1.4 代理模式的各种应用场景

代理模式的基本功能是通过创建代理类为原始类附加不相关的其他功能。基于此基本功能，代理模式的应用场景非常多，这里列举一些常见的用法。

1. 非业务需求开发

代理模式可以应用在开发一些非业务需求上，如监控、统计、鉴权、限流、事务、幂等和日志。我们将这些附加功能与业务解耦，放到代理类中统一处理，让程序员只需要关注业务开发。前面列举的性能统计的例子就是这个应用场景的一个典型示例。实际上，如果读者熟悉 Java 语言和 Spring 框架，那么非业务需求开发可以在 Spring AOP 切面中完成。Spring AOP 的实现原理就是基于动态代理。

2. 代理模式在 RPC 中的应用

实际上，RPC 框架也是代理模式的一种应用。GoF 合著的《设计模式：可复用面向对象软件的基础》一书中把代理模式的这种应用称为远程代理。远程代理可以将网络通信、数据编解码等细节隐藏。客户端在使用 RPC 服务时，就像使用本地函数一样，无须了解与服务器交互的细节。除此之外，服务端在开发 RPC 服务时，只需要开发业务逻辑本身，不需要关注与客户端的交互细节，就像开发本地使用的函数一样。

3. 代理模式在缓存中的应用

假设我们要为接口请求开发一个缓存功能，对于某些接口请求，如果入参相同，那么，在设定的过期时间内，直接返回缓存结果，而不需要重新执行代码逻辑。例如，针对获取用户个人信息这个需求，我们可以开发两个接口，一个支持缓存，另一个支持实时查询。对于需要实时数据的系统，我们让其调用实时查询接口；对于不需要实时数据的系统，我们让其调用支持缓存的接口。

不过，这样做显然增加了开发成本，而且会让代码看起来“臃肿”（接口个数成倍增加），也不方便对缓存接口集中管理（增加、删除缓存接口）、集中配置（如配置每个接口缓存过期时间）。

针对这些问题，代理模式就派上用场了，确切地说，应该是动态代理。如果项目是基于 Spring 框架开发，那么我们可以在 Spring AOP 切面中实现接口缓存的功能。在应用启动时，我们从配置文件中加载需要支持缓存的接口，以及相应的缓存策略（如过期时间）等。当请求到来时，我们在 Spring AOP 切面中拦截请求，如果请求中带有支持缓存的字段（如“http://www.***.com/user?cached=true”），那么便从缓存（内存缓存或 Redis 缓存等）中获取数据并直接返回。

7.1.5 思考题

1）除 Java 语言以外，读者熟悉的其他编程语言是如何实现动态代理的？

2）请读者对比代理模式的两种实现方法（基于接口实现和基于继承实现）的优缺点。

7.2 装饰器模式：剖析 Java IO 类库的底层设计思想

在本节中，我们通过剖析 Java IO 类库的底层设计思想，学习一种新的结构型设计模式：装饰器模式。

7.2.1 Java IO 类库的“奇怪”用法

Java IO 类库庞大且复杂，包含几十个不同的类，负责 IO 数据的读取和写入。我们可以从下面两个维度将 Java 语言的 IO 类库划分为 4 类，见表 7-1。

表 7-1　Java 语言的 IO 类库的划分

	字节流	字符流
输入流	InputStream	Reader
输出流	OutputStream	Writer

针对不同的读取和写入场景，Java IO 类库又在 InputStream、OutputStream、Reader 和 Writer 这 4 个父类的基础之上，扩展出了很多子类，如图 7-1 所示。

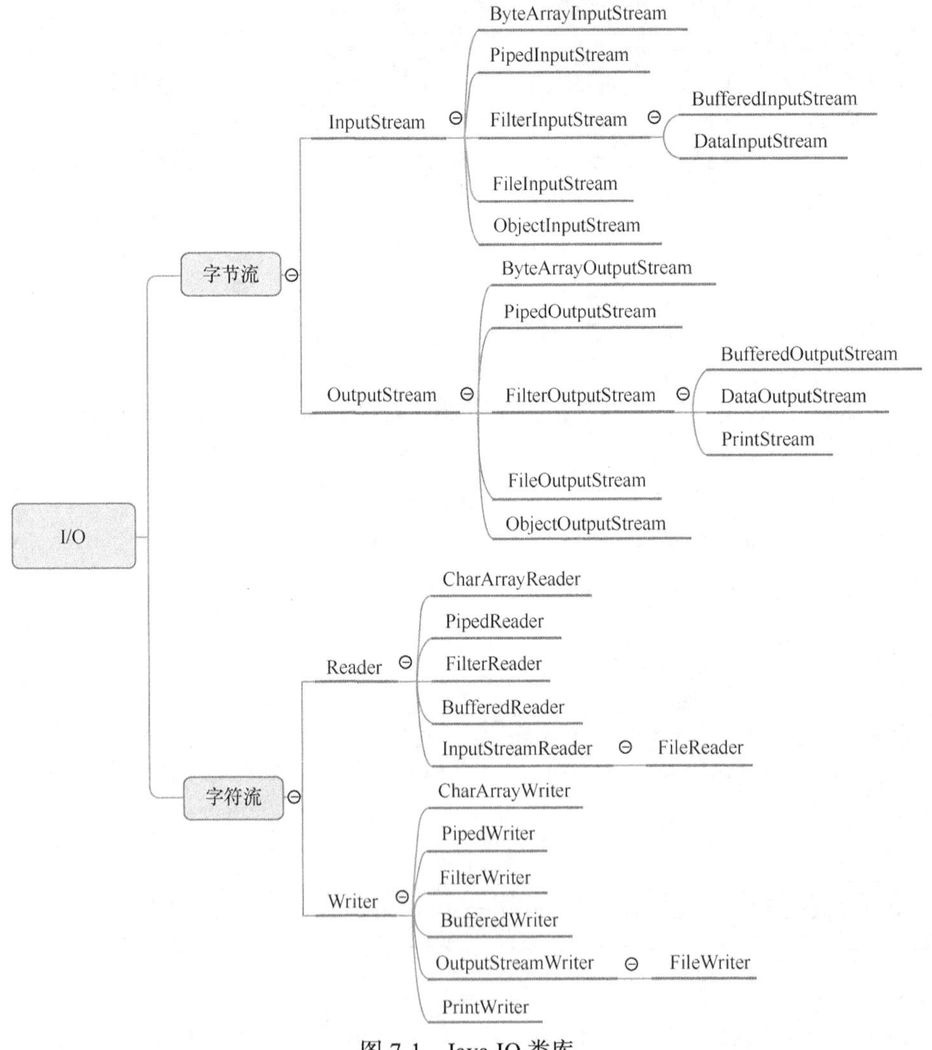

图 7-1　Java IO 类库

在作者初学 Java 时，曾经对 Java IO 类库的用法产生过很大的疑惑，如下面这样一段标准的 Java IO 类库的使用代码，先创建一个 FileInputStream 类的对象，并赋值给 InputStream 抽象类的对象，再将其传递给 BufferedInputStream 类的对象，最终才用 BufferedInputStream 类的对象读取文件。

```
InputStream in = new FileInputStream("/user/wangzheng/test.txt");
InputStream bin = new BufferedInputStream(in);
byte[] data = new byte[128];
while (bin.read(data) != -1) {
  ...
}
```

在 Java IO 类库中，为什么不设计一个继承 FileInputStream 类并且支持缓存的 BufferedFileInputStream 类呢？这样我们就可以像如下代码一样，直接创建一个 BufferedFileInputStream 类的对象，用起来岂不是更加简单？

```
InputStream bin = new BufferedFileInputStream("/user/wangzheng/test.txt");
byte[] data = new byte[128];
while (bin.read(data) != -1) {
  ...
}
```

7.2.2 基于继承的设计方案

Java IO 类库之所使用组合而非继承来设计 BufferedFileInputStream 类，是因为使用继承会导致 Java IO 类库变得特别庞大。如果 InputStream 类只有一个子类 FileInputStream，那么，在子类 FileInputStream 的基础之上，再设计一个孙子类 BufferedFileInputStream，也是可以接受的，毕竟继承结构还算简单。但实际上，InputStream 类的子类有很多。如果我们给每一个子类都增加缓存读取的功能，那么需要派生出很多以 Buffered 开头的孙子类。

除支持缓存读取以外，如果我们还需要对功能进行其他方面的增强，如支持按照基本数据类型（int、boolean 和 long 等）读取数据，那么又需要派生出很多以 Data 开头的孙子类。如果我们需要既支持缓存，又支持按照基本数据类型读取数据的类，那么需要再继续派生出很多以 BufferedData 开头的孙子类。这还只是附加了两个增强功能，如果我们附加更多的增强功能，就会导致组合“爆炸”，类继承结构变得无比复杂，代码既不好扩展，又不好维护。

7.2.3 基于装饰器模式的设计方案

2.9 节中提到了“组合优于继承”。针对继承结构过于复杂的问题，我们可以通过将继承关系改为组合关系来解决。下面的代码展示了 Java IO 类库基于组合的设计思路。不过，我们对源码做了简化，只抽象出了必要的代码结构。如果读者对这部分代码的详细内容感兴趣，那么可以去查看 JDK 源码。

```
public abstract class InputStream {
  ...
  public int read(byte b[]) throws IOException {
    return read(b, 0, b.length);
  }

  public int read(byte b[], int off, int len) throws IOException {
    ...
  }

  public long skip(long n) throws IOException {
```

```
    ...
  }

  public int available() throws IOException {
    return 0;
  }

  public void close() throws IOException {}

  public synchronized void mark(int readlimit) {}

  public synchronized void reset() throws IOException {
    throw new IOException("mark/reset not supported");
  }

  public boolean markSupported() {
    return false;
  }
}

public class BufferedInputStream extends InputStream {
  protected volatile InputStream in;

  protected BufferedInputStream(InputStream in) {
    this.in = in;
  }

  //实现基于缓存的读数据接口
}

public class DataInputStream extends InputStream {
  protected volatile InputStream in;

  protected DataInputStream(InputStream in) {
    this.in = in;
  }

  //实现读取基本类型数据的接口
}
```

看了上面的代码，读者可能会问，装饰器模式就是简单的“用组合替代继承”吗？当然不是。从 Java IO 类库的设计来看，装饰器模式相对于简单的组合关系，有下列两个区别。

第一个区别是：装饰器类和原始类继承同样的父类，这样我们可以对原始类“嵌套”多个装饰器类。例如，对于下面这样一段代码，我们对 FileInputStream 类嵌套了两个装饰器类：BufferedInputStream 和 DataInputStream，让它既支持缓存读取，又支持按照基本数据类型来读取数据。

```
InputStream in = new FileInputStream("/user/wangzheng/test.txt");
InputStream bin = new BufferedInputStream(in); //嵌套一
DataInputStream din = new DataInputStream(bin); //嵌套二
int data = din.readInt();
```

第二个区别是：装饰器类的作用是对原始类进行功能增强，这也是装饰器模式应用场景的一个重要特点。实际上，符合“组合关系”这种代码结构的设计模式还有很多，如之前讲过的代理模式，以及之后要讲的桥接模式。尽管它们的代码结构很相似，但是每种设计模式的应用场景是不同的。就拿比较相似的代理模式和装饰器模式来说，在代理模式中，代理类附加的是与原始类不相关的功能，而在装饰器模式中，装饰器类附加的是与原始类相关的增强功能。

```
//代理模式的代码结构(下面的接口也可以替换成抽象类)
public interface IA {
  void f();
}

public class A implements IA {
  public void f() { ... }
}

public class AProxy implements IA {
  private IA a;
  public AProxy(IA a) {
    this.a = a;
  }

  public void f() {
    //新添加的代理逻辑
    a.f();
    //新添加的代理逻辑
  }
}

//装饰器模式的代码结构(下面的接口也可以替换成抽象类)
public interface IA {
  void f();
}

public class A implements IA {
  public void f() { ... }
}

public class ADecorator implements IA {
  private IA a;
  public ADecorator(IA a) {
    this.a = a;
  }

  public void f() {
    //功能增强代码
    a.f();
    //功能增强代码
  }
}
```

实际上，如果我们去查看 JDK 源码，就会发现，BufferedInputStream 类、DataInputStream 类并非继承自 InputStream 类，而是继承自 FilterInputStream 类。那么，引入 FilterInputStream 这样一个类是出于什么样的设计意图呢？

InputStream 是一个抽象类而非接口，而且它的大部分函数（如 read()、available()）都有默认实现，按理来说，BufferedInputStream 类只需要重新实现那些需要增加缓存功能的函数，其他函数继承 InputStream 类的默认实现。但实际上，这样做是行不通的。

对于即便不需要增加缓存功能的函数，BufferedInputStream 类仍然需要把它重新实现一遍，并且委托给 InputStream 类的对象来执行，示例代码如下。如果不重新实现这些函数，BufferedInputStream 类就无法将最终读取数据的任务委托给由构造函数传递进来的 InputStream 类的对象来完成。

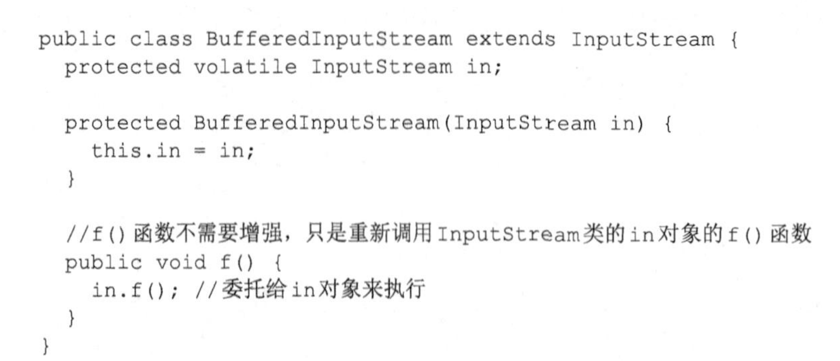

```
public class BufferedInputStream extends InputStream {
  protected volatile InputStream in;

  protected BufferedInputStream(InputStream in) {
    this.in = in;
  }

  //f()函数不需要增强，只是重新调用InputStream类的in对象的f()函数
  public void f() {
    in.f(); //委托给in对象来执行
  }
}
```

DataInputStream 类也存在和 BufferedInputStream 类同样的问题。为了避免代码重复，Java IO 类库抽象出了一个装饰器父类 FilterInputStream，代码实现如下所示。InputStream 类的所有装饰器类（BufferedInputStream、DataInputStream）都继承自这个装饰器父类。这样，装饰器类只需要实现它需要增强的方法，其他方法继承装饰器父类的默认实现。

```
public class FilterInputStream extends InputStream {
  protected volatile InputStream in;

  protected FilterInputStream(InputStream in) {
    this.in = in;
  }

  public int read() throws IOException {
    return in.read();
  }

  public int read(byte b[]) throws IOException {
    return read(b, 0, b.length);
  }

  public int read(byte b[], int off, int len) throws IOException {
    return in.read(b, off, len);
  }

  public long skip(long n) throws IOException {
    return in.skip(n);
  }

  public int available() throws IOException {
    return in.available();
  }

  public void close() throws IOException {
    in.close();
  }

  public synchronized void mark(int readlimit) {
    in.mark(readlimit);
  }

  public synchronized void reset() throws IOException {
    in.reset();
  }

  public boolean markSupported() {
    return in.markSupported();
```

```
  }
}
```

最后，我们总结一下，装饰器模式可以解决继承关系过于复杂的问题，通过组合关系来替代继承关系。装饰器模式的主要作用是给原始类添加增强功能，这也是判断是否应该使用装饰器模式的一个重要依据。除此之外，装饰器模式还有一个特点，那就是可以对原始类嵌套使用多个装饰器类。为了满足这个应用场景，在设计的时候，装饰器类需要与原始类继承相同的抽象类或接口。

7.2.4 思考题

在 7.1 节中，我们讲到，可以通过代理模式给接口添加缓存功能。在本节中，我们通过装饰器模式给 InputStream 类添加了缓存读取数据功能。那么，对于“添加缓存”这个应用场景，我们到底应该选择使用代理模式还是使用装饰器模式呢？

7.3 适配器模式：如何利用适配器模式解决代码的不兼容问题

在本节中，我们主要讲解适配器模式的两种实现方式：类适配器和对象适配器，以及 5 种常见的应用场景。同时，我们还会通过剖析 SLF4J 日志框架，向读者展示这种模式在真实项目中的应用。

7.3.1 类适配器和对象适配器

适配器设计模式（Adapter Design Pattern）简称适配器模式。顾名思义，这个模式是用来做适配的，它将不兼容的接口转换为可兼容的接口，让原本由于接口不兼容而不能一起工作的类可以一起工作。对于这个模式，我们常拿 USB 转接头这样一个形象的例子来解释它。USB 转接头充当适配器，通过转接，把两种不兼容的接口变得可以一起工作。

适配器模式有两种实现方式：类适配器和对象适配器。其中，类适配器使用继承关系来实现，对象适配器使用组合关系来实现。具体的代码实现如下所示。其中，ITarget 表示要转化成的目标接口，Adaptee 是一组不兼容 ITarget 的原始接口，Adaptor 类将 Adaptee 转化成兼容 ITarget 接口定义的接口。注意，这里提到的接口，并非编程语言里的接口，而是表示宽泛的 API（应用程序接口）。

```
//类适配器：基于继承
public interface ITarget {
  void f1();
  void f2();
  void fc();
}

public class Adaptee {
  public void fa() { ... }
  public void fb() { ... }
```

```
  public void fc() { ... }
}

public class Adaptor extends Adaptee implements ITarget {
  public void f1() {
    super.fa();
  }

  public void f2() {
    //重新实现f2()
  }

  //这里fc()不需要实现，直接继承自Adaptee，这是与对象适配器最大的不同点
}

//对象适配器：基于组合
public interface ITarget {
  void f1();
  void f2();
  void fc();
}

public class Adaptee {
  public void fa() { ... }
  public void fb() { ... }
  public void fc() { ... }
}

public class Adaptor implements ITarget {
  private Adaptee adaptee;

  public Adaptor(Adaptee adaptee) {
    this.adaptee = adaptee;
  }

  public void f1() {
    adaptee.fa(); //委托给Adaptee
  }

  public void f2() {
    //重新实现f2()
  }

  public void fc() {
    adaptee.fc(); //委托给Adaptee
  }
}
```

在实际的开发中，到底是选择使用类适配器还是对象适配器呢？判断的标准主要有两个，一个是 Adaptee 接口的个数，另一个是 Adaptee 接口和 ITarget 接口的契合程度。具体判定规则如下所示。

1）如果 Adaptee 接口并不多，那么两种实现方式都可以。

2）如果 Adaptee 接口很多，而且 Adaptee 和 ITarget 接口定义大部分都相同，那么我们推荐使用类适配器，因为 Adaptor 类可以复用父类 Adaptee 的接口。相比对象适配器的实现方式，类适配器的实现方式的代码量要小一些。

3）如果 Adaptee 接口很多，而且 Adaptee 和 ITarget 接口定义大部分都不相同，那么我们推荐使用对象适配器，因为组合结构相对于继承结构更加灵活。

7.3.2 适配器模式的5种应用场景

一般来说，适配器模式可以被看作一种“补偿模式”，用来“补救”设计上的缺陷。应用这种模式其实是一种“无奈之举”。如果在设计初期，我们就能规避接口不兼容的问题，那么这种模式就没有应用的机会了。

前面我们反复提到，适配器模式的应用场景是“接口不兼容”。那么，在实际的开发中，什么情况下才会出现接口不兼容呢？作者总结了以下5点。

1. 封装有缺陷的接口设计

假设我们依赖的外部系统在接口设计方面有缺陷（如包含大量静态方法），引入之后，会影响我们的代码的可测试性。为了隔离设计上的缺陷，我们希望对外部系统提供的接口进行二次封装，封装得到更易用、更易测试的接口，这个时候就可以使用适配器模式了。示例代码如下。

```
public class CD { //这个类来自外部SDK，我们无权修改它的代码
  ...
  public static void staticFunction1() { ... }
  public void uglyNamingFunction2() { ... }
  public void tooManyParamsFunction3(int paramA, int paramB, ...) { ... }
   public void lowPerformanceFunction4() { ... }
}

//使用适配器模式进行重构
public class ITarget {
  void function1();
  void function2();
  void fucntion3(ParamsWrapperDefinition paramsWrapper);
  void function4();
  ...
}

//注意：适配器类的命名不一定非得在末尾使用Adaptor
public class CDAdaptor extends CD implements ITarget {
  ...
  public void function1() {
     super.staticFunction1();
  }

  public void function2() {
    super.uglyNamingFucntion2();
  }

  public void function3(ParamsWrapperDefinition paramsWrapper) {
     super.tooManyParamsFunction3(paramsWrapper.getParamA(), ...);
  }

  public void function4() {
    //重新实现它
  }
}
```

2. 统一多个类的接口设计

某个功能的实现依赖多个外部系统（或者类）。通过适配器模式，我们将它们的接口适配为统一的接口定义，然后就可以使用多态特性来复用代码逻辑。这里的介绍不好理解，我们举

例解释一下。

假设我们的系统需要对用户输入的文本内容进行敏感词过滤，为了保证万无一失，我们引入了多款第三方敏感词过滤系统，依次对用户输入的内容进行过滤，过滤掉尽可能多的敏感词。但是，每个系统提供的过滤接口都是不同的。这就意味着我们无法复用一套代码逻辑来调用多个系统。示例代码如下。

```
public class ASensitiveWordsFilter { //A敏感词过滤系统提供的接口
  //text是原始文本，函数输出用***替换敏感词后的文本
  public String filterObsceneWords(String text) {
    ...
  }

  public String filterPoliticalWords(String text) {
    ...
  }
}

public class BSensitiveWordsFilter  { //B敏感词过滤系统提供的接口
  public String filter(String text) {
    ...
  }
}

public class CSensitiveWordsFilter { //C敏感词过滤系统提供的接口
  public String filter(String text, String mask) {
    ...
  }
}

public class RiskManagement {
  private ASensitiveWordsFilter aFilter = new ASensitiveWordsFilter();
  private BSensitiveWordsFilter bFilter = new BSensitiveWordsFilter();
  private CSensitiveWordsFilter cFilter = new CSensitiveWordsFilter();

  public String filterSensitiveWords(String text) {
    String maskedText = aFilter.filterObsceneWords(text);
    maskedText = aFilter.filterPoliticalWords(maskedText);
    maskedText = bFilter.filter(maskedText);
    maskedText = cFilter.filter(maskedText, "***");
    return maskedText;
  }
}
```

我们可以使用适配器模式，将所有系统的接口适配为统一的接口定义，方便复用统一的接口调用代码。使用适配器模式改造之后的代码的扩展性更好。具体代码如下所示。如果添加一个新的敏感词过滤系统，那么我们不需要修改 filterSensitiveWords() 函数的代码。

```
public interface ISensitiveWordsFilter { //统一接口定义
  String filter(String text);
}

public class ASensitiveWordsFilterAdaptor implements ISensitiveWordsFilter {
  private ASensitiveWordsFilter aFilter;

  public String filter(String text) {
    String maskedText = aFilter. filterObsceneWords(text);
    maskedText = aFilter.filterPoliticalWords(maskedText);
    return maskedText;
```

```
    }
}

//...省略BSensitiveWordsFilterAdaptor类、CSensitiveWordsFilterAdaptor类...

public class RiskManagement {
  private List<ISensitiveWordsFilter> filters = new ArrayList<>();

  public void addSensitiveWordsFilter(ISensitiveWordsFilter filter) {
    filters.add(filter);
  }

  public String filterSensitiveWords(String text) {
    String maskedText = text;
    for (ISensitiveWordsFilter filter : filters) {
      maskedText = filter.filter(maskedText);
    }
    return maskedText;
  }
}
```

3. 替换依赖的外部系统

当我们需要将项目中依赖的一个外部系统替换为另一个外部系统时，适配器模式可以减少对代码的改动，示例代码如下。

```
//外部系统A
public interface IA {
  ...
  void fa();
}

public class A implements IA {
  ...
  public void fa() { ... }
}

//在我们的项目中，外部系统A的使用示例
public class Demo {
  private IA a;

  public Demo(IA a) {
    this.a = a;
  }
  ...
}
Demo d = new Demo(new A());

//将外部系统A替换成外部系统B
public class BAdaptor implements IA {
  private B b;

  public BAdaptor(B b) {
    this.b= b;
  }

  public void fa() {
    ...
    b.fb();
  }
}
```

```
//将BAdaptor类按如下方式注入Demo类即可完成将类A替换为类B
Demo d = new Demo(new BAdaptor(new B()));
```

4. 兼容老版本接口

在进行版本升级时，对于一些要废弃的接口，我们不直接将其删除，而是暂时保留，标注为 deprecated，并将内部实现逻辑委托为新的接口实现。这样做的好处是，让使用老接口的项目有一个过渡期。同样，我们还是通过一个例子解释一下。

JDK 1.0 中包含一个遍历集合容器的 Enumeration 类。JDK 2.0 对这个类进行了重构，将它重命名为 Iterator，并且对它的代码实现做了优化。但是，考虑到如果将 Enumeration 类直接从 JDK 2.0 中删除，那么项目在将 JDK 版本从 1.0 切换到 2.0 时，就会出现编译不通过的问题。为了避免这种问题的发生，我们必须把项目中所有用到 Enumeration 类的地方都修改为使用 Iterator 类。

使用 Java 开发的项目太多了，一次 JDK 的升级将会导致所有项目必须修改代码，不然就会编译报错，这显然是不合理的。为了兼容使用低版本 JDK 的老代码，JDK 2.0 中暂时保留了 Enumeration 类，并将其实现替换为直接调用 Iterator 类。这样既保证 Enumeration 类使用目前最优的代码实现，又避免了强制升级。示例代码如下。

```
public class Collections {
  public static Enumeration enumeration(final Collection c) {
    return new Enumeration() {
      Iterator i = c.iterator();

      public boolean hasMoreElements() {
        return i.hashNext();
      }

      public Object nextElement() {
        return i.next():
      }
    }
  }
}
```

5. 适配不同格式的数据

前面我们讲到，适配器模式主要用于接口的适配，实际上，它还可以用于不同格式的数据之间的适配。例如，从不同征信系统拉取的征信数据的格式是不同的，为了方便存储和使用，我们需要将它们统一为相同的格式。又如，Java 中的 Arrays.asList() 可以被看作一种数据适配器，将数组类型的数据转换为容器类型，示例代码如下。

```
List<String> stooges = Arrays.asList("Larry", "Moe", "Curly");
```

7.3.3 适配器模式在 Java 日志中的应用

Java 中有很多日志框架，常用的有 Log4j、Logback，以及 JDK 提供的 JUL（java.util.logging）和 Apache 的 JCL（Jakarta Commons Logging）等，我们经常在项目开发中使用它们来打印日志信息。大部分日志框架都提供了相似的功能，如按照不同级别（debug、info、warn 和 error 等）打印日志等，却没有统一的接口。这主要是历史的原因，导致日志框架不像 JDBC 那样，一开始就制订了标准的接口规范。

如果我们只是开发一个自己使用的项目，那么用哪种日志框架都可以。但是，如果我们开发的是一个集成到其他系统的组件、框架或类库，那么日志框架的选择就没有那么随意了。

如果我们的项目使用 Logback 打印日志，而引入的某个组件使用 Log4j 打印日志，那么，在将组件引入项目之后，我们的项目就相当于有了两套日志框架。由于每种日志框架都有自己特有的配置方式，因此我们要针对每种日志框架编写不同的配置文件（如配置日志存储的文件地址、打印日志的格式）。更进一步，如果项目引入多个组件，每个组件使用的日志框架都不一样，那么日志的管理工作将变得非常复杂。为了解决这个问题，我们需要统一日志框架。

实际上，SLF4J 日志框架就相当于 JDBC 规范，提供了一套打印日志的统一接口规范。不过，它只定义了接口，并没有提供具体的实现，需要配合其他日志框架（Log4j、Logback 等）使用。而 JUL、JCL、Log4j 等日志框架早于 SLF4J 出现，因此，这些日志框架不可能“牺牲”版本兼容性，将接口改造成符合 SLF4J 接口规范。SLF4J 事先考虑到了这个问题，因此，它不仅提供了统一的接口定义，还提供了针对不同日志框架的适配器。SLF4J 对不同日志框架的接口进行二次封装，适配成统一的 SLF4J 接口定义。示例代码如下。

```
//SLF4J统一的接口定义
package org.slf4j;
public interface Logger {
   public boolean isTraceEnabled();
   public void trace(String msg);
   public void trace(String format, Object arg);
   public void trace(String format, Object arg1, Object arg2);
   public void trace(String format, Object[] argArray);
   public void trace(String msg, Throwable t);

   public boolean isDebugEnabled();
   public void debug(String msg);
   public void debug(String format, Object arg);
   public void debug(String format, Object arg1, Object arg2)
   public void debug(String format, Object[] argArray)
   public void debug(String msg, Throwable t);
   //...省略info、warn、error等一系列接口...
}

//Log4j日志框架的适配器Log4jLoggerAdapter实现了LocationAwareLogger接口，
//而LocationAwareLogger又继承Logger接口，相当于Log4jLoggerAdapter
//实现了Logger接口
package org.slf4j.impl;
public final class Log4jLoggerAdapter extends MarkerIgnoringBase
  implements LocationAwareLogger, Serializable {
   final transient org.apache.log4j.Logger logger; //Log4j

   public boolean isDebugEnabled() {
      return logger.isDebugEnabled();
   }

   public void debug(String msg) {
      logger.log(FQCN, Level.DEBUG, msg, null);
   }

   public void debug(String format, Object arg) {
      if (logger.isDebugEnabled()) {
         FormattingTuple ft = MessageFormatter.format(format, arg);
         logger.log(FQCN, Level.DEBUG, ft.getMessage(), ft.getThrowable());
```

```
        }
    }

    public void debug(String format, Object arg1, Object arg2) {
        if (logger.isDebugEnabled()) {
            FormattingTuple ft = MessageFormatter.format(format, arg1, arg2);
            logger.log(FQCN, Level.DEBUG, ft.getMessage(), ft.getThrowable());
        }
    }

    public void debug(String format, Object[] argArray) {
        if (logger.isDebugEnabled()) {
            FormattingTuple ft = MessageFormatter.arrayFormat(format, argArray);
            logger.log(FQCN, Level.DEBUG, ft.getMessage(), ft.getThrowable());
        }
    }

    public void debug(String msg, Throwable t) {
        logger.log(FQCN, Level.DEBUG, msg, t);
    }
    //...省略一系列接口的实现...
}
```

在平时的开发中，我们统一使用 SLF4J 提供的接口来编写打印日志代码。至于具体使用哪种日志框架实现（Log4j、Logback 等），可以动态指定（使用 Java 的 SPI 技术），我们只需要将相应的 SDK 导入项目。

不过，如果一些老的项目没有使用 SLF4J，而是直接使用诸如 JCL 的日志框架来打印日志，那么我们想要将其替换成其他日志框架，如 Log4j，应该怎么办呢？实际上，SLF4J 不仅提供了从其他日志框架到 SLF4J 的适配器，还提供了反向适配器，也就是从 SLF4J 到其他日志框架的适配。我们可以先将 JCL 切换为 SLF4J，也就是将 JCL 接口用 SLF4J 接口实现，再将 SLF4J 切换为 Log4j，也就是将 SLF4J 接口用 Log4j 接口实现。在经过两次适配器的转换后，我们就能成功地将 JCL 切换为 Log4j。

7.3.4　Wrapper 设计模式

尽管代理模式、装饰器模式和适配器模式这 3 种设计模式的代码结构非常相似，但这 3 种设计模式的应用场景不同，这也是它们的主要区别。代理模式在不改变原始类接口的条件下，为原始类定义一个代理类，主要目的是控制访问，而非加强功能，这是它与装饰器模式最大的不同。装饰器模式在不改变原始类接口的情况下，对原始类功能进行增强，并且支持多个装饰器类的嵌套使用。适配器模式是一种事后的补救策略。适配器模式提供与原始类不同的接口，而代理模式、装饰器模式提供的都是与原始类相同的接口。

从代码结构上来讲，这 3 种设计模式可以统称为 Wrapper 设计模式，简称 Wrapper 模式。Wrapper 模式通过 Wrapper 类对原始类进行二次封装，代码结构如下所示。

```
public interface Interf {
  void f1();
  void f2();
}

public class OriginalClass implements Interf {
  @Override
```

```
  public void f1() { ... }
  @Override
  public void f2() { ... }
}

public class WrapperClass implements Interf {
  private OriginalClass oc;
  public WrapperClass(OriginalClass oc) {
    this.oc = oc;
  }

  @Override
  public void f1() {
    //附加功能
    this.oc.f1();
    //附加功能
  }

  @Override
  public void f2() {
    this.oc.f2();
  }
}
```

接下来，我们看一下 Wrapper 模式的应。在 Google Guava 的 collection 包路径下，有一组以 Forwording 开头命名的类，部分类如图 7-2 所示。

ForwardingCollection
ForwardingConcurrentMap
ForwardingDeque
ForwardingImmutableCollection
ForwardingImmutableList
ForwardingImmutableMap
ForwardingImmutableSet
ForwardingIterator
ForwardingList
ForwardingListIterator
ForwardingListMultimap
ForwardingMap
ForwardingMapEntry
ForwardingMultimap
ForwardingMultiset
ForwardingNavigableMap
ForwardingNavigableSet
ForwardingObject
ForwardingQueue
ForwardingSet
ForwardingSetMultimap

图 7-2 部分以 Forwording 开头命名的类

我们先来看其中的 ForwardingCollection 类，这个类的部分代码如下。

```
@GwtCompatible
public abstract class ForwardingCollection<E> extends ForwardingObject implements Collection<E> {
  protected ForwardingCollection() {
  }

  protected abstract Collection<E> delegate();

  public Iterator<E> iterator() {
    return this.delegate().iterator();
  }

  public int size() {
    return this.delegate().size();
  }

  @CanIgnoreReturnValue
  public boolean removeAll(Collection<?> collection) {
    return this.delegate().removeAll(collection);
  }

  public boolean isEmpty() {
    return this.delegate().isEmpty();
  }

  public boolean contains(Object object) {
    return this.delegate().contains(object);
  }

  @CanIgnoreReturnValue
  public boolean add(E element) {
    return this.delegate().add(element);
  }

  @CanIgnoreReturnValue
  public boolean remove(Object object) {
    return this.delegate().remove(object);
  }

  public boolean containsAll(Collection<?> collection) {
    return this.delegate().containsAll(collection);
  }

  @CanIgnoreReturnValue
  public boolean addAll(Collection<? extends E> collection) {
    return this.delegate().addAll(collection);
  }

  @CanIgnoreReturnValue
  public boolean retainAll(Collection<?> collection) {
    return this.delegate().retainAll(collection);
  }

  public void clear() {
    this.delegate().clear();
  }

  public Object[] toArray() {
    return this.delegate().toArray();
  }

  //...省略部分代码...
}
```

仅看 ForwardingCollection 类的代码实现，我们可能想不到它的作用。我们再看一下它的使用方式，示例代码如下。

```
public class AddLoggingCollection<E> extends ForwardingCollection<E> {
  private static final Logger logger = LoggerFactory.getLogger(AddLoggingCollection.class);

  private Collection<E> originalCollection;

  public AddLoggingCollection(Collection<E> originalCollection) {
    this.originalCollection = originalCollection;
  }

  @Override
  protected Collection delegate() {
    return this.originalCollection;
  }

  @Override
  public boolean add(E element) {
    logger.info("Add element: " + element);
    return this.delegate().add(element);
  }

  @Override
  public boolean addAll(Collection<? extends E> collection) {
    logger.info("Size of elements to add: " + collection.size());
    return this.delegate().addAll(collection);
  }
}
```

在上述代码中，AddLoggingCollection 类是基于代理模式实现的代理类，它在原始类 Collection 的基础之上，针对“add”相关的操作，添加了记录日志的功能。AddLoggingCollection 类继承 ForwardingCollection 类。ForwardingCollection 类是一个“默认 Wrapper 类”（或者称为“缺省 Wrapper 类”），这类似于我们在 7.2.3 节中讲到的 FilterInputStream 默认装饰器类。

如果我们不使用这个 ForwardingCollection 类，而是让 AddLoggingCollection 代理类直接实现 Collection 接口，那么 Collection 接口中的所有方法都要在 AddLoggingCollection 类中实现一遍，而真正需要添加日志功能的只有 add() 和 addAll() 两个函数。

为了简化 Wrapper 模式的代码实现，Guava 提供一系列默认的 Forwarding 类。用户在实现自己的 Wrapper 类时，可以像 AddLoggingCollection 类的处理方法一样，基于默认的 Forwarding 类扩展，就可以只实现自己关心的方法，其他不关心的方法使用默认 Forwarding 类的实现。

在阅读源码时，我们要时常问一下自己，为什么它要这么设计？不这么设计行吗？还有更好的设计吗？实际上，很多人缺少这种“质疑”精神，特别是面对权威（经典图书、著名源码和权威人士）的时候。作者本人是一个从不缺乏质疑精神的人，喜欢“挑战”权威，推崇以理服人。例如，在上述讲解中，作者把 Forwarding 类理解为默认 Wrapper 类，其可以用在装饰器、代理和适配器 3 种 Wrapper 模式中，简化代码的编写。如果读者去看 Google Guava 在 GitHub 上的 Wiki，就会发现，Google Guava 对 ForwardingCollection 类的理解与作者在这里的讲解不一样。Google Guava 把 ForwardingCollection 类单纯地理解为默认的装饰器类，只用在装饰器模式中。作者认为自己的理解更好，不知道读者是怎么认为的呢？

7.3.5 思考题

本节讲到，适配器模式有两种实现方式：类适配器、对象适配器，那么，代理模式和装饰器模式是否也可以有两种实现方式（类代理模式、对象代理模式，以及类装饰器模式、对象装饰器模式）呢？

7.4 桥接模式：如何将 $M \times N$ 的继承关系简化为 $M+N$ 的组合关系

对于桥接模式，我们有两种理解方式，不同理解方式，理解的难度不同。本节我们采用比较简单的理解方式来讲解。这种较为简单的理解方式使用组合替代继承，不但常用，而且简单、易懂，能够有效地将复杂的继承关系简化为简单的组合关系。

7.4.1 桥接模式的定义

桥接设计模式（Bridge Design Pattern）简称桥接模式。它有两种不同的理解方式。

当然，“纯正”的理解方式当属 GoF 合著的《设计模式：可复用面向对象软件的基础》一书中对桥接模式的定义。毕竟，22 种经典的设计模式最初就是由这本书总结出来的。在《设计模式：可复用面向对象软件的基础》一书中，桥接模式是这样定义的：将抽象和实现解耦，让它们可以独立变化（Decouple an abstraction from its implementation so that the two can vary independently）。

不过，上述定义比较难理解。关于桥接模式，还有另一种更好理解的定义：一个类存在两个（或多个）独立变化的维度，我们通过组合的方式，让这个类在两个（或多个）维度上可以独立扩展。接下来，我们按照这个定义来讲解。

7.4.2 桥接模式解决继承“爆炸”问题

实际上，从第二个定义来看，桥接模式主要解决继承“爆炸”问题。我们举一个简单的例子来解释一下。对于很多豪车，如法拉利，在购车时，我们需要选配很多不同的配置。也就是说，一辆汽车有很多可以变化的维度。简单点说，假设选配时只有两个维度，一个是天窗，有 M 种选择，另一个是轮毂，有 N 种选择，那么组合起来就有 $M \times N$ 种不同的选配方案，也就对应 $M \times N$ 种不同风格。如果我们采用继承关系来设计，就需要定义 $M \times N$ 个子类来描述这 $M \times N$ 种风格。但是，如果我们基于桥接模式，那么只需要单独设计 M 个天窗类和 N 个轮毂类。通过如下代码所示的组合方式，我们便可以组合出 $M \times N$ 种不同的风格。也就是说，利用桥接模式，我们将 $M \times N$ 的继承关系简化成了 $M+N$ 的组合关系。

```
public class Car {
    private SunProof sunProof;
    private Hub hub;
    public Car(SunProof sunProof, Hub hub) {
```

```
        this.sunProof= sunProof;
    this.hub= hub;
  }
}
```

实际上，Java 中的 SLF4J 日志框架也应用了桥接模式。SLF4J 框架有 3 个核心概念：Logger、Appender 和 Formatter，它们表示 3 个不同的维度。Logger 表示日志是记录哪个类的日志，Appender 表示日志输出到哪里，Formatter 表示日志记录的格式。3 个维度可以有多种不同的实现。利用桥接模式，我们将 3 种维度的任意一种实现组合在一起，就对应一种日志记录方式。3 个维度可以独立变化，互不影响。

7.4.3 思考题

请读者思考“组合优于继承”设计思想与桥接模式的区别和联系。

7.5 门面模式：如何设计接口以兼顾接口的易用性和通用性

门面模式的原理和实现都很简单，应用场景也比较明确，主要应用在接口设计中。如果读者平时的工作涉及接口开发，那么应该遇到过有关接口粒度的问题。如果我们希望接口可复用，就应当让其尽可能细粒度、职责单一，但如果接口粒度过小，那么开发一个业务功能需要调用诸多细粒度接口才能完成，比较烦琐。相反，如果针对某个业务场景，单独开发一个大而全的接口，用起来很方便，但接口粒度过大，职责不单一，就会导致接口通用性不高，可复用性不好，无法用在其他业务开发中。如何权衡接口的易用性和通用性呢？本节我们就利用门面模式解决这个问题。

7.5.1 门面模式和接口设计

门面设计模式（Facade Design Pattern）简称门面模式，也称为外观模式。在 GoF 合著的《设计模式：可复用面向对象软件的基础》一书中，门面模式是这样定义的：门面模式为子系统提供一组统一的接口，定义一组高层接口让子系统更易用（Provide a unified interface to a set of interfaces in a subsystem. Facade Pattern defines a higher-level interface that makes the subsystem easier to use）。

我们通过示例解释一下门面模式的定义。

假设系统 A 提供了 4 个接口 a、b、c、d。系统 B 完成某个业务功能，需要调用系统 A 的 3 个接口 a、b、d。利用门面模式，我们提供一个包裹接口 a、b、d 的门面接口 x，供系统 B 直接使用。这就是门面模式的简单应用。

读者可能有疑问，系统 B 直接调用系统 A 的接口 a、b、d 即可，为什么还要提供一个包裹接口 a、b、d 的门面接口 x 呢？我们通过一个具体的例子来解释这个问题。

假设刚才提到的系统 A 是一个后端服务器，系统 B 是一个客户端（如 APP）。客户端通过调用服务器提供的接口来获取数据。我们知道，客户端和服务器是通过移动网络通信的，而移

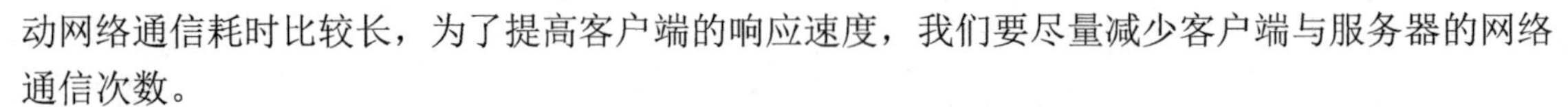

动网络通信耗时比较长，为了提高客户端的响应速度，我们要尽量减少客户端与服务器的网络通信次数。

假设完成某个业务功能（如显示某个页面的信息）需要“依次”调用 a、b、d 这 3 个接口，因其自身业务的特点，不支持并发调用这 3 个接口。例如，调用接口 b 依赖调用 a 接口返回的数据，因此，必须先完成接口 a 的调用，再进行接口 b 的调用。

如果客户端的响应速度比较慢，经过排查发现，这种情况是因为过多的接口调用导致过多的网络通信而引发，那么，我们可以利用门面模式，让后端服务器提供一个包裹接口 a、b、d 的门面接口 x。客户端只需要调用一次门面接口 x，就能获取所有想要的数据，网络通信次数从 3 次减少为 1 次，客户端的响应速度也就提高了。

以上便是门面模式的一个应用示例。接下来，我们再看门面模式的 3 种应用场景。

7.5.2　利用门面模式提高接口易用性

门面模式可以通过提供一组简单、易用的接口，封装系统的底层实现，隐藏系统的复杂性。例如，Linux 操作系统的调用函数就可以被看作一种“门面”。它是 Linux 操作系统暴露给开发者的一组方便使用的编程接口，封装了 Linux 操作系统底层基础的内核调用。又如，Linux 操作系统的 Shell 命令，实际上也可以看作一种“门面”，它封装了 Linux 操作系统的调用函数，提供更加友好、简单的命令，让我们可以直接通过执行命令来与操作系统交互。

7.5.3　利用门面模式提高接口性能

关于利用门面模式提高性能这一点，我们在 7.5.1 节已经讲过。我们通过将多个接口调用替换为一个门面接口调用，减少网络通信成本，提高客户端的响应速度。那么，从代码实现的角度来看，应该如何组织门面接口和非门面接口？

如果门面接口不多，那么，我们完全可以将它与非门面接口放到一起，也不需要特殊标记，当成普通接口使用即可。如果门面接口较多，那么，我们可以在已有的接口之上，重新抽象出一层（门面层），专门放置门面接口，从类、包的命名上与原接口层区分。如果门面接口特别多，并且很多门面接口横跨多个系统，那么，我们可以将门面接口放到一个新的系统中。

7.5.4　利用门面模式解决事务问题

关于如何利用门面模式解决事务问题，我们通过一个例子来解释一下。

在某个金融系统中，有用户和钱包两个业务领域模型。这两个业务领域模型对外暴露了一系列接口，如用户的增加、删除、修改和查询接口，以及钱包的增加、删除、修改和查询接口。假设有这样一个业务场景：在用户注册时，我们不仅会创建用户（数据写入数据库的 User 表），还会给用户创建对应的钱包（数据写入数据库的 Wallet 表）。

对于这样一个简单的业务需求，我们可以通过依次调用用户的创建接口和钱包的创建接口来完成。但是，用户注册需要支持事务，也就是说，创建用户和创建钱包这两个操作要么都成功，要么都失败，不能一个成功，而另一个失败。

支持两个接口调用在一个事务中执行是比较难实现的，因为这涉及分布式事务问题。虽然我们可以通过引入分布式事务框架或事后补偿的机制来解决，但代码实现会比较复杂。而简单的解决方案是利用数据库事务，在一个数据库事务中，执行创建用户和创建钱包这两个 SQL 操作。这就要求两个 SQL 操作在一个接口中完成。我们可以借鉴门面模式的思想，设计一个包裹这两个操作的新接口，让新接口在一个事务中执行两个 SQL 操作。

最后，我们总结一下。类、模块、系统之间的“通信”，一般都是通过接口调用来完成的。接口设计的好坏，直接影响类、模块、系统是否易用。因此，我们要多花点心思在接口设计上。完成项目中的接口设计就相当于完成了项目一半的开发任务。只要接口设计得好，代码就差不到哪里去。

接口粒度设计得太大或太小都不好。接口粒度太大会导致接口不可复用，太小会导致接口不易用。在实际的开发中，接口的可复用性和易用性需要权衡。针对这个问题，我们的基本处理原则是，尽量保持接口的可复用性，但针对特殊情况，允许提供冗余的门面接口来提供更易用的接口。

7.5.5 思考题

适配器模式和门面模式的共同点是将不好用的接口适配成好用的接口。那么，它们的区别在哪里？

7.6 组合模式：一种应用在树形结构上的特殊设计模式

组合模式与我们之前讲的面向对象设计中的“组合关系”（通过组合来组装两个类）完全是两码事。这里讲的“组合模式”，主要用来处理结构为树形的数据。这里的“数据”，读者可以简单地将其理解为一组对象的集合，下面我们会详细讲解。

因为组合模式的应用场景比较特殊（数据必须能表示成树形结构），所以，这种模式在实际的项目开发中并不常用。但是，一旦数据能表示成树形结构，这种模式就能发挥很大的作用，能够让代码变得简洁。

7.6.1 组合模式的应用一：目录树

在 GoF 合著的《设计模式：可复用面向对象软件的基础》一书中，组合模式是这样定义的：将一组对象组织成树形结构，以表示一种“部分 - 整体”的层次结构。组合模式让客户端（在很多设计模式图书中，“客户端”代指代码的使用者）可以统一单个对象和组合对象的处理逻辑。（Compose objects into tree structure to represent part-whole hierarchies.Composite lets client treat individual objects and compositions of objects uniformly.）

对于组合模式的定义，我们举例解释。假设有这样一个需求：请设计一个类，表示文件系统中的目录，并能够方便实现以下功能：

1）动态地添加、删除某个目录下的子目录或文件；

2）统计指定目录下的文件个数；

3）统计指定目录下的文件总大小。

以下代码是这个类的“骨架”代码。其核心逻辑并未实现，需要我们补充完整。在代码中，文件和目录统一使用 FileSystemNode 类表示，并通过 isFile 属性区分。

```
public class FileSystemNode {
  private String path;
  private boolean isFile;
  private List<FileSystemNode> subNodes = new ArrayList<>();

  public FileSystemNode(String path, boolean isFile) {
    this.path = path;
    this.isFile = isFile;
  }

  public int countNumOfFiles() {
    //TODO：待完善
  }

  public long countSizeOfFiles() {
    //TODO：待完善
  }

  public String getPath() {
    return path;
  }

  public void addSubNode(FileSystemNode fileOrDir) {
    subNodes.add(fileOrDir);
  }

  public void removeSubNode(FileSystemNode fileOrDir) {
    int size = subNodes.size();
    int i = 0;
    for (; i < size; ++i) {
      if (subNodes.get(i).getPath().equalsIgnoreCase(fileOrDir.getPath())) {
        break;
      }
    }
    if (i < size) {
      subNodes.remove(i);
    }
  }
}
```

实际上，如果读者看过作者之前出版的《数据结构与算法之美》，那么想要补全 countNumOfFiles() 和 countSizeOfFiles() 这两个函数并非难事。使用树的递归遍历算法遍历整个目录结构，就能得到文件个数和文件总大小。两个函数的代码实现如下所示。

```
public int countNumOfFiles() {
  if (isFile) {
    return 1;
  }
  int numOfFiles = 0;
  for (FileSystemNode fileOrDir : subNodes) {
    numOfFiles += fileOrDir.countNumOfFiles();
  }
  return numOfFiles;
}
```

```
public long countSizeOfFiles() {
  if (isFile) {
    File file = new File(path);
    if (!file.exists()) return 0;
    return file.length();
  }
  long sizeofFiles = 0;
  for (FileSystemNode fileOrDir : subNodes) {
    sizeofFiles += fileOrDir.countSizeOfFiles();
  }
  return sizeofFiles;
}
```

如果我们单纯从能不能用的角度来看，那么上述代码已经能用了。但是，如果我们开发的是一个大型系统，从扩展性（文件或目录可能对应不同的操作）、业务建模（文件和目录在业务上是两个概念）和代码的可读性（文件和目录区分对待更加符合人们对业务的认知）的角度来说，我们最好将文件和目录区分对待，用 File 类表示文件，用 Directory 表示目录。按照这个设计思路，重构之后的代码如下所示。

```
public abstract class FileSystemNode {
  protected String path;

  public FileSystemNode(String path) {
    this.path = path;
  }

  public abstract int countNumOfFiles();
  public abstract long countSizeOfFiles();

  public String getPath() {
    return path;
  }
}

public class File extends FileSystemNode {
  public File(String path) {
    super(path);
  }

  @Override
  public int countNumOfFiles() {
    return 1;
  }

  @Override
  public long countSizeOfFiles() {
    java.io.File file = new java.io.File(path);
    if (!file.exists()) return 0;
    return file.length();
  }
}

public class Directory extends FileSystemNode {
  private List<FileSystemNode> subNodes = new ArrayList<>();

  public Directory(String path) {
    super(path);
  }
```

```
    @Override
    public int countNumOfFiles() {
      int numOfFiles = 0;
      for (FileSystemNode fileOrDir : subNodes) {
        numOfFiles += fileOrDir.countNumOfFiles();
      }
      return numOfFiles;
    }

    @Override
    public long countSizeOfFiles() {
      long sizeofFiles = 0;
      for (FileSystemNode fileOrDir : subNodes) {
        sizeofFiles += fileOrDir.countSizeOfFiles();
      }
      return sizeofFiles;
    }

    public void addSubNode(FileSystemNode fileOrDir) {
      subNodes.add(fileOrDir);
    }

    public void removeSubNode(FileSystemNode fileOrDir) {
      int size = subNodes.size();
      int i = 0;
      for (; i < size; ++i) {
        if (subNodes.get(i).getPath().equalsIgnoreCase(fileOrDir.getPath())) {
          break;
        }
      }
      if (i < size) {
        subNodes.remove(i);
      }
    }
  }
```

表示文件的File类和表示目录的Directory类都设计好了，我们再看一下如何使用它们表示一个文件系统中的目录树结构，示例代码如下。

```
  public class Demo {
    public static void main(String[] args) {
      /**
       * /
       * /wz/
       * /wz/a.txt
       * /wz/b.txt
       * /wz/movies/
       * /wz/movies/c.avi
       * /xzg/
       * /xzg/docs/
       * /xzg/docs/d.txt
       */
      Directory fileSystemTree = new Directory("/");
      Directory node_wz = new Directory("/wz/");
      Directory node_xzg = new Directory("/xzg/");
      fileSystemTree.addSubNode(node_wz);
      fileSystemTree.addSubNode(node_xzg);

      File node_wz_a = new File("/wz/a.txt");
      File node_wz_b = new File("/wz/b.txt");
      Directory node_wz_movies = new Directory("/wz/movies/");
```

```
        node_wz.addSubNode(node_wz_a);
        node_wz.addSubNode(node_wz_b);
        node_wz.addSubNode(node_wz_movies);
        File node_wz_movies_c = new File("/wz/movies/c.avi");
        node_wz_movies.addSubNode(node_wz_movies_c);

        Directory node_xzg_docs = new Directory("/xzg/docs/");
        node_xzg.addSubNode(node_xzg_docs);
        File node_xzg_docs_d = new File("/xzg/docs/d.txt");
        node_xzg_docs.addSubNode(node_xzg_docs_d);

        System.out.println("/ files num:" + fileSystemTree.countNumOfFiles());
        System.out.println("/wz/ files num:" + node_wz.countNumOfFiles());
    }
}
```

我们用这个例子与组合模式的定义做个对照：将一组对象（文件和目录）组织成树形结构，以表示一种“部分 - 整体”的层次结构（目录与子目录的嵌套结构）。组合模式让客户端可以统一单个对象（文件）和组合对象（目录）的处理逻辑（递归遍历）。

实际上，组合模式与其说是一种设计模式，倒不如说是对业务场景的一种数据结构和算法的抽象。其中，业务场景中的数据可以表示成树这种数据结构，业务需求可以通过树上的递归遍历算法实现。

7.6.2 组合模式的应用二：人力树

在上文中，我们举了文件系统的例子，接下来，我们再举一个例子。读者理解了这两个例子，基本上就掌握了组合模式。在实际的项目中，如果读者遇到类似的可以表示成树形结构的业务场景，那么，只要“照葫芦画瓢”地进行设计，就可以了。

假设我们正在开发一个 OA 系统（办公自动化系统）。公司的组织结构包含部门和员工两种类型的数据。其中，部门又可以包含子部门和员工。公司的组织结构的数据在数据库中的表结构如表 7-2 所示。

表 7-2 公司的组织结构的数据在数据库中的表结构

部门表（Department）				
部门 ID	隶属上级部门 ID	…	…	…
id	parent_department_id	…	…	…
员工表（Employee）				
员工 ID	隶属部门 ID	员工薪资	…	…
id	department_id	salary	…	…

我们希望在内存中构建整个公司的组织架构图（部门、子部门、员工之间的隶属关系），并且提供接口以计算部门的薪资成本（隶属于某个部门的所有员工的薪资和）。

部门包含子部门和员工，这是一种嵌套结构，可以表示成树这种数据结构。对于计算每个部门的薪资成本这样一个需求，我们可以通过树上的遍历算法来实现。因此，从上述角度来看，这个应用场景可以使用组合模式来设计和实现。

这个例子的代码结构与 7.6.1 节的例子的代码结构相似。代码实现如下所示。其中，HumanResource 类是部门类（Department）和员工类（Employee）抽象出来的父类，其作用是统一薪资的处理逻辑；Demo 类中的代码负责从数据库中读取数据并在内存中构建组织架构图。

```
public abstract class HumanResource {
  protected long id;
  protected double salary;

  public HumanResource(long id) {
    this.id = id;
  }

  public long getId() {
    return id;
  }

  public abstract double calculateSalary();
}

public class Employee extends HumanResource {
  public Employee(long id, double salary) {
    super(id);
    this.salary = salary;
  }

  @Override
  public double calculateSalary() {
    return salary;
  }
}

public class Department extends HumanResource {
  private List<HumanResource> subNodes = new ArrayList<>();
  public Department(long id) {
    super(id);
  }

  @Override
  public double calculateSalary() {
    double totalSalary = 0;
    for (HumanResource hr : subNodes) {
      totalSalary += hr.calculateSalary();
    }
    this.salary = totalSalary;
    return totalSalary;
  }
  public void addSubNode(HumanResource hr) {
    subNodes.add(hr);
  }
}

//构建组织架构图的代码
public class Demo {
  private static final long ORGANIZATION_ROOT_ID = 1001;
  private DepartmentRepo departmentRepo; //依赖注入
  private EmployeeRepo employeeRepo; //依赖注入

  public void buildOrganization() {
    Department rootDepartment = new Department(ORGANIZATION_ROOT_ID);
    buildOrganization(rootDepartment);
  }
```

```
    private void buildOrganization(Department department) {
      List<Long> subDepartmentIds = departmentRepo.getSubDepartmentIds(department.getId());
      for (Long subDepartmentId : subDepartmentIds) {
        Department subDepartment = new Department(subDepartmentId);
        department.addSubNode(subDepartment);
        buildOrganization(subDepartment);
      }
      List<Long> employeeIds = employeeRepo.getDepartmentEmployeeIds(department.getId());
      for (Long employeeId : employeeIds) {
        double salary = employeeRepo.getEmployeeSalary(employeeId);
        department.addSubNode(new Employee(employeeId, salary));
      }
    }
  }
```

同样，我们使用这个例子与组合模式的定义相对照：将一组对象（员工和部门）组织成树形结构，以表示一种“部分 - 整体”的层次结构（部门与子部门的嵌套结构）。组合模式让客户端可以统一单个对象（员工）和组合对象（部门）的处理逻辑（递归遍历）。

7.6.3 思考题

在本节的文件系统的例子中，countNumOfFiles() 和 countSizeOfFiles() 这两个函数的执行效率并不高，因为每次调用它们时，都要重新遍历一遍子树。有没有什么办法可以提高这两个函数的执行效率呢？（注意：文件系统还会涉及频繁的删除、添加文件操作，也就是分别对应 Directory 类中的 removeSubNode() 和 addSubNode() 函数。）

7.7 享元模式：如何利用享元模式降低系统的内存开销

顾名思义，“享元”就是被共享的单元。享元模式的使用意图是复用对象，节省内存，应用的前提是被共享的对象是不可变对象。

具体来讲，当一个系统中存在大量重复对象时，如果这些重复的对象是不可变对象，我们就可以利用享元模式，将对象设计成享元，在内存中只保留一份实例，供多处代码引用。这样可以减少内存中对象的数量，起到节省内存的目的。实际上，不仅仅相同对象可以被设计成享元，对于相似对象，我们也可以将这些对象中相同的部分（字段）提取出来设计成享元，让这些大量相似对象去引用享元。

作者解释一下，定义中的“不可变对象”指的是，对象一旦通过构造函数创建成功，其状态（对象的成员变量的值）就不会再改变。不可变对象不能暴露任何修改内部状态的方法（如成员变量的 setter 方法）。之所以要求享元是不可变对象，是因为它会被多处代码共享使用，避免一处代码对享元进行修改，影响其他使用它的代码。

7.7.1 享元模式在棋牌游戏中的应用

假设我们正在开发一个棋牌游戏，如象棋。一个“游戏大厅”中有成千上万个虚拟房间，每个房间对应一个棋盘。每个棋盘要保存每个棋子的信息，如棋子类型（将、相、士、炮等）、棋子颜色（红方、黑方）、棋子在棋盘中的位置。利用这些信息，我们就能给玩家显示一个完整的棋盘。具体的代码实现如下所示，其中，ChessPiece 类表示棋子；ChessBoard 类表示棋盘，其中保存了棋盘中 32 个棋子的信息。

```
public class ChessPiece {//棋子
  private int id;
  private String text;
  private Color color;
  private int positionX;
  private int positionY;

  public ChessPiece(int id, String text, Color color, int positionX, int positionY) {
    this.id = id;
    this.text = text;
    this.color = color;
    this.positionX = positionX;
    this.positionY = positionY;
  }

  public static enum Color {
    RED, BLACK
  }

  //...省略其他属性，以及getter和setter方法...
}

public class ChessBoard {//棋局
  private Map<Integer, ChessPiece> chessPieces = new HashMap<>();

  public ChessBoard() {
    init();
  }

  private void init() {
    chessPieces.put(1, new ChessPiece(1, "車", ChessPiece.Color.BLACK, 0, 0));
    chessPieces.put(2, new ChessPiece(2, "馬", ChessPiece.Color.BLACK, 0, 1));
    //...省略摆放其他棋子的代码...
  }

  public void move(int chessPieceId, int toPositionX, int toPositionY) {
    //...省略代码实现...
  }
}
```

为了记录每个房间当前的棋盘情况，我们需要给每个房间都创建一个 ChessBoard 类的对象。因为游戏大厅中有成千上万个虚拟房间（实际上，百万人同时在线的游戏大厅有很多），所以保存这么多对象会消耗大量的内存。有什么办法可以节省内存呢？

这个时候，享元模式就派上用场了。对于上述实现方式，内存中会存在大量的相似对象。这些相似对象的 id、text 和 color 都是相同的，只有 positionX、positionY 不同。我们可以将棋子的 id、text 和 color 属性拆分出来，设计成独立的类，并且作为享元供多个棋盘复用。这样每个棋盘只需要记录每个棋子的位置信息。代码实现如下所示。

```
public class ChessPieceUnit { //享元类
  private int id;
  private String text;
```

```
  private Color color;

  public ChessPieceUnit(int id, String text, Color color) {
    this.id = id;
    this.text = text;
    this.color = color;
  }

  public static enum Color {
    RED, BLACK
  }

  //...省略其他属性和getter方法...
}

public class ChessPieceUnitFactory {
  private static final Map<Integer, ChessPieceUnit> pieces = new HashMap<>();
  static {
    pieces.put(1, new ChessPieceUnit(1, "車", ChessPieceUnit.Color.BLACK));
    pieces.put(2, new ChessPieceUnit(2,"馬", ChessPieceUnit.Color.BLACK));
    //...省略摆放其他棋子的代码...
  }

  public static ChessPieceUnit getChessPiece(int chessPieceId) {
    return pieces.get(chessPieceId);
  }
}

public class ChessPiece {
  private ChessPieceUnit chessPieceUnit;
  private int positionX;
  private int positionY;
  public ChessPiece(ChessPieceUnit unit, int positionX, int positionY) {
    this.chessPieceUnit = chessPieceUnit;
    this.positionX = positionX;
    this.positionY = positionY;
  }
  //...省略getter、setter方法...
}

public class ChessBoard {
  private Map<Integer, ChessPiece> chessPieces = new HashMap<>();

  public ChessBoard() {
    init();
  }

  private void init() {
    chessPieces.put(1, new ChessPiece(
            ChessPieceUnitFactory.getChessPiece(1), 0,0));
    chessPieces.put(1, new ChessPiece(
            ChessPieceUnitFactory.getChessPiece(2), 1,0));
    //...省略摆放其他棋子的代码...
  }

  public void move(int chessPieceId, int toPositionX, int toPositionY) {
    //...省略代码实现...
  }
}
```

在上面的代码中，我们利用工厂类 ChessPieceUnitFactory 来缓存 ChessPieceUnit 享元类的

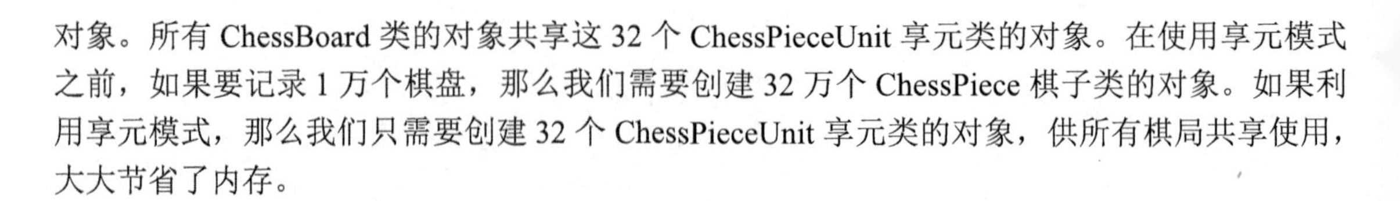

对象。所有 ChessBoard 类的对象共享这 32 个 ChessPieceUnit 享元类的对象。在使用享元模式之前，如果要记录 1 万个棋盘，那么我们需要创建 32 万个 ChessPiece 棋子类的对象。如果利用享元模式，那么我们只需要创建 32 个 ChessPieceUnit 享元类的对象，供所有棋局共享使用，大大节省了内存。

7.7.2　享元模式在文本编辑器中的应用

假设我们正在开发一个类似 Word、WPS 的文本编辑器，为了简化需求，我们开发的文本编辑器只实现了基础的文字编辑功能，不包含图片、表格等复杂的编辑功能。对于简化之后的文本编辑器，如果我们要在内存中表示一个文本文件，那么只需要记录文字和文字的格式两部分信息。其中，文字的格式又包括文字的字体、大小和颜色等信息。

尽管在实际的文档编写时，我们一般都是按照文本类型（标题、正文等）来设置文字的格式，如标题是一种格式，正文是另一种格式，等等。但是，从理论上讲，我们可以给文本文件中的每个文字都设置不同的格式。为了实现如此灵活的格式设置，并且代码实现又不能过于复杂，我们把每个文字都当成一个独立的对象来看待，并且在其中包含格式信息。具体的代码实现如下所示。

```
public class Character { //文字
  private char c;
  private Font font;
  private int size;
  private int colorRGB;

  public Character(char c, Font font, int size, int colorRGB) {
    this.c = c;
    this.font = font;
    this.size = size;
    this.colorRGB = colorRGB;
  }
}

public class Editor {
  private List<Character> chars = new ArrayList<>();

  public void appendCharacter(char c, Font font, int size, int colorRGB) {
    Character character = new Character(c, font, size, colorRGB);
    chars.add(character);
  }
}
```

在文本编辑器中，我们每输入一个文字，文本编辑器都会调用 Editor 类中的 appendCharacter() 方法，创建一个新的 Character 类的对象，并保存到 chars 数组中。如果一个文本文件中有上万个、十几万个或几十万个文字，那么我们需要在内存中存储相同数量的 Character 类的对象。有什么办法可以节省内存呢？

实际上，在一个文本文件中，用到的字体格式不会太多，毕竟不大可能有人把每个文字都设置成不同的格式。因此，对于文字格式，我们可以将它设计成享元，让不同的文字共享使用。按照这个设计思路，我们对上面的代码进行重构。重构后的代码如下所示。

```
public class CharacterStyle {
  private Font font;
```

```
  private int size;
  private int colorRGB;

  public CharacterStyle(Font font, int size, int colorRGB) {
    this.font = font;
    this.size = size;
    this.colorRGB = colorRGB;
  }

  @Override
  public boolean equals(Object o) {
    CharacterStyle otherStyle = (CharacterStyle) o;
    return font.equals(otherStyle.font)
            && size == otherStyle.size
            && colorRGB == otherStyle.colorRGB;
  }
}

public class CharacterStyleFactory {
  private static final List<CharacterStyle> styles = new ArrayList<>();

  public static CharacterStyle getStyle(Font font, int size, int colorRGB) {
    CharacterStyle newStyle = new CharacterStyle(font, size, colorRGB);
    for (CharacterStyle style : styles) {
      if (style.equals(newStyle)) {
        return style;
      }
    }
    styles.add(newStyle);
    return newStyle;
  }
}

public class Character {
  private char c;
  private CharacterStyle style;
  public Character(char c, CharacterStyle style) {
    this.c = c;
    this.style = style;
  }
}

public class Editor {
  private List<Character> chars = new ArrayList<>();
  public void appendCharacter(char c, Font font, int size, int colorRGB) {
    Character character = new Character(c, CharacterStyleFactory.getStyle(font, size, colorRGB));
    chars.add(character);
  }
}
```

实际上，享元模式对 JVM 的“垃圾”回收并不友好。因为工厂类一直保存了对享元类的对象的引用，所以，这就导致享元类的对象在没有任何代码使用的情况下，也并不会被 JVM 的“垃圾”回收机制自动回收。在某些情况下，如果对象的生命周期很短，也不会被密集使用，那么利用享元模式反而可能浪费更多的内存。因此，除非经过线上验证，利用享元模式真的可以大大节省内存，否则，我们就不要过度使用这个模式。为了一点点内存的节省而引入一个复杂的设计模式，得不偿失。

7.7.3　享元模式在 Java Integer 中的应用

我们先来看下面这段 Java 代码。读者思考一下，这段代码会输出什么结果。

```
Integer i1 = 56;
Integer i2 = 56;
Integer i3 = 129;
Integer i4 = 129;
System.out.println(i1 == i2);
System.out.println(i3 == i4);
```

不熟悉 Java 语言的读者可能认为，i1 和 i2 的值都是 56，i3 和 i4 的值都是 129，i1 与 i2 的值相等，i3 与 i4 的值相等，因此，这段代码输出结果应该是两个 true。这样的分析结果是不对的。想要正确分析这段代码，我们需要先弄清楚下面两个问题。

1）什么是自动装箱（autoboxing）和自动拆箱（unboxing）?

2）如何判定两个 Java 对象是否相等（也就代码中的“==”操作符的含义）?

Java 为基本数据类型提供了对应的包装器类型，见表 7-3。

表 7-3　Java 为基本数据类型提供的对应的包装器类型

基本数据类型	对应的包装器类型
int	Integer
long	Long
float	Float
double	Double
boolean	Boolean
short	Short
byte	Byte
char	Character

自动装箱是指自动将基本数据类型转换为包装器类型。自动拆箱是指自动将包装器类型转换为基本数据类型。示例代码如下。

```
Integer i = 56; //自动装箱
int j = i; //自动拆箱
```

数值 56 是基本数据类型（int 类型），当赋值给包装器类型（Integer 类型）的变量时，就会触发自动装箱操作，创建一个 Integer 类型的对象，并且赋值给变量 i。实际上，“Integer i = 59”这条语句在底层执行了“Integer i = Integer.valueOf(59)”这条语句。反过来，当把包装器类型的变量 i 赋值给基本数据类型变量 j 时，就会触发自动拆箱操作，将 i 中的数据取出，并赋值给 j。“int j = i”这条语句在底层执行了“int j = i.intValue()”这条语句。

理解了自动装箱和自动拆箱，我们再来看 Java 对象在内存中是如何存储的。对于“User a = new User(123, 23)”这条语句，其对应的内存存储结构如图 7-3 所示。a 存储的值是 User 类的对象的内存地址，在图 7-3 中被形象化地表示为 a 指向 User 类的对象。当通过“==”判定两个对象是否相等时，实际上是在判断两个局部变量存储的地址是否相同，换句话说，是在判断两个局部变量是否指向相同的对象。

图 7-3 内存存储结构示例 1

在了解了 Java 的这几个语法之后，我们重新看一下本节（7.7.3 节）开头的那段代码。前 4 行赋值语句都会触发自动装箱操作，创建 Integer 类的对象并且分别赋值给 i1、i2、i3 和 i4。尽管 i1、i2 存储的数值相同，都是 56，但是指向不同的 Integer 类的对象，因此，通过“==”判定二者是否相同时，会返回 false。同理，“System.out.println(i3 == i4)”这条语句也会返回 false。

不过，上面的分析仍然不对，输出并非是两个 false，而是一个 true，一个 false。之所以会有这么奇怪的结果，是因为 Integer 类使用了享元模式来复用对象。Integer 类的 valueOf() 函数的源码如下所示。当通过自动装箱，也就是在调用 valueOf() 创建 Integer 类的对象时，如果要创建的对象的值的范围为 -128 ～ 127，那么会直接从 IntegerCache 类中返回，否则才使用 new 关键字创建对象。

```
public static Integer valueOf(int i) {
    if (i >= IntegerCache.low && i <= IntegerCache.high)
        return IntegerCache.cache[i + (-IntegerCache.low)];
    return new Integer(i);
}
```

实际上，这里的 IntegerCache 类相当于生成享元类的对象的工厂类，只不过名字不是以 Factory 结尾而已。它的代码实现如下所示。IntegerCache 类是 Integer 类的内部类，读者可以自行查看 JDK 源码。

```
/**
 * Cache to support the object identity semantics of autoboxing for values between
-128 and 127 (inclusive) as required by JLS.

 *
 * The cache is initialized on first usage.  The size of the cache
 * may be controlled by the {@code -XX:AutoBoxCacheMax=<size>} option.
 * During VM initialization, java.lang.Integer.IntegerCache.high property
 * may be set and saved in the private system properties in the
 * sun.misc.VM class.
 */
private static class IntegerCache {
    static final int low = -128;
    static final int high;
    static final Integer cache[];
    static {
        // high value may be configured by property
        int h = 127;
        String integerCacheHighPropValue =
sun.misc.VM.getSavedProperty("java.lang.Integer.IntegerCache.high");
        if (integerCacheHighPropValue != null) {
            try {
```

```
                int i = parseInt(integerCacheHighPropValue);
                i = Math.max(i, 127);
                // Maximum array size is Integer.MAX_VALUE
                h = Math.min(i, Integer.MAX_VALUE - (-low) -1);
            } catch( NumberFormatException nfe) {
                // If the property cannot be parsed into an int, ignore it.
            }
        }
        high = h;
        cache = new Integer[(high - low) + 1];
        int j = low;
        for(int k = 0; k < cache.length; k++)
            cache[k] = new Integer(j++);
        // range [-128, 127] must be interned (JLS7 5.1.7)
        assert IntegerCache.high >= 127;
    }
    private IntegerCache() {}
}
```

那么，新的问题来了，为什么 IntegerCache 类只缓存 −128 ～ 127 之间的整型值呢？

从 IntegerCache 类的代码实现中，我们可以发现，当 IntegerCache 类被加载时，缓存的享元类的对象会被集中一次性创建好。毕竟整型值太多了，我们不可能在 IntegerCache 类中预先创建好所有的整型值，这样既占用太多内存，又使得加载 IntegerCache 类的时间过长。因此，我们只能选择缓存大部分应用常用的整型值，也就是大小为 1 字节的整型值（−128 ～ 127 之间的数据）。

实际上，JDK 也提供了自定义缓存最大值的方法。如果我们通过分析应用程序的 JVM 内存占用情况，发现 −128 ～ 255 之间的数据占用的内存比较多，我们就可以用如下方式，将缓存的最大值从 127 调整到 255。这里需要注意，JDK 并没有提供设置最小值的方法。

```
-Djava.lang.Integer.IntegerCache.high=255  //方法一
-XX:AutoBoxCacheMax=255 //方法二
```

现在，让我们再回到本节（7.7.3 节）一开始提到的问题。因为 56 处于 −128 ～ 127 之间，i1 和 i2 会指向相同的享元类的对象，所以“System.out.println(i1 == i2)”语句返回 true。而 129 大于 127，并不会被 IntegerCache 类缓存，每次调用 valueOf() 函数都会创建一个全新的对象，也就是说，i3 和 i4 指向不同的 Integer 类的对象，所以“System.out.println(i3 == i4)”语句返回 false。

实际上，除 Integer 类型以外，其他包装器类型，如 Long、Short 和 Byte 等，也都使用了享元模式来缓存 −128 ～ 127 之间的数据。例如，Long 类型对应的 LongCache 工厂类及 valueOf() 函数的代码如下所示。

```
private static class LongCache {
    private LongCache(){}
    static final Long cache[] = new Long[-(-128) + 127 + 1];
    static {
        for(int i = 0; i < cache.length; i++)
            cache[i] = new Long(i - 128);
    }
}

public static Long valueOf(long l) {
    final int offset = 128;
    if (l >= -128 && l <= 127) {
        return LongCache.cache[(int)l + offset];
    }
    return new Long(l);
}
```

在平时的开发中，对于下面 3 种创建整型对象的方式，我们优先使用后两种。

```
Integer a = new Integer(123);
Integer a = 123;
Integer a = Integer.valueOf(123);
```

第一种创建方式并不会用到 IntegerCache 类，而后面两种创建方式可以利用 IntegerCache 类返回共享类的对象，以达到节省内存的目的。下面我们举一个极端的例子，假设应用程序需要创建 1 万个处在 -128 ～ 127 之间的 Integer 类的对象。如果我们使用第一种创建方式，那么应用程序需要分配 1 万个 Integer 类的对象的内存空间；如果我们使用后两种创建方式，那么应用程序最多分配 256 个 Integer 类的对象的内存空间。

7.7.4 享元模式在 Java String 中的应用

上文介绍了享元模式在 Java Integer 中的应用，现在，我们再来看一下享元模式在 Java String 中的应用。同样，我们还是先看一段代码，代码如下所示，读者认为这段代码输出的结果是什么呢？

```
String s1 = "小争哥";
String s2 = "小争哥";
String s3 = new String("小争哥");
System.out.println(s1 == s2);
System.out.println(s1 == s3);
```

上面代码的运行结果："System.out.println(s1 == s2)"语句返回 true，"System.out.println (s1 == s3)"返回 false。与 Integer 类的设计思路相似，String 类利用享元模式来复用相同的字符串常量（也就是代码中的"小争哥"）。上面代码对应的内存存储结构如图 7-4 所示。JVM 会专门开辟一块存储区来存储字符串常量，这块存储区称为"字符串常量池"。

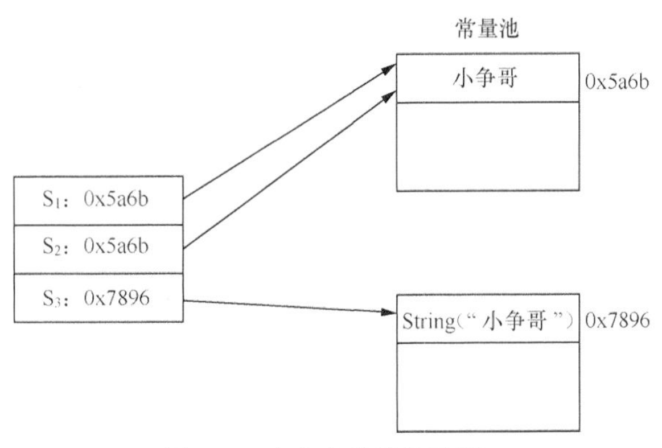

图 7-4　内存存储结构示例 2

不过，String 类的享元模式的设计与 Integer 类的稍微有些不同。Integer 类中要共享的对象是在类加载时就集中一次性创建好的。但是，对于字符串，我们无法事先知道要共享哪些字符串常量。因此，我们没办法事先创建好字符串常量，只能在某个字符串常量第一次被用到时，将其创建好并存储到常量池中，当之后用到这个字符串常量时，直接引用常量池中已经存

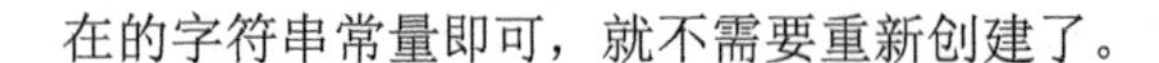
在的字符串常量即可，就不需要重新创建了。

7.7.5 享元模式与单例模式、缓存、对象池的区别

在讲解享元模式时，我们多次提到“共享”“缓存”“复用”这些词，那么，享元模式与单例模式、缓存、对象池这些概念有什么区别呢？我们简单对比一下。

首先，我们介绍享元模式与单例的区别。

在单例模式中，一个类只能创建一个对象，而在享元模式中，一个类可以创建多个对象，每个对象被多处代码共享。实际上，享元模式有点类似于单例模式的变体：多例模式。在区别两种设计模式时，我们不能仅看代码实现，还要重点观察设计意图，也就是设计模式要解决的问题。从代码实现上来看，尽管享元模式和多例模式有很多相似之处，但从设计意图上来看，它们是完全不同的。应用享元模式是为了对象复用，节省内存，而应用多例模式是为了限制对象的个数。

其次，我们介绍享元模式与缓存的区别。

享元模式通过工厂类来“缓存”已经创建好的对象。这里的“缓存”实际上是“存储”的意思，与我们平时提到的“数据库缓存”“CPU 缓存”“MemCache 缓存”是两回事。我们平时提到的缓存主要是为了提高访问效率，而非复用。

最后，我们介绍享元模式与对象池的区别。

读者可能对连接池、线程池比较熟悉，对对象池比较陌生，因此，这里我们简单解释一下对象池。像 C++ 这样的编程语言，内存的管理是由程序员负责的。为了避免频繁地创建和释放对象而产生内存“碎片”，我们可以预先申请一片连续的内存空间，也就是这里说的对象池。每当创建对象时，我们从对象池中直接取出一个空闲对象来使用，对象使用完成之后，再放回到对象池中，以供后续复用。

虽然对象池、连接池、线程池和享元模式都是为了复用，但是，如果我们细致地研究“复用”这个术语，那么，实际上，对象池、连接池和线程池等池化技术中的“复用”和享元模式中的“复用”是不同的概念。

池化技术中的“复用”可以被理解为“重复使用”，主要目的是节省时间（如从数据库连接池中取一个连接，不需要重新创建）。在任意时刻，每一个对象、连接、线程，并不会被多处使用，而是被一个使用者独占，当使用完成之后，放回到池中，再由其他使用者重复利用。享元模式中的“复用”可以被理解为“共享使用”，在整个生命周期中，它都是被所有使用者共享的，使用它的主要目的是节省空间。

7.7.6 思考题

1）在文本编辑器的例子中，调用 CharacterStyleFactory 类的 getStyle() 方法后，需要在 styles 数组中遍历查找，而遍历查找比较耗时，是否可以优化呢？

2）IntegerCache 类只能缓存事先指定好的整型对象。我们是否可以借鉴 String 类的设计思路，不事先指定需要缓存哪些整型对象，而是在程序的运行过程中，当用到某个整型对象时，将其创建好并放置到 IntegerCache 类中，以供重复使用？

第 8 章　行为型设计模式

我们知道，创建型设计模式主要解决“对象的创建”问题，结构型设计模式主要解决“类或对象的组装”问题，而行为型设计模式主要解决的是“类或对象之间的交互”问题。行为型设计模式比较多，有 11 个，占了 22 种经典设计模式的一半，它们分别是：观察者模式、模板方法模式、策略模式、职责链模式、状态模式、迭代器模式、访问者模式、备忘录模式、命令模式、解释器模式和中介模式。

8.1 观察者模式：如何实现一个异步非阻塞的 EventBus 框架

本节讲解第一个行为型设计模式，也是在实际的开发中用得比较多的一种模式：观察者模式。本节我们重点讲解观察者模式的定义、代码实现、存在的意义和应用场景，并且实现一个基于观察者模式的异步非阻塞的 EventBus 框架，以加深读者对该模式的理解。

8.1.1 观察者模式的定义

观察者设计模式（Observer Design Pattern）简称观察者模式，也称为发布订阅模式（Publish-Subscribe Design Pattern）。在 GoF 合著的《设计模式：可复用面向对象软件的基础》（*Design Patterns: Elements of Reusable Object-Oriented Software*）中，观察者模式是这样定义的：在多个对象之间，定义一个一对多的依赖，当一个对象状态改变时，所有依赖这个对象的对象都会自动收到通知（Define a one-to-many dependency between objects so that when one object changes state, all its dependents are notified and updated automatically.）。

一般情况下，被依赖的对象称为被观察者（Observable），依赖的对象称为观察者（Observer）。不过，在实际的项目开发中，这两种对象的称呼是比较灵活的，有多种不同的叫法，如 Subject 和 Observer，Publisher 和 Subscriber，Producer 和 Consumer，EventEmitter 和 EventListener，以及 Dispatcher 和 Listener。无论怎么称呼它们，只要应用场景符合上面给出的定义，我们都可以将它们看作观察者模式。

8.1.2 观察者模式的代码实现

实际上，观察者模式是一个比较抽象的模式，根据不同的应用场景，有完全不同的实现方式。我们先来看其中经典的实现方式。这种实现方式也是很多图书或资料在讲到这种模式时给出的常见的实现方式。代码如下所示。

```
public interface Subject {
  void registerObserver(Observer observer);
  void removeObserver(Observer observer);
  void notifyObservers(Message message);
}

public interface Observer {
  void update(Message message);
}

public class ConcreteSubject implements Subject {
  private List<Observer> observers = new ArrayList<Observer>();

  @Override
  public void registerObserver(Observer observer) {
    observers.add(observer);
  }
```

```
  @Override
  public void removeObserver(Observer observer) {
    observers.remove(observer);
  }

  @Override
  public void notifyObservers(Message message) {
    for (Observer observer : observers) {
      observer.update(message);
    }
  }
}

public class ConcreteObserverOne implements Observer {
  @Override
  public void update(Message message) {
    //TODO：获取消息通知，执行自己的逻辑
    System.out.println("ConcreteObserverOne is notified.");
  }
}

public class ConcreteObserverTwo implements Observer {
  @Override
  public void update(Message message) {
    //TODO：获取消息通知，执行自己的逻辑
    System.out.println("ConcreteObserverTwo is notified.");
  }
}

public class Demo {
  public static void main(String[] args) {
    ConcreteSubject subject = new ConcreteSubject();
    subject.registerObserver(new ConcreteObserverOne());
    subject.registerObserver(new ConcreteObserverTwo());
    subject.notifyObservers(new Message());
  }
}
```

上述代码是观察者模式的“模板代码”，它可以反映观察者模式大体的设计思路。在真实的软件开发中，观察者模式的实现方法各式各样，类和函数的命名会根据业务场景的不同做调整，如命名中的 register 可以替换为 attach，remove 可以替换为 detach，等等。不过，万变不离其宗，大体的设计思路都是差不多的。

8.1.3 观察者模式存在的意义

观察者模式的定义和代码实现都非常简单，下面我们通过一个具体的例子来重点讲一下观察者模式能够解决什么问题，换句话说，也就是探讨一下观察者模式存在的意义。

假设我们在开发一个 P2P 投资理财系统，用户注册成功之后，我们会给用户发放体验金。示例代码如下。

```
public class UserController {
  private UserService userService; //依赖注入
  private PromotionService promotionService; //依赖注入

  public Long register(String telephone, String password) {
```

```
    //省略输入参数的校验代码
    //省略userService.register()异常的try-catch代码
    long userId = userService.register(telephone, password);
    promotionService.issueNewUserExperienceCash(userId);
    return userId;
  }
}
```

虽然注册接口做了两件事情：注册用户和发放体验金，违反单一职责原则，但是，如果没有扩展和修改的需求，那么目前的代码实现是可以接受的。如果非得用观察者模式，就需要引入更多的类和更加复杂的代码结构，反而是一种过度设计。

相反，如果需求频繁变动，如用户注册成功之后，我们不再发放体验金，而是改为发放优惠券，并且要给用户发送一封“欢迎注册成功”的站内信，那么，这种情况下，我们就需要频繁地修改register()函数，这就违反了开闭原则。如果用户注册成功之后，系统需要执行的后续操作越来越多，那么register()函数会变得越来越复杂，影响代码的可读性和可维护性。这个时候，观察者模式就派上用场了。利用观察者模式，我们对上面的代码进行了重构。重构之后的代码如下所示。

```
public interface RegObserver {
  void handleRegSuccess(long userId);
}

public class RegPromotionObserver implements RegObserver {
  private PromotionService promotionService; //依赖注入
  @Override
  public void handleRegSuccess(long userId) {
    promotionService.issueNewUserExperienceCash(userId);
  }
}

public class RegNotificationObserver implements RegObserver {
  private NotificationService notificationService;
  @Override
  public void handleRegSuccess(long userId) {
    notificationService.sendInboxMessage(userId, "Welcome...");
  }
}

public class UserController {
  private UserService userService; //依赖注入
  private List<RegObserver> regObservers = new ArrayList<>();

  //一次设置好，之后不可能动态修改
  public void setRegObservers(List<RegObserver> observers) {
    regObservers.addAll(observers);
  }

  public Long register(String telephone, String password) {
    //省略输入参数的校验代码
    //省略userService.register()异常的try-catch代码
    long userId = userService.register(telephone, password);
    for (RegObserver observer : regObservers) {
      observer.handleRegSuccess(userId);
    }
    return userId;
  }
}
```

当需要添加新的观察者时，如用户注册成功之后，推送用户注册信息给大数据征信系统，在基于观察者模式的代码实现中，UserController 类的 register() 函数不需要任何修改，只需要再添加一个实现了 RegObserver 接口的类，并且通过 setRegObservers() 函数将其注册到 UserController 类中。

可是，当把发送体验金替换为发送优惠券时，我们需要修改 RegPromotionObserver 类中 handleRegSuccess() 函数的代码，这仍然违反开闭原则。不过，对 handRegSuccess() 函数的修改是可以接受的。因为相比 register() 函数，handleRegSuccess() 函数要简单很多，修改时不容易出错，引入 bug 的风险更低。

前面我们已经学习了很多设计模式，不知道读者有没有发现，实际上，设计模式要做的主要事情就是给代码解耦。创建型模式是将创建代码和使用代码解耦，结构型模式是将不同功能代码解耦，行为型模式是将不同的行为代码解耦，而观察者模式是将观察者代码和被观察者代码解耦。借助设计模式，我们利用更好的代码结构，将大类拆分成职责单一的小类，让其满足开闭原则，以及高内聚、低耦合等特性，以此来控制代码的复杂性，提高代码的可扩展性。

8.1.4 观察者模式的应用场景

观察者模式的应用场景广泛。小到代码解耦，大到系统解耦，都可以用到观察者模式。甚至一些产品的设计思路都蕴含了观察者模式的设计思想，如邮件订阅、RSS Feeds。

在不同的应用场景下，观察者模式又可以细分为不同的类型，如同步阻塞观察者模式和异步非阻塞观察者模式，进程内的观察者模式和跨进程的观察者模式。

从分类方式上来看，8.1.2 节讲到的观察者模式是同步阻塞观察者模式，即观察者代码和被观察者代码在同一个线程内执行，被观察者代码一直被阻塞，直到所有观察者代码都执行完成之后，才执行后续的代码。对照上面讲到的用户注册的例子，register() 函数依次调用执行每个观察者的 handleRegSuccess() 函数，等到所有 handleRegSuccess() 函数都执行完成之后，register() 函数才会返回结果给客户端。

如果注册接口是一个调用频繁的接口，对性能敏感，希望接口的响应时间尽可能短，那么我们可以将同步阻塞观察者模式改为异步非阻塞观察者模式，以此来减少响应时间。具体来讲，当 userService.register() 函数执行完成之后，我们启动一个新的线程来执行观察者的 handleRegSuccess() 函数，这样 userController.register() 函数就不需要等到所有 handleRegSuccess() 函数都执行完成之后，才返回结果给客户端。userController.register() 函数原本执行完 3 个 SQL 语句才返回，现在只需要执行完 1 个 SQL 语句就可以返回，粗略来算，响应时间减少为原来的 1/3。

同步阻塞观察者模式和异步非阻塞观察者模式都是进程内的观察者模式。如果用户注册成功，我们需要发送用户信息给大数据征信系统，而大数据征信系统是一个独立系统，与其交互需要跨进程，那么，如何实现一个跨进程的观察者模式呢？

如果大数据征信系统提供了接收用户注册信息的 RPC 接口，那么，我们可以沿用之前的实现思路，即在 handleRegSuccess() 函数中调用 RPC 接口来发送数据。但是，我们还有一种优雅且常用的实现方式，就是基于消息队列（Message Queue）来实现。

当然，基于消息队列的实现方式也有弊端，那就是需要引入一个新的系统（消息队列），增加了维护成本。不过，它的好处非常明显。在原来的实现方式中，观察者需要注册到被观察者中，被观察者需要依次遍历观察者来发送消息。而基于消息队列的实现方式，被观察者和观察者的解耦更加彻底，两个部分的耦合度更小。被观察者完全不会感知观察者的存在，同理，观察者也完全不会感知被观察者的存在。被观察者只负责发送消息到消息队列，观察者只负责从消息队列中读取消息并执行相应的逻辑。

总结一下，同步阻塞观察者模式，主要是为了代码解耦；异步非阻塞观察者模式除能够实现代码解耦以外，还能够提高代码的执行效率；跨进程的观察者模式一般基于消息队列，其解耦更加彻底，用来实现不同进程间的被观察者和观察者的交互。接下来，我们聚焦异步非阻塞观察者模式。

8.1.5 异步非阻塞观察者模式

对于异步非阻塞观察者模式，如果我们只是实现一个简易版本，即不考虑其通用性和复用性，那么，实际上，实现它是非常容易的。我们有两种实现方式，一种方式是在 handleRegSuccess() 函数中创建一个新的线程来执行代码逻辑；另一种方式是在 UserController 类的 register() 函数中，使用线程池来执行每个观察者的 handleRegSuccess() 函数。两种实现方式的具体代码如下所示。

```
//第一种实现方式。因为其他类代码不变，所以不再重复罗列
public class RegPromotionObserver implements RegObserver {
  private PromotionService promotionService; //依赖注入

  @Override
  public void handleRegSuccess(Long userId) {
    Thread thread = new Thread(new Runnable() {
      @Override
      public void run() {
        promotionService.issueNewUserExperienceCash(userId);
      }
    });
    thread.start();
  }
}

//第二种实现方式。因为其他类代码不变，所以不再重复罗列
public class UserController {
  private UserService userService; //依赖注入
  private List<RegObserver> regObservers = new ArrayList<>();
  private Executor executor;

  public UserController(Executor executor) {
    this.executor = executor;
  }

  public void setRegObservers(List<RegObserver> observers) {
    regObservers.addAll(observers);
  }

  public Long register(String telephone, String password) {
    //省略输入参数的校验代码
    //省略userService.register()异常的try-catch代码
    long userId = userService.register(telephone, password);
    for (RegObserver observer : regObservers) {
      executor.execute(new Runnable() {
        @Override
```

```
        public void run() {
          observer.handleRegSuccess(userId);
        }
      });
    }
    return userId;
  }
}
```

第一种实现方式会频繁地创建和销毁线程，耗时较大，并且并发线程数无法控制，而且，创建过多的线程会导致堆栈溢出。第二种实现方式尽管利用线程池解决了第一种实现方式出现的上述问题，但线程池、异步执行逻辑都耦合在 register() 函数中，增加了业务代码的复杂度和维护成本。除此之外，如果我们的需求变得苛刻，需要在同步阻塞和异步非阻塞之间灵活切换，那么，UserController 类的代码就要不停地被修改。而且，如果项目中不止一个业务模块需要用到异步非阻塞观察者模式，那么这样的代码实现也无法做到复用。

我们知道，框架的作用包括隐藏实现细节，降低开发难度，实现代码复用，解耦业务与非业务代码，以及让程序员聚焦业务开发。对于异步非阻塞观察者模式，我们可以通过将它抽象成框架来达到上述作用，这个框架就是 EventBus。

8.1.6 EventBus 框架功能介绍

EventBus（事件总线）提供了实现观察者模式的"骨干"代码。基于此框架，我们可以轻松地在业务场景中实现观察者模式，不需要从零开始开发。Google Guava EventBus 是一个著名的 EventBus 框架，它不仅支持异步非阻塞观察者模式，还支持同步阻塞观察者模式。我们利用 Guava EventBus 重新实现用户注册的例子，代码如下所示。

```
public class UserController {
  private UserService userService; //依赖注入
  private EventBus eventBus;
  private static final int DEFAULT_EVENTBUS_THREAD_POOL_SIZE = 20;

  public UserController() {
    //eventBus = new EventBus(); //同步阻塞观察者模式
    eventBus = new AsyncEventBus(Executors.newFixedThreadPool(DEFAULT_EVENTBUS_THREAD_POOL_
SIZE)); //异步非阻塞观察者模式
  }

  public void setRegObservers(List<Object> observers) {
    for (Object observer : observers) {
      eventBus.register(observer);
    }
  }

  public Long register(String telephone, String password) {
    //省略输入参数的校验代码
    //省略userService.register()异常的try-catch代码
    long userId = userService.register(telephone, password);
    eventBus.post(userId);
    return userId;
  }
}

public class RegPromotionObserver {
```

```
  private PromotionService promotionService; //依赖注入
  @Subscribe
  public void handleRegSuccess(Long userId) {
    promotionService.issueNewUserExperienceCash(userId);
  }
}

public class RegNotificationObserver {
  private NotificationService notificationService;
  @Subscribe
  public void handleRegSuccess(Long userId) {
    notificationService.sendInboxMessage(userId, "...");
  }
}
```

从大的流程上来说，利用 EventBus 框架实现的观察者模式的实现思路与从零开始实现观察者模式大致相同，都需要定义观察者，并且通过 register() 函数注册观察者，也都需要通过调用某个函数（如 EventBus 中的 post() 函数）向观察者发送消息（在 EventBus 中，消息被称为 event，即事件）。但在实现细节方面，它们有一些区别。基于 EventBus，我们不需要定义观察者的抽象接口，任意类型的对象都可以注册到 EventBus 中，通过 @Subscribe 注解来标明类中哪个函数可以接收被观察者发送的消息。

接下来，我们详细介绍 Guava EventBus 中重要的类、函数和注解。

1. EventBus 和 AsyncEventBus 类

Guava EventBus 框架对外暴露的所有可调用接口都封装在 EventBus 类中。EventBus 类实现了同步阻塞观察者模式，AsyncEventBus 类继承自 EventBus 类，实现了异步非阻塞观察者模式。它们的具体使用方式如下所示。

```
//同步阻塞观察者模式
EventBus eventBus = new EventBus();
//异步非阻塞观察者模式
EventBus eventBus = new AsyncEventBus(Executors.newFixedThreadPool(8));
```

2. register() 函数

EventBus 类提供的 register() 函数用来注册观察者，具体的函数定义如下所示。它可以接受任何类型（Object）的观察者，而经典的观察者模式的实现中的 register() 函数只能接受实现了同一接口的观察者。

```
public void register(Object object);
```

3. unregister() 函数

相对于 register() 函数，unregister() 函数用来从 EventBus 类中删除某个观察者，具体的函数定义如下所示。

```
public void unregister(Object object);
```

4. post() 函数

EventBus 类提供的 post() 函数用来向观察者发送消息，具体的函数定义如下所示。

```
public void post(Object event);
```

与经典的观察者模式的不同之处在于，当我们调用 post() 函数发送消息时，并非把消息发送给所有观察者，而是发送给可匹配的观察者。可匹配是指能接收的消息类型是发送消息（post() 函数定义中的 event）类型的父类。我们结合下面的代码示例解释一下，其中，AObserver 能接收的消息类型是 XMsg，BObserver 能接收的消息类型是 YMsg，CObserver 能接收的消息类型是 ZMsg，XMsg 是 YMsg 的父类。

```
XMsg xMsg = new XMsg();
YMsg yMsg = new YMsg();
ZMsg zMsg = new ZMsg();
post(xMsg); => AObserver接收到消息
post(yMsg); => AObserver、BObserver接收到消息
post(zMsg); => CObserver接收到消息
```

每个 Observer 能接收的消息类型是在哪里定义的呢？我们看一下 Guava EventBus 特别的一个地方，那就是 @Subscribe 注解。

5. @Subscribe 注解

EventBus 框架通过 @Subscribe 注解来标明某个函数能接收哪种类型的消息，具体的使用代码如下所示。

```
public DObserver {
  //...省略其他属性和方法...

  @Subscribe
  public void f1(PMsg event) { ... }

  @Subscribe
  public void f2(QMsg event) { ... }
}
```

在上述代码的 DObserver 类中，我们通过 @Subscribe 注解了两个函数：f1() 和 f2()。当通过 register() 函数将 DObserver 类的对象注册到 EventBus 类时，EventBus 类会根据 @Subscribe 注解找到 f1() 和 f2()，并且将这两个函数能接收的消息类型记录下来（PMsg->f1，QMsg->f2）。当我们通过 post() 函数发送消息（如 QMsg 消息）时，EventBus 类会通过之前的记录（如 QMsg->f2），调用相应的函数（如 f2()）。

8.1.7 从零开始实现 EventBus 框架

我们先重点看一下 EventBus 类中的两个核心函数 register() 和 post() 的实现原理。只要理解了它们，我们就基本上理解了整个 EventBus 框架。这两个函数的实现原理如图 8-1 所示。

从图 8-1 中，我们可以看出，Observer 注册表是一个关键的数据结构，它记录了消息类型和可接收消息的函数的对应关系。当调用 register() 函数注册观察者时，EventBus 框架通过解析 @Subscribe 注解，生成 Observer 注册表。当调用 post() 函数发送消息时，EventBus 框架通过 Observer 注册表找到相应的可接收消息的函数，然后通过 Java 的反射语法动态地执行函数。对于同步阻塞观察者模式，EventBus 框架在一个线程内依次执行相应的函数。对于异步非阻塞观察者模式，EventBus 框架通过线程池来执行相应的函数。

理解了原理，实现就变得简单了。EventBus 框架的代码实现主要包括 1 个注解（@Subscribe）和 4 个类（ObserverAction、ObserverRegistry、EventBus 和 AsyncEventBus）。

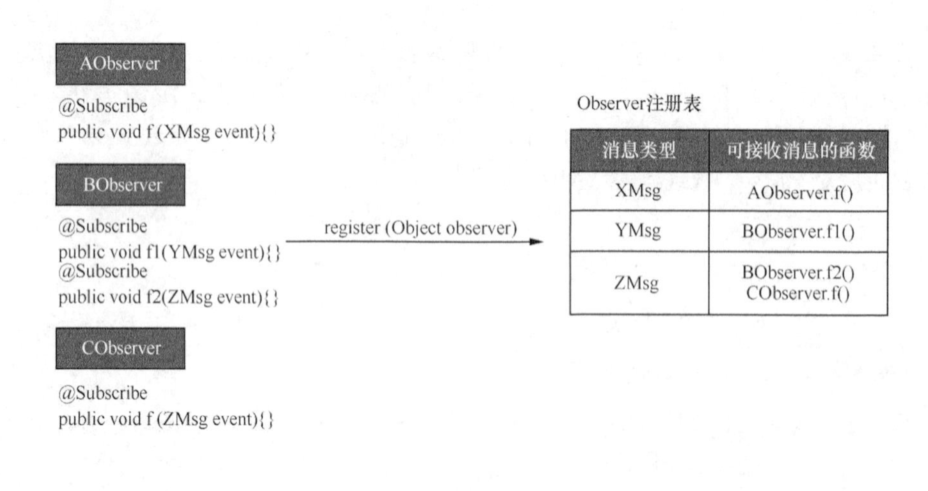

（a）register()的实现原理

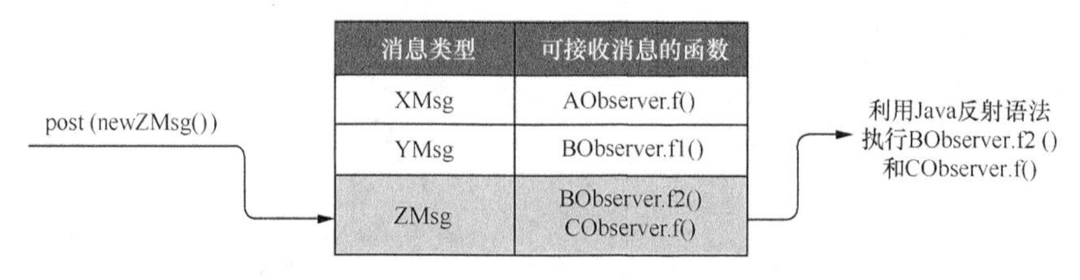

（b）post()的实现原理

图 8-1　register() 和 post() 的实现原理

1. @Subscribe 注解

@Subscribe 是一个注解，用于标明观察者中的哪个函数可以接收消息。

```
@Retention(RetentionPolicy.RUNTIME)
@Target(ElementType.METHOD)
@Beta
public @interface Subscribe {}
```

2. ObserverAction 类

ObserverAction 类用来表示使用 @Subscribe 注解的方法，其中，target 表示观察者类，method 表示方法。它主要用在 ObserverRegistry 类（观察者注册表）中。

```
public class ObserverAction {
  private Object target;
  private Method method;

  public ObserverAction(Object target, Method method) {
    this.target = Preconditions.checkNotNull(target);
    this.method = method;
    this.method.setAccessible(true);
  }

  public void execute(Object event) { //event是method的参数
```

```
        try {
          method.invoke(target, event);
        } catch (InvocationTargetException | IllegalAccessException e) {
          e.printStackTrace();
        }
      }
    }
```

3. ObserverRegistry 类

ObserverRegistry 类就是前面讲到的 Observer 注册表。框架中几乎所有的核心逻辑都在这个类中。这个类使用了大量的反射语法，不过，从整体来看，代码不难理解，其中，一个体现技巧的地方是 CopyOnWriteArraySet 的使用。

CopyOnWriteArraySet 在写入数据时，会创建一个新 set，并且将原始数据 clone 到新 set 中，在新 set 中写入数据后，再用新 set 替换旧 set。这样就能保证在写入数据时，不影响数据的读取操作，以此来解决并发读写问题。除此之外，CopyOnWriteArraySet 还通过加锁方式，避免了并发写冲突。

```
    public class ObserverRegistry {
      private ConcurrentMap<Class<?>, CopyOnWriteArraySet<ObserverAction>> registry = new
ConcurrentHashMap<>();

      public void register(Object observer) {
        Map<Class<?>, Collection<ObserverAction>> observerActions = findAllObserverActions(observer);
        for (Map.Entry<Class<?>, Collection<ObserverAction>> entry : observerActions.entrySet()) {
          Class<?> eventType = entry.getKey();
          Collection<ObserverAction> eventActions = entry.getValue();
          CopyOnWriteArraySet<ObserverAction> registeredEventActions = registry.get(eventType);
          if (registeredEventActions == null) {
            registry.putIfAbsent(eventType, new CopyOnWriteArraySet<>());
            registeredEventActions = registry.get(eventType);
          }
          registeredEventActions.addAll(eventActions);
        }
      }

      public List<ObserverAction> getMatchedObserverActions(Object event) {
        List<ObserverAction> matchedObservers = new ArrayList<>();
        Class<?> postedEventType = event.getClass();
        for (Map.Entry<Class<?>, CopyOnWriteArraySet<ObserverAction>> entry : registry.entrySet()) {
          Class<?> eventType = entry.getKey();
          Collection<ObserverAction> eventActions = entry.getValue();
          if (eventType.isAssignableFrom(postedEventType)) {
            matchedObservers.addAll(eventActions);
          }
        }
        return matchedObservers;
      }

      private Map<Class<?>, Collection<ObserverAction>> findAllObserverActions(Object observer) {
        Map<Class<?>, Collection<ObserverAction>> observerActions = new HashMap<>();
        Class<?> clazz = observer.getClass();
        for (Method method : getAnnotatedMethods(clazz)) {
          Class<?>[] parameterTypes = method.getParameterTypes();
          Class<?> eventType = parameterTypes[0];
          if (!observerActions.containsKey(eventType)) {
            observerActions.put(eventType, new ArrayList<>());
          }
```

```
        observerActions.get(eventType).add(new ObserverAction(observer, method));
      }
      return observerActions;
    }

    private List<Method> getAnnotatedMethods(Class<?> clazz) {
      List<Method> annotatedMethods = new ArrayList<>();
      for (Method method : clazz.getDeclaredMethods()) {
        if (method.isAnnotationPresent(Subscribe.class)) {
          Class<?>[] parameterTypes = method.getParameterTypes();
          Preconditions.checkArgument(parameterTypes.length == 1,
                  "Method %s has @Subscribe annotation but has %s parameters."
                          + "Subscriber methods must have exactly 1 parameter.",
                  method, parameterTypes.length);
          annotatedMethods.add(method);
        }
      }
      return annotatedMethods;
    }
  }
```

4. EventBus 类

EventBus 类的实现代码如下所示，它实现的是同步阻塞观察者模式。在阅读代码后，读者可能产生下列疑问：EventBus 类明明使用了线程池 Executor，它怎么会实现的是同步阻塞观察者模式？实际上，MoreExecutors.directExecutor() 是 Google Guava 提供的工具类，其看似使用的是多线程，实际是单线程。之所以这样实现，主要是为了与 AsyncEventBus 类统一代码逻辑，便于复用代码。

```
public class EventBus {
  private Executor executor;
  private ObserverRegistry registry = new ObserverRegistry();

  public EventBus() {
    this(MoreExecutors.directExecutor());
  }

  protected EventBus(Executor executor) {
    this.executor = executor;
  }

  public void register(Object object) {
    registry.register(object);
  }

  public void post(Object event) {
    List<ObserverAction> observerActions = registry.getMatchedObserverActions(event);
    for (ObserverAction observerAction : observerActions) {
      executor.execute(new Runnable() {
        @Override
        public void run() {
          observerAction.execute(event);
        }
      });
    }
  }
}
```

5. AsyncEventBus 类

有了 EventBus 类，AsyncEventBus 类的实现就非常简单了。为了实现异步非阻塞观察者模式，AsyncEventBus 类就不能继续使用默认的 MoreExecutors.directExecutor() 了，而是需要在构造函数中，由调用者注入线程池。

```
public class AsyncEventBus extends EventBus {
  public AsyncEventBus(Executor executor) {
    super(executor);
  }
}
```

至此，我们用了不到 200 行代码，就实现了一个 EventBus 框架，从功能上来讲，它与 Google Guava EventBus 几乎一样。不过，如果读者查看 Google Guava EventBus 的源码，就会发现，在实现细节方面，相比我们给出的实现，Google Guava EventBus 其实做了很多优化，如优化了在注册表中查找消息可匹配函数的算法。如果读者有时间的话，那么建议阅读 Google Guava EventBus 的源码。

8.1.8 思考题

在 8.1.6 节中，我们利用 Guava EventBus 重新实现了 UserController 类，但 UserController 类中仍然耦合了很多与观察者模式相关的非业务代码，如创建线程池、注册观察者。为了让 UserController 类聚焦业务功能，读者有什么改进的建议吗？

8.2 模板方法模式（上）：模板方法模式在 JDK、Servlet、JUnit 中的应用

绝大部分设计模式的原理和实现都非常简单，我们应该重点掌握它们的应用场景，即了解它们能够解决什么问题。模板方法模式也不例外。模板方法模式主要用来解决复用和扩展两个问题。下面我们结合 Java Servlet、JUnit TestCase、Java InputStream 和 Java AbstractList 4 个例子来具体讲解模板方法模式的这两个作用。

8.2.1 模板方法模式的定义与实现

模板方法模式的全称是模板方法设计模式（Template Method Design Pattern）。在 GoF 合著的《设计模式：可复用面向对象软件的基础》一书中，模板方法模式是这样定义的：模板方法模式在一个方法中定义一个算法框架，并将某些步骤推迟到子类中实现；模板方法模式可以让子类在不改变算法整体结构的情况下，重新定义算法中的某些步骤（Define the skeleton of an algorithm in an operation, deferring some steps to subclasses. Template Method lets subclasses redefine certain steps of an algorithm without changing the algorithm's structure）。

我们可以将这里的“算法”理解为广义上的“业务逻辑”，并不特指数据结构和算法中的“算法”。这里的算法框架就是“模板”，包含算法框架的方法就是“模板方法”，这也是“模板方法模式”名称的由来。

模板方法模式的原理很简单，代码实现更加简单，示例代码如下。为了避免子类重写，我们将 templateMethod() 函数声明为 final。为了强制子类去实现，我们将 method1() 和 method2()

函数声明为 abstract。不过，这些都不是必需的，在实际的项目开发中，模板方法模式的代码实现比较灵活。

```
public abstract class AbstractClass {
  public final void templateMethod() {
    ...
    method1();
    ...
    method2();
    ...
  }

  protected abstract void method1();
  protected abstract void method2();
}

public class ConcreteClass1 extends AbstractClass {
  @Override
  protected void method1() {
    ...
  }

  @Override
  protected void method2() {
    ...
  }
}

public class ConcreteClass2 extends AbstractClass {
  @Override
  protected void method1() {
    ...
  }

  @Override
  protected void method2() {
    ...
  }
}
AbstractClass demo = ConcreteClass1();
demo.templateMethod();
```

8.2.2 模板方法模式的作用一：复用

模板方法模式把一个算法中不变的流程，抽象到父类的模板方法 templateMethod() 中，将可变的部分 method1()、method2()，留给子类 ConcreteClass1 和 ConcreteClass2 实现。所有子类都可以复用父类中模板方法定义的流程代码。这就是模板方法模式的其中一个作用：复用。我们通过两个直观的例子体会一下。

1. Java InputStream

在 Java IO 类库中，很多类的设计用到了模板方法模式，如 InputStream、OutputStream、Reader 和 Writer。我们使用 InputStream 类举例说明。InputStream 类的部分相关代码如下所示。其中，read() 函数是一个模板方法，定义了读取数据的整个流程，并且暴露了一个由子类来定制的抽象方法，该抽象方法也被命名为 read()，只是它的参数与模板方法不同。

```
public abstract class InputStream implements Closeable {
  //...省略其他代码...

  public int read(byte b[], int off, int len) throws IOException {
    if (b == null) {
      throw new NullPointerException();
    } else if (off < 0 || len < 0 || len > b.length - off) {
      throw new IndexOutOfBoundsException();
    } else if (len == 0) {
      return 0;
    }
    int c = read();
    if (c == -1) {
      return -1;
    }
    b[off] = (byte)c;
    int i = 1;
    try {
      for (; i < len ; i++) {
        c = read();
        if (c == -1) {
          break;
        }
        b[off + i] = (byte)c;
      }
    } catch (IOException ee) {
    }
    return i;
  }

  public abstract int read() throws IOException;
}

public class ByteArrayInputStream extends InputStream {
  //...省略其他代码...

  @Override
  public synchronized int read() {
    return (pos < count) ? (buf[pos++] & 0xff) : -1;
  }
}
```

2. Java AbstractList

在 Java 的 AbstractList 类中，addAll() 函数可以被看成模板方法，add() 是子类需要重写的方法。尽管 add() 函数没有被声明为 abstract，但在其代码实现中直接抛出了 UnsupportedOperationException 异常，这就强制子类必须重写这个函数。

```
public boolean addAll(int index, Collection<? extends E> c) {
    rangeCheckForAdd(index);
    boolean modified = false;
    for (E e : c) {
        add(index++, e);
        modified = true;
    }
    return modified;
}

public void add(int index, E element) {
        throw new UnsupportedOperationException();
}
```

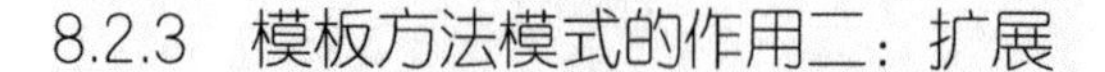

8.2.3 模板方法模式的作用二：扩展

模板方法模式的第二个作用是扩展。这里所说的扩展，并不是指代码的扩展性，而是指框架的扩展性，这有点类似 3.5.1 节中讲到的控制反转。基于这个作用，模板方法模式常用在框架的开发中，让框架用户可以在不修改框架源码的情况下，定制框架的功能。我们通过 Java Servlet 和 JUnit TestCase 两个例子来解释一下。

1. Java Servlet

Java Web 项目开发中常用的开发框架是 Spring MVC。利用它，我们只需要关注业务代码的编写，几乎不需要了解框架的底层实现原理。但是，如果我们抛开这些高级框架来开发 Web 项目，那么必然用到 Servlet。实际上，使用底层的 Servlet 来开发 Web 项目也不难，我们只需要定义一个继承 HttpServlet 的类，并且重写其中的 doGet() 与 doPost() 方法来分别处理 get 和 post 请求。具体的示例代码如下。

```
public class HelloServlet extends HttpServlet {
  @Override
  protected void doGet(HttpServletRequest req, HttpServletResponse resp) throws
ServletException, IOException {
    this.doPost(req, resp);
  }

  @Override
  protected void doPost(HttpServletRequest req, HttpServletResponse resp) throws
ServletException, IOException {
    resp.getWriter().write("Hello World.");
  }
}
```

除此之外，我们还需要在配置文件 web.xml 中做如下配置。Tomcat、Jetty 等 Servlet 容器在启动时，会自动加载这个配置文件中的 URL 和 Servlet 的映射关系。

```
<servlet>
      <servlet-name>HelloServlet</servlet-name>
      <servlet-class>com.xzg.cd.HelloServlet</servlet-class>
</servlet>
<servlet-mapping>
      <servlet-name>HelloServlet</servlet-name>
      <url-pattern>/hello</url-pattern>
</servlet-mapping>
```

当我们在浏览器中输入网址（如 http://127.0.0.1:8080/hello）时，Servlet 容器（如 Tomcat）会接收到相应的请求，并根据 URL 和 Servlet 的映射关系，找到相应的 Servlet（HelloServlet），然后执行其中的 service() 方法。service() 方法定义在父类 HttpServlet 中，它会调用 doGet() 或 doPost() 方法，然后输出数据（“Hello World.”）到网页。HttpServlet 类的 service() 函数实现如下所示。

```
public void service(ServletRequest req, ServletResponse resp) throws ServletException,
IOException {
      HttpServletRequest  request;
      HttpServletResponse response;
      if (!(req instanceof HttpServletRequest &&
```

```
                resp instanceof HttpServletResponse)) {
            throw new ServletException("non-HTTP request or response");
        }
        request = (HttpServletRequest) req;
        response = (HttpServletResponse) resp;
        service(request, response);
    }

    protected void service(HttpServletRequest req, HttpServletResponse resp) throws
ServletException, IOException {
        String method = req.getMethod();
        if (method.equals(METHOD_GET)) {
            long lastModified = getLastModified(req);
            if (lastModified == -1) {
                doGet(req, resp);
            } else {
                long ifModifiedSince = req.getDateHeader(HEADER_IFMODSINCE);
                if (ifModifiedSince < lastModified) {
                    maybeSetLastModified(resp, lastModified);
                    doGet(req, resp);
                } else {
                    resp.setStatus(HttpServletResponse.SC_NOT_MODIFIED);
                }
            }
        } else if (method.equals(METHOD_HEAD)) {
            long lastModified = getLastModified(req);
            maybeSetLastModified(resp, lastModified);
            doHead(req, resp);
        } else if (method.equals(METHOD_POST)) {
            doPost(req, resp);
        } else if (method.equals(METHOD_PUT)) {
            doPut(req, resp);
        } else if (method.equals(METHOD_DELETE)) {
            doDelete(req, resp);
        } else if (method.equals(METHOD_OPTIONS)) {
            doOptions(req,resp);
        } else if (method.equals(METHOD_TRACE)) {
            doTrace(req,resp);
        } else {
            String errMsg = lStrings.getString("http.method_not_implemented");
            Object[] errArgs = new Object[1];
            errArgs[0] = method;
            errMsg = MessageFormat.format(errMsg, errArgs);
            resp.sendError(HttpServletResponse.SC_NOT_IMPLEMENTED, errMsg);
        }
    }
```

从上述代码中，我们可以看出，HttpServlet 类的 service() 方法实际上是一个模板方法，包含整个 HTTP 请求的执行流程，doGet()、doPost() 方法是模板中可以由子类定制的部分。实际上，这就相当于 Servlet 框架提供了扩展点（doGet()、doPost() 方法），让程序员在不用修改 Servlet 框架源码的情况下，将业务代码通过扩展点嵌入框架中执行。

2. JUnit TestCase

与 Java Servlet 类似，JUnit 框架也通过模板方法模式提供功能扩展点（setUp()、tearDown() 方法等），让程序员可以在这些扩展点上扩展功能。

在使用 JUnit 测试框架编写单元测试代码时，单元测试类都要继承框架提供的 TestCase 类。在 TestCase 类中，runBare() 函数是模板方法，定义了执行测试用例的整体流程：首先通过执行 setUp() 做些准备工作，然后通过执行 runTest() 运行真正的测试代码，最后通过执行

tearDown() 进行清理工作。TestCase 类的代码实现如下所示。尽管 setUp()、tearDown() 不是抽象函数，不强制子类重新实现，但因为这部分是可以在子类中定制的，所以符合模板方法模式的定义。

```
public abstract class TestCase extends Assert implements Test {
  public void runBare() throws Throwable {
    Throwable exception = null;
    setUp();
    try {
      runTest();
    } catch (Throwable running) {
      exception = running;
    } finally {
      try {
        tearDown();
      } catch (Throwable tearingDown) {
        if (exception == null) exception = tearingDown;
      }
    }
    if (exception != null) throw exception;
  }

  protected void setUp() throws Exception {
  }

  protected void tearDown() throws Exception {
  }
}
```

8.2.4 思考题

假设某个框架中的某个类暴露了两个模板方法，并且定义了一系列供模板方法调用的抽象方法，示例代码如下。在项目开发中，即便我们只用到了这个类的其中一个模板方法，还是要在子类中把所有的抽象方法都实现一遍，这相当于无效劳动。我们可以通过什么方法解决这个问题？

```
public abstract class AbstractClass {
  public final void templateMethod1() {
   ...
    method1();
    ...
    method2();
    ...
  }

  public final void templateMethod2() {
    ...
    method3();
    ...
    method4();
    ...
  }

  protected abstract void method1();
  protected abstract void method2();
  protected abstract void method3();
  protected abstract void method4();
}
```

8.3 模板方法模式（下）：模板方法模式与回调有何区别和联系

在 8.2 节中，我们讲到，模板方法模式的两个作用是复用和扩展。实际上，回调（callback）也能起到与模板方法模式相同的作用。在一些框架、类库和组件等的设计中，我们经常用到回调。本节首先介绍回调的原理、实现和应用，然后介绍它与模板方法模式的区别和联系。

8.3.1 回调的原理与实现

相对于普通的函数调用，回调是一种双向调用关系。A 类事先注册函数 F 到 B 类，A 类在调用 B 类的 P 函数时，B 类反过来调用 A 类在其注册的 F 函数。这里的 F 函数就是回调函数。A 类调用 B 类，B 类反过来又调用 A 类，这种调用机制就称为回调。

A 类如何将回调函数传递给 B 类呢？不同的编程语言有不同的实现方法。C 语言可以使用函数指针，Java 则需要使用包裹了回调函数的类的对象（简称为回调对象）。我们通过 Java 语言进行举例说明，代码如下所示。

```
public interface ICallback {
  void methodToCallback();
}

public class BClass {
  public void process(ICallback callback) {
    ...
    callback.methodToCallback();
    ...
  }
}

public class AClass {
  public static void main(String[] args) {
    BClass b = new BClass();
    b.process(new ICallback() { //回调对象
      @Override
      public void methodToCallback() { //回调函数
        System.out.println("Call back me.");
      }
    });
  }
}
```

上面这段代码就是 Java 语言中回调的典型实现。从代码实现中，我们可以看出，回调具有复用和扩展功能。除回调函数以外，BClass 类的 process() 函数中的逻辑都可以复用。如果 ICallback 类、BClass 类是框架代码，AClass 类是使用框架的业务代码，那么，我们可以通过 methodToCallback() 函数，定制 process() 函数中的一部分逻辑，也就是说，框架因此具有了扩展能力。

实际上，回调不仅可以应用在代码设计上，还经常使用在更高层次的架构设计上。例如，当通过第三方支付系统来实现支付功能时，用户在发起支付请求之后，一般不会一直阻塞到支付结果返回，而是注册回调接口（类似回调函数，一般是一个回调使用的 URL）给第三方支付系统，等第三方支付系统执行完成之后，将结果通过回调接口返回给用户。

回调可以分为同步回调和异步回调（或者称为延迟回调）。同步回调是指在函数返回之前执行回调函数，异步回调是指在函数返回之后执行回调函数。上面的代码实际上是同步回调，即在 process() 函数返回之前，执行回调函数 methodToCallback()。而第三方支付的例子是异步回调，即在发起支付之后，不需要等待回调接口被调用。从应用场景来看，同步回调看起来很像模板方法模式，异步回调看起来很像观察者模式。

8.3.2　应用示例一：JdbcTemplate

Spring 提供了很多 Template 类，如 JdbcTemplate、RedisTemplate 和 RestTemplate 等。尽管这些类的名称都是以 Template 为后缀，但它们并非基于模板方法模式实现的，而是基于回调实现的，确切地说，应该是同步回调。而同步回调从应用场景来看很像模板方法模式，因此，在命名方面，这些类使用 Template（模板）这个单词作为后缀。

这些 Template 类的设计思路相近，因此，我们只使用其中的 JdbcTemplate 类举例讲解。对于其他 Template 类，读者可以通过自行阅读对应源码的方式进行了解。

JDBC 是 Java 访问数据库的通用接口，封装了不同数据库操作的差别。下面这段是使用 JDBC 查询用户信息的代码。

```
public class JdbcDemo {
  public User queryUser(long id) {
    Connection conn = null;
    Statement stmt = null;
    try {
      //1）加载驱动
      Class.forName("com.mysql.jdbc.Driver");
      conn = DriverManager.getConnection("jdbc:mysql://localhost:3306/demo", "xzg", "xzg");
      //2）创建Statement类的对象，用来执行SQL语句
      stmt = conn.createStatement();
      //3)ResultSet类用来存放获取的结果集
      String sql = "select * from user where id=" + id;
      ResultSet resultSet = stmt.executeQuery(sql);
      String eid = null, ename = null, price = null;
      while (resultSet.next()) {
        User user = new User();
        user.setId(resultSet.getLong("id"));
        user.setName(resultSet.getString("name"));
        user.setTelephone(resultSet.getString("telephone"));
        return user;
      }
    } catch (ClassNotFoundException e) {
      ...
    } catch (SQLException e) {
      ...
    } finally {
      if (conn != null)
        try {
          conn.close();
        } catch (SQLException e) {
          ...
        }
      if (stmt != null)
```

```
      try {
        stmt.close();
      } catch (SQLException e) {
        ...
      }
    }
    return null;
  }
}
```

从上述代码，我们可以发现，直接使用 JDBC 编写操作数据库的代码是比较麻烦的。在上述代码中，queryUser() 函数包含很多与业务无关的流程性代码，如加载驱动、创建数据库连接、创建 Statement 类、关闭数据库连接、关闭 Statement 类和处理异常。当执行不同的 SQL 语句时，这些流程性代码是可复用的。

为了复用流程性代码，Spring 提供了 JdbcTemplate 类，其可对 JDBC 进一步封装，简化数据库编程。在使用 JdbcTemplate 类查询用户信息时，我们只需要编写与这个业务相关的代码（查询用户的 SQL 语句，查询结果与 User 类的对象的映射关系的 SQL 语句）。其他流程性代码都封装在 JdbcTemplate 类中，不需要每次都重新编写。我们用 JdbcTemplate 类重写了查询用户功能，如下所示，代码简单了很多。

```
public class JdbcTemplateDemo {
  private JdbcTemplate jdbcTemplate;

  public User queryUser(long id) {
    String sql = "select * from user where id="+id;
    return jdbcTemplate.query(sql, new UserRowMapper()).get(0);
  }

  class UserRowMapper implements RowMapper<User> {
    public User mapRow(ResultSet rs, int rowNum) throws SQLException {
      User user = new User();
      user.setId(rs.getLong("id"));
      user.setName(rs.getString("name"));
      user.setTelephone(rs.getString("telephone"));
      return user;
    }
  }
}
```

那么，JdbcTemplate 类具体是如何实现的呢？我们看一下它的源码。因为 JdbcTemplate 类的代码比较多，我们只摘抄部分相关代码，如下所示。其中，JdbcTemplate 类通过回调机制，将不变的执行流程抽离出来，放到模板方法 execute() 中，将可变的部分设计成回调 StatementCallback，由程序员来定制。

```
//query()函数是对execute()函数的二次封装，让接口用起来更加方便
@Override
public <T> T query(final String sql, final ResultSetExtractor<T> rse) throws
DataAccessException {
  Assert.notNull(sql, "SQL must not be null");
  Assert.notNull(rse, "ResultSetExtractor must not be null");
  if (logger.isDebugEnabled()) {
    logger.debug("Executing SQL query [" + sql + "]");
  }
  return execute(new QueryStatementCallback());
}
```

```
//回调类
class QueryStatementCallback implements StatementCallback<T>, SqlProvider {
 @Override
 public T doInStatement(Statement stmt) throws SQLException { //回调函数
  ResultSet rs = null;
  try {
   rs = stmt.executeQuery(sql);
   ResultSet rsToUse = rs;
   if (nativeJdbcExtractor != null) {
    rsToUse = nativeJdbcExtractor.getNativeResultSet(rs);
   }
   return rse.extractData(rsToUse);
  }
  finally {
   JdbcUtils.closeResultSet(rs);
  }
 }
}

//execute()是模板方法，包含流程性代码
@Override
public <T> T execute(StatementCallback<T> action) throws DataAccessException {
 Assert.notNull(action, "Callback object must not be null");
 Connection con = DataSourceUtils.getConnection(getDataSource());
 Statement stmt = null;
 try {
  Connection conToUse = con;
  if (this.nativeJdbcExtractor != null &&
this.nativeJdbcExtractor.isNativeConnectionNecessaryForNativeStatements()) {
   conToUse = this.nativeJdbcExtractor.getNativeConnection(con);
  }
  stmt = conToUse.createStatement();
  applyStatementSettings(stmt);
  Statement stmtToUse = stmt;
  if (this.nativeJdbcExtractor != null) {
   stmtToUse = this.nativeJdbcExtractor.getNativeStatement(stmt);
  }
  T result = action.doInStatement(stmtToUse); //执行回调
  handleWarnings(stmt);
  return result;
 }
 catch (SQLException ex) {
  JdbcUtils.closeStatement(stmt);
  stmt = null;
  DataSourceUtils.releaseConnection(con, getDataSource());
  con = null;
  throw getExceptionTranslator().translate("StatementCallback", getSql(action), ex);
 }
 finally {
  JdbcUtils.closeStatement(stmt);
  DataSourceUtils.releaseConnection(con, getDataSource());
 }
}
```

8.3.3 应用示例二：setClickListener()

在客户端开发中，我们经常给控件注册事件监听器。例如下面这段代码，就是在 Android 应用开发中，给 Button 控件的点击事件注册监听器。

```
Button button = (Button)findViewById(R.id.button);
button.setOnClickListener(new OnClickListener() {
  @Override
  public void onClick(View v) {
    System.out.println("I am clicked.");
  }
});
```

从代码结构上来看，上述代码很像回调，因为传递了一个包含 onClick() 回调函数的对象给另一个函数。从应用场景来看，事件监听器又很像观察者模式，因为事先注册了观察者 OnClickListener，当点击按钮时，发送点击事件给观察者，并执行相应的 onClick() 函数。

前面讲到，回调分为同步回调和异步回调。这里的回调应该是异步回调，因为我们往 setOnClickListener() 函数中注册好回调函数之后，并不需要等待回调函数执行。这也印证了我们前面提到的结论：异步回调很像观察者模式。

8.3.4 应用示例三：addShutdownHook()

在平时的开发中，我们有时会用到 Hook 这项技术。有人认为，Hook 就是回调，二者是一回事，只是表达不同。而有人认为，Hook 是回调的一种应用。作者个人认可后一种说法。回调侧重语法机制的描述，Hook 侧重应用场景的描述。

经典的 Hook 应用场景有 Tomcat 和 JVM 的 Shutdown Hook。我们使用 JVM 进行举例讲解。JVM 提供的 Runtime.addShutdownHook(Thread hook) 方法可以注册一个 JVM 关闭的 Hook。当应用程序关闭时，JVM 会自动调用 Hook 代码。示例代码如下。

```
public class ShutdownHookDemo {
  private static class ShutdownHook extends Thread {
    public void run() {
      System.out.println("I am called during shutting down.");
    }
  }

  public static void main(String[] args) {
    Runtime.getRuntime().addShutdownHook(new ShutdownHook());
  }
}
```

我们再来看 addShutdownHook() 函数的部分实现代码，如下所示。

```
public class Runtime {
  public void addShutdownHook(Thread hook) {
     SecurityManager sm = System.getSecurityManager();
     if (sm != null) {
        sm.checkPermission(new RuntimePermission("shutdownHooks"));
     }
     ApplicationShutdownHooks.add(hook);
  }
}

class ApplicationShutdownHooks {
    private static IdentityHashMap<Thread, Thread> hooks;
    static {
            hooks = new IdentityHashMap<>();
        } catch (IllegalStateException e) {
```

```
                hooks = null;
            }
        }

        static synchronized void add(Thread hook) {
            if(hooks == null)
                throw new IllegalStateException("Shutdown in progress");
            if (hook.isAlive())
                throw new IllegalArgumentException("Hook already running");
            if (hooks.containsKey(hook))
                throw new IllegalArgumentException("Hook previously registered");
            hooks.put(hook, hook);
        }

        static void runHooks() {
            Collection<Thread> threads;
            synchronized(ApplicationShutdownHooks.class) {
                threads = hooks.keySet();
                hooks = null;
            }
            for (Thread hook : threads) {
                hook.start();
            }
            for (Thread hook : threads) {
                while (true) {
                    try {
                        hook.join();
                        break;
                    } catch (InterruptedException ignored) {
                    }
                }
            }
        }
    }
```

从上述代码中，我们可以发现，有关 Hook 的逻辑都被封装在 ApplicationShutdownHooks 类中。当应用程序关闭时，JVM 会调用这个类的 runHooks() 方法，创建多个线程，并发地执行多个 Hook。在注册完 Hook 之后，应用程序并不需要等待 Hook 的执行，因此，JVM 的 Hook 属于异步回调。

8.3.5　模板方法模式与回调的区别

我们从应用场景和代码实现两个角度对比模板方法模式与回调。

从应用场景来看，同步回调与模板方法模式几乎一致，它们都是在一个大的算法框架中，自由替换其中的某个步骤，起到代码复用和扩展的目的；而异步回调与模板方法模式有较大差别，其更像观察者模式。

从代码实现来看，回调和模板方法模式完全不同。回调基于组合关系实现，把一个对象传递给另一个对象，是一种对象之间的关系；模板方法模式基于继承关系实现，子类重写父类的抽象方法，是一种类之间的关系。

前面我们也讲到，组合优于继承。这里也不例外。在代码实现方面，回调比模板方法模式更加灵活，主要体现在下列 3 点。

1）在像 Java 这种只支持单继承的编程语言中，基于模板方法模式编写的子类已经继承了一个父类，就不再具有继承能力。

2）回调可以使用匿名类来创建回调对象，可以不用事先定义类；而模板方法模式针对不同的实现，需要定义不同的子类。

3）如果某个类中定义了多个模板方法，每个方法都有对应的抽象方法，即便我们只用到其中一个模板方法，子类也必须实现所有的抽象方法。而回调更加灵活，我们只需要向用到的模板方法中注入回调对象。

8.3.6 思考题

关于回调，读者还能想到哪些其他应用场景？

8.4 策略模式：如何避免冗长的 if-else 和 switch-case 语句

在实际的项目开发中，策略模式较为常用。常见的策略模式的应用场景是，利用它来避免冗长的 if-else 和 switch-case 语句。不过，它的作用还不止如此，它也可以像模板方法模式那样，提供框架的扩展点。

8.4.1 策略模式的定义与实现

策略设计模式（Strategy Design Pattern）简称策略模式。在 GoF 合著的《设计模式：可复用面向对象软件的基础》一书中，策略模式是这样定义的：定义一组算法类，将每个算法分别封装，让它们可以互相替换；策略模式可以使算法的变化独立于使用它们的客户端（这里的客户端代指使用算法的代码）（Define a family of algorithms, encapsulate each one, and make them interchangeable. Strategy lets the algorithm vary independently from clients that use it）。

我们知道，工厂模式是解耦对象的创建和使用，观察者模式是解耦观察者和被观察者。策略模式也能起到解耦作用，它解耦的是策略的定义、创建和使用。

1. 策略的定义

策略的定义比较简单，包含一个策略接口和一组实现这个接口的策略类。因为所有策略类都实现相同的接口，客户端代码基于接口而非实现编程，所以可以灵活地替换不同的策略。示例代码如下。

```
public interface Strategy {
  void algorithmInterface();
}

public class ConcreteStrategyA implements Strategy {
  @Override
  public void  algorithmInterface() {
    //具体的算法
  }
}

public class ConcreteStrategyB implements Strategy {
  @Override
```

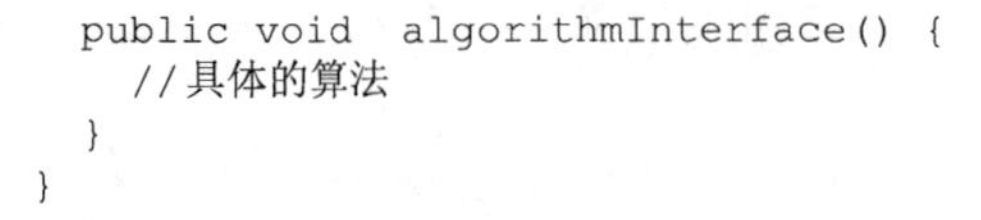


```
    public void  algorithmInterface() {
      //具体的算法
    }
  }
```

2. 策略的创建

因为策略模式包含一组策略，所以，在使用这组策略时，我们一般通过类型来判断创建哪个策略。为了封装创建逻辑，对客户端代码屏蔽创建细节，我们把根据类型创建策略的逻辑抽离出来，放到工厂类中。示例代码如下。

```
public class StrategyFactory {
  private static final Map<String, Strategy> strategies = new HashMap<>();
  static {
    strategies.put("A", new ConcreteStrategyA());
    strategies.put("B", new ConcreteStrategyB());
  }

  public static Strategy getStrategy(String type) {
    if (type == null || type.isEmpty()) {
      throw new IllegalArgumentException("type should not be empty.");
    }
    return strategies.get(type);
  }
}
```

一般来讲，如果策略类是无状态的，即不包含成员变量，只包含纯粹的算法实现，那么，这样的策略对象是可以被共享使用的，不需要在每次调用 getStrategy() 时，都创建一个新的策略对象。针对这种情况，我们可以使用上述代码所示的这种工厂类的实现方式，事先创建好每个策略对象，并将其缓存到工厂类中，用的时候直接返回。

相反，如果策略类是有状态的，根据业务场景的需要，我们希望每次从工厂方法中获得的都是新创建的策略对象，而不是缓存好的可共享的策略对象，那么我们需要按照如下方式来实现策略工厂类。

```
public class StrategyFactory {
  public static Strategy getStrategy(String type) {
    if (type == null || type.isEmpty()) {
      throw new IllegalArgumentException("type should not be empty.");
    }
    if (type.equals("A")) {
      return new ConcreteStrategyA();
    } else if (type.equals("B")) {
      return new ConcreteStrategyB();
    }
    return null;
  }
}
```

3. 策略的使用

策略模式包含一组可选策略，客户端代码如何确定使用哪种策略呢？常见的方法是运行时动态确定使用哪种策略。这里的“运行时动态”指的是，我们事先并不知道使用哪个策略，而是在程序运行期间，根据配置、用户输入或计算结果等不确定因素，动态决定使用哪种策略。示例代码如下。

```
//策略接口：EvictionStrategy
//策略类：LruEvictionStrategy、FifoEvictionStrategy、LfuEvictionStrategy...
```

```
//策略工厂：EvictionStrategyFactory
public class UserCache {
  private Map<String, User> cacheData = new HashMap<>();
  private EvictionStrategy eviction;

  public UserCache(EvictionStrategy eviction) {
    this.eviction = eviction;
  }
  ...
}

//运行时动态确定，即根据配置文件的配置决定使用哪种策略
public class Application {
  public static void main(String[] args) throws Exception {
    EvictionStrategy evictionStrategy = null;
    Properties props = new Properties();
    props.load(new FileInputStream("./config.properties"));
    String type = props.getProperty("eviction_type");
    evictionStrategy = EvictionStrategyFactory.getEvictionStrategy(type);
    UserCache userCache = new UserCache(evictionStrategy);
    ...
  }
}

//非运行时动态确定，即在代码中指定使用哪种策略
public class Application {
  public static void main(String[] args) {
    ...
    EvictionStrategy evictionStrategy = new LruEvictionStrategy();
    UserCache userCache = new UserCache(evictionStrategy);
    ...
  }
}
```

从上面的代码中，我们可以看出，“非运行时动态确定”（也就是第二个 Application 类中的使用方式）并不能发挥策略模式的优势。在这种应用场景下，策略模式实际上退化成了“面向对象的多态特性”或“基于接口而非实现编程原则”。

8.4.2 利用策略模式替代分支判断

我们先通过一个例子看一下 if-else 分支判断是如何产生的，示例代码如下。在这个例子中，我们没有使用策略模式，而是将策略的定义、创建和使用直接耦合在一起。

```
public class OrderService {
  public double discount(Order order) {
    double discount = 0.0;
    OrderType type = order.getType();
    if (type.equals(OrderType.NORMAL)) { //普通订单
      //省略折扣的计算算法代码
    } else if (type.equals(OrderType.GROUPON)) { //团购订单
      //省略折扣的计算算法代码
    } else if (type.equals(OrderType.PROMOTION)) { //促销订单
      //省略折扣的计算算法代码
    }
    return discount;
  }
}
```

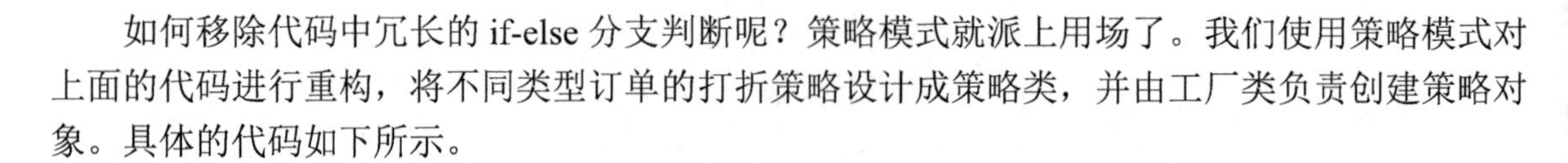

如何移除代码中冗长的 if-else 分支判断呢？策略模式就派上用场了。我们使用策略模式对上面的代码进行重构，将不同类型订单的打折策略设计成策略类，并由工厂类负责创建策略对象。具体的代码如下所示。

```
//策略的定义
public interface DiscountStrategy {
  double calDiscount(Order order);
}
//省略NormalDiscountStrategy、GrouponDiscountStrategy、PromotionDiscountStrategy类的实现代码

//策略的创建
public class DiscountStrategyFactory {
  private static final Map<OrderType, DiscountStrategy> strategies = new HashMap<>();
  static {
    strategies.put(OrderType.NORMAL, new NormalDiscountStrategy());
    strategies.put(OrderType.GROUPON, new GrouponDiscountStrategy());
    strategies.put(OrderType.PROMOTION, new PromotionDiscountStrategy());
  }

  public static DiscountStrategy getDiscountStrategy(OrderType type) {
    return strategies.get(type);
  }
}

//策略的使用
public class OrderService {
  public double discount(Order order) {
    OrderType type = order.getType();
    DiscountStrategy discountStrategy = DiscountStrategyFactory.getDiscountStrategy(type);
    return discountStrategy.calDiscount(order);
  }
}
```

在 DiscountStrategyFactory 工厂类中，我们使用 Map 缓存策略，根据 type 直接从 Map 中获取对应的策略，从而避免了 if-else 分支判断语句。在 8.6 节讲到使用状态模式来避免分支判断逻辑时，我们会发现，它们使用的是同样的思路。本质上，它们都是借助“查表法”，使用根据 type 查表（上述代码中的 strategies 就是表）替代根据 type 分支判断。

但是，如果业务场景需要每次都创建不同的策略对象，我们就要使用另一种工厂类的实现方式了。具体的代码如下所示。

```
public class DiscountStrategyFactory {
  public static DiscountStrategy getDiscountStrategy(OrderType type) {
    if (type == null) {
      throw new IllegalArgumentException("Type should not be null.");
    }
    if (type.equals(OrderType.NORMAL)) {
      return new NormalDiscountStrategy();
    } else if (type.equals(OrderType.GROUPON)) {
      return new GrouponDiscountStrategy();
    } else if (type.equals(OrderType.PROMOTION)) {
      return new PromotionDiscountStrategy();
    }
    return null;
  }
}
```

这种实现方式相当于把原来的 if-else 分支判断从 OrderService 类转移到了工厂类中，实际

上，并没有真正将它移除。既然没有真正移除 if-else 分支判断，那么应用策略模式有什么好处呢？策略模式可以将策略的创建从业务代码中分离出来，并将 if-else 复杂的创建逻辑封装在工厂类中，这样业务代码写起来就变得轻松。

8.4.3 策略模式的应用举例：对文件中的内容进行排序

我们结合“对文件中的内容进行排序”这样一个具体的例子详细介绍策略模式的设计意图和应用场景。除此之外，我们还会通过一步步的分析、重构，向读者展示一个设计模式是如何“创造”出来的。

假设我们有这样一个需求：编写代码以实现对文件中的内容进行排序。我们需要进行内容排序的文件中只包含整型数，并且相邻的数字通过逗号分隔。这个需求的实现很简单，我们首先需要将文件中的内容读取出来，并通过逗号分隔为一个个数字，然后将它们放到内存数组中，最后，编写某种排序算法（如快速排序），或者直接使用编程语言提供的排序函数，对数组进行排序，再将排好序的数据写入文件就可以了。

如果文件很小，那么解决起来很简单。但是，如果文件很大，如文件大小为 9GB，超过了内存大小（如内存只有 8GB），那么，我们没有办法一次性加载文件中的所有数据到内存中，这个时候，我们就要利用外部排序算法（具体实现可以参考作者编写的《数据结构与算法之美》一书中的“排序”相关章节）。如果文件更大，如文件大小为 90GB，那么，为了利用 CPU 多核的优势，我们可以在外部排序的基础之上进行优化，加入多线程并发排序功能，这类似“单机版”的 MapReduce。如果文件非常大，如文件大小为 1TB，那么，即便我们使用单机多线程外部排序，速度也很慢。这个时候，我们可以使用分布式计算框架 MapReduce，也就是利用多机的处理能力，提高排序效率。

也就是说，应对不同的数据量，我们要使用不同的排序算法。在理清了问题的解决思路之后，接下来，我们看一下如何将这个解决思路“翻译”成代码。

我们先使用简单、直接的方式进行代码实现，示例代码如下。因为我们是在介绍设计模式，而不是介绍算法，所以，在下面的代码实现中，我们只给出了与设计模式相关的“骨干”代码，并没有给出每种排序算法的具体代码实现。

```
public class Sorter {
  private static final long GB = 1000 * 1000 * 1000;

  public void sortFile(String filePath) {
    //省略校验逻辑
    File file = new File(filePath);
    long fileSize = file.length();
    if (fileSize < 6 * GB) { //[0, 6GB)
      quickSort(filePath);
    } else if (fileSize < 10 * GB) { //[6GB, 10GB)
      externalSort(filePath);
    } else if (fileSize < 100 * GB) { //[10GB, 100GB)
      concurrentExternalSort(filePath);
    } else { //文件大于或等于100GB
      mapreduceSort(filePath);
    }
  }

  private void quickSort(String filePath) {
```

```
    //快速排序
  }

  private void externalSort(String filePath) {
    //外部排序
  }

  private void concurrentExternalSort(String filePath) {
    //多线程外部排序
  }

  private void mapreduceSort(String filePath) {
    //利用MapReduce进行多机排序
  }
}

public class SortingTool {
  public static void main(String[] args) {
    Sorter sorter = new Sorter();
    sorter.sortFile(args[0]);
  }
}
```

在第4章中，我们讲过，函数的代码行数不能过多，最好不要超过计算机屏幕的高度。因此，为了避免 sortFile() 函数过长，我们把每种排序算法从 sortFile() 函数中抽离出来，拆分成4个独立的排序函数。

如果我们只是开发一个简单的排序工具，那么上面的代码实现已经够用了。毕竟，代码不多，后续的修改、扩展需求也不多，无论如何编写，都不会导致代码不可维护。但是，如果我们正在开发一个大型项目，排序文件只是其中的一个功能模块，那么，在代码设计时，我们就要在代码质量上下点儿功夫。只有每个功能模块的代码都写好，整个项目的代码才不会差。

在上面的代码中，我们并没有给出每种排序算法的代码实现。实际上，如果读者自己实现的话，就会发现，每种排序算法的实现逻辑都比较复杂，代码行数都比较多。所有排序算法的代码实现都放在 Sorter 类中，这就会导致这个类的代码很多。而一个类的代码太多，会影响代码的可读性、可维护性。

为了解决 Sorter 类过大的问题，我们可以将 Sorter 类中的某些代码拆分出来，独立成职责单一的类。实际上，拆分是应对类或函数中代码过多等代码复杂性问题的常用手段。按照这个解决思路，我们对代码进行重构。重构之后的代码如下所示。

```
public interface ISortAlg {
  void sort(String filePath);
}

public class QuickSort implements ISortAlg {
  @Override
  public void sort(String filePath) {
    ...
  }
}

public class ExternalSort implements ISortAlg {
  @Override
  public void sort(String filePath) {
    ...
  }
```

```
}

public class ConcurrentExternalSort implements ISortAlg {
  @Override
  public void sort(String filePath) {
    ...
  }
}

public class MapReduceSort implements ISortAlg {
  @Override
  public void sort(String filePath) {
    ...
  }
}

public class Sorter {
  private static final long GB = 1000 * 1000 * 1000;

  public void sortFile(String filePath) {
    //省略校验逻辑
    File file = new File(filePath);
    long fileSize = file.length();
    ISortAlg sortAlg;
    if (fileSize < 6 * GB) { //[0, 6GB)
      sortAlg = new QuickSort();
    } else if (fileSize < 10 * GB) { //[6GB, 10GB)
      sortAlg = new ExternalSort();
    } else if (fileSize < 100 * GB) { //[10GB, 100GB)
      sortAlg = new ConcurrentExternalSort();
    } else { //文件大于或等于100GB
      sortAlg = new MapReduceSort();
    }
    sortAlg.sort(filePath);
  }
}
```

经过拆分，每个类的代码都不会太多，每个类的逻辑都不会太复杂，代码的可读性、可维护性得到提高。除此之外，我们将排序算法设计成独立的类，与具体的业务逻辑解耦，提高了排序算法的可复用性。这一步实际上就是策略模式的第一步：将策略的定义从业务代码中分离出来。

实际上，上面的代码还可以继续优化。由于每种排序类都是无状态的，没必要在每次使用时，都重新创建一个新对象，因此，我们可以使用工厂模式对对象的创建进行封装。按照这个思路，我们对代码进行重构。重构之后的代码如下所示。

```
public class SortAlgFactory {
  private static final Map<String, ISortAlg> algs = new HashMap<>();
  static {
    algs.put("QuickSort", new QuickSort());
    algs.put("ExternalSort", new ExternalSort());
    algs.put("ConcurrentExternalSort", new ConcurrentExternalSort());
    algs.put("MapReduceSort", new MapReduceSort());
  }

  public static ISortAlg getSortAlg(String type) {
    if (type == null || type.isEmpty()) {
      throw new IllegalArgumentException("type should not be empty.");
    }
```

```
    return algs.get(type);
  }
}

public class Sorter {
  private static final long GB = 1000 * 1000 * 1000;

  public void sortFile(String filePath) {
    //省略校验逻辑
    File file = new File(filePath);
    long fileSize = file.length();
    ISortAlg sortAlg;
    if (fileSize < 6 * GB) { //[0, 6GB)
      sortAlg = SortAlgFactory.getSortAlg("QuickSort");
    } else if (fileSize < 10 * GB) { //[6GB, 10GB)
      sortAlg = SortAlgFactory.getSortAlg("ExternalSort");
    } else if (fileSize < 100 * GB) { //[10GB, 100GB)
      sortAlg = SortAlgFactory.getSortAlg("ConcurrentExternalSort");
    } else { //文件大于或等于100GB
      sortAlg = SortAlgFactory.getSortAlg("MapReduceSort");
    }
    sortAlg.sort(filePath);
  }
}
```

经过多次重构，目前的代码实际上已经是策略模式的代码结构了。我们通过策略模式将策略的定义、创建和使用解耦，让每一部分都不至于太复杂。不过，Sorter 类的 sortFile() 函数中还是有一系列 if-else 逻辑。这里的 if-else 逻辑的分支不多，也不复杂，这样写完全没问题。如果我们想将 if-else 分支判断语句移除，那么可以使用查表法具体代码如下所示，其中的“algs”就是“表”。

```
public class Sorter {
  private static final long GB = 1000 * 1000 * 1000;
  private static final List<AlgRange> algs = new ArrayList<>();
  static {
    algs.add(new AlgRange(0, 6*GB, SortAlgFactory.getSortAlg("QuickSort")));
    algs.add(new AlgRange(6*GB, 10*GB, SortAlgFactory.getSortAlg("ExternalSort")));
    algs.add(new AlgRange(10*GB, 100*GB, SortAlgFactory.getSortAlg("ConcurrentExternalSort")));
    algs.add(new AlgRange(100*GB, Long.MAX_VALUE, SortAlgFactory.getSortAlg("MapReduceSort")));
  }

  public void sortFile(String filePath) {
    //省略校验逻辑
    File file = new File(filePath);
    long fileSize = file.length();
    ISortAlg sortAlg = null;
    for (AlgRange algRange : algs) {
      if (algRange.inRange(fileSize)) {
        sortAlg = algRange.getAlg();
        break;
      }
    }
    sortAlg.sort(filePath);
  }

  private static class AlgRange {
    private long start;
    private long end;
```

```
    private ISortAlg alg;

    public AlgRange(long start, long end, ISortAlg alg) {
      this.start = start;
      this.end = end;
      this.alg = alg;
    }

    public ISortAlg getAlg() {
      return alg;
    }

    public boolean inRange(long size) {
      return size >= start && size < end;
    }
  }
}
```

目前的代码实现更加优雅。我们把原来代码内可变的部分隔离到了策略工厂类和 Sorter 类的静态代码段中。当需要添加一个新排序算法时，我们只需要修改策略工厂类和 Sorter 类中的静态代码段，不需要修改其他代码，这样，我们就将代码改动最小化、集中化了。

读者可能认为，即便这样，当添加新排序算法时，还是需要修改代码，这并不完全符合开闭原则。什么办法能让代码完全满足开闭原则呢？

对于 Java 语言，我们可以通过反射来避免对策略工厂类的修改。我们通过一个配置文件或自定义注解来标注哪些类是策略类。策略工厂类读取配置文件或搜索注解，得到所有策略类，然后通过反射动态地加载这些策略类和创建策略对象。当添加一个新策略时，只需要将这个新策略类添加到配置文件或使用注解标注。

对于 Sorter 类，我们可以使用同样的方法来避免修改。我们将文件大小区间和排序算法的对应关系放到配置文件中。当添加新排序算法时，我们只需要改动配置文件，不需要改动代码。

8.4.4　避免策略模式误用

一提到 if-else 分支判断，就有人认为它是“烂”代码。实际上，只要 if-else 分支判断不复杂、代码不多，就可以大胆使用，毕竟 if-else 分支判断是几乎所有编程语言都会提供的语法，存在即有理由。只要遵循 KISS 原则，保持简单，就是好的代码设计。如果我们非得用策略模式替代 if-else 分支判断，那么有时反而是一种过度设计。

一提到策略模式，就有人认为它的作用是避免 if-else 分支判断。实际上，这种认识是片面的。策略模式的主要作用是解耦策略的定义、创建和使用，控制代码的复杂度，让每个部分都不会太复杂。除此之外，对于复杂代码，策略模式还能让其满足开闭原则，即在添加新策略时，最小化、集中化代码改动，降低引入 bug 的风险。

8.4.5　思考题

什么情况下才有必要消除代码中的 if-else 或 switch-case 分支判断语句？

8.5 职责链模式：框架中的过滤器、拦截器和插件是如何实现的

在 8.2 节～ 8.4 节中，我们分别介绍了模板方法模式、策略模式，在本节中，我们介绍职责链模式。这 3 种设计模式具有相同的作用：复用和扩展。在实际的项目开发中，我们经常使用它们。特别是在框架开发中，我们利用它们为框架提供扩展点，让框架使用者在不修改框架源码的情况下，能够基于扩展点定制框架功能。具体来说，我们经常使用职责链模式开发框架的过滤器、拦截器和插件。

8.5.1 职责链模式的定义和实现

职责链设计模式（Chain of Responsibility Design Pattern）简称职责链模式。在 GoF 合著的《设计模式：可复用面向对象软件的基础》中，它是这样定义的：将请求的发送和接收解耦，让多个接收对象都有机会处理这个请求；将这些接收对象串成一条链，并沿着这条链传递这个请求，直到链上的某个接收对象能够处理它为止（Avoid coupling the sender of a request to its receiver by giving more than one object a chance to handle the request. Chain the receiving objects and pass the request along the chain until an object handles it）。

在职责链模式中，多个处理器（也就是定义中所说的“接收对象”）依次处理同一个请求。一个请求首先经过 A 处理器处理，然后，这个请求被传递给 B 处理器，B 处理器处理完后再将其传递给 C 处理器，以此类推，形成一个链条。因为链条上的每个处理器各自承担各自的职责，所以称为职责链模式。

职责链模式有多种实现方式，这里介绍两种常用的。

第一种实现方式的代码如下所示。其中，Handler 类是所有处理器类的抽象父类，handle() 是抽象方法。每个具体的处理器类（HandlerA、HandlerB）的 handle() 函数的代码结构类似，如果某个处理器能够处理该请求，就不继续往下传递；如果它不能处理，则交由后面的处理器处理（也就是调用 successor.handle()）。HandlerChain 类表示处理器链，从数据结构的角度来看，它就是一个记录了链头、链尾的链表。其中，记录链尾是为了方便添加处理器。

```
public abstract class Handler {
  protected Handler successor = null;

  public void setSuccessor(Handler successor) {
    this.successor = successor;
  }

  public abstract void handle();
}

public class HandlerA extends Handler {
  @Override
  public void handle() {
    boolean handled = false;
    ...
    if (!handled && successor != null) {
      successor.handle();
```

```
    }
  }
}

public class HandlerB extends Handler {
  @Override
  public void handle() {
    boolean handled = false;
    ...
    if (!handled && successor != null) {
      successor.handle();
    }
  }
}

public class HandlerChain {
  private Handler head = null;
  private Handler tail = null;

  public void addHandler(Handler handler) {
    handler.setSuccessor(null);
    if (head == null) {
      head = handler;
      tail = handler;
      return;
    }
    tail.setSuccessor(handler);
    tail = handler;
  }

  public void handle() {
    if (head != null) {
      head.handle();
    }
  }
}

//使用举例
public class Application {
  public static void main(String[] args) {
    HandlerChain chain = new HandlerChain();
    chain.addHandler(new HandlerA());
    chain.addHandler(new HandlerB());
    chain.handle();
  }
}
```

实际上，上面的代码实现不够优雅，因为处理器类的 handle() 函数不仅包含自己的业务逻辑，还包含对下一个处理器的调用（对应代码中的 successor.handle()）。如果一个不熟悉这种代码结构的程序员想要在其中添加新的处理器类，那么很有可能忘记在 handle() 函数中调用 successor.handle()，这就会导致代码出现 bug。

针对这个问题，我们对代码进行重构，利用模板方法模式，将调用 successor.handle() 的逻辑从处理器类中剥离出来，放到抽象父类中。这样，处理器类只需要实现自己的业务逻辑。重构之后的代码如下所示。

```
public abstract class Handler {
  protected Handler successor = null;

  public void setSuccessor(Handler successor) {
```

```
    this.successor = successor;
  }

  public final void handle() {
    boolean handled = doHandle();
    if (successor != null && !handled) {
      successor.handle();
    }
  }

  protected abstract boolean doHandle();
}

public class HandlerA extends Handler {
  @Override
  protected boolean doHandle() {
    boolean handled = false;
    ...
    return handled;
  }
}

public class HandlerB extends Handler {
  @Override
  protected boolean doHandle() {
    boolean handled = false;
    ...
    return handled;
  }
}
```

我们再来看职责链模式的第二种实现方式，代码如下所示。这种实现方式更加简单。其中，HandlerChain 类用数组而非链表来保存所有处理器类，并且在 HandlerChain 类的 handle() 函数中，依次调用每个处理器类的 handle() 函数。

```
public interface IHandler {
  boolean handle();
}

public class HandlerA implements IHandler {
  @Override
  public boolean handle() {
    boolean handled = false;
    ...
    return handled;
  }
}

public class HandlerB implements IHandler {
  @Override
  public boolean handle() {
    boolean handled = false;
    ...
    return handled;
  }
}

public class HandlerChain {
  private List<IHandler> handlers = new ArrayList<>();

  public void addHandler(IHandler handler) {
```

```
    this.handlers.add(handler);
  }

  public void handle() {
    for (IHandler handler : handlers) {
      boolean handled = handler.handle();
      if (handled) {
        break;
      }
    }
  }
}

//使用举例
public class Application {
  public static void main(String[] args) {
    HandlerChain chain = new HandlerChain();
    chain.addHandler(new HandlerA());
    chain.addHandler(new HandlerB());
    chain.handle();
  }
}
```

在 GoF 合著的《设计模式：可复用面向对象软件的基础》给出的职责链模式的定义中，如果处理器链上的某个处理器能够处理这个请求，就不会继续往下传递请求。实际上，职责链模式还有一种变体，那就是请求会被所有处理器都处理一遍，不存在中途终止的情况。这种变体也有两种实现方式：用链表存储处理器类和用数组存储处理器类，与上面两种实现方式类似，稍加修改即可。这里只给出用链表存储处理器类的实现方式，代码如下所示。对于用数组存储处理器类的实现方式，读者可对照上面的实现自行修改。

```
public abstract class Handler {
  protected Handler successor = null;

  public void setSuccessor(Handler successor) {
    this.successor = successor;
  }

  public final void handle() {
    doHandle();
    if (successor != null) {
      successor.handle();
    }
  }
  protected abstract void doHandle();
}

public class HandlerA extends Handler {
  @Override
  protected void doHandle() {
    ...
  }
}

public class HandlerB extends Handler {
  @Override
  protected void doHandle() {
    ...
  }
}
```

```
public class HandlerChain {
  private Handler head = null;
  private Handler tail = null;

  public void addHandler(Handler handler) {
    handler.setSuccessor(null);
    if (head == null) {
      head = handler;
      tail = handler;
      return;
    }
    tail.setSuccessor(handler);
    tail = handler;
  }

  public void handle() {
    if (head != null) {
      head.handle();
    }
  }
}

//使用示例
public class Application {
  public static void main(String[] args) {
    HandlerChain chain = new HandlerChain();
    chain.addHandler(new HandlerA());
    chain.addHandler(new HandlerB());
    chain.handle();
  }
}
```

尽管我们给出了典型的职责链模式的代码实现，但在实际的开发中，我们还是要具体问题具体对待，因为职责链模式的代码实现会根据需求的不同而有所变化。实际上，这一点对于所有设计模式都适用。

8.5.2 职责链模式在敏感词过滤中的应用

对于支持 UGC（User Generated Content，用户生成内容）的应用（如论坛），用户生成的内容（如在论坛中发表的帖子）可能包含敏感词（如辱骂、涉黄、暴力等词汇），我们需要对敏感词进行处理。针对这个应用场景，我们可以利用职责链模式过滤敏感词。

对于包含敏感词的内容，我们有两种处理方式，一种是直接禁止发布，另一种是用特殊符号替代敏感词（如用“***”替换敏感词）。第一种处理方式符合 GoF 给出的职责链模式的定义，第二种处理方式是职责链模式的变体。

这里只给出第一种实现方式的示例代码，如下所示。注意，我们只给出了“骨干”代码，并没有给出具体的敏感词过滤算法的代码实现，读者可以参考作者之前出版的《数据结构与算法之美》中多模式字符串匹配相关章节，自行实现。

```
public interface SensitiveWordFilter {
  boolean doFilter(Content content);
}

//ProfanityWordFilter类、ViolenceWordFilter类的代码结构
//与SexualWordFilter类相似，因此本书没有给出前两个类的定义
public class SexualWordFilter implements SensitiveWordFilter {
```

```
  @Override
  public boolean doFilter(Content content) {
    boolean legal = true;
    ...
    return legal;
  }
}

public class SensitiveWordFilterChain {
  private List<SensitiveWordFilter> filters = new ArrayList<>();

  public void addFilter(SensitiveWordFilter filter) {
    this.filters.add(filter);
  }

  public boolean filter(Content content) {
    for (SensitiveWordFilter filter : filters) {
      if (!filter.doFilter(content)) {
        return false;
      }
    }
    return true;
  }
}

public class ApplicationDemo {
  public static void main(String[] args) {
    SensitiveWordFilterChain filterChain = new SensitiveWordFilterChain();
    filterChain.addFilter(new ViolenceWordFilter());
    filterChain.addFilter(new SexualWordFilter());
    filterChain.addFilter(new ProfanityWordFilter());
    boolean legal = filterChain.filter(new Content());
    if (!legal) {
      //不发表
    } else {
      //发表
    }
  }
}
```

看了上面的代码实现，读者可能会问，下面这段代码也可以实现敏感词过滤功能，而且代码更加简单，为什么我们非要使用职责链模式呢？这是不是过度设计呢？

```
public class SensitiveWordFilter {
  public boolean filter(Content content) {
    if (!filterViolenceWord(content)) {
      return false;
    }
    if (!filterSexualWord(content)) {
      return false;
    }
    if (!filterProfanityWord(content)) {
      return false;
    }
    return true;
  }

  private boolean filterViolenceWord(Content content) {
   ...
  }

  private boolean filterSexualWord(Content content) {
```

```
    ...
  }

  private boolean filterProfanityWord(Content content) {
    ...
  }
}
```

设计模式的应用主要是为了应对代码的复杂性，让其满足开闭原则，提高代码的扩展性。职责链模式也不例外。

如果代码的行数不多，逻辑简单，那么怎样实现都可以。但是，如果代码的行数很多，逻辑复杂，就需要对代码进行拆分。应对代码复杂性的常用方法是将大函数拆分成小函数，将大类拆分成小类。通过职责链模式，我们可以把各个敏感词过滤函数拆分出来，设计成独立的类，进一步简化 SensitiveWordFilter 类。

当我们需要扩展新过滤算法时，如还需要过滤某些特殊符号，按照非职责链模式的代码实现方式，需要修改 SensitiveWordFilter 类的代码，这违反开闭原则。基于职责链模式的实现方式更加优雅，只需要添加一个 Filter 类，并通过 addFilter() 函数将它添加到 FilterChain 类中，其他代码均不需要修改。

不过，读者可能会说，即便使用职责链模式来实现，当添加新过滤算法时，还是要修改客户端代码（ApplicationDemo 类），这样做也没有完全符合开闭原则。

实际上，如果细化一下的话，那么，我们可以把代码分成两类：框架代码和客户端代码。其中，ApplicationDemo 类属于客户端代码，也就是使用框架的代码。除 ApplicationDemo 类之外的代码属于敏感词过滤框架代码。假设敏感词过滤框架并不是我们开发和维护的，而是引入的第三方框架，如果我们要扩展一个新过滤算法，那么不可能直接修改框架的源码。这个时候，利用职责链模式，就能在不修改框架源码的情况下，实现基于职责链模式提供的扩展点来扩展新功能。换句话说，我们在框架这个代码范围内实现了开闭原则。

8.5.3　职责链模式在 Servlet Filter 中的应用

Servlet Filter（过滤器）可以实现对 HTTP 请求的过滤功能，如鉴权、限流、记录日志和验证参数等。Servlet Filter 是 Servlet 规范的一部分，只要是支持 Servlet 规范的 Web 容器（如 Tomcat、Jetty 等），都支持过滤器功能。Servlet Filter 的工作原理如图 8-2 所示。

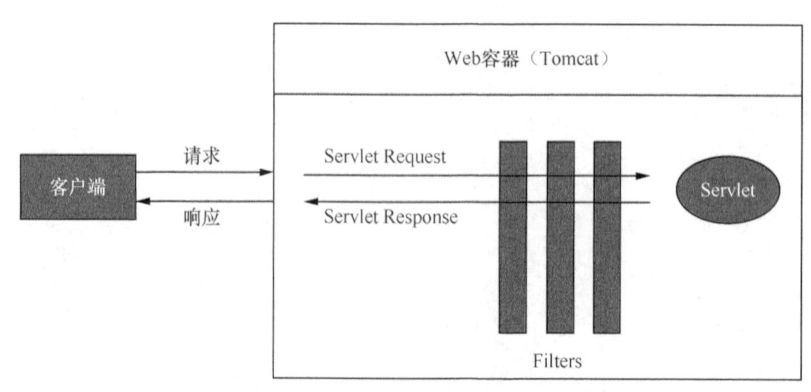

图 8-2　Servlet Filter 的工作原理

在实际项目中，Servlet Filter 的使用方式如下面的示例代码所示。在添加一个过滤器时，我们只需要定义一个实现 javax.servlet.Filter 接口的过滤器类，并且将它配置在 web.xml 配置文件中。Web 容器启动时，会读取 web.xml 中的配置，创建过滤器对象。当有请求到来时，请求会先经过过滤器处理，然后才由 Servlet 处理。

```
public class LogFilter implements Filter {
  @Override
  public void init(FilterConfig filterConfig) throws ServletException {
    //在创建Filter类时自动调用，其中filterConfig包含这个Filter类的配置参数，如name之类的（从配置
    //文件中读取的）
  }

  @Override
  public void doFilter(ServletRequest request, ServletResponse response, FilterChain 
chain) throws IOException, ServletException {
    System.out.println("拦截客户端发来的请求.");
    chain.doFilter(request, response);
    System.out.println("拦截发给客户端的响应.");
  }

  @Override
  public void destroy() {
    //在销毁Filter类时自动调用
  }
}

//在web.xml配置文件中进行如下配置
<filter>
   <filter-name>logFilter</filter-name>
   <filter-class>com.xzg.cd.LogFilter</filter-class>
</filter>
<filter-mapping>
      <filter-name>logFilter</filter-name>
      <url-pattern>/*</url-pattern>
</filter-mapping>
```

从上述示例代码中，我们可以发现，添加过滤器非常简单，不需要修改代码，只需要定义一个实现 javax.servlet.Filter 的过滤器类，并修改一下配置，这符合开闭原则。那么，Servlet Filter 是如何做到如此好的扩展性的呢？这正是因为其使用了职责链模式。接下来，通过剖析它的源码，我们详细介绍它是如何实现的。

职责链模式的典型代码实现包含处理器接口（IHandler）或抽象类（Handler），以及处理器链（HandlerChain）。对应到 Servlet Filter，javax.servlet.Filter 就是处理器接口，FilterChain 就是处理器链。接下来，我们重点介绍 FilterChain 是如何实现的。

不过，Servlet 只是一个规范，并不包含具体的实现，因此，Servlet 中的 FilterChain 只是一个接口。具体的实现类由遵守 Servlet 规范的 Web 容器提供，如 ApplicationFilterChain 类就是 Tomcat 提供的 FilterChain 的实现类，源码如下所示。注意，为了让代码更易读懂，我们对代码进行了简化，只保留了与职责链模式相关的代码片段。读者可以自行去 Tomcat 官网查看完整的代码。

```
public final class ApplicationFilterChain implements FilterChain {
  private int pos = 0; //当前执行到了哪个过滤器
  private int n; //过滤器的个数
  private ApplicationFilterConfig[] filters;
```

```
  private Servlet servlet;

  @Override
  public void doFilter(ServletRequest request, ServletResponse response) {
    if (pos < n) {
      ApplicationFilterConfig filterConfig = filters[pos++];
      Filter filter = filterConfig.getFilter();
      filter.doFilter(request, response, this);
    } else {
      //Filter都处理完毕后，执行Servlet
      servlet.service(request, response);
    }
  }

   public void addFilter(ApplicationFilterConfig filterConfig) {
      for (ApplicationFilterConfig filter:filters)
         if (filter==filterConfig)
              return;
      if (n == filters.length) { //扩容
         ApplicationFilterConfig[] newFilters = new ApplicationFilterConfig[n + INCREMENT];
         System.arraycopy(filters, 0, newFilters, 0, n);
         filters = newFilters;
      }
      filters[n++] = filterConfig;
   }
}
```

ApplicationFilterChain类中的doFilter()函数的代码实现非常具有技巧性，实际上，doFilter()函数是一个递归函数。我们可以将每个Filter类（如LogFilter类）的doFilter()函数的代码实现直接替换到doFilter()函数中，如下所示，就能更加清楚地看出doFilter()函数是递归函数了。

```
@Override
public void doFilter(ServletRequest request, ServletResponse response) {
  if (pos < n) {
    ApplicationFilterConfig filterConfig = filters[pos++];
    Filter filter = filterConfig.getFilter();
    //filter.doFilter(request, response, this);  这一行替换为下面3行
    System.out.println("拦截客户端发来的请求.");
    chain.doFilter(request, response); //chain就是this，递归调用
    System.out.println("拦截发给客户端的响应.")
  } else {
    //Filter都处理完毕后，执行Servlet
    servlet.service(request, response);
  }
}
```

利用递归实现doFilter()函数，主要是为了在一个doFilter()方法中实现双向拦截，既能拦截客户端发来的请求，又能拦截发给客户端的响应。理解上述代码，需要读者对递归有比较透彻的理解。递归已经超出本书的讲解范畴，读者可以自行阅读作者出版的另一本书《数据结构与算法之美》中递归相关章节。

8.5.4 职责链模式在Spring Interceptor中的应用

现在，我们介绍一个功能上与Servlet Filter类似的技术：Spring Interceptor（拦截器）。Servlet Filter和Spring Interceptor都用来实现对HTTP请求进行拦截处理。它们的不同之处在

于，Servlet Filter 是 Servlet 规范的一部分，由 Web 容器提供代码实现；Spring Interceptor 是 Spring MVC 框架的一部分，由 Spring MVC 框架提供代码实现。客户端发送的请求会首先经过 Servlet Filter，然后经过 Spring Interceptor，最后到达具体的业务代码中。图 8-3 展示了客户端发来的一个请求的处理流程。

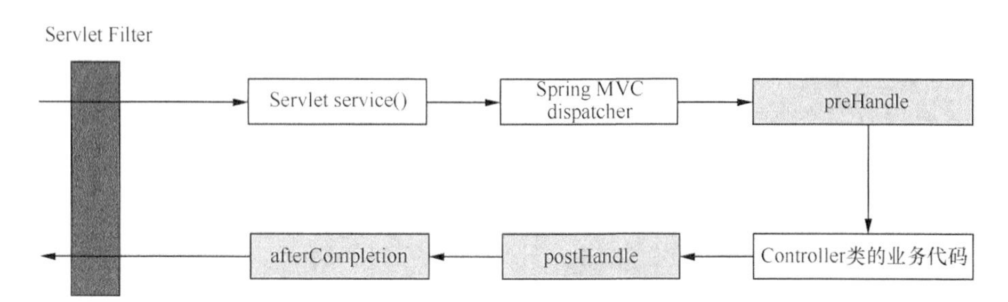

图 8-3　客户端发来的一个请求的处理流程

Spring Interceptor 使用的示例代码如下所示。LogInterceptor 类实现的功能与 LogFilter 类完全相同，只是实现方式上稍有区别。LogFilter 类对请求和响应的拦截是在 doFilter() 函数中实现的，而 LogInterceptor 类对请求的拦截在 preHandle() 函数中实现，对响应的拦截在 postHandle() 函数中实现。

```
public class LogInterceptor implements HandlerInterceptor {
  @Override
  public boolean preHandle(HttpServletRequest request, HttpServletResponse response,
Object handler) throws Exception {
    System.out.println("拦截客户端发来的请求.");
    return true; //继续后续处理
  }

  @Override
  public void postHandle(HttpServletRequest request, HttpServletResponse response,
Object handler, ModelAndView modelAndView) throws Exception {
    System.out.println("拦截发给客户端的响应.");
  }

  @Override
  public void afterCompletion(HttpServletRequest request, HttpServletResponse response,
Object handler, Exception ex) throws Exception {
    System.out.println("这里总是被执行.");
  }
}

//在Spring MVC配置文件中配置interceptors
<mvc:interceptors>
    <mvc:interceptor>
        <mvc:mapping path="/*"/>
        <bean class="com.xzg.cd.LogInterceptor" />
    </mvc:interceptor>
</mvc:interceptors>
```

当然，Spring Interceptor 也是基于职责链模式实现的。在其代码实现中，HandlerExecutionChain 类是职责链模式中的处理器链。HandlerExecutionChain 类的源码如下所示，同样，我们对源码进行了简化，只保留了与职责链模式相关的代码。

```
public class HandlerExecutionChain {
  private final Object handler;
  private HandlerInterceptor[] interceptors;

  public void addInterceptor(HandlerInterceptor interceptor) {
    initInterceptorList().add(interceptor);
  }

  boolean applyPreHandle(HttpServletRequest request, HttpServletResponse response) throws
Exception {
    HandlerInterceptor[] interceptors = getInterceptors();
    if (!ObjectUtils.isEmpty(interceptors)) {
      for (int i = 0; i < interceptors.length; i++) {
        HandlerInterceptor interceptor = interceptors[i];
        if (!interceptor.preHandle(request, response, this.handler)) {
          triggerAfterCompletion(request, response, null);
          return false;
        }
      }
    }
    return true;
  }

  void applyPostHandle(HttpServletRequest request, HttpServletResponse response,
ModelAndView mv) throws Exception {
    HandlerInterceptor[] interceptors = getInterceptors();
    if (!ObjectUtils.isEmpty(interceptors)) {
      for (int i = interceptors.length - 1; i >= 0; i--) {
        HandlerInterceptor interceptor = interceptors[i];
        interceptor.postHandle(request, response, this.handler, mv);
      }
    }
  }

  void triggerAfterCompletion(HttpServletRequest request, HttpServletResponse response,
Exception ex)
      throws Exception {
    HandlerInterceptor[] interceptors = getInterceptors();
    if (!ObjectUtils.isEmpty(interceptors)) {
      for (int i = this.interceptorIndex; i >= 0; i--) {
        HandlerInterceptor interceptor = interceptors[i];
        try {
          interceptor.afterCompletion(request, response, this.handler, ex);
        } catch (Throwable ex2) {
          logger.error("HandlerInterceptor.afterCompletion threw exception", ex2);
        }
      }
    }
  }
}
```

相较于 Tomcat 中的 ApplicationFilterChain 类，HandlerExecutionChain 类的实现逻辑更加清晰，没有使用递归。之所以没有使用递归，是因为它将对请求和响应的拦截工作拆分到了 preHandle() 和 postHandle() 两个函数中完成。在 Spring MVC 框架中，DispatcherServlet 类的 doDispatch() 方法用来分发请求，其在真正的业务逻辑执行前后，执行 HandlerExecutionChain

类中的 applyPreHandle() 和 applyPostHandle() 函数，用来实现拦截功能。

8.5.5 职责链模式在 MyBatis Plugin 中的应用

实际上，MyBatis Plugin 的功能与 Servlet Filter、Spring Interceptor 类似，都是在不需要修改原有流程代码的情况下，拦截某些方法调用，在拦截的方法调用的前后，执行一些额外的代码逻辑。它们的唯一区别在于拦截的对象是不同的。Servlet Filter 主要拦截 Servlet 请求，Spring Interceptor 主要拦截 Spring 管理的 Bean 的方法（如 Controller 类的方法等），而 MyBatis Plugin 主要拦截的是 MyBatis 框架在执行 SQL 语句的过程中涉及的一些方法。

接下来，我们通过一个例子介绍一下 MyBatis Plugin 如何使用。

假设我们需要统计应用中每个 SQL 语句的执行耗时，如果使用 MyBatis Plugin 来实现，那么只需要定义一个 SqlCostTimeInterceptor 类，让它实现 MyBatis 的 Interceptor 接口，并在 MyBatis 的全局配置文件中编写相应的配置。具体的代码和配置如下所示。

```
@Intercepts({
        @Signature(type = StatementHandler.class, method = "query", args = {Statement.
class, ResultHandler.class}),
        @Signature(type = StatementHandler.class, method = "update", args = {Statement.class}),
        @Signature(type = StatementHandler.class, method = "batch", args = {Statement.class})})
public class SqlCostTimeInterceptor implements Interceptor {
  private static Logger logger = LoggerFactory.getLogger(SqlCostTimeInterceptor.class);

  @Override
  public Object intercept(Invocation invocation) throws Throwable {
    Object target = invocation.getTarget();
    long startTime = System.currentTimeMillis();
    StatementHandler statementHandler = (StatementHandler) target;
    try {
      return invocation.proceed();
    } finally {
      long costTime = System.currentTimeMillis() - startTime;
      BoundSql boundSql = statementHandler.getBoundSql();
      String sql = boundSql.getSql();
      logger.info("执行 SQL：[ {} ]执行耗时[ {} ms]", sql, costTime);
    }
  }

  @Override
  public Object plugin(Object target) {
    return Plugin.wrap(target, this);
  }

  @Override
  public void setProperties(Properties properties) {
    System.out.println("插件配置的信息："+properties);
  }
}

<!-- MyBatis全局配置文件：mybatis-config.xml -->
<plugins>
  <plugin interceptor="com.xzg.cd.a88.SqlCostTimeInterceptor">
    <property name="someProperty" value="100"/>
  </plugin>
</plugins>
```

我们重点看一下 @Intercepts 注解这部分。我们知道，无论是拦截器、过滤器，还是插件，都需要明确地标明拦截的目标方法。@Intercepts 注解实际上就是起到了这个作用。其中，@Intercepts 注解可以嵌套 @Signature 注解。@Signature 注解标明要拦截的目标方法。如果要拦截多个方法，那么我们可以像上面的示例代码一样，编写多条 @Signature 注解。

@Signature 注解包含 3 个元素：type、method 和 args。其中，type 指明要拦截的类，method 指明方法名，args 指明方法的参数列表。通过指定这 3 个元素，我们就能完全确定一个要拦截的方法。在默认情况下，MyBatis Plugin 允许拦截的方法如表 8-1 所示。

表 8-1 MyBatis Plugin 允许拦截的方法

类	方法
Executor	update、query、flushStatements、commit、rollback、getTransaction、close 和 isClosed
ParameterHandler	getParameterObject 和 setParameters
ResultSetHandler	handleResultSets 和 handleOutputParameters
StatementHandler	prepare、parameterize、batch、update 和 query

MyBatis 的底层通过 Executor 类执行 SQL 语句。Executor 类会创建 StatementHandler、ParameterHandler 和 ResultSetHandler 这 3 个类的对象，并且，首先使用 ParameterHandler 类设置 SQL 中的占位符参数，然后使用 StatementHandler 类执行 SQL 语句，最后使用 ResultSetHandler 类封装执行结果。因此，我们只需要拦截 Executor、ParameterHandler、ResultSetHandler 和 StatementHandler 这 4 个类的方法，这样基本上就能够实现对整个 SQL 执行流程中每个步骤的拦截。实际上，除统计 SQL 语句的执行耗时以外，MyBatis Plugin 还可以做很多事情，如分库分表、自动分页、数据脱敏和加解密等。

在上文中，我们简单介绍了如何使用 MyBatis Plugin。现在，我们通过剖析源码，介绍一下如此简洁的使用方式的底层是如何实现的，以及隐藏了哪些复杂的设计。

Servlet Filter 采用递归来实现在拦截方法前后添加逻辑。Spring Interceptor 把拦截方法前后要添加的逻辑放到两个方法中实现。MyBatis Plugin 采用嵌套动态代理的方法来实现在拦截方法前后添加逻辑。这种实现思路很有技巧性。职责链模式的实现一般包含处理器（Handler）和处理器链（HandlerChain）两部分。这两个部分对应到 Servlet Filter 的源码中就是 Filter 和 FilterChain，对应到 Spring Interceptor 的源码中就是 HandlerInterceptor 和 HandlerExecutionChain，对应到 MyBatis Plugin 的源码中就是 Interceptor 和 InterceptorChain。除此之外，MyBatis Plugin 还包含另外一个非常重要的类：Plugin。它用来生成被拦截对象的动态代理。

在集成了 MyBatis 框架的应用启动时，MyBatis 框架会读取全局配置文件（前面例子中的 mybatis-config.xml 文件），解析出 Interceptor（也就是前面例子中的 SqlCostTimeInterceptor），并且将它注入 Configuration 类的 InterceptorChain 类的对象中。Interceptor 和 InterceptorChain 这两个类的代码如下所示。

```
public class Invocation {
  private final Object target;
  private final Method method;
  private final Object[] args;
  //省略构造函数和getter方法
```

```
    public Object proceed() throws InvocationTargetException, IllegalAccessException {
      return method.invoke(target, args);
    }
  }

  public interface Interceptor {
    Object intercept(Invocation invocation) throws Throwable;
    Object plugin(Object target);
    void setProperties(Properties properties);
  }

  public class InterceptorChain {
    private final List<Interceptor> interceptors = new ArrayList<Interceptor>();

    public Object pluginAll(Object target) {
      for (Interceptor interceptor : interceptors) {
        target = interceptor.plugin(target);
      }
      return target;
    }

    public void addInterceptor(Interceptor interceptor) {
      interceptors.add(interceptor);
    }

    public List<Interceptor> getInterceptors() {
      return Collections.unmodifiableList(interceptors);
    }
  }
```

在解析完配置文件之后，所有拦截器都被加载到了 InterceptorChain 类中。拦截器是在什么时候被触发执行的呢？如何被触发执行的呢？

在上文中，我们提到，在执行 SQL 语句的过程中，MyBatis 会创建 Executor、StatementHandler、ParameterHandler 和 ResultSetHandler 这 4 个类的对象，对应的创建代码在 Configuration 类中，如下所示。

```
  public Executor newExecutor(Transaction transaction, ExecutorType executorType) {
    executorType = executorType == null ? defaultExecutorType : executorType;
    executorType = executorType == null ? ExecutorType.SIMPLE : executorType;
    Executor executor;
    if (ExecutorType.BATCH == executorType) {
      executor = new BatchExecutor(this, transaction);
    } else if (ExecutorType.REUSE == executorType) {
      executor = new ReuseExecutor(this, transaction);
    } else {
      executor = new SimpleExecutor(this, transaction);
    }
    if (cacheEnabled) {
      executor = new CachingExecutor(executor);
    }
    executor = (Executor) interceptorChain.pluginAll(executor);
    return executor;
  }

  public ParameterHandler newParameterHandler(MappedStatement mappedStatement, Object
parameterObject, BoundSql boundSql) {
     ParameterHandler parameterHandler = mappedStatement.getLang().createParameterHandler
(mappedStatement, parameterObject, boundSql);
```

```
    parameterHandler = (ParameterHandler) interceptorChain.pluginAll(parameterHandler);
    return parameterHandler;
  }

  public ResultSetHandler newResultSetHandler(Executor executor, MappedStatement
mappedStatement, RowBounds rowBounds, ParameterHandler parameterHandler,
      ResultHandler resultHandler, BoundSql boundSql) {
    ResultSetHandler resultSetHandler = new DefaultResultSetHandler(executor, mappedStatement,
parameterHandler, resultHandler, boundSql, rowBounds);
    resultSetHandler = (ResultSetHandler) interceptorChain.pluginAll(resultSetHandler);
    return resultSetHandler;
  }

  public StatementHandler newStatementHandler(Executor executor, MappedStatement
mappedStatement, Object parameterObject, RowBounds rowBounds, ResultHandler resultHandler,
BoundSql boundSql) {
    StatementHandler statementHandler = new RoutingStatementHandler(executor,
mappedStatement, parameterObject, rowBounds, resultHandler, boundSql);
    statementHandler = (StatementHandler) interceptorChain.pluginAll(statementHandler);
    return statementHandler;
  }
```

从上面的代码中，我们可以发现，Executor、StatementHandler、ParameterHandler、ResultSetHandler 这 4 个类的对象的创建过程中都调用了 InterceptorChain 类的 pluginAll() 方法。这个方法的源码我们已经在上文中给出了。它的逻辑很简单，循环调用 InterceptorChain 类中每个 Interceptor 类的 plugin() 方法。plugin() 是一个接口方法（不包含实现代码），需要由用户给出具体的实现代码。在之前的例子中，SqlCostTimeInterceptor 类的 plugin() 方法通过直接调用 Plugin 类的 wrap() 方法来实现。wrap() 方法的实现代码如下所示。

```
//借助Java InvocationHandler实现的动态代理模式
public class Plugin implements InvocationHandler {
  private final Object target;
  private final Interceptor interceptor;
  private final Map<Class<?>, Set<Method>> signatureMap;

  private Plugin(Object target, Interceptor interceptor, Map<Class<?>, Set<Method>> signatureMap) {
    this.target = target;
    this.interceptor = interceptor;
    this.signatureMap = signatureMap;
  }

  //wrap()静态方法，用来生成target的动态代理，
  //动态代理对象=target对象+interceptor对象。
  public static Object wrap(Object target, Interceptor interceptor) {
    Map<Class<?>, Set<Method>> signatureMap = getSignatureMap(interceptor);
    Class<?> type = target.getClass();
    Class<?>[] interfaces = getAllInterfaces(type, signatureMap);
    if (interfaces.length > 0) {
      return Proxy.newProxyInstance(
          type.getClassLoader(),
          interfaces,
          new Plugin(target, interceptor, signatureMap));
    }
    return target;
  }

  //调用target对象的f()方法，会触发执行下面这个方法。
  //执行interceptor对象的intercept()方法+执行target对象的f()方法
  @Override
```

```
    public Object invoke(Object proxy, Method method, Object[] args) throws Throwable {
      try {
        Set<Method> methods = signatureMap.get(method.getDeclaringClass());
        if (methods != null && methods.contains(method)) {
          return interceptor.intercept(new Invocation(target, method, args));
        }
        return method.invoke(target, args);
      } catch (Exception e) {
        throw ExceptionUtil.unwrapThrowable(e);
      }
    }
  }
```

Plugin 类的 wrap() 函数用来生成 target 对象的动态代理对象。target 对象就是 Executor、StatementHandler、ParameterHandler 和 ResultSetHandler 这 4 个类的对象。MyBatis 中的职责链模式的实现方式比较特殊。它对同一个 target 对象嵌套多次代理，也就是 InterceptorChain 类中的 pluginAll() 函数要执行的任务。

```
public Object pluginAll(Object target) {
  //嵌套代理
  for (Interceptor interceptor : interceptors) {
    target = interceptor.plugin(target);
    //上面这行代码等价于下面这行代码,
    //target(代理对象)=target(目标对象)+interceptor(拦截器功能)
    //target = Plugin.wrap(target, interceptor);
  }
  return target;
}
//MyBatis像下面这样创建target对象（Executor、StatementHandler、ParameterHandler和
//ResultSetHandler类），相当于多次嵌套代理
Object target = interceptorChain.pluginAll(target);
```

当执行 Executor、StatementHandler、ParameterHandler 和 ResultSetHandler 这 4 个类中的某个方法时，MyBatis 会嵌套执行每层代理对象（Plugin 类的对象）的 invoke() 方法。而 invoke() 方法会先执行代理对象中 interceptor 对象的 intercept() 函数，再执行被代理对象的方法。这样，在一层层地执行完代理对象的 intercept() 函数之后，MyBatis 才最终执行那 4 个原始类的对象的方法。

8.5.6 思考题

利用职责链模式，我们可以让框架代码满足开闭原则。如果添加一个新处理器，那么只需要修改客户端代码。如果我们希望客户端代码也满足开闭原则，即不修改任何代码，那么，读者有什么办法可以做到吗？

8.6 状态模式：游戏和工作流引擎中常用的状态机是如何实现的

在实际的软件开发中，状态模式并不常用，但是，一旦使用，它便可以发挥强大的作用。从这一点来看，它有点像我们在 7.6 节中讲过的组合模式。状态模式一般用来实现状态机，而

状态机常用在游戏、工作流引擎等系统的开发中。不过，状态机的实现方式有多种，除状态模式以外，常用的还有分支判断法和查表法。在本节中，我们详细讲解这 3 种实现方式，并对比它们的优劣和应用场景。

8.6.1　什么是有限状态机

有限状态机（Finite State Machine，FSM）简称状态机。状态机有 3 个组成部分：状态（State）、事件（Event）和动作（Action）。其中，事件也称为转移条件（Transition Condition）。事件触发状态的转移和动作的执行。不过，动作不是必需的，也可能存在只转移状态，不执行任何动作的情况。

我们结合一个具体的例子来解释一下状态机的各个组成部分。

读者有没有玩过《超级马里奥》游戏？在该游戏中，马里奥可以变身为多种形态，如小马里奥（Small Mario）、超级马里奥（Super Mario）、火焰马里奥（Fire Mario）和斗篷马里奥（Cape Mario）等。在不同的游戏情节中，各个形态会互相转化，并相应地增减积分。例如，马里奥的初始形态是小马里奥，吃了“蘑菇”之后，就会变成超级马里奥，并且增加 100 积分。

实际上，马里奥形态的转变就是一个状态机。其中，马里奥的不同形态就是状态机中的“状态”，游戏情节（如吃了“蘑菇”）就是状态机中的“事件”，加减积分就是状态机中的“动作”。例如，吃“蘑菇”这个事件会触发状态的转移，从小马里奥转移到超级马里奥，以及触发动作的执行，增加 100 积分。

为了方便接下来的讲解，我们对该游戏的背景做了简化，只保留了部分状态和事件。简化之后的状态转移如图 8-4 所示。

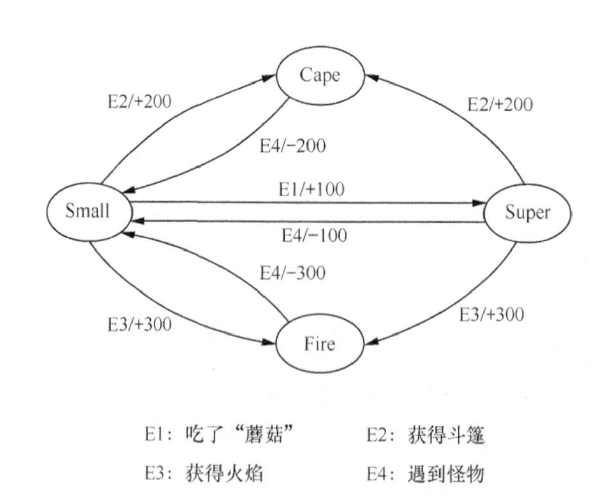

图 8-4　简化之后的状态转移

我们如何将图 8-4 所示的状态转移图“翻译”成代码呢？换句话说，如何编程实现图 8-4 对应的状态机呢？状态机的“骨干”代码如下所示。其中，obtainMushRoom()、obtainCape()、obtainFireFlower() 和 meetMonster() 这 4 个函数根据当前的状态和事件，实现了状态更新和积分增减。不过，这 4 个函数的具体代码实现暂时没有给出，我们会在下文中逐步补全。

```
public enum State {
  SMALL(0),
  SUPER(1),
  FIRE(2),
  CAPE(3);
  private int value;

  private State(int value) {
    this.value = value;
  }

  public int getValue() {
    return this.value;
  }
}

public class MarioStateMachine {
  private int score;
  private State currentState;

  public MarioStateMachine() {
    this.score = 0;
    this.currentState = State.SMALL;
  }

  public void obtainMushRoom() {
    //TODO
  }

  public void obtainCape() {
    //TODO
  }

  public void obtainFireFlower() {
    //TODO
  }

  public void meetMonster() {
    //TODO
  }

  public int getScore() {
    return this.score;
  }

  public State getCurrentState() {
    return this.currentState;
  }
}

public class ApplicationDemo {
  public static void main(String[] args) {
    MarioStateMachine mario = new MarioStateMachine();
    mario.obtainMushRoom();
    int score = mario.getScore();
    State state = mario.getCurrentState();
    System.out.println("mario score: " + score + "; state: " + state);
  }
}
```

8.6.2　状态机实现方式一：分支判断法

对于如何实现状态机，作者总结出了 3 种方式：分支判断法、查表法和状态模式。其中，简单、直接的实现方式是，参照状态转移图，将每一个状态转移原样直译成代码。这样编写的代码会包含大量的 if-else 或 switch-case 分支判断语句，因此，我们把这种实现方式暂且命名为分支判断法。按照这个实现思路，我们将上面的“骨干”代码补全。补全之后的代码如下所示。

```
public class MarioStateMachine {
  private int score;
  private State currentState;

  public MarioStateMachine() {
    this.score = 0;
    this.currentState = State.SMALL;
  }

  public void obtainMushRoom() {
    if (currentState.equals(State.SMALL)) {
      this.currentState = State.SUPER;
      this.score += 100;
    }
  }

  public void obtainCape() {
    if (currentState.equals(State.SMALL) || currentState.equals(State.SUPER) ) {
      this.currentState = State.CAPE;
      this.score += 200;
    }
  }

  public void obtainFireFlower() {
    if (currentState.equals(State.SMALL) || currentState.equals(State.SUPER) ) {
      this.currentState = State.FIRE;
      this.score += 300;
    }
  }

  public void meetMonster() {
    if (currentState.equals(State.SUPER)) {
      this.currentState = State.SMALL;
      this.score -= 100;
      return;
    }
    if (currentState.equals(State.CAPE)) {
      this.currentState = State.SMALL;
      this.score -= 200;
      return;
    }
    if (currentState.equals(State.FIRE)) {
      this.currentState = State.SMALL;
      this.score -= 300;
      return;
    }
  }
```

```
  public int getScore() {
    return this.score;
  }

  public State getCurrentState() {
    return this.currentState;
  }
}
```

对于简单的状态机，分支判断法这种实现方式是可以接受的。但是，对于复杂的状态机，这种实现方式极易漏写或错写某个状态转移。除此之外，代码中充斥着大量的 if-else 或 switch-case 分支判断语句，可读性和可维护性都很差。如果未来某一天需要修改状态机中的某个状态转移，那么我们要在冗长的分支逻辑中找到对应的代码并进行修改，很容易改错而引入 bug。

8.6.3 状态机实现方式二：查表法

分支判断法有些类似硬编码（hard code），只能处理简单的状态机。对于复杂的状态机，查表法更加适合。接下来，我们看一下如何使用查表法实现状态机。

实际上，状态机除用状态转移图表示以外，还可以使用二维的状态转移表表示，如表 8-2 所示。在这个状态转移表中，第一维表示当前状态，第二维表示事件，值表示当前状态经过事件之后，转移到的新状态及其执行的动作。

表 8-2 状态转移表

	E1（Obatin MushRoom）	E2（Obtain Cape）	E3（Obatin Fire Flower）	E4（Meet Monster）
Small	Super/+100	Cape/+200	Fire/+300	—
Super	—	Cape/+200	Fire/+300	Small/−100
Cape	—	—	—	Small/−200
Fire	—	—	—	Small/−300

注：表中的一字线表示不存在这种状态转移。

我们用查表法补全 MarioStateMachine 类，补全后的代码如下所示。相对于分支判断法，查表法的代码实现更加清晰，可读性和可维护性更好。当修改状态机时，我们只需要修改 transitionTable 和 actionTable 两个二维数组。实际上，如果我们把这两个二维数组存储在配置文件中，当需要修改状态机时，我们甚至不用修改任何代码，只需要修改配置文件。

```
public enum Event {
  OBTAIN_MUSHROOM(0),
  OBTAIN _CAPE(1),
  OBTAIN _FIRE(2),
  MEET_MONSTER(3);
  private int value;

  private Event(int value) {
    this.value = value;
  }
```

```
  public int getValue() {
    return this.value;
  }
}

public class MarioStateMachine {
  private int score;
  private State currentState;

  private static final State[][] transitionTable = {
          {SUPER, CAPE, FIRE, SMALL},
          {SUPER, CAPE, FIRE, SMALL},
          {CAPE, CAPE, CAPE, SMALL},
          {FIRE, FIRE, FIRE, SMALL}
  };

  private static final int[][] actionTable = {
          {+100, +200, +300, +0},
          {+0, +200, +300, -100},
          {+0, +0, +0, -200},
          {+0, +0, +0, -300}
  };

  public MarioStateMachine() {
    this.score = 0;
    this.currentState = State.SMALL;
  }

  public void obtainMushRoom() {
    executeEvent(Event.OBTAIN_MUSHROOM);
  }

  public void obtainCape() {
    executeEvent(Event.OBTAIN_CAPE);
  }

  public void obtainFireFlower() {
    executeEvent(Event.OBTAIN_FIRE);
  }

  public void meetMonster() {
    executeEvent(Event.MEET_MONSTER);
  }

  private void executeEvent(Event event) {
    int stateValue = currentState.getValue();
    int eventValue = event.getValue();
    this.currentState = transitionTable[stateValue][eventValue];
    this.score += actionTable[stateValue][eventValue];
  }

  public int getScore() {
    return this.score;
  }

  public State getCurrentState() {
    return this.currentState;
  }
}
```

8.6.4 状态机实现方式三：状态模式

在超级马里奥这个例子中，事件触发的动作只是简单的积分加减，因此，在查表法的代码实现中，我们用一个 int 类型的二维数组 actionTable 就能表示事件触发的动作。二维数组中的值表示积分的加减值。但是，如果要执行的动作并非这么简单，而是一系列复杂的逻辑操作（如加减积分、写入数据库和发送消息通知等），我们就无法使用如此简单的二维数组来表示了。也就是说，查表法的实现方式有一定的局限性。

针对分支判断法和查表法存在的问题，我们可以使用状态模式来解决。状态模式通过将不同事件触发的状态转移和动作执行拆分到不同的状态类中，来避免分支判断语句。利用状态模式，我们补全 MarioStateMachine 类，补全后的代码如下所示。其中，IMario 是状态的接口，定义了所有事件。SmallMario、SuperMario、CapeMario 和 FireMario 是 IMario 接口的实现类，分别对应状态机中的 4 个状态。原来所有的状态转移和动作执行的逻辑都集中在 MarioStateMachine 类中，现在，这些逻辑被分散到了这 4 个状态类中。

```
public interface IMario { //所有状态类的接口
  State getName();
  //以下是定义的事件
  void obtainMushRoom();
  void obtainCape();
  void obtainFireFlower();
  void meetMonster();
}

public class SmallMario implements IMario {
  private MarioStateMachine stateMachine;

  public SmallMario(MarioStateMachine stateMachine) {
    this.stateMachine = stateMachine;
  }

  @Override
  public State getName() {
    return State.SMALL;
  }

  @Override
  public void obtainMushRoom() {
    stateMachine.setCurrentState(new SuperMario(stateMachine));
    stateMachine.setScore(stateMachine.getScore() + 100);
  }

  @Override
  public void obtainCape() {
    stateMachine.setCurrentState(new CapeMario(stateMachine));
    stateMachine.setScore(stateMachine.getScore() + 200);
  }

  @Override
  public void obtainFireFlower() {
    stateMachine.setCurrentState(new FireMario(stateMachine));
    stateMachine.setScore(stateMachine.getScore() + 300);
  }
```

```
    @Override
    public void meetMonster() {
      //此处代码为空，什么都不做
    }
  }
  //省略SuperMario、CapeMario和FireMario类的代码实现

  public class MarioStateMachine {
    private int score;
    private IMario currentState; //不再使用枚举表示状态

    public MarioStateMachine() {
      this.score = 0;
      this.currentState = new SmallMario(this);
    }

    public void obtainMushRoom() {
      this.currentState.obtainMushRoom();
    }

    public void obtainCape() {
      this.currentState.obtainCape();
    }

    public void obtainFireFlower() {
      this.currentState.obtainFireFlower();
    }

    public void meetMonster() {
      this.currentState.meetMonster();
    }

    public int getScore() {
      return this.score;
    }

    public State getCurrentState() {
      return this.currentState.getName();
    }

    public void setScore(int score) {
      this.score = score;
    }

    public void setCurrentState(IMario currentState) {
      this.currentState = currentState;
    }
  }
```

上面的代码不难理解，我们强调其中一点，即 MarioStateMachine 类和各个状态类是双向依赖关系。MarioStateMachine 类依赖各个状态类是理所当然的，但是，各个状态类为什么要依赖 MarioStateMachine 类呢？因为各个状态类需要更新 MarioStateMachine 类中的两个变量：score 和 currentState。

实际上，上面的代码还可以优化，我们可以将状态类设计成单例，毕竟状态类中不包含任何成员变量。但是，当状态类被设计成单例之后，我们就无法通过构造函数给状态类传递 MarioStateMachine 类的对象了，而状态类又需要依赖 MarioStateMachine 类的对象，如何解决这个问题呢？

实际上，在 6.1 节关于单例模式的讲解中，我们提到过相应的解决方法。对于现在这个问题，我们可以通过函数的参数将 MarioStateMachine 类的对象传递进状态类。根据这个设计思路，我们对上面的代码进行重构。重构之后的代码如下所示。

```
public interface IMario {
  State getName();
  void obtainMushRoom(MarioStateMachine stateMachine);
  void obtainCape(MarioStateMachine stateMachine);
  void obtainFireFlower(MarioStateMachine stateMachine);
  void meetMonster(MarioStateMachine stateMachine);
}

public class SmallMario implements IMario {
  private static final SmallMario instance = new SmallMario();
  private SmallMario() {}

  public static SmallMario getInstance() {
    return instance;
  }

  @Override
  public State getName() {
    return State.SMALL;
  }

  @Override
  public void obtainMushRoom(MarioStateMachine stateMachine) {
    stateMachine.setCurrentState(SuperMario.getInstance());
    stateMachine.setScore(stateMachine.getScore() + 100);
  }

  @Override
  public void obtainCape(MarioStateMachine stateMachine) {
    stateMachine.setCurrentState(CapeMario.getInstance());
    stateMachine.setScore(stateMachine.getScore() + 200);
  }

  @Override
  public void obtainFireFlower(MarioStateMachine stateMachine) {
    stateMachine.setCurrentState(FireMario.getInstance());
    stateMachine.setScore(stateMachine.getScore() + 300);
  }

  @Override
  public void meetMonster(MarioStateMachine stateMachine) {
    //此处代码为空，什么都不做
  }
}

//省略SuperMario、CapeMario和FireMario类的代码实现
public class MarioStateMachine {
  private int score;
  private IMario currentState;

  public MarioStateMachine() {
    this.score = 0;
    this.currentState = SmallMario.getInstance();
  }

  public void obtainMushRoom() {
```

```
        this.currentState.obtainMushRoom(this);
    }

    public void obtainCape() {
        this.currentState.obtainCape(this);
    }

    public void obtainFireFlower() {
        this.currentState.obtainFireFlower(this);
    }

    public void meetMonster() {
        this.currentState.meetMonster(this);
    }

    public int getScore() {
        return this.score;
    }

    public State getCurrentState() {
        return this.currentState.getName();
    }

    public void setScore(int score) {
        this.score = score;
    }

    public void setCurrentState(IMario currentState) {
        this.currentState = currentState;
    }
}
```

实际上，像游戏这种比较复杂的状态机，包含的状态比较多，状态模式会引入非常多的状态类，将导致代码比较难维护，因此，我们推荐优先使用查表法。相反，像电商下单、外卖下单这种类型的状态机，它们的状态并不多，状态转移也比较简单，但事件触发执行的动作包含的业务逻辑可能比较复杂，因此，我们推荐优先使用状态模式。

8.6.5　思考题

本节中状态模式的代码实现仍然存在一些问题，如状态接口中定义了所有的事件函数，这就导致即便某个状态类并不需要支持其中的某个或某些事件，但也要实现所有的事件函数。不仅如此，添加一个事件到状态接口，所有状态类都要做相应的修改。针对这些问题，读者有什么解决方法吗？

8.7　迭代器模式（上）：为什么要用迭代器遍历集合

很多编程语言都提供了现成的迭代器。在平时的开发中，我们直接使用现成的迭代器即可，很少从零开始实现一个迭代器。不过，知其然，知其所以然，理解了相关原理后，我们可以更好地使用这些工具类。迭代器的底层实现原理就是本节要讲的设计模式：迭代器模式。

8.7.1 迭代器模式的定义和实现

迭代器设计模式（Iterator Design Pattern）简称迭代器模式，也称为游标设计模式（Cursor Design Pattern）。它用来遍历集合。这里的“集合”就是包含一组数据的容器，如数组、链表、树、图和跳表。迭代器模式将集合的遍历操作，从集合中拆分出来，放到迭代器中，让集合和迭代器的职责变得单一。

一个完整的迭代器模式包含集合和迭代器两部分内容。为了达到基于接口而非实现编程的目的，集合又包含集合接口、集合实现类，迭代器又包含迭代器接口、迭代器实现类，如图 8-5 所示。

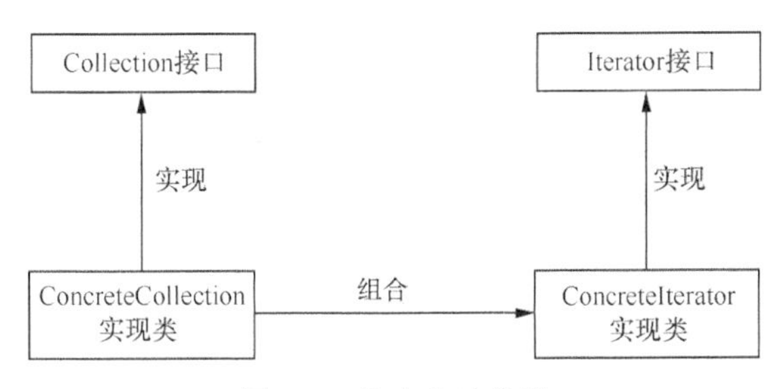

图 8-5　集合和迭代器

为了讲解迭代器的实现原理，我们假设某个新编程语言的基础类库中还没有提供线性集合对应的迭代器，需要我们从零开始开发。我们知道，线性数据结构包括数组和链表，大部分编程语言中都有对应的类来封装这两种数据结构，我们在开发时直接拿来使用即可。在这种新编程语言中，我们假设这两个数据结构分别对应 ArrayList 类和 LinkedList 类。除此之外，我们从这两个类中抽象出公共的接口，定义为 List 接口，以方便开发者基于接口而非实现编程。这样，编写的代码能够在这两种数据结构之间灵活切换。

现在，我们设计实现 ArrayList 和 LinkedList 这两个集合类对应的迭代器。我们定义一个迭代器接口 Iterator，以及针对这两个集合类的迭代器实现类：ArrayIterator 和 LinkedIterator。其中，Iterator 接口有两种定义方式，如下所示。

```
//接口定义方式一
public interface Iterator<E> {
  boolean hasNext();
  void next();
  E currentItem();
}
//接口定义方式二
public interface Iterator<E> {
  boolean hasNext();
  E next();
}
```

从上述代码中，我们可以发现，在第一种 Iterator 接口的定义方式中，next() 函数用来将游标后移一位，currentItem() 函数用来返回当前游标指向的元素；在第二种 Iterator 接口的定义方式中，我们将返回当前游标指向的元素与游标后移一位这两个操作放到同一个函数 next() 中完成。第一种定义方式更加灵活，如我们可以多次调用 currentItem() 函数查询当前元素，而不移动游标。因此，在接下来的实现中，我们选择第一种接口定义方式。

ArrayIterator 类的代码实现如下所示。LinkedIterator 类的代码结构与 ArrayIterator 类相似，作者在这里就不给出具体的代码实现了，读者可以参照 ArrayIterator 类自行实现。

```
public class ArrayIterator<E> implements Iterator<E> {
  private int cursor;
  private ArrayList<E> arrayList;

  public ArrayIterator(ArrayList<E> arrayList) {
    this.cursor = 0;
    this.arrayList = arrayList;
  }

  @Override
  public boolean hasNext() {
    return cursor != arrayList.size();
  }

  @Override
  public void next() {
    cursor++;
  }

  @Override
  public E currentItem() {
    if (cursor >= arrayList.size()) {
      throw new NoSuchElementException();
    }
    return arrayList.get(cursor);
  }
}

public class Demo {
  public static void main(String[] args) {
    ArrayList<String> names = new ArrayList<>();
    names.add("xzg");
    names.add("wang");
    names.add("zheng");
    Iterator<String> iterator = new ArrayIterator(names);
    while (iterator.hasNext()) {
      System.out.println(iterator.currentItem());
      iterator.next();
    }
  }
}
```

在上面的代码实现中，我们需要通过构造函数将待遍历的集合传递给迭代器类。实际上，为了封装迭代器的创建细节，我们可以在集合类中定义一个方法来创建对应的迭代器。为了实现基于接口而非实现编程，我们还需要将这个方法定义在 List 接口中。具体的代码实现和使用示例如下所示。

```
public interface List<E> {
  Iterator iterator();
  //省略其他接口函数的实现
```

```
}

public class ArrayList<E> implements List<E> {
  ...
  public Iterator iterator() {
    return new ArrayIterator(this);
  }
  //省略其他代码
}

//使用示例
public class Demo {
  public static void main(String[] args) {
    List<String> names = new ArrayList<>();
    names.add("xzg");
    names.add("wang");
    names.add("zheng");
    Iterator<String> iterator = names.iterator();
    while (iterator.hasNext()) {
      System.out.println(iterator.currentItem());
      iterator.next();
    }
  }
}
```

8.7.2 遍历集合的 3 种方法

一般来讲，遍历集合有 3 种方法：for 循环、foreach 循环和迭代器。对于这 3 种遍历方式，我们结合 Java 编程语言进行举例说明，具体的示例代码如下。

```
List<String> names = new ArrayList<>();
names.add("xzg");
names.add("wang");
names.add("zheng");
//第一种遍历方式：for循环
for (int i = 0; i < names.size(); i++) {
  System.out.print(names.get(i) + ",");
}
//第二种遍历方式：foreach循环
for (String name : names) {
  System.out.print(name + ",")
}
//第三种遍历方式：迭代器
Iterator<String> iterator = names.iterator();
while (iterator.hasNext()) {
 //Java迭代器的next()函数既移动游标，又返回数据
 System.out.print(iterator.next() + ",");
}
```

实际上，foreach 循环只是一个语法糖，其底层是基于迭代器实现的。我们可以将这两种遍历方式看成同一种遍历方式。

从上面的代码来看，for 循环遍历方式的代码实现比迭代器遍历方式更加简洁，那么，我们为什么还要使用迭代器来遍历集合呢？

对于数组和链表这样的数据结构，遍历方式比较简单，直接使用 for 循环方式遍历就足够了。但是，对于复杂的数据结构（如树、图），我们有多种复杂的遍历方式，如树的前序、中序、后序和按层遍历，以及图的深度优先遍历和广度优先遍历，等等。如果由客户端代码（数

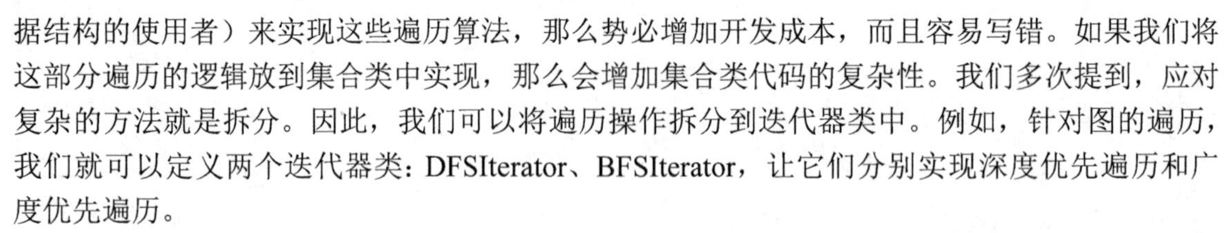

据结构的使用者）来实现这些遍历算法，那么势必增加开发成本，而且容易写错。如果我们将这部分遍历的逻辑放到集合类中实现，那么会增加集合类代码的复杂性。我们多次提到，应对复杂的方法就是拆分。因此，我们可以将遍历操作拆分到迭代器类中。例如，针对图的遍历，我们就可以定义两个迭代器类：DFSIterator、BFSIterator，让它们分别实现深度优先遍历和广度优先遍历。

容器和迭代器都提供了抽象的接口，它们方便我们在开发时，基于接口而非具体的实现编程。当需要切换新遍历算法的时候，如从前往后遍历链表切换成从后往前遍历链表，客户端代码只需要将迭代器类从 LinkedIterator 切换为 ReversedLinkedIterator，其他代码都不需要修改。

8.7.3　迭代器遍历集合的问题

在使用迭代器遍历集合的同时，增加或删除集合中的元素有可能导致某个元素被重复遍历或遍历不到。不过，并不是所有情况下都会遍历出错，有时也可以正常遍历，因此，这种行为称为结果不可预期行为或未决行为，也就是说，运行结果到底是对还是错，要视情况而定。我们通过一个例子来解释一下，示例代码如下。示例代码中的 Iterator 是我们在 8.7.1 节中实现的迭代器。

```
public class Demo {
  public static void main(String[] args) {
    List<String> names = new ArrayList<>();
    names.add("a");
    names.add("b");
    names.add("c");
    names.add("d");
    Iterator<String> iterator = names.iterator();
    iterator.next();
    names.remove("a");
  }
}
```

我们知道，ArrayList 类的底层对应的是数组这种数据结构，在执行完 4 个 add() 函数之后，数组中存储的是 a、b、c、d 这 4 个元素，迭代器的游标指向元素 a。当执行完 next() 函数之后，迭代器的游标指向元素 b，到这里都没有问题。

为了保持数组存储数据的连续性，数组的删除操作会涉及元素的搬移（关于这部分的详细讲解，读者可以查看作者之前出版的《数据结构与算法之美》）。当执行完 remove() 函数之后，元素 a 从数组中删除，b、c、d 这 3 个元素会依次往前搬移一位，这就会导致游标原本指向元素 b，现在变成了指向元素 c。也就是说，因为元素 a 的删除，元素 b 通过迭代器遍历不到了，如图 8-6 所示。

不过，如果 remove() 函数删除的不是游标前面的元素（元素 a）以及游标所在位置的元素（元素 b），而是游标后面的元素（元素 c 和 d），就不会存在某个元素遍历不到的情况。因此，在遍历过程中，删除集合元素的结果是不可预期的。

在遍历过程中，删除集合元素可能导致某个元素遍历不到，那么，在遍历过程中，添加集合元素又会怎样呢？我们还是结合上面的例子进行讲解。我们对代码稍加改造，即把删除元素改为添加元素。具体的代码如下所示。

```
public class Demo {
  public static void main(String[] args) {
```

```
    List<String> names = new ArrayList<>();
    names.add("a");
    names.add("b");
    names.add("c");
    names.add("d");
    Iterator<String> iterator = names.iterator();
    iterator.next();
    names.add(0, "x");
  }
}
```

在执行完 4 个 add() 函数之后，数组中包含 a、b、c、d 这 4 个元素。在执行完 next() 函数之后，游标已经跳过了元素 a，指向元素 b。在执行完第 5 个 add() 函数之后，我们将 x 插入下标为 0 的位置，a、b、c、d 这 4 个元素依次往后移动一位。这个时候，游标又重新指向了元素 a，元素 a 会被重复遍历，如图 8-7 所示。

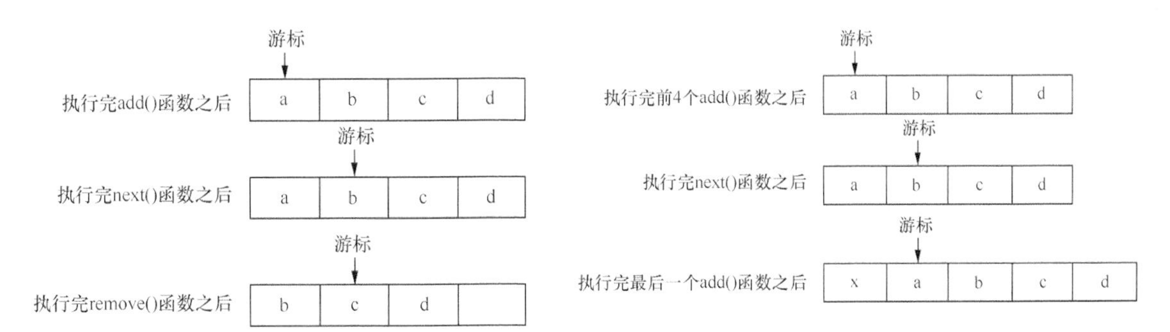

图 8-6 元素 b 通过迭代器遍历不到的情况

图 8-7 元素 a 被重复遍历的情况

与删除元素情况类似，如果在游标的后面添加元素，就不会存在元素被重复遍历的问题。因此，在遍历的同时，添加集合元素也是一种不可预期行为。

8.7.4 迭代器遍历集合的问题的解决方案

当通过迭代器遍历集合时，添加、删除集合元素都会导致不可预期的遍历结果。实际上，不可预期的结果比直接出错更可怕。有时运行结果正确，有时运行结果错误，一些隐藏很深的 bug 就是这样产生的。那么，如何才能避免出现这种不可预期的运行结果呢？

我们有两种简单、“粗暴”的解决方案。第一种解决方案是遍历时不允许添加和删除元素；第二种解决方案是，在添加和删除元素之后，遍历集合报错。不过，第一种解决方案难以实现，因为我们需要确定遍历的开始时间和结束时间。遍历的开始时间容易确定，我们可以把创建迭代器的时间点作为遍历的开始时间。但是，遍历的结束时间很难确定，因为并不是遍历到最后一个元素的时候就算结束。在实际的软件开发中，我们在遍历元素时并不一定非要把所有元素都遍历一遍。如下面的代码所示，我们在找到一个值为 b 的元素后就提前结束遍历。

```
public class Demo {
  public static void main(String[] args) {
    List<String> names = new ArrayList<>();
```

```
        names.add("a");
        names.add("b");
        names.add("c");
        names.add("d");
        Iterator<String> iterator = names.iterator();
        while (iterator.hasNext()) {
          String name = iterator.currentItem();
          if (name.equals("b")) {
            break;
          }
        }
      }
    }
```

实际上，我们还可以在迭代器类中定义一个新接口 finishIteration()，使用它主动告知集合，迭代器已经使用完毕，可以添加或删除元素了，示例代码如下。但是，这就要求程序员在使用完迭代器后主动调用这个函数，增加了开发成本，而且很容易因忘记调用这个函数而引入 bug。

```
public class Demo {
  public static void main(String[] args) {
    List<String> names = new ArrayList<>();
    names.add("a");
    names.add("b");
    names.add("c");
    names.add("d");
    Iterator<String> iterator = names.iterator();
    while (iterator.hasNext()) {
      String name = iterator.currentItem();
      if (name.equals("b")) {
        iterator.finishIteration(); //主动告知集合，这个迭代器使用完毕
        break;
      }
    }
  }
}
```

实际上，第二种解决方法更加合理。Java 语言采用的就是这种解决方案，即在添加或删除元素之后，让迭代器的遍历操作报错。

在遍历时，如何确定集合有没有添加加或删除元素呢？我们可以在 ArrayList 类中定义一个成员变量 modCount，记录集合被修改的次数，集合每调用一次添加或删除元素的函数，就会给 modCount 加 1。当通过调用集合上的 iterator() 函数创建迭代器时，集合把 modCount 值传递给迭代器的 expectedModCount 成员变量，之后，迭代器每次调用其上的 hasNext()、next()、currentItem() 函数，都会检查集合上的 modCount 是否等于迭代器上的 expectedModCount。如果两个值不相同，就说明在创建完迭代器之后，modCount 改变了，集合要么添加了元素，要么删除了元素，之前创建的迭代器已经不能正确运行了，再继续使用就会产生不可预期的结果。于是，我们选择 fail-fast 的处理思路，立即抛出运行时异常，结束程序，让程序员尽快修复这个因为不正确使用迭代器而产生的 bug。具体代码如下所示。

```
public class ArrayIterator implements Iterator {
  private int cursor;
  private ArrayList arrayList;
  private int expectedModCount;
```

```
  public ArrayIterator(ArrayList arrayList) {
    this.cursor = 0;
    this.arrayList = arrayList;
    this.expectedModCount = arrayList.modCount;
  }

  @Override
  public boolean hasNext() {
    checkForComodification();
    return cursor < arrayList.size();
  }

  @Override
  public void next() {
    checkForComodification();
    cursor++;
  }

  @Override
  public Object currentItem() {
    checkForComodification();
    return arrayList.get(cursor);
  }

  private void checkForComodification() {
    if (arrayList.modCount != expectedModCount)
        throw new ConcurrentModificationException();
  }
}

//代码示例
public class Demo {
  public static void main(String[] args) {
    List<String> names = new ArrayList<>();
    names.add("a");
    names.add("b");
    names.add("c");
    names.add("d");
    Iterator<String> iterator = names.iterator();
    iterator.next();
    names.remove("a");
    iterator.next(); //抛出ConcurrentModificationException异常
  }
}
```

实际上，Java 语言的迭代器类提供了 remove() 函数，在遍历集合的同时，能够安全地删除集合中的元素。不过，这个方法的作用有限。它只能删除游标指向元素的前一个元素，而且调用完一次 next() 函数之后，紧接着只能最多调用一次 remove() 函数，多次调用 remove() 函数会报错，示例代码如下。需要说明的是，迭代器类并没有提供添加元素的方法。毕竟，迭代器的主要作用是遍历，添加元素的操作放到迭代器里本身就不合适。

```
public class Demo {
  public static void main(String[] args) {
    List<String> names = new ArrayList<>();
    names.add("a");
    names.add("b");
    names.add("c");
    names.add("d");
    Iterator<String> iterator = names.iterator();
```

```
      iterator.next();
      iterator.remove();
      iterator.remove(); //报错，抛出IllegalStateException异常
    }
  }
```

为什么通过调用迭代器类的 remove() 函数就能安全地删除集合中的元素呢？源码之下无秘密。我们看一下 remove() 函数是如何实现的，代码如下所示。提醒一下，Java 语言的迭代器类是集合类的内部类，并且 next() 函数不仅将游标后移一位，还返回当前元素。

```
public class ArrayList<E> {
  transient Object[] elementData;
  private int size;

  public Iterator<E> iterator() {
    return new Itr();
  }

  private class Itr implements Iterator<E> {
    int cursor;
    int lastRet = -1;
    int expectedModCount = modCount;

    Itr() {}

    public boolean hasNext() {
      return cursor != size;
    }

    @SuppressWarnings("unchecked")
    public E next() {
      checkForComodification();
      int i = cursor;
      if (i >= size)
        throw new NoSuchElementException();
      Object[] elementData = ArrayList.this.elementData;
      if (i >= elementData.length)
        throw new ConcurrentModificationException();
      cursor = i + 1;
      return (E) elementData[lastRet = i];
    }

    public void remove() {
      if (lastRet < 0)
        throw new IllegalStateException();
      checkForComodification();
      try {
        ArrayList.this.remove(lastRet);
        cursor = lastRet;
        lastRet = -1;
        expectedModCount = modCount;
      } catch (IndexOutOfBoundsException ex) {
        throw new ConcurrentModificationException();
      }
    }
  }
}
```

在上面的代码实现中，迭代器类中新增了一个成员变量 lastRet，用来记录游标指向元素的前一个元素。在通过迭代器删除这个元素时，我们可以更新迭代器中的游标和 lastRet 值，以

保证不会因为删除元素而导致某个元素遍历不到。

8.7.5 思考题

基于本节中给出的 Java 迭代器的代码实现，如果一个集合同时创建了两个迭代器，如下面的代码所示，其中一个迭代器调用了 remove() 方法，删除了集合中的一个元素，那么，另一个迭代器是否仍然可用？在另一个迭代器上调用 next() 函数的运行结果是什么？

```
public class Demo {
  public static void main(String[] args) {
    List<String> names = new ArrayList<>();
    names.add("a");
    names.add("b");
    names.add("c");
    names.add("d");
    Iterator<String> iterator1 = names.iterator();
    Iterator<String> iterator2 = names.iterator();
    iterator1.next();
    iterator1.remove();
    iterator2.next(); //运行结果是什么？
  }
}
```

8.8 迭代器模式（下）：如何实现一个支持快照功能的迭代器

在本节中，我们讨论这样一个问题：如何实现一个支持快照功能的迭代器？这个问题是对 8.7 节内容的延伸思考，目的是加深读者对迭代器模式的理解，锻炼分析问题、解决问题的能力。读者可以把它当成一道面试题，在阅读本节内容之前，先试着回答。

8.8.1 支持快照功能的迭代器

如何实现一个支持快照功能的迭代器？回答这个问题的关键是理解“快照”这两个字。“快照”是指原始集合的副本。即便添加或删除原始集合中的元素，快照不会做相应的改动。而迭代器遍历的目标对象是快照而非原始集合，这样就避免了在使用迭代器遍历的过程中，添加或删除集合中的元素而导致的不可预期的结果。

示例代码如下，其中，集合 list 初始存储了 3 个元素：3、8 和 2。尽管在迭代器 iter1 创建之后，集合 list 删除了元素 3，只剩下 8、2 两个元素，但是，因为 iter1 遍历的对象是快照，而非集合 list 本身，所以，iter1 遍历的结果仍然是 3、8、2。同理，iter2、iter3 也是在各自的快照上遍历，输出结果如下面代码中的注释所示。

```
List<Integer> list = new ArrayList<>();
list.add(3);
list.add(8);
list.add(2);
Iterator<Integer> iter1 = list.iterator();  //snapshot: 3, 8, 2
```

```
list.remove(new Integer(2));  //list:3, 8
Iterator<Integer> iter2 = list.iterator();  //snapshot: 3, 8
list.remove(new Integer(3));  //list:8
Iterator<Integer> iter3 = list.iterator();  //snapshot: 3
//输出结果：3 8 2
while (iter1.hasNext()) {
  System.out.print(iter1.next() + " ");
}
System.out.println();
//输出结果：3 8
while (iter2.hasNext()) {
  System.out.print(iter1.next() + " ");
}
System.out.println();
//输出结果：8
while (iter3.hasNext()) {
  System.out.print(iter1.next() + " ");
}
System.out.println();
```

实现上述需求的“骨干”代码如下所示，其中包含 ArrayList 和 SnapshotArrayIterator 两个类。对于这两个类，目前我们只定义了必要的几个接口，完整的代码实现在下文给出。

```
public ArrayList<E> implements List<E> {
  //TODO：成员变量、私有函数等可随意定义

  @Override
  public void add(E obj) {
    //TODO：下文将会完善
  }

  @Override
  public void remove(E obj) {
    //TODO：下文将会完善
  }

  @Override
  public Iterator<E> iterator() {
    return new SnapshotArrayIterator(this);
  }
}

public class SnapshotArrayIterator<E> implements Iterator<E> {
  //TODO：成员变量、私有函数等可随意定义

  @Override
  public boolean hasNext() {
    //TODO：下文将会完善
  }

  @Override
  public E next() {//返回当前元素，并且游标后移一位
    //TODO：下文将会完善
  }
}
```

8.8.2　设计思路一：基于多副本

我们先来看一种简单的设计思路：基于多副本。在迭代器类中，定义一个成员变量

snapshot 来存储快照。每当创建迭代器时，复制一份集合中的元素并放到快照中，这个快照相当于一个副本，后续的遍历操作都在这个副本上进行。具体的实现代码如下所示。

```
public class SnapshotArrayIterator<E> implements Iterator<E> {
  private int cursor;
  private ArrayList<E> snapshot;

  public SnapshotArrayIterator(ArrayList<E> arrayList) {
    this.cursor = 0;
    this.snapshot = new ArrayList<>();
    this.snapshot.addAll(arrayList);
  }

  @Override
  public boolean hasNext() {
    return cursor < snapshot.size();
  }

  @Override
  public E next() {
    E currentItem = snapshot.get(cursor);
    cursor++;
    return currentItem;
  }
}
```

这种设计思路虽然简单，但付出的代价比较高，因为每次创建迭代器时，都要增加一个副本。如果我们给一个集合创建多个迭代器，就要创建多份副本，内存消耗相当大。不过，值得庆幸的是，Java 中的复制属于“浅拷贝”，也就是说，集合中的对象并非真的复制了多份，只是复制了对象的引用而已。

8.8.3 设计思路二：基于时间戳

我们再来看第二种设计思路：基于时间戳。我们可以在集合中，为每个元素保存两个时间戳，一个是添加时间戳 addTimestamp，另一个是删除时间戳 delTimestamp。当元素被加入集合中时，我们给 addTimestamp 赋值为当前时间，并且初始化 delTimestamp 为最大长整型值（Long.MAX_VALUE）。当元素被删除时，我们更新 delTimestamp 的值。注意，这里只是标记删除，而并非将元素真正从集合中删除。

同时，每个迭代器也保存了一个时间戳 snapshotTimestamp。当使用迭代器遍历集合时，只有满足 addTimestamp < snapshotTimestamp < delTimestamp 的元素，才是这个迭代器应该遍历的元素。如果某个元素的 addTimestamp 大于 snapshotTimestamp，那么说明这个元素是在迭代器创建之后才添加到集合中的，不属于这个迭代器；如果某个元素的 delTimestamp 小于 snapshotTimestamp，那么说明这个元素在迭代器创建之前就被删除了，也不属于这个迭代器。这样，我们就不需要维护多个副本，在集合本身上借助时间戳实现了快照功能。具体的实现代码如下所示。

```
public class ArrayList<E> implements List<E> {
  private static final int DEFAULT_CAPACITY = 10;
  private int actualSize; //不包含标记删除元素
  private int totalSize; //包含标记删除元素
  private Object[] elements;
```

```
    private long[] addTimestamps;
    private long[] delTimestamps;

    public ArrayList() {
      this.elements = new Object[DEFAULT_CAPACITY];
      this.addTimestamps = new long[DEFAULT_CAPACITY];
      this.delTimestamps = new long[DEFAULT_CAPACITY];
      this.totalSize = 0;
      this.actualSize = 0;
    }

    @Override
    public void add(E obj) {
      elements[totalSize] = obj;
      addTimestamps[totalSize] = System.currentTimeMillis();
      delTimestamps[totalSize] = Long.MAX_VALUE;
      totalSize++;
      actualSize++;
    }

    @Override
    public void remove(E obj) {
      for (int i = 0; i < totalSize; ++i) {
        if (elements[i].equals(obj)) {
          delTimestamps[i] = System.currentTimeMillis();
          actualSize--;
        }
      }
    }

    public int actualSize() {
      return this.actualSize;
    }

    public int totalSize() {
      return this.totalSize;
    }

    public E get(int i) {
      if (i >= totalSize) {
        throw new IndexOutOfBoundsException();
      }
      return (E)elements[i];
    }

    public long getAddTimestamp(int i) {
      if (i >= totalSize) {
        throw new IndexOutOfBoundsException();
      }
      return addTimestamps[i];
    }

    public long getDelTimestamp(int i) {
      if (i >= totalSize) {
        throw new IndexOutOfBoundsException();
      }
      return delTimestamps[i];
    }
  }

  public class SnapshotArrayIterator<E> implements Iterator<E> {
```

```
  private long snapshotTimestamp;
  private int cursorInAll; //在整个容器中的下标，而非快照中的下标
  private int leftCount; //表示快照中还有几个元素未被遍历
  private ArrayList<E> arrayList;

  public SnapshotArrayIterator(ArrayList<E> arrayList) {
    this.snapshotTimestamp = System.currentTimeMillis();
    this.cursorInAll = 0;
    this.leftCount = arrayList.actualSize();;
    this.arrayList = arrayList;
    justNext(); //先跳到这个迭代器快照的第一个元素
  }

  @Override
  public boolean hasNext() {
    return this.leftCount >= 0; //注意，比较符号是>=，而非>
  }

  @Override
  public E next() {
    E currentItem = arrayList.get(cursorInAll);
    justNext();
    return currentItem;
  }

  private void justNext() {
    while (cursorInAll < arrayList.totalSize()) {
      long addTimestamp = arrayList.getAddTimestamp(cursorInAll);
      long delTimestamp = arrayList.getDelTimestamp(cursorInAll);
      if (snapshotTimestamp > addTimestamp && snapshotTimestamp < delTimestamp) {
        leftCount--;
        break;
      }
      cursorInAll++;
    }
  }
}
```

实际上，上面的设计思路仍然存在问题。ArrayList 类的底层实现依赖数组这种数据结构，原本可以支持随机访问，即在 $O(1)$ 时间复杂度内快速地按照下标访问元素，但在这种设计思路中，删除数据并非是真正的删除，而是通过时间戳来标记删除，这就导致无法支持按照下标快速访问了。

那么，如何让集合既支持快照遍历，又支持随机访问呢？

解决方法并不难，这里作者稍作提示，就不展开讲解了。我们可以在 ArrayList 类中存储两个数组，一个数组支持标记删除，用来实现快照遍历功能；另一个数组不支持标记删除，也就是将要删除的数据直接从数组中移除，用来支持按照下标快速访问。

8.8.4 思考题

在 8.8.3 节提供的设计思路二中，删除的元素只是被标记为删除。被删除的元素即便在没有迭代器使用的情况下，也不会从数组中真正移除，这就会导致不必要的内存浪费。针对这个问题，读者有进一步优化的方法吗？

8.9 访问者模式：为什么支持双分派的编程语言不需要访问者模式

前面我们讲到，大部分设计模式的原理和实现都很简单，不过也有例外，如本节要讲的访问者模式。它可以算是22种经典设计模式中最难理解的。因为它难理解、难实现，应用它会导致代码的可读性、可维护性变差，所以，访问者模式在实际的软件开发中很少被用到。在没有特别必要的情况下，作者建议读者不要使用访问者模式。尽管如此，但为了让读者以后读到应用了访问者模式的代码时，能够一眼看出代码的设计意图，同时为了本书内容的完整性，我们还是有必要介绍一下访问者模式。

8.9.1 "发明"访问者模式

访问者设计模式（Visitor Design Pattern）简称访问者模式。在GoF合著的《设计模式：可复用面向对象软件的基础》一书中，它是这样定义的：允许一个或多个操作应用到一组对象上，解耦操作和对象本身（Allows for one or more operation to be applied to a set of objects at runtime, decoupling the operations from the object structure）。

接下来，我们通过一个例子，带领读者还原访问者模式产生的过程。

假设我们从网站上"爬取"了很多资源文件，它们的格式有3种：PDF、PPT和Word。现在，我们需要开发一个工具来处理这批资源文件。这个工具的其中一个功能是，把这些资源文件中的文本内容抽取出来并放到TXT文件中。这个功能应该如何实现呢？

其实，实现这个功能并不难，不同的人有不同的实现方法，其中一种实现方式如下面的代码所示。其中，ResourceFile是一个抽象类，其包含一个抽象函数extract2txt()；PdfFile类、PPTFile类和WordFile类都继承ResourceFile类，并且重写了extract2txt()函数；ToolApplication类利用多态特性，根据对象的实际类型来决定执行哪个类的extract2txt()函数。

```
public abstract class ResourceFile {
  protected String filePath;

  public ResourceFile(String filePath) {
    this.filePath = filePath;
  }

  public abstract void extract2txt();
}

public class PPTFile extends ResourceFile {
  public PPTFile(String filePath) {
    super(filePath);
  }

  @Override
  public void extract2txt() {
    //省略从PPT格式的文件中抽取文本的代码
    //将抽取的文本保存在与filePath同名的TXT格式的文件中
    System.out.println("Extract PPT.");
```

```
    }
}

public class PdfFile extends ResourceFile {
  public PdfFile(String filePath) {
    super(filePath);
  }

  @Override
  public void extract2txt() {
    ...
    System.out.println("Extract PDF.");
  }
}

public class WordFile extends ResourceFile {
  public WordFile(String filePath) {
    super(filePath);
  }
  @Override
  public void extract2txt() {
    ...
    System.out.println("Extract WORD.");
  }
}

//运行结果是:
//Extract PDF.
//Extract WORD.
//Extract PPT.
public class ToolApplication {
  public static void main(String[] args) {
    List<ResourceFile> resourceFiles = listAllResourceFiles(args[0]);
    for (ResourceFile resourceFile : resourceFiles) {
      resourceFile.extract2txt();
    }
  }

  private static List<ResourceFile> listAllResourceFiles(String resourceDirectory) {
    List<ResourceFile> resourceFiles = new ArrayList<>();
    //根据文件扩展名（pdf、word和ppt），由工厂方法创建不同
    //的类的对象（PdfFile、WordFile和PPTFile），并添加到resourceFiles
    resourceFiles.add(new PdfFile("a.pdf"));
    resourceFiles.add(new WordFile("b.word"));
    resourceFiles.add(new PPTFile("c.ppt"));
    return resourceFiles;
  }
}
```

如果该工具需要扩展新功能，不仅要能抽取文本内容，还要支持压缩、提取文件元信息（文件名、文件大小和更新时间等）构建索引等一系列功能，那么，我们要是继续按照上面的思路实现，就会存在以下 3 个问题。

1）违背开闭原则，因为添加一个新功能，所有类的代码都要修改。

2）功能增多，每个类的代码也相应增多，代码的可读性和可维护性变差。

3）把所有上层的业务逻辑都耦合到 PdfFile 类、PPTFile 类和 WordFile 类中，导致这些类的职责不单一。

针对上述 3 个问题，有效且常用的解决方法是拆分（也称为解耦），即把业务操作与具体

的数据结构解耦，设计成独立的类。拆分之后的代码如下所示。这段代码的关键之处是，把抽取文本内容的操作设计成了3个重载函数。函数重载是Java、C++这类面向对象编程语言中常见的语法。重载函数是指在同一类中函数名相同、参数不同的一组函数。

```
public abstract class ResourceFile {
  protected String filePath;

  public ResourceFile(String filePath) {
    this.filePath = filePath;
  }
}

public class PdfFile extends ResourceFile {
  public PdfFile(String filePath) {
    super(filePath);
  }
  ...
}
//省略PPTFile类、WordFile类的实现代码

public class Extractor {
  public void extract2txt(PPTFile pptFile) {
    ...
    System.out.println("Extract PPT.");
  }

  public void extract2txt(PdfFile pdfFile) {
    ...
    System.out.println("Extract PDF.");
  }

  public void extract2txt(WordFile wordFile) {
    ...
    System.out.println("Extract WORD.");
  }
}

public class ToolApplication {
  public static void main(String[] args) {
    Extractor extractor = new Extractor();
    List<ResourceFile> resourceFiles = listAllResourceFiles(args[0]);
    for (ResourceFile resourceFile : resourceFiles) {
      extractor.extract2txt(resourceFile); //此处会报编译错误
    }
  }

  private static List<ResourceFile> listAllResourceFiles(String resourceDirectory) {
    List<ResourceFile> resourceFiles = new ArrayList<>();
    //根据文件扩展名（pdf、word和ppt），由工厂方法创建不同
    //的类的对象（PdfFile、WordFile和PPTFile），并添加到resourceFiles
    resourceFiles.add(new PdfFile("a.pdf"));
    resourceFiles.add(new WordFile("b.word"));
    resourceFiles.add(new PPTFile("c.ppt"));
    return resourceFiles;
  }
}
```

不过，上面的代码是无法通过编译的，ToolApplication类的main()函数的for循环里的语句会报错。报错的原因：多态是一种动态绑定，可以在运行时获取对象的实际类型，执行实际

类型对应的方法，而函数重载是一种静态绑定，在编译时，并不能获取对象的实际类型，而是根据声明类型执行声明类型对应的方法。在上面的代码中，resourceFiles 包含的对象的声明类型是 ResourceFile，而 Extractor 类中并没有定义参数类型为 ResourceFile 的 extract2txt() 函数，因此，这段代码在编译阶段就会失败，更不用提在运行时，根据对象的实际类型执行不同的重载函数了。这个问题的解决方法有点难理解，我们结合下面的代码进行说明。

```
public abstract class ResourceFile {
  protected String filePath;

  public ResourceFile(String filePath) {
    this.filePath = filePath;
  }

  abstract public void accept(Extractor extractor);
}

public class PdfFile extends ResourceFile {
  public PdfFile(String filePath) {
    super(filePath);
  }

  @Override
  public void accept(Extractor extractor) {
    extractor.extract2txt(this);
  }
  ...
}

//PPTFile类、WordFile类与PdfFile类相似，这里省略它们的代码实现
//Extractor类的代码不变
public class ToolApplication {
  public static void main(String[] args) {
    Extractor extractor = new Extractor();
    List<ResourceFile> resourceFiles = listAllResourceFiles(args[0]);
    for (ResourceFile resourceFile : resourceFiles) {
      resourceFile.accept(extractor); //不会再报编译错误
    }
  }

  private static List<ResourceFile> listAllResourceFiles(String resourceDirectory) {
    List<ResourceFile> resourceFiles = new ArrayList<>();
    //根据文件扩展名（pdf、word和ppt），由工厂方法创建不同
    //的类的对象（PdfFile、WordFile和PPTFile），并添加到resourceFiles
    resourceFiles.add(new PdfFile("a.pdf"));
    resourceFiles.add(new WordFile("b.word"));
    resourceFiles.add(new PPTFile("c.ppt"));
    return resourceFiles;
  }
}
```

上述代码就不会出现编译报错了。在 ToolApplication 类的 main() 函数中，根据多态特性，程序会调用实际类型（PdfFile、PPTFile 和 WordFile）的 accept() 函数。假设调用的是 PdfFile 类的 accept() 函数，而 PdfFile 类的 accept() 函数的 this 参数的类型是类本身，也就是 PdfFile，这在编译时就确定好了，因此，PdfFile 类的 accept() 函数会调用 Extractor 类的 extract2txt(PdfFile pdfFile) 这个重载函数。这个实现思路是不是很有技巧性？它已经是访问者模式的雏形了，这也是之前我们说访问者模式不好理解的原因。

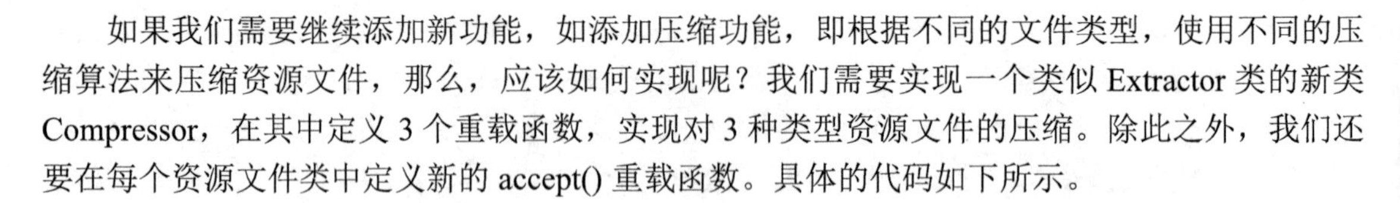

如果我们需要继续添加新功能，如添加压缩功能，即根据不同的文件类型，使用不同的压缩算法来压缩资源文件，那么，应该如何实现呢？我们需要实现一个类似 Extractor 类的新类 Compressor，在其中定义 3 个重载函数，实现对 3 种类型资源文件的压缩。除此之外，我们还要在每个资源文件类中定义新的 accept() 重载函数。具体的代码如下所示。

```
public abstract class ResourceFile {
  protected String filePath;

  public ResourceFile(String filePath) {
    this.filePath = filePath;
  }

  abstract public void accept(Extractor extractor);
  abstract public void accept(Compressor compressor);
}

public class PdfFile extends ResourceFile {
  public PdfFile(String filePath) {
    super(filePath);
  }

  @Override
  public void accept(Extractor extractor) {
    extractor.extract2txt(this);
  }

  @Override
  public void accept(Compressor compressor) {
    compressor.compress(this);
  }
}
//PPTFile类、WordFile类与PdfFile类相似，这里省略它们的代码实现
//Extractor类的代码不变，这里就省略了

public class Compressor {
  public void compress(PPTFile pptFile) {
    ...
    System.out.println("Compress PPT.");
  }

  public void compress(PdfFile pdfFile) {
    ...
    System.out.println("Compress PDF.");
  }

  public void compress(WordFile wordFile) {
    ...
    System.out.println("Compress WORD.");
  }
}

public class ToolApplication {
  public static void main(String[] args) {
    Extractor extractor = new Extractor();
    List<ResourceFile> resourceFiles = listAllResourceFiles(args[0]);
    for (ResourceFile resourceFile : resourceFiles) {
      resourceFile.accept(extractor);
    }
    Compressor compressor = new Compressor();
```

```
    for(ResourceFile resourceFile : resourceFiles) {
      resourceFile.accept(compressor);
    }
  }
  //listAllResourceFiles()函数的代码不变，这里就省略了
}
```

上面的代码存在一些问题，即在添加一个新的业务功能时，我们需要修改每个资源文件类，这违反了开闭原则。针对这个问题，我们抽象出一个 Visitor 接口，包含 3 个 visit() 重载函数，分别处理 3 种不同类型的资源文件。具体进行什么业务处理，由实现 Visitor 接口的具体的类来决定，如 Extractor 类负责抽取文本内容，Compressor 类负责压缩文件。当添加一个新的业务功能时，资源文件类不需要做任何修改，只需要添加实现了 Visitor 接口的处理类，以及在 ToolApplication 类中添加相应的函数调用语句。按照这个思路，我们对代码进行重构，重构之后的代码如下所示。

```
public abstract class ResourceFile {
  protected String filePath;

  public ResourceFile(String filePath) {
    this.filePath = filePath;
  }

  abstract public void accept(Visitor vistor);
}

public class PdfFile extends ResourceFile {
  public PdfFile(String filePath) {
    super(filePath);
  }

  @Override
  public void accept(Visitor visitor) {
    visitor.visit(this);
  }
  ...
}
//PPTFile类、WordFile类与PdfFile类相似，这里省略了它们的代码实现

public interface Visitor {
  void visit(PdfFile pdfFile);
  void visit(PPTFile pptFile);
  void visit(WordFile wordFile);
}

public class Extractor implements Visitor {
  @Override
  public void visit(PPTFile pptFile) {
    ...
    System.out.println("Extract PPT.");
  }

  @Override
  public void visit(PdfFile pdfFile) {
    ...
    System.out.println("Extract PDF.");
  }

  @Override
```

```
    public void visit(WordFile wordFile) {
      ...
      System.out.println("Extract WORD.");
    }
  }

  public class Compressor implements Visitor {
    @Override
    public void visit(PPTFile pptFile) {
      ...
      System.out.println("Compress PPT.");
    }

    @Override
    public void visit(PdfFile pdfFile) {
      ...
      System.out.println("Compress PDF.");
    }

    @Override
    public void visit(WordFile wordFile) {
      ...
      System.out.println("Compress WORD.");
    }
  }

  public class ToolApplication {
    public static void main(String[] args) {
      Extractor extractor = new Extractor();
      List<ResourceFile> resourceFiles = listAllResourceFiles(args[0]);
      for (ResourceFile resourceFile : resourceFiles) {
        resourceFile.accept(extractor);
      }
      Compressor compressor = new Compressor();
      for(ResourceFile resourceFile : resourceFiles) {
        resourceFile.accept(compressor);
      }
    }
    //listAllResourceFiles()函数的代码不变，这里就省略了
  }
```

以上便是访问者模式产生的整个过程。最后，我们对访问者模式做个总结。访问者模式允许将一个或多个操作应用到一组对象上，设计意图是解耦操作和对象本身，保持类职责单一、满足开闭原则。对于访问者模式，学习的主要难点在代码实现。而代码实现比较复杂的主要原因是，函数重载在大部分面向对象编程语言中是静态绑定的，也就是说，调用类的哪个重载函数，在编译期间，是由参数的声明类型决定的，而非运行时，是由参数的实际类型决定的。

实际上，开发这个工具有很多种代码设计和实现思路。为了讲解访问者模式，我们选择了使用访问者模式来实现。实际上，我们还可以利用工厂模式来实现，代码如下所示。其中，我们定义了一个包含 extract2txt() 函数的 Extractor 接口；PdfExtractor 类、PPTExtractor 类和 WordExtractor 类实现 Extractor 接口，并且在各自的 extract2txt() 函数中，分别实现对 PDF、PPT 和 Word 格式文件的文本内容抽取；ExtractorFactory 工厂类根据不同的文件类型，返回不同的 Extractor 类的对象。

```
  public abstract class ResourceFile {
    protected String filePath;
```

```
  public ResourceFile(String filePath) {
    this.filePath = filePath;
  }

  public abstract ResourceFileType getType();
}

public class PdfFile extends ResourceFile {
  public PdfFile(String filePath) {
    super(filePath);
  }

  @Override
  public ResourceFileType getType() {
    return ResourceFileType.PDF;
  }
  ...
}
//PPTFile类、WordFile类的代码结构与PdfFile类相似，此处省略

public interface Extractor {
  void extract2txt(ResourceFile resourceFile);
}

public class PdfExtractor implements Extractor {
  @Override
  public void extract2txt(ResourceFile resourceFile) {
    ...
  }
}
//PPTExtractor类、WordExtractor类的代码结构与PdfExtractor类相似，
//此处省略它们的实现代码

public class ExtractorFactory {
  private static final Map<ResourceFileType, Extractor> extractors = new HashMap<>();
  static {
    extractors.put(ResourceFileType.PDF, new PdfExtractor());
    extractors.put(ResourceFileType.PPT, new PPTExtractor());
    extractors.put(ResourceFileType.WORD, new WordExtractor());
  }

  public static Extractor getExtractor(ResourceFileType type) {
    return extractors.get(type);
  }
}

public class ToolApplication {
  public static void main(String[] args) {
    List<ResourceFile> resourceFiles = listAllResourceFiles(args[0]);
    for (ResourceFile resourceFile : resourceFiles) {
      Extractor extractor = ExtractorFactory.getExtractor(resourceFile.getType());
      extractor.extract2txt(resourceFile);
    }
  }

  private static List<ResourceFile> listAllResourceFiles(String resourceDirectory) {
    List<ResourceFile> resourceFiles = new ArrayList<>();
    //根据文件扩展名（pdf、word和ppt），由工厂方法创建不同
    //的类的对象（PdfFile、WordFile和PPTFile），并添加到resourceFiles
    resourceFiles.add(new PdfFile("a.pdf"));
    resourceFiles.add(new WordFile("b.word"));
```

```
        resourceFiles.add(new PPTFile("c.ppt"));
        return resourceFiles;
    }
}
```

当需要添加新功能时，如压缩资源文件，我们只需要添加一个 Compressor 接口，PdfCompressor、PPTCompressor、WordCompressor 3 个实现类，以及创建它们的 CompressorFactory 工厂类。此时，我们唯一需要修改的是上层的 ToolApplication 类的代码。这基本符合“对扩展开放、对修改关闭”的设计原则。

对于资源文件处理工具这个例子，如果该工具提供的功能并不多，那么我们推荐使用工厂模式，毕竟工厂模式实现的代码更加清晰、易懂。相反，如果该工具提供的功能很多，那么我们推荐使用访问者模式，因为访问者模式需要定义的类比工厂模式少很多。

8.9.2 双分派（Double Dispatch）

讲到访问者模式，我们就不得不介绍一下双分派（Double Dispatch）。Double Dispatch 是指，执行哪个对象的方法，由对象的运行时类型决定；执行对象的哪个方法，由方法参数的运行时类型决定。既然有 Double Dispatch，那么就有对应的 Single Dispatch。Single Dispatch 是指，执行哪个对象的方法，由对象的运行时类型决定；执行对象的哪个方法，由方法参数的编译时类型决定。

如何理解“Dispatch”这个单词呢？在面向对象编程语言中，我们可以把方法调用理解为一种消息传递，也就是“Dispatch”。一个对象调用另一个对象的方法，就相当于一个对象给另一个对象发送了一条消息。这条消息包含对象名、方法名和方法参数。

如何理解“Single”“Double”这两个单词呢？“Single”“Double”是指执行哪个对象的哪个方法与几个（1 个或 2 个）运行时类型有关。Single Dispatch 命名的由来是执行哪个对象的哪个方法只与“对象”这一个运行时类型有关。Double Dispatch 命名的由来是执行哪个对象的哪个方法与“对象”和“方法参数”这两个运行时类型有关。

具体到编程语言的语法机制，Single Dispatch 和 Double Dispatch 与多态和函数重载直接相关。当前主流的面向对象编程语言（如 Java、C++、C#）都只支持 Single Dispatch，不支持 Double Dispatch。接下来，我们通过 Java 语言举例说明。

Java 支持多态特性，代码可以在运行时获得对象的实际类型（也就是前面反复提到的运行时类型），然后根据实际类型决定调用哪个方法。尽管 Java 支持函数重载，但 Java 设计的函数重载的语法规则，并不是在运行时，根据传入函数的参数的实际类型来决定调用哪个重载函数，而是在编译时，根据传入函数的参数的声明类型（也就是前面反复提到的编译时类型）来决定调用哪个重载函数。也就是说，具体执行哪个对象的哪个方法，只与对象的运行时类型有关，而与参数的运行时类型无关。因此，Java 语言只支持 Single Dispatch。我们再举个例子进一步解释一下，代码如下所示。

```
public class ParentClass {
  public void f() {
    System.out.println("I am ParentClass's f().");
  }
}

public class ChildClass extends ParentClass {
```

```
  public void f() {
    System.out.println("I am ChildClass's f().");
  }
}

public class SingleDispatchClass {
  public void polymorphismFunction(ParentClass p) {
    p.f();
  }

  public void overloadFunction(ParentClass p) {
    System.out.println("I am overloadFunction(ParentClass p).");
  }

  public void overloadFunction(ChildClass c) {
    System.out.println("I am overloadFunction(ChildClass c).");
  }
}

public class DemoMain {
  public static void main(String[] args) {
    SingleDispatchClass demo = new SingleDispatchClass();
    ParentClass p = new ChildClass();
    demo.polymorphismFunction(p); //执行哪个对象的方法由对象的实际类型决定
    demo.overloadFunction(p); //执行对象的哪个方法由方法参数的声明类型决定
  }
}
```

在上面的代码中，polymorphismFunction() 函数执行 p 的实际类型的 f() 函数，也就是 ChildClass 类的 f() 函数；overloadFunction() 函数根据 p 的声明类型来决定匹配哪个重载函数，也就是匹配 overloadFunction(ParentClass p) 这个函数。因此，上述代码的执行结果如下。

```
I am ChildClass's f().
I am overloadFunction(ParentClass p).
```

假设 Java 语言支持 Double Dispatch，那么下面的代码就不会报错了。代码会在运行时，根据参数（resourceFile）的实际类型（PdfFile、PPTFile、WordFile），决定使用 extract2txt() 的 3 个重载函数中的哪一个。那么，此时就不需要访问者模式了。这就回答了本节标题中提到的问题：为什么支持双分派的编程语言不需要访问者模式。

```
public abstract class ResourceFile {
  protected String filePath;

  public ResourceFile(String filePath) {
    this.filePath = filePath;
  }
}

public class PdfFile extends ResourceFile {
  public PdfFile(String filePath) {
    super(filePath);
  }
  ...
}

//省略PPTFile类、WordFile类的实现代码
public class Extractor {
  public void extract2txt(PPTFile pptFile) {
    ...
    System.out.println("Extract PPT.");
```

```
  }

  public void extract2txt(PdfFile pdfFile) {
    ...
    System.out.println("Extract PDF.");
  }

  public void extract2txt(WordFile wordFile) {
    ...
    System.out.println("Extract WORD.");
  }
}

public class ToolApplication {
  public static void main(String[] args) {
    Extractor extractor = new Extractor();
    List<ResourceFile> resourceFiles = listAllResourceFiles(args[0]);
    for (ResourceFile resourceFile : resourceFiles) {
      extractor.extract2txt(resourceFile); //此行代码不再报编译错误
    }
  }

  private static List<ResourceFile> listAllResourceFiles(String resourceDirectory) {
    List<ResourceFile> resourceFiles = new ArrayList<>();
    //根据文件扩展名（pdf、word和ppt），由工厂方法创建不同
    //的类的对象（PdfFile、WordFile和PPTFile），并添加到resourceFiles
    resourceFiles.add(new PdfFile("a.pdf"));
    resourceFiles.add(new WordFile("b.word"));
    resourceFiles.add(new PPTFile("c.ppt"));
    return resourceFiles;
  }
}
```

8.9.3　思考题

1）访问者模式将操作与对象分离，是否违反面向对象编程的封装特性？

2）在 8.9.2 节的示例代码中，如果我们把 SingleDispatchClass 类的代码改成如下所示，其他代码不变，那么 DemoMain 类的输出结果是什么？

```
public class SingleDispatchClass {
  public void polymorphismFunction(ParentClass p) {
    p.f();
  }
  public void overloadFunction(ParentClass p) {
    p.f();
  }
  public void overloadFunction(ChildClass c) {
    c.f();
  }
}
```

8.10　备忘录模式：如何优雅地实现数据防丢失、撤销和恢复功能

备忘录模式的应用场景明确且有限，主要用来进行数据的防丢失、撤销和恢复。对大对象

的备份和恢复，应用备忘录模式能够有效节省时间和空间开销。

8.10.1 备忘录模式的定义与实现

备忘录设计模式（Memento Design Pattern）简称备忘录模式，也称为快照模式。在 GoF 合著的《设计模式：可复用面向对象软件的基础》一书中，备忘录模式是这样定义的：在不违反封装原则的前提下，捕获一个对象的内部状态，并在该对象之外保存这个状态，以便之后恢复对象为先前的状态（Captures and externalizes an object's internal state so that it can be restored later, all without violating encapsulation）。

备忘录模式的定义主要表达了两部分内容。第一部分是，存储副本以便后期恢复。这一部分很好理解。第二部分是，要在不违反封装原则的前提下，进行对象的备份和恢复。这部分不容易理解。为什么存储和恢复副本会违反封装原则？备忘录模式是如何做到不违反封装原则的？接下来，我们结合一个例子来解释一下。

假设面试官给出了这样一道面试题，希望面试者编写一个小程序，能够接收命令行的输入并执行相应的操作。在用户输入文本后，程序将其追加存储到内存文本中；用户输入“:list”，程序在命令行中输出内存文本中的内容；用户输入“:undo”，程序会撤销上一次输入的文本，也就是从内存文本中，将上次输入的文本删除，示例如下。

```
>hello
>:list
hello
>world
>:list
helloworld
>:undo
>:list
hello
```

从整体上来讲，这个小程序的实现并不复杂。其中一种实现方式如下所示。

```
public class InputText {
  private StringBuilder text = new StringBuilder();

  public String getText() {
    return text.toString();
  }

  public void append(String input) {
    text.append(input);
  }

  public void setText(String text) {
    this.text.replace(0, this.text.length(), text);
  }
}

public class SnapshotHolder {
  private Stack<InputText> snapshots = new Stack<>();

  public InputText popSnapshot() {
    return snapshots.pop();
  }
```

```
    public void pushSnapshot(InputText inputText) {
      InputText deepClonedInputText = new InputText();
      deepClonedInputText.setText(inputText.getText());
      snapshots.push(deepClonedInputText);
    }
  }

  public class ApplicationMain {
    public static void main(String[] args) {
      InputText inputText = new InputText();
      SnapshotHolder snapshotsHolder = new SnapshotHolder();
      Scanner scanner = new Scanner(System.in);
      while (scanner.hasNext()) {
        String input = scanner.next();
        if (input.equals(":list")) {
          System.out.println(inputText.getText());
        } else if (input.equals(":undo")) {
          InputText snapshot = snapshotsHolder.popSnapshot();
          inputText.setText(snapshot.getText());
        } else {
          snapshotsHolder.pushSnapshot(inputText);
          inputText.append(input);
        }
      }
    }
  }
```

上面的代码实现了基本的备忘录功能，但它并不满足备忘录模式的第二个要求：要在不违反封装原则的前提下，进行对象的备份和恢复。不满足这个要求的原因有以下两点。

1）为了能用快照恢复 InputText 类的对象，InputText 类中定义了 setText() 函数，这个函数有可能被其他业务误用，因此，暴露不应该暴露的函数违反了封装原则。

2）快照本身是不可变的，从理论上来讲，不应该包含任何修改内部状态的函数，但在上面的代码实现中，“快照”这个业务模型复用了 InputText 类的定义，而 InputText 类包含一系列修改内部状态的函数，因此，用 InputText 类来表示快照违反了封装原则。

针对上述问题，我们对上面的代码进行以下两点修改。

1）定义一个独立的类（Snapshot 类）来表示快照，而不是复用 InputText 类的定义。Snapshot 类只暴露 getter 方法，不包含 setter 方法等任何修改内部状态的方法。

2）InputText 类中的 setText() 方法重命名为 restoreSnapshot()，用意更加明确。这样可以避免被其他业务误用。

按照这个修改思路，我们对代码进行重构。重构之后的代码便是典型的备忘录模式的实现代码，具体如下所示。

```
  public class InputText {
    private StringBuilder text = new StringBuilder();

    public String getText() {
      return text.toString();
    }

    public void append(String input) {
      text.append(input);
    }
```

```
  public Snapshot createSnapshot() {
    return new Snapshot(text.toString());
  }

  public void restoreSnapshot(Snapshot snapshot) {
    this.text.replace(0, this.text.length(), snapshot.getText());
  }
}

public class Snapshot {
  private String text;

  public Snapshot(String text) {
    this.text = text;
  }

  public String getText() {
    return this.text;
  }
}

public class SnapshotHolder {
  private Stack<Snapshot> snapshots = new Stack<>();

  public Snapshot popSnapshot() {
    return snapshots.pop();
  }

  public void pushSnapshot(Snapshot snapshot) {
    snapshots.push(snapshot);
  }
}

public class ApplicationMain {
  public static void main(String[] args) {
    InputText inputText = new InputText();
    SnapshotHolder snapshotsHolder = new SnapshotHolder();
    Scanner scanner = new Scanner(System.in);
    while (scanner.hasNext()) {
      String input = scanner.next();
      if (input.equals(":list")) {
        System.out.println(inputText.toString());
      } else if (input.equals(":undo")) {
        Snapshot snapshot = snapshotsHolder.popSnapshot();
        inputText.restoreSnapshot(snapshot);
      } else {
        snapshotsHolder.pushSnapshot(inputText.createSnapshot());
        inputText.append(input);
      }
    }
  }
}
```

8.10.2　优化备忘录模式的时间和空间开销

在应用备忘录模式时，如果我们需要备份的对象比较大，备份频率又比较高，那么，快照占用的内存会比较大，备份和恢复的耗时会比较长。这个问题应该如何解决呢？

不同的应用场景下有不同的解决方法。例如，8.10.1 节的那个例子的应用场景是利用备忘录来实现撤销功能，而且仅支持顺序撤销，也就是说，每次撤销操作只能撤销上一次的输入，不能跳过上次输入而撤销之前的输入。在具有这样特点的应用场景下，为了节省内存，我们不需要在快照中存储完整的文本，只需要记录少许信息：在获取快照时的当下的文本长度，通过这个值，并结合原始文本，进行撤销操作。

我们再举一个例子。假设每当有数据改动时，我们都需要生成一个备份，以供之后恢复使用。如果需要备份的数据很大，且需要进行高频率的备份，那么，无论是对存储（内存或硬盘）的消耗，还是对时间的消耗，都可能是令人无法接受的。对于这个问题，我们一般采用“低频率全量备份”和“高频率增量备份”相结合的方法来解决。

全量备份就是对所有数据“拍个快照”并保存。增量备份是指，记录每次操作或数据变动。当我们需要恢复到某一时间点的备份时，如果这一时间点有对应的全量备份，那么我们直接利用这个全量备份进行恢复；如果这一时间点没有对应的全量备份，我们就先找到最近的一次全量备份，然后用它来恢复，之后执行此次全量备份与这一时间点之间的所有增量备份。这样就能减少全量备份的数量和频率，减少对时间、空间的消耗。

8.10.3　思考题

备份在架构设计或产品设计中比较常见，如重启 Chrome 浏览器可以选择恢复之前打开的页面，读者还能想到其他类似的应用场景吗？

8.11　命令模式：如何设计实现基于命令模式的手游服务器

我们关于设计模式的讲解已接近尾声，现在只剩下 3 种设计模式还没有介绍，它们分别是命令模式、解释器模式和中介模式。这 3 种设计模式使用频率低、理解难度大，只有在特定的应用场景下才会用到，因此，它们不是我们学习的重点，读者稍加了解，见到后能够认识即可。本节讲解命令模式。

8.11.1　命令模式的定义

命令设计模式（Command Design Pattern）简称命令模式。在 GoF 合著的《设计模式：可复用面向对象软件的基础》一书中，它是这样定义的：命令模式将请求（也可以称为命令）封装为对象，这样，请求就可以作为参数来传递，并且能够支持请求的排队执行、记录日志、撤销等功能（The command pattern encapsulates a request as an object, thereby letting us parameterize other objects with different requests, queue or log requests, and support undoable operations）。

命令模式的代码实现的关键部分是将函数封装成对象。我们知道，C 语言支持函数指针，我们可以把函数作为参数来传递。但是，除 C 语言以外，在大部分其他编程语言中，函数无法作为参数传递给其他函数，也无法赋值给变量。借助命令模式，我们可以将函数封装成对象。具体来说，就是设计一个包含这个函数的类，这类似我们之前讲过的回调。

当我们把命令封装成对象之后，命令的发送和执行就可以解耦，进而我们可以对命令执行更加复杂的操作，如异步、延迟、排队执行命令，撤销重做命令，存储命令，以及给命令记录日志等。

8.11.2 命令模式的应用：手游服务器

假设我们正在开发一个类似《天天酷跑》《QQ 卡丁车》这样的手游。这类手游开发的难度主要集中在客户端上。服务器基本上只负责数据（如积分、生命值和装备）的更新和查询，相对于客户端，服务器的逻辑要简单很多。

为了提高读写性能，我们将游戏中玩家的信息保存在内存中。在游戏进行的过程中，我们只在内存中更新数据，游戏结束之后，才将内存中的数据存档，也就是持久化到数据库中。为了降低实现的难度，一般来说，同一个游戏场景里的玩家会被分配到同一台服务器上。当一个玩家拉取同一个游戏场景中的其他玩家的信息时，我们就不需要跨服务器查找信息。这样的设计对应的代码实现会比较简单。

一般来说，游戏客户端和服务器的数据交互是比较频繁的，因此，为了节省建立网络连接的开销，客户端和服务器一般采用长连接方式通信。通信的格式有多种，如 Protocol Buffer、JSON、XML，甚至可以自定义格式。无论使用哪种格式，客户端发送给服务器的请求一般包括两部分内容：指令和数据。其中，指令也可以称为事件，数据是执行这个指令所需的数据。服务器接收客户端的请求之后，会解析出指令和数据，并且根据不同的指令，执行不同的处理逻辑。

服务器一般有两种实现方式。

第一种实现方式是基于多线程。主线程负责接收客户端发来的请求。在接收请求之后，就从一个专门用来处理请求的线程池中，“捞出”一个空闲线程来处理请求。实际上，Java 中的线程池就用到了命令模式，要执行的逻辑定义在实现了 Runnable 接口的类中，可以实现排队执行、定时执行等。

第二种实现方式是基于单线程。在一个线程内循环交替执行接收请求和处理请求两类逻辑。对于手游后端服务器，内存操作较多，CPU 计算较少，单线程避免了多线程不断切换对内存操作吞吐量的损耗，并且克服了多线程编程和调试复杂的缺点。实际上，这与 Redis 即便采用单线程处理命令还能如此快的原因是一样的。

接下来，我们就重点讲一下第二种实现方式。

手游服务器轮询获取客户端发来的请求，获取请求之后，借助命令模式，把请求包含的数据和处理逻辑封装为命令对象，并存储在内存队列中。然后，从队列中取出一定数量的命令来执行。执行完成之后，再重新开始新的一轮轮询。至于为什么需要缓存命令排队执行而不是立刻执行，是因为游戏服务器与成千上万的客户端建立了长连接，成千上万的客户端发送命令到服务器，而处理命令的消费者只有一个服务器线程，消费者比生产者少很多。为了均衡处理速度，让服务器有条不紊地接收命令、处理命令，于是，我们采用队列来缓存命令，削峰填谷，异步执行。这种实现方式的示例代码如下。

```
public interface Command {
  void execute();
}

public class GotDiamondCommand implements Command {
```

```
    //省略成员变量的定义代码
    public GotDiamondCommand(/*数据*/) {
      ...
    }

    @Override
    public void execute() {
      //执行相应的逻辑
    }
  }
  //GotStartCommand类、HitObstacleCommand类和ArchiveCommand类的实现省略

  public class GameApplication {
    private static final int MAX_HANDLED_REQ_COUNT_PER_LOOP = 100;
    private Queue<Command> queue = new LinkedList<>();

    public void mainloop() {
      while (true) {
        List<Request> requests = new ArrayList<>();

        //省略从epoll或select中获取数据，并封装成Request类的逻辑。
        //注意设置超时时间，如果很长时间没有接收到请求，就继续下面的逻辑处理
        for (Request request : requests) {
          Event event = request.getEvent();
          Command command = null;
          if (event.equals(Event.GOT_DIAMOND)) {
            command = new GotDiamondCommand(/*数据*/);
          } else if (event.equals(Event.GOT_STAR)) {
            command = new GotStartCommand(/*数据*/);
          } else if (event.equals(Event.HIT_OBSTACLE)) {
            command = new HitObstacleCommand(/*数据*/);
          } else if (event.equals(Event.ARCHIVE)) {
            command = new ArchiveCommand(/*数据*/);
          } //一系列else if语句
          queue.add(command);
        }
        int handledCount = 0;
        while (handledCount < MAX_HANDLED_REQ_COUNT_PER_LOOP) {
          if (queue.isEmpty()) {
            break;
          }
          Command command = queue.poll();
          command.execute();
          handledCount++;
        }
      }
    }
  }
```

8.11.3 命令模式与策略模式的区别

实际上，每个设计模式都应该由两部分组成，第一部分是应用场景，即这个设计模式用来解决哪类问题；第二部分是解决方案，即这个设计模式的设计思路和具体的代码实现。如果我们只关注解决方案这一部分，甚至只关注代码实现，就会产生大部分设计模式都很相似的错觉。实际上，设计模式之间的区别主要体现在应用场景上。

有了上面的铺垫，接下来，我们再来看命令模式与策略模式的区别。在策略模式中，不同的策略具有相同的目的、不同的实现，互相之间可以替换。例如，BubbleSort、SelectionSort

都是用来排序的类，只不过实现方式不同。而在命令模式中，不同的命令具有不同的目的，对应不同的处理逻辑，并且互相之间不可替换。

8.11.4 思考题

在本节设计的手游后端服务器中，如果我们采用单线程模式，那么，对于多核系统，我们如何最大限度地利用 CPU 资源呢？

8.12 解释器模式：如何设计实现一个自定义接口告警规则的功能

解释器模式用来描述如何构建一个简单的“语言”解释器。相比命令模式，解释器模式更加小众，只有在一些特定领域才会被用到，如编译器、规则引擎、正则表达式。

8.12.1 解释器模式的定义

解释器设计模式（Interpreter Design Pattern）简称解释器模式。在 GoF 合著的《设计模式：可复用面向对象软件的基础》一书中，它是这样定义的：解释器模式为某个语言定义语法（或文法），并定义解释器处理这个语法（Interpreter pattern is used to defines a grammatical representation for a language and provides an interpreter to deal with this grammar）。

看了上面的定义，读者可能一头雾水，因为定义中包含很多我们平时开发中很少接触的概念，如“语言”“语法”“解释器”。实际上，这里的“语言”不仅仅指我们平时说的中文、英语、日语、法语等语言。从广义上来讲，只要是能够承载信息的载体，我们都可以称之为“语言”，如古代的结绳记事、盲文、手语、摩斯密码等。

要想了解“语言”表达的信息，我们就必须定义相应的语法规则。这样，书写者就可以根据语法规则来书写“句子”（专业称呼应该是“表达式”），阅读者能够根据语法规则来阅读“句子”，这样才能做到信息的正确传递。而解释器模式就是用来实现根据语法规则解读“句子”的解释器。

实际上，我们可以通过类比中英文翻译来理解解释器模式。我们知道，不同语言之间的翻译是有一定规则的。这个规则就是定义中的“语法”。我们可以开发一个类似 Google Translate 的翻译器，它能够根据语法规则，将输入的中文翻译成英文。这里的翻译器就是解释器模式定义中的“解释器”。

8.12.2 解释器模式的应用：表达式计算

上面的例子贴近日常生活，现在，我们举一个贴近编程的例子。假设我们定义了一个新的四则计算“语言”，语法规则如下。

1）运算符只包含加号、减号、乘号和除号，并且没有优先级的概念。

2）表达式的编写规则：先书写数字，后书写运算符，中间用空格隔开。

3）按照先后顺序，取出两个数字和一个运算符并计算结果，结果重新被放入表达式的头部位置，循环上述过程，直到只剩下一个数字，这个数字就是表达式的最终计算结果。

我们举个例子来解释一下上面的语法规则。例如“8 3 2 4 - + *”这样一个表达式，按照上面的语法规则进行处理，取出数字“8 3”和运算符“-”，计算得到数字 5，数字 5 被放回表达式的最前面，表达式就变成了“5 2 4 + *”。然后，我们取出数字“5 2”和运算符“+”，计算得到数字 7，数字 7 被放回表达式的最前面，表达式就变成了“7 4 *”。最后，我们取出数字“7 4”和运算符“*”，计算之后，得到的最终结果是 28。

上述语法规则对应的代码实现如下所示。读者可以按照上述语法规则书写表达式，并将其传递给 interpret() 函数，就可以得到最终的计算结果。

```
public class ExpressionInterpreter {
  private Deque<Long> numbers = new LinkedList<>();

  public long interpret(String expression) {
    String[] elements = expression.split(" ");
    int length = elements.length;
    for (int i = 0; i < (length+1)/2; ++i) {
      numbers.addLast(Long.parseLong(elements[i]));
    }
    for (int i = (length+1)/2; i < length; ++i) {
      String operator = elements[i];
      boolean isValid = "+".equals(operator) || "-".equals(operator)
              || "*".equals(operator) || "/".equals(operator);
      if (!isValid) {
        throw new RuntimeException("Expression is invalid: " + expression);
      }
      long number1 = numbers.pollFirst();
      long number2 = numbers.pollFirst();
      long result = 0;
      if (operator.equals("+")) {
        result = number1 + number2;
      } else if (operator.equals("-")) {
        result = number1 - number2;
      } else if (operator.equals("*")) {
        result = number1 * number2;
      } else if (operator.equals("/")) {
        result = number1 / number2;
      }
      numbers.addFirst(result);
    }
    if (numbers.size() != 1) {
      throw new RuntimeException("Expression is invalid: " + expression);
    }
    return numbers.pop();
  }
}
```

在上面的代码实现中，语法规则的解析逻辑集中在一个函数中。如果语法规则比较简单，那么这样的设计就足够了。但是，如果语法规则比较复杂，所有的解析逻辑都耦合在一个函数中，显然是不合适的。这个时候，我们就要考虑使用解释器模式来拆分代码。

解释器模式的代码实现比较灵活，没有固定的模板。解释器模式的代码实现的重要指导思想是将语法解析的工作拆分到各个职责单一的类中，以此来避免大而全的解析类。一般的做法是将语法规则拆分成一些小的独立的单元，然后对每个单元进行解析，最终合并为对整个语法规则的解析。

这个例子中定义的语法规则有两类表达式，一类是数字，另一类是运算符（运算符包括加号、减号、乘号和除号）。利用解释器模式，我们把解析的工作拆分到 NumberExpression、AdditionExpression、SubstractionExpression、MultiplicationExpression 和 DivisionExpression 这 5 个解析类中。按照这个实现思路，我们对代码进行重构，重构之后的代码如下所示。不过，四则运算表达式的解析比较简单，利用解释器模式来实现有点过度设计。

```
public interface Expression {
  long interpret();
}

public class NumberExpression implements Expression {
  private long number;

  public NumberExpression(long number) {
    this.number = number;
  }

  public NumberExpression(String number) {
    this.number = Long.parseLong(number);
  }

  @Override
  public long interpret() {
    return this.number;
  }
}

public class AdditionExpression implements Expression {
  private Expression exp1;
  private Expression exp2;

  public AdditionExpression(Expression exp1, Expression exp2) {
    this.exp1 = exp1;
    this.exp2 = exp2;
  }

  @Override
  public long interpret() {
    return exp1.interpret() + exp2.interpret();
  }
}
//SubstractionExpression类、MultiplicationExpression类和DivisionExpression类的代码结构与
//AdditionExpression类相似，这里就省略了它们的实现代码

public class ExpressionInterpreter {
  private Deque<Expression> numbers = new LinkedList<>();

  public long interpret(String expression) {
    String[] elements = expression.split(" ");
    int length = elements.length;
    for (int i = 0; i < (length+1)/2; ++i) {
      numbers.addLast(new NumberExpression(elements[i]));
    }
    for (int i = (length+1)/2; i < length; ++i) {
      String operator = elements[i];
      boolean isValid = "+".equals(operator) || "-".equals(operator)
              || "*".equals(operator) || "/".equals(operator);
      if (!isValid) {
        throw new RuntimeException("Expression is invalid: " + expression);
```

```
      }
      Expression exp1 = numbers.pollFirst();
      Expression exp2 = numbers.pollFirst();
      Expression combinedExp = null;
      if (operator.equals("+")) {
        combinedExp = new AdditionExpression(exp1, exp2);
      } else if (operator.equals("-")) {
        combinedExp = new SubstractionExpression(exp1, exp2);
      } else if (operator.equals("*")) {
        combinedExp = new MultiplicationExpression(exp1, exp2);
      } else if (operator.equals("/")) {
        combinedExp = new DivisionExpression(exp1, exp2);
      }
      long result = combinedExp.interpret();
      numbers.addFirst(new NumberExpression(result));
    }
    if (numbers.size() != 1) {
      throw new RuntimeException("Expression is invalid: " + expression);
    }
    return numbers.pop().interpret();
  }
}
```

8.12.3　解释器模式的应用：规则引擎

在业务开发中，监控系统非常重要，它可以时刻监控业务系统的运行情况，及时将异常报告给开发者。例如，如果每分钟接口出错数超过 100，那么监控系统就会通过邮件等方式发送告警给开发者。一般来讲，监控系统支持开发者自定义告警规则，如下所示，表示每分钟 API 总出错数超过 100 或每分钟 API 总调用数超过 10000 就触发告警。

```
api_error_per_minute > 100 || api_count_per_minute > 10000
```

在监控系统中，告警模块只负责根据统计数据和告警规则判断是否触发告警，而每分钟 API 接口出错数、每分钟接口调用数等统计数据的计算由其他模块负责。其他模块将统计数据放到一个 Map 中，数据格式如下所示，然后发送给告警模块。接下来，我们只关注告警模块。

```
Map<String, Long> apiStat = new HashMap<>();
apiStat.put("api_error_per_minute", 103);
apiStat.put("api_count_per_minute", 987);
```

为了简化讲解和代码实现，我们假设告警规则只包含 ||、&&、>、< 和 == 这 5 个运算符，其中，>、< 和 == 运算符的优先级高于 ||、&& 运算符，“&&”运算符的优先级高于“||”运算符。在表达式中，任意元素之间需要通过空格来分隔。除此之外，用户可以自定义监控指标，如 api_error_per_minute、api_count_per_minute。实现上述需求的“骨干”代码如下所示，其中的核心代码实现暂时没有给出，下文会补全。

```
public class AlertRuleInterpreter {
  public AlertRuleInterpreter(String ruleExpression) {
    //TODO：下文补充完善
  }

  public boolean interpret(Map<String, Long> stats) {
    //TODO：下文补充完善
  }
```

```
}

public class DemoTest {
  public static void main(String[] args) {
    String rule = "key1 > 100 && key2 < 30 && key3 < 100 && key4 == 88";
    AlertRuleInterpreter interpreter = new AlertRuleInterpreter(rule);
    Map<String, Long> stats = new HashMap<>();
    stats.put("key1", 101);
    stats.put("key2", 10);
    stats.put("key3", 12);
    stats.put("key4", 88);
    boolean alert = interpreter.interpret(stats);
    System.out.println(alert);
  }
}
```

实际上，我们可以把告警规则看成一种特殊“语言”的语法规则。我们可以实现一个解释器，该解释器根据告警规则，针对用户输入的数据，判断是否触发告警。利用解释器模式，我们可以把解析表达式的逻辑拆分到各个职责单一的类中，避免大而复杂的类的出现。按照这个实现思路，我们把上面的“骨干”代码补全，如下所示。

```
public interface Expression {
  boolean interpret(Map<String, Long> stats);
}

public class GreaterExpression implements Expression {
  private String key;
  private long value;

  public GreaterExpression(String strExpression) {
    String[] elements = strExpression.trim().split("\\s+");
    if (elements.length != 3 || !elements[1].trim().equals(">")) {
      throw new RuntimeException("Expression is invalid: " + strExpression);
    }
    this.key = elements[0].trim();
    this.value = Long.parseLong(elements[2].trim());
  }

  public GreaterExpression(String key, long value) {
    this.key = key;
    this.value = value;
  }

  @Override
  public boolean interpret(Map<String, Long> stats) {
    if (!stats.containsKey(key)) {
      return false;
    }
    long statValue = stats.get(key);
    return statValue > value;
  }
}
//LessExpression类和EqualExpression类的代码结构
//与GreaterExpression类相似，这里就省略具体的实现代码

public class AndExpression implements Expression {
  private List<Expression> expressions = new ArrayList<>();

  public AndExpression(String strAndExpression) {
    String[] strExpressions = strAndExpression.split("&&");
    for (String strExpr : strExpressions) {
```

```
      if (strExpr.contains(">")) {
        expressions.add(new GreaterExpression(strExpr));
      } else if (strExpr.contains("<")) {
        expressions.add(new LessExpression(strExpr));
      } else if (strExpr.contains("==")) {
        expressions.add(new EqualExpression(strExpr));
      } else {
        throw new RuntimeException("Expression is invalid: " + strAndExpression);
      }
    }
  }

  public AndExpression(List<Expression> expressions) {
    this.expressions.addAll(expressions);
  }

  @Override
  public boolean interpret(Map<String, Long> stats) {
    for (Expression expr : expressions) {
      if (!expr.interpret(stats)) {
        return false;
      }
    }
    return true;
  }
}

public class OrExpression implements Expression {
  private List<Expression> expressions = new ArrayList<>();

  public OrExpression(String strOrExpression) {
    String[] andExpressions = strOrExpression.split("\\|\\|");
    for (String andExpr : andExpressions) {
      expressions.add(new AndExpression(andExpr));
    }
  }

  public OrExpression(List<Expression> expressions) {
    this.expressions.addAll(expressions);
  }

  @Override
  public boolean interpret(Map<String, Long> stats) {
    for (Expression expr : expressions) {
      if (expr.interpret(stats)) {
        return true;
      }
    }
    return false;
  }
}

public class AlertRuleInterpreter {
  private Expression expression;

  public AlertRuleInterpreter(String ruleExpression) {
    this.expression = new OrExpression(ruleExpression);
  }

  public boolean interpret(Map<String, Long> stats) {
    return expression.interpret(stats);
  }
}
```

8.12.4 思考题

在告警规则解析的例子中，如果我们要在表达式中支持括号“()”，那么如何对代码进行重构呢？

8.13 中介模式：什么时候使用中介模式？什么时候使用观察者模式？

本节讲解 22 种经典设计模式的最后一个：中介模式。与命令模式、解释器模式类似，中介模式也属于我们不常用的设计模式，其应用场景比较特殊、有限。但是，与命令模式、解释器模式不同的是，中介模式并不难理解，代码实现也非常简单，学习难度要小很多。中介模式与观察者模式有点相似，因此，本节还会讨论这两种设计模式的区别。

8.13.1 中介模式的定义和实现

中介设计模式（Mediator Design Pattern）简称中介模式。在 GoF 合著的《设计模式：可复用面向对象软件的基础》一书中，它是这样定义的：中介模式定义了一个单独的（中介）对象来封装一组对象之间的交互；将这组对象之间的交互委派给与中介对象交互来避免对象之间的直接交互（Mediator pattern defines a separate (mediator) object that encapsulates the interaction between a set of objects and the objects delegate their interaction to a mediator object instead of interacting with each other directly）。

中介模式通过引入中介这个中间层，将一组对象之间的交互关系（或者称为依赖关系）从多对多（网状关系）转换为一对多（星状关系）。一个对象原本要与很多个对象交互，现在只需要与一个中介对象交互，从而最小化对象之间的交互关系，降低了代码的复杂度，提高了代码的可读性和可维护性。如图 8-8 所示，右边的交互图是利用中介模式对左边交互关系优化之后的结果。从图 8-8 中，我们可以直观地看出，右边的交互关系更加简单。

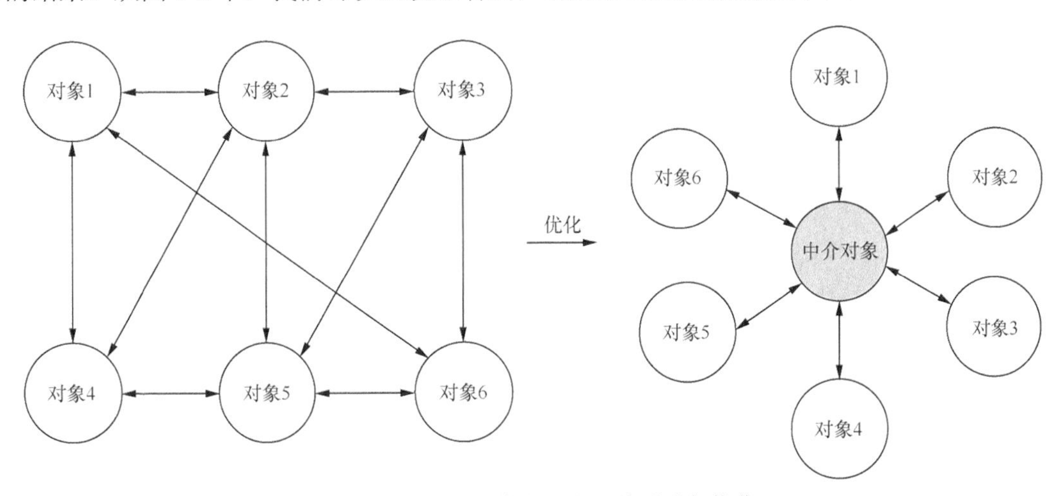

图 8-8 利用中介模式对交互关系进行优化

提到中介模式，我们不得不说一个经典的例子，那就是航空管制。

为了让飞机在飞行时互不干扰，每架飞机都需要知道其他飞机每时每刻的位置，这就要求每架飞机时刻都要与其他飞机通信。飞机通信形成的通信网络就会无比复杂。通过引入“塔台”这样一个中介，每架飞机只与塔台通信，发送自己的位置给塔台，由塔台负责每架飞机的航线调度。这样就大大简化了通信网络。

平时的开发中也有一些中介模式的应用场景。例如，即时通信系统（IM 系统）或移动消息推送系统（Push 系统），用户或设备会先将消息发送给服务器，再通过服务器将消息推送给目标用户或设备。发送消息的用户或设备与目标用户或设备并不会直接交互。

实际上，除降低交互的复杂性以外，中介模式还起到了一个重要作用：协调。例如，A 用户发送消息给 B 用户，但 B 用户并不在线，这种情况下，中介（服务器）就起到了暂存消息的作用，等到 B 用户上线之后，服务器再将消息转发给 B 用户。

8.13.2　中介模式与观察者模式的区别

观察者模式有多种实现方式。在跨进程的实现方式中，我们可以利用消息队列实现彻底解耦，观察者和被观察者都只需要与消息队列交互，观察者完全不知道被观察者的存在，被观察者也完全不知道观察者的存在。在中介模式中，所有的参与者都只与中介进行交互。观察者模式中的消息队列有点类似中介模式中的“中介”，观察者模式中的观察者和被观察者有点类似中介模式中的“参与者”。那么，中介模式和观察者模式的区别在哪里呢？什么时候使用中介模式？什么时候使用观察者模式？

在观察者模式中，尽管一个参与者既可以是观察者，又可以是被观察者，但是，大部分情况下，交互关系都是单向的，一个参与者要么是观察者，要么是被观察者，不会同时兼具这两种身份。而中介模式正好相反。

只有当参与者的交互关系错综复杂，维护成本很高时，我们才考虑使用中介模式。毕竟，中介模式的应用会带来一些副作用，有可能产生大而复杂的中介类。除此之外，如果一个参与者的状态改变，其他参与者执行的操作有一定的先后顺序的要求，那么，中介模式就可以利用中介类，通过先后调用不同参与者的方法，来实现顺序控制，这是中介模式特有的协调作用，而观察者模式是无法实现这样的顺序要求的。

8.13.3　思考题

基于 EventBus 框架，我们可以轻松实现观察者模式，那么，我们是否可以使用 EventBus 框架实现中介模式呢？